地衣類ネットワークスクール　地衣学講義テキスト

図説 地衣学講座
第2版

山本 好和

地衣類ネットワークスクール　地衣学講義テキスト

図説 地衣学講座 第 2 版

目　次

第 1 部　基礎地衣学 ------------------------------ 1
　「地衣類四景」（写真- 大橋 弘氏）------------ 2

第 1 章　地衣類とは？ ------------------------ 3
　文献 -- 14

第 2 章　地衣類の分類 ------------------------ 15
　A　分類・同定の基本 ------------------- 15
　B　地衣類の分類・同定の実際 --------------- 16
　文献 -- 28

第 3 章　地衣類の系統・進化 ------------------- 29
　A　地衣類の分子系統分類 ------------------- 29
　B　地衣類の共進化 ------------------------- 34
　文献 -- 39

第 4 章　地衣類の生殖 ------------------------ 40
　A　地衣類の増殖 --------------------------- 40
　B　地衣類の有性生殖 ----------------------- 40
　C　地衣類の無性生殖 ----------------------- 46
　文献 -- 51

第 5 章　地衣類の生育環境 --------------------- 52
　A　マクロな生育環境 ----------------------- 52
　B　ミクロな生育環境 ----------------------- 56
　C　絶滅危惧種 ----------------------------- 62
　文献 -- 64

第 6 章　地衣類の生長・一次代謝 --------------- 66
　A　地衣類の生長 --------------------------- 66
　B　地衣類の一次代謝 ----------------------- 71
　文献 -- 77

第 7 章　地衣成分・二次代謝 ------------------- 80
　A　地衣成分・二次代謝 --------------------- 80
　B　地衣成分の分析 ------------------------- 87
　文献 -- 94

第 2 部　応用地衣学 ------------------------------ 95
　「コアカミゴケ」（画- 浜田 弓氏）---------- 96

第 8 章　地衣類の培養 ------------------------ 97
　A　培養法 --------------------------------- 97
　B　子嚢胞子培養法 ------------------------- 100

　C　地衣組織培養法 ------------------------- 104
　D　共生藻の培養法 ------------------------- 110
　文献 -- 113

第 9 章　地衣類の形態形成・人工栽培 --------- 114
　A　地衣類の形態形成 ----------------------- 114
　B　地衣類の人工栽培 ----------------------- 121
　文献 -- 125

第 10 章　地衣類の生物活性 ------------------- 127
　A　民間伝承薬的利用 ----------------------- 127
　B　地衣類の生物活性探索研究 --------------- 128
　文献 -- 140

第 11 章　地衣成分の生産 --------------------- 142
　A　地衣成分を多量に生産する方法 --------- 142
　B　地衣成分の培養生産 --------------------- 142
　C　地衣成分の生合成 ----------------------- 151
　文献 -- 155

第 12 章　地衣類の環境耐性 ------------------- 157
　A　地衣類の生理学的研究の意義 ------------ 157
　B　培養地衣菌の極限環境耐性 -------------- 157
　文献 -- 170

第 13 章　地衣類と人の暮らし ----------------- 171
　A　芸術・工芸作品の中の地衣類 ------------ 171
　B　装飾としての利用 ----------------------- 173
　C　香料・染料・毒物としての利用 ---------- 175
　D　食料・飲料としての利用 ---------------- 178
　E　環境指標としての利用 ------------------- 181
　F　石造文化財の地衣類汚損 ---------------- 182
　文献 -- 184

第 14 章　地衣類と動物の暮らし --------------- 186
　A　食料としての利用 ----------------------- 186
　B　擬態としての利用 ----------------------- 192
　C　巣材としての利用 ----------------------- 196
　文献 -- 199

第 15 章　地衣類コンソーシアム --------------- 200
　A　地衣類のマクロなコンソーシアム ------- 200
　B　地衣類のミクロなコンソーシアム ------- 200
　文献 -- 208

付章　日本の地衣学の歴史 ················ 210	謝辞 ································· 226
文献 ·························· 216	事項索引 ····························· 228
付録 1　地衣類英和辞書 ················ 218	地衣類和名索引 ························ 230
付録 2　化合物和英辞書 ················ 223	地衣類学名索引 ························ 232
参考図書 ···························· 224	

本冊子掲載の図表および文章の他への転載は著者の了解が必要です

まえがき

　思い出話からまえがきを始めます．

　筆者が初めて地衣類の培養研究に取り組んだのは1981年夏でした．それから約40年が経過しました．当時，筆者は日本ペイントの研究所で植物の組織培養研究にただ一人で取り組んでいました．「高等植物の組織培養による色素生産」が一段落し，研究指導を受けていた京都大学農学部山田康之教授を招聘した会議で次のテーマを何にするかの議論があり，山田先生からまだ誰も成功していない「地衣類の組織培養」のテーマを勧められました．その場で高橋淳研究所長の同意の元に研究テーマとしてスタートしました．しかし，その時，筆者の地衣類の対する知識は「菌と藻からなる共生生物」ということだけでした．

　半年間の試行錯誤の後，地衣類の組織培養に成功しましたが，次の大きな問題は筆者が地衣類に対する知識，特に地衣類の同定に関する知識を欠いていることでした．当時，地衣類に関する知識を得るには保育社発行の「地衣植物図鑑」しか方法がなかったからです．そこで山田先生とご相談して白羽の矢を立てたのは「地衣植物図鑑」の著者である高知学園短期大学の吉村庸教授でした．吉村先生は地衣類の分類ばかりでなく生態や化学を含めた地衣類全般の知識が豊富で，また培養にも興味を持たれていました．1982年秋から吉村先生との共同研究を開始して地衣類の培養研究は軌道に乗り，100種を超える多数の地衣類の培養に成功しました．吉村先生は海外の地衣学者にも有名で，国際地衣学会にも同行頂いて国際デビューを果たすことができました．

　その後，地衣類研究は蓄積した地衣菌培養株の薬学的な研究に発展し，元東京大学教授の柴田承二先生の門下生である諸先生方や山田先生の紹介を得られた諸先生方の協力を得て，初めて地衣菌培養株からいくつかの薬理活性研究成果を生み出すことができました．しかし，1998年，日本経済のバブルがはじけ，企業内で25年間続けた地衣類を含めた培養研究を続けることができなくなりました．

　地衣類を含めた培養研究を続けるために，1999年秋田県立大学に転職し，学生指導に次の人生をかけることになりました．未知の研究分野である地衣類研究が大学における研究の大きな柱になりました．学生自主研究，卒業研究，修士・博士論文研究において地衣類を材料にするテーマは学生の興味に応じて広がりました．筆者の両腕となった小峰先生と原先生の協力があって，世界に誇れる地衣類研究を進めることができました．小峰正史先生，原 光二郎先生並びに本研究に携わった学生の皆さんに深く感謝するところです．本書の多くの部分は学生の皆さんの研究成果を活用させて頂きました．また，日本ペイントで研究を進めて頂いた方々に深く感謝申し上げます．

　残念ながら日本での地衣学の教科書は今までありませんでした．地衣類の教科書的な本を出版することは筆者の大学退職後の夢の一つでした．2020年コロナ禍ゆえにFacebookとZOOMを利用して『地衣類ネットワークスクール』を開校しました．そこでオンライン講義として大学と全く同じように15回にわたって行なわれた地衣学講座を講義形式そのままに図説として教科書化し，2022年に初版として出版することとしました．初版はスクール在籍の皆様に講義テキストとして非公開で販売しました．それは公開出版する準備が整っていなかったからですが，出版後，内容の修正および追加の編集作業を行い，第2版として公開出版することとなりました．

　最後に，筆者の恩師である故山田康之先生，吉村庸先生ならびに25年間企業内研究を支えて頂いた故高橋淳日本ペイント副社長に本書を捧げたいと思います．また，本書の完成はスクールに参加して頂いた多くの方々の協力も得ました．皆様に感謝申し上げます．

2024年7月31日

山 本 好 和

第1部 基礎地衣学

富士山3合目付近

富士山3合目付近

北八ヶ岳コケモモの庭

北八ヶ岳コケモモの庭

第1章 地衣類とは？

本章ではまず地衣類についての基本的な事柄を紹介し，第2章以下につなぎます．本章のキーワードは「こけ」，「地衣類」，「共生生物」，「生活場所」です．

本章の内容については主に拙著『地衣類初級編』（山本2012）を参考にしてください．また，『となりの地衣類』（盛口2017）や『歌うキノコ』（盛口2021）は初めて地衣類に触れる方にとってよい参考書となるでしょう．

1．「こけ」とは？

図 1.1 「こけ」とは？

地衣類を表す言葉に「こけ」があります．しかし，「こけ」というと，普通地衣類とは違う生き物を読者の皆さんは思い浮かべると思います．私たちが日常使っている言葉はそれぞれ歴史を持っています．「こけ」という言葉にも長い歴史があります．実は，「こけ」という言葉は私たちが古い時代から使ってきた言葉，「大和言葉」の一つなのです．最古の勅撰和歌集である古今和歌集に収載された読み人知らずの歌，「わがきみは 千世にやちよに さざれいしの いはほとなりて こけのむすまで」（これが「君が代」の元歌です）にある「こけ」とは，一体どんな生き物だったのでしょうか．著名な蘚苔類学者である服部（1956）は『「こけ」という言葉が初めて古事記や万葉集に現れているとし，昔は「こけ」は小さい毛のようなもので，何でもものの表面に生ずるものを言い，記紀万葉の時代になって樹木や岩上，地上に生ずる小形の植物を意味するようになった』と説明しています．

図1.1の右の写真に樹木とその表面に生きる生き物が認められます．色の白いもの，灰色のもの，緑色のものなど数多くのものが生きていますが，それらは明らかに樹木の植物とは異なる生き物です．私たちの祖先は恐らくこのような生き物を「こけ」と呼んだのでしょう．

一方，目を地面に移せば，図1.1の右の写真と同じように植物ではない多様な生き物が左の写真に確認できます．私たちの祖先はこれらも含めて「こけ」と呼んでいたのだと思います．

まとめると，「こけ」とは『樹木や岩の表面，地面に生育する小さな植物のようなもの』と定義できます．

余談ですが，古代「こけ」に万葉仮名と呼ばれる漢字があてられていたはずです．その後，「こけ」に「苔」の漢字があてられました．おそらく中国で使われていた漢字の中で「こけ」にふさわしいと選ばれたからだと思います．本書ではその生態にふさわしく「木毛」と漢字をあてました．

2．「コケ」と名づけられた多様な生き物たち

図 1.2「コケ」と名づけられた多様な生き物たち

「○○コケ」あるいは「○○ゴケ」と呼ばれる生き物はいろいろな分類群に現れています．最も多いのは蘚苔類（例えば，ジャゴケ類やスギゴケ類）です．次いで，地衣類（例えば，ウメノキゴケ *Parmotrema tinctorum* やチズゴケ *Rhizocarpon geographicum*）ですが，羊歯類（例えば，クラマゴケ類）や種子植物（例えば，モウセンゴケ類）にも見つかります．図1.2にそれらの代表例を示します．

3．「Lichen」と「地衣」という言葉の由来

図 1.3「Lichen」と「地衣」という言葉の由来

次に，地衣や地衣類の英訳語「Lichen」や「地衣」という言葉はどこから来たのでしょうか．久保（2003，2009）は以下のように述べています．ギリシャの学者Dioscoridesの著作『De Materia Medica libriquinque』中に「Lichen」があり，その言葉はギリシャ語起源で円形植物を意味したとしています．しかし，

筆者は著作中の図版の植物が地衣類のようにもまた蘚苔類のようにも見えます．その後，17世紀に「Lichen」はこけのような菌類とされ，この意味が現代まで引き継がれています．19世紀になって日本に「Lichen」の言葉が持ち込まれました．伊藤がその発音から「利仙」と訳しました．

一方，「地衣」という言葉は中国で作られ，最初は敷物の意味であったらしく，次いでそれが地面に生える下等な植物（本草拾遺）に転じ，19世紀に「Lichen」の訳語として使用され，今日に至っています．中国では「地衣」，日本では「こけ」，どちらも同じような意味をもっていたことに驚きます．英語でも「Moss」という言葉があり，これも同じような意味で使われますから，世界的な共通認識だったのでしょう．

4. 地衣類 vs 蘚苔類の特徴

図1.4 地衣類 vs 蘚苔類の特徴

「コケ」と呼ばれる生き物の中で多数を占める蘚苔類と地衣類は野外での観察会に初めて参加する方々にとって区別することが難しいのは確かなようです．もっとも古今東西，両者は同じ仲間と思われていたのですから当然と言えば当然です．

図1.4で地衣類と蘚苔類の外観の特徴を葉状の形をした種で比較します．地衣類の代表としてウメノキゴケ *Parmotrema tinctorum*（左の写真），蘚苔類の代表としてオオジャゴケ（右の写真）を選んでいます．オオジャゴケの写真は兵庫県在住の秋山弘之氏から提供して頂きました．

まず，気がつく大きな違いは表面の色です．地衣類の多くは表面が白緑色から灰緑色ですが，蘚苔類は鮮やかな緑色です．この違いは樹状の形をした種でも明らかです．次に裏返して見ます．地衣類の裏面先端は普通表面とは異なる色，褐色から黒色です．一方，蘚苔類の裏面先端は表面とほぼ同じ鮮やかな緑色です．両者の色の違いは両者が分類学的に全く異なる生物群に属していることに起因します．

5. 地衣類は複合生物－生物の系統樹から見た地衣類－

図1.5に簡略した生物の系統樹を示します．最初に真正細菌類，次いで古細菌類と分かれ，動物，真菌類，植物の系統樹に分かれます．地衣類に形のよく似た蘚苔類は植物系統樹の中に位置します．では地衣類はどこに位置するのでしょうか．古くから地衣類はその特徴を基にいろいろな議論がなされてきました．地衣類を地衣界として植物界や動物界と対峙させた時代もありました．スイスの生物学者Schwendener（1867）はその頃発達した顕微鏡を駆使して地衣類を観察し，「地衣類は真菌類と藻類との複合生物」であることを明らかにしました．

図1.5 地衣類は複合生物－生物の系統樹から見た地衣類－

6. 真菌類の進化・多様化

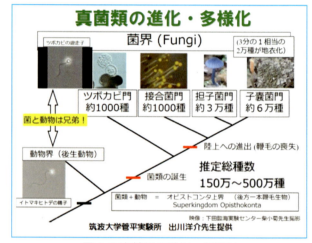

図1.6 真菌類の進化・多様化

地衣類が真菌類と藻類からなる複合生物であることが明らかになりました．では真菌類はどのような進化をとげてきたのでしょうか．図1.6は筑波大学菅平実験所の出川洋介先生が地衣類ネットワークスクールで講演された時の発表スライドの1枚です．以下，出川先生の講演も参考にさせて頂き，説明します．

真菌類の属する菌界は過去，植物界の一部と考えられていましたが，現在では図1.5に示すように，動物界から分かれたと考えられています．従って，図1.6に書かれているように真菌類と動物は兄弟と言うことになります．

原始真菌類にもっとも近いと考えられているのはツボカビ類です．ツボカビ類は水中に生育し，鞭毛を有する遊走子で新たな宿主を求めて動き回ります．この様子は動物の精子が卵を求めて動き回る様子とそっくりです．ツボカビ類は約1000種が知られています．

陸上に上がった真菌類はやがて必要がなくなった鞭毛を捨て，接合菌類が誕生しました．接合菌類は約1000

種が知られています．

その後，真菌類は大発展を遂げ，担子菌類や子嚢菌類へ進化し，それぞれ次々項に述べる栄養調達の多様化から多くの種に分化しました．担子菌類は担子器と呼ばれる有性生殖器官を生じ，担子器内に担子胞子を作ります．約3万種が知られています．一方，子嚢菌類は有性生殖器官として子嚢を生じ，子嚢中に子嚢胞子を作ります．約6万種が知られています．地衣類は子嚢菌類の約1/3を占める大きなグループです．真菌類はこれらを合わせて推定10万種にのぼります．しかし，地球上の生物の推定総種数である150万種から500万種と比べれば少なく感じられるかもしれません．まだ調査が進んでいないので，これからその比重は大きくなると思われます．

7. 地衣類の定義

図1.7 地衣類の定義

Schwendener（1867）は図1.7のような絵（著者が一部改変）を論文に残しています．その絵に檻に閉じ込められた藻類細胞（P）と鍵を持つ真菌類（M）が描かれています．完全な共生というよりは真菌類に制御された共生ということなのでしょう．

Schwendener（1867）「地衣類は真菌類と藻類との複合生物」と定義しましたが，現在，国際命名規約では「地衣類は藻類と共生関係を築くことのできる真菌類」と定義されています．この定義の中の藻類は正確に言えば光合成をする共生生物で緑藻類とシアノバクテリアを含みます．共生する藻類を共生藻（Photobiont）と呼び，地衣類を構成する真菌類を特に取り上げたい場合には地衣菌（mycobiont）と呼びます．真正細菌類であるシアノバクテリアを藻類とするのは学問的に間違いではありますが，本書では今までの地衣学の習慣に従い，共生する藻類（共生藻）と表現する場合に，特にこだわらなければシアノバクテリアを含むこととします．

国際命名規約により地衣類の名前は真菌類（地衣菌）の名前と同じとされ，他方，共生する藻類は別の名前がつけられています．

8. 真菌類と植物との関係

栄養摂取の視点から真菌類と植物との関係は地衣類のような共生だけではありません．大きくわけると三つの栄養生態があります．図1.8に示すように，腐生，寄生，共生です．

腐生では植物の遺体から栄養を摂取します．寄生では植物の生体から栄養を収奪します．収奪が過ぎると植物を死に至らしめることもあります．このような場合に特に「殺生」と呼びます．共生では植物の生体と栄養の授受が行われます．

図1.8 真菌類と植物との関係

図1.8に腐生，寄生，共生のそれぞれ代表的な担子菌類を例に写真で示します．写真は宮崎県総合博物館の黒木秀一氏から提供頂きました．

腐生の代表はシイタケです．シイタケ以外にカワラタケのような多くの木材腐朽菌が知られています．寄生の代表はナラタケです．ナラタケ以外にサビキンのような多くの植物病原性真菌が知られています．共生の代表はマツタケです．マツタケ以外にタマゴタケのような多くの菌根菌が知られています．地衣類と菌根菌それぞれの示す共生現象について類似点や相違点を調べることによって，共生機構の解明につながる可能性もあると思います．

9. 共生とは？

図1.9 共生とは？

「共生」という言葉が出たので，ここで共生生物は何かを考えてみましょう．実は共生とは栄養摂取という視点から考えることだけではありません．要は双方にメリットがあるということなのです．双方が同等のメリットを享受する場合を相利共生と呼び，双方が同等ではないメリットを享受する場合を片利共生と呼びます．

さらに，図1.9に示すように細胞内，細胞間，個体間，群集間でも共生関係が認められます．細胞内共生は細胞中に異種細胞が取り込まれて共生生活を営むもので，例

えば，葉緑体やミトコンドリアがそうです．細胞外共生（これは細胞共生とも呼ばれます）は細胞と異種細胞とが細胞レベルで接触しながら共生生活を営むもので，例えば，先に述べた菌根菌と植物の関係や地衣類が当てはまります．個体間共生（個体共生）は個体と異種個体とが接触しながら共生生活を営むものです．例えば，イソギンチャクとクマノミの関係があります．群集間共生（社会共生）は群集と異種群集とが接触しながら共生生活を営むものです．例えば，ミツバチと虫媒花の関係があります．

10. 多様な細胞外共生生物

菌根菌や地衣類が示すような細胞外共生を行っている生物を図1.10の表にまとめました．この表において最左欄の項目は細胞外共生生物あるいはその器官，ホストとは共生生物の大部分を占めている生物群，ゲストとはホストに比べて小さな部分を占めている生物群を示しています．

多様な細胞外共生生物		
	ホスト（大部分）	ゲスト（一部）
菌根	植物	真菌類（菌根菌）
根粒	植物（豆科植物）	細菌類（根粒菌）
アゾラ	植物（羊歯植物）	シアノバクテリア
海洋動物	無脊椎動物	藻類
腸内生物	昆虫	原生生物・細菌類・真菌類
眼内細菌	魚類・軟体動物	細菌類（発光細菌）
地衣類	真菌類	緑藻類・シアノバクテリア

図1.10 多様な細胞外共生生物

この表からわかるように細胞外共生には多様な形があります．まず，ホストが植物の場合，菌根のゲストは真菌類（菌根菌），根粒のゲストは細菌類（根粒菌），アゾラのゲストはシアノバクテリアです．ホストが動物の場合，無脊椎動物の海洋動物のゲストは藻類，昆虫の腸内生物のゲストは原生生物や細菌類，真菌類，魚類や軟体動物の眼内細菌のゲストは細菌類（発光細菌）です．これらのホストである植物や動物に真菌類や細菌類がゲストとなっていますが，地衣類は真菌類がホストとなり，植物（緑藻類）やシアノバクテリアがゲストとなってそれらとは逆の体制になっています．生物の進化の中で珍しい現象と言えます．

11. 地衣類－三つの特徴をもつ真菌類－

図1.11に示す地衣類のイラストは沖縄大学盛口満教授作によるコフキヂリナリア *Dirinaria applanata* です（「となりの地衣類」より）．本書ではこれ以後登場するコフキヂリナリアのイラストは違う大きさであってもすべて盛口氏の作品を基にしています．

図1.11に示すように共生生物である地衣類は三つの大きな特徴を示します．

一つはもちろん，「共生」です．地衣類は真菌類と藻類が共生した複合生物です．地衣体中の藻類が光合成を行って炭素源を真菌類に供給し，一方，真菌類は藻類にす

みかを提供します．真菌類と藻類の間でこのような共生関係が成り立っています．

図1.11 地衣類－三つの特徴をもつ真菌類－

二つめは化学物質である「地衣成分」です．一般的に真菌類や藻類は紫外線や乾燥に弱く，また他の生物群との生存競争に弱いと考えられています．地衣類を構成している真菌類と藻類はどちらかが死ぬと他方も死んでしまいます．地衣類の弱い立場を補う手段が真菌類と藻類が協力してつくる地衣成分です．地衣成分は地衣類以外の生物が作ることのできない化学物質として有害な紫外線や外敵から地衣類を守っています．

その結果，三つめの特徴として地衣類はいろいろな「環境に適応」し，世界中に広がっています．

12. 地衣類の生育形（栄養体）

図1.12 地衣類の生育形（栄養体）

真菌類の栄養体は普通特定の形や分化した組織体となることはありません．しかし，地衣類においては真菌類である地衣菌は藻類と共生することで種によって特定の形や組織を持つに至りました．その理由はまだ明らかにされていません．

世界で約2万種，国内で約2千種あるとされている地衣類はいずれもある特定の形を示します．この形は時代や時期，場所に関わらず不変なものなので，種の同定にとって重要な手段になります．

地衣類の栄養体（普通，地衣体と呼びます）の形は生育形と呼ばれ，図1.12に示すように三つの形があります．一つめは紐状の集合した形が樹形に似ているので樹状地衣類と呼ばれています．ここにサルオガセやハナゴケの仲間が属します．二つめに，図1.4に示した植物の

葉のような形をしたウメノキゴケの仲間が属する葉状地衣類があります．樹状地衣類も葉状地衣類も割と野外で目につきやすいので，地衣類を初めて理解しようとする方にとってわかりやすい種類です．三つめの痂状地衣類は外観では樹肌や岩表面の模様やしみとしか思えないものです．図 1.12 の痂状地衣類の写真では黄色のチズゴケ *Rhizocarpon geographicum* の仲間が属します．これらは触ると膨らみのようなものを感じるので，かさぶたの意味をもつ漢字「痂」をあてています．地衣類の観察会で痂状地衣類を水で濡らし，指で擦ると，ところどころに緑色が現れるので，参加者の皆さんが「藻類がそこにいるんだな」，「本当に地衣類だ」と実感できます．

以下に三つの生育形を説明します．

13．樹状地衣類

図 1.13 樹状地衣類

図 1.13 に示す樹状地衣類に垂下型と起上型があります．垂下型は文字通り樹木や岩から垂れ下がっている地衣類です．代表的な例としてはサルオガセの仲間があります．左の写真はナガサルオガセ *Dolichousnea longissima* です．ちょうどとろろ昆布のように樹木から垂れ下がっています．その他，キノリと呼ばれる属，例えば，ハリガネキノリ属，ホネキノリ属，バンダイキノリ属の地衣類が該当します．

他方，起上型は地面や樹皮，岩面から立ち上がっている地衣類です．代表的な例としては地面あるいは樹皮上に生育するハナゴケ属（例えば，ハナゴケ *Cladonia rangiferina*，右上の写真）と岩上に生育するキゴケ属（例えば，ヤマトキゴケ *Stereocaulon japonicum* var. *japonicum*，右下の写真）がそれぞれ挙げられます．この二つの起上型樹状地衣類の区別は生育する基物でもできますが，円柱状の地衣体（子柄や擬子柄と呼びます）が中空（ハナゴケ属）であるのかあるいは中実（キゴケ属）であるのかでも区別できます．

14．葉状地衣類

葉状地衣類の大きな特徴は図 1.4 のウメノキゴケ *Parmotrema tinctorum* を例に述べたように表裏があることです．表面を背面，裏面を腹面と呼びます．普通腹面に偽根と呼ばれる根様の組織がありますが，植物の根のように栄養を吸収する組織というよりは地衣体を基物に固定するための錨のようなものです．

葉状地衣類は地衣体の大きさに応じてさらに狭義葉状地衣類と鱗状地衣類の二つに分けられます．図 1.14 に狭義葉状地衣類の代表例であるハイマツゴケ *Vulpicida juniperinus*（左下の写真，知床硫黄山，東京都在住の仲田晶子氏撮影）とウメノキゴケ（左上の写真），鱗状地衣類の代表例であるヒメミドリゴケ *Endocarpon superpositum*（右の写真）を示します．鱗状地衣類は地衣体の径が 1 cm 以下ですが，集合して群落を作るために一見すると大きな痂状地衣類と見間違うこともあります．

図 1.14 葉状地衣類

15．痂状地衣類

図 1.15 痂状地衣類

痂状地衣類に地衣体と周囲との境界が明快に区別できる狭義痂状地衣類と区別できない粉状地衣類があります．図 1.15 にそれらの代表例を示します．狭義痂状地衣類は岩上また樹皮上に多数の地衣類と共存し，接触します．その場合，狭義痂状地衣類の境界部に菌糸線が黒く現れます．この境界線は近縁ほど薄く，遠縁になると濃くなります．図 1.15 の左上の写真は狭義痂状地衣類のヘリトリゴケ *Porpidia albocaerulescens* var. *albocaerulescens*（下），イシガキチャシブゴケ *Lecanora subimmergens*（右上），イワニクイボゴケ *Ochrolechia parellula*（左上）です．これら 3 種は典型的な暖温帯性の岩上地衣類です．それぞれの境界線は明瞭です．また，右の写真は北海道在住の泉田健一氏撮影によるトドマツ樹皮上の痂状地衣類です．サネゴケ属やトリ

ハダゴケ属の痂状地衣類が写っています．こちらもそれぞれの境界線は明瞭です．

粉状地衣類にそのような境界は現れません．一見すると地衣類とは思えず，何か粉がまぶしてある感じです．例えば，図 1.15 の左下の写真に示すコガネゴケ *Chrysothrix candelaris* が挙げられます．

16．ダイダイゴケ科の生育形

生育形は重要な分類形質ですが，科を決める形質とはなりません．ちょうど植物の草本と木本が科を決める形質とはならないのと同じです．植物のキク科と同じようなことが地衣類ではダイダイゴケ科で起こります．

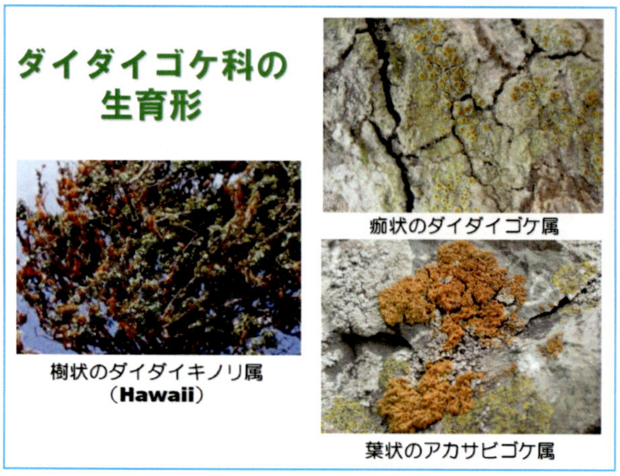

図 1.16 ダイダイゴケ科の生育形

図 1.16 に示すように，ダイダイゴケ科において樹状地衣類のダイダイキノリ属，葉状地衣類のアカサビゴケ属，痂状地衣類のダイダイゴケ属が知られています．ダイダイキノリ *Teloschistes flavicans* はハワイ諸島などで観察できます．ダイダイゴケ *Gyalolechia flavorubescens* とアカサビゴケ *Zeroviella mandschurica* は国内でも観察できます．

ダイダイゴケ科以外に科内に二つあるいは三つの生育形が知られている例を以下に挙げます．カラタチゴケ科では樹状地衣類のカラタチゴケ属，鱗状地衣類のウロコイボゴケ属，痂状地衣類のイボゴケ属が知られています．また，キゴケ科では樹状地衣類のキゴケ属と粉状地衣類のレプラゴケ属，ウメノキゴケ科では樹状地衣類のサルオガセ属やホネキノリ属と葉状地衣類のウメノキゴケ属やトコブシゴケ属が知られています．

17．地衣類に似た生き物 ①

ここで地衣類に似た生き物を紹介します．

図 1.17 の左上の写真は地衣類のイワタケ *Umbilicaria esculenta*（岩茸），岩上の地衣類です．左下はきのこの仲間であるキクラゲ（木茸），こちらは樹皮上です．両者の外観は非常によく似ています．ただ，触感は違います．イワタケの方が硬い感じです．食感もイワタケの方がこりこりとした味わいです．

図 1.17 の右上の写真は地衣類のロウソクゴケ *Candelaria asiatica*，右下の写真は粘菌（変形菌）です．粘菌の名前はわかりません．遠目の色合いはよく似ています．近寄ると粘菌に線状のものが見えます．触感も違います．ロウソクゴケは硬く乾いています．最も大きな違いは，粘菌は動き，地衣類は動かないことです．

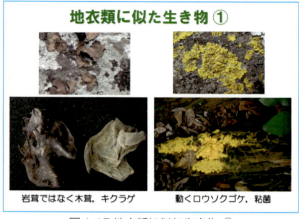

図 1.17 地衣類に似た生き物 ①

18．地衣類に似た生き物 ②

図 1.18 地衣類に似た生き物 ②

地衣類に似た生き物の次の例を図 1.18 に紹介します．

図 1.18 の左の写真は愛媛県在住の水本孝志氏により愛媛県宇和島市で撮影された絹皮病菌の菌糸束です．一見したところ地衣類のヨコワサルオガセ *Dolichousnea diffracta* に似ています．ただし，絹皮病菌の菌糸束は白色ですが，ヨコワサルオガセは淡緑色です．分布域も異なっていて絹皮病菌は暖温帯中心ですが，ヨコワサルオガセは冷温帯から亜寒帯に生育します．

図 1.18 の右の写真は鹿児島県在住の小西祐伸氏により鹿児島県屋久島で撮影されたヤマンバノカミノケと呼ばれる根状菌糸束です．ヤマンバノカミノケは特定の種ではないようです．一見したところ，こちらは地衣類のハリガネキノリ *Bryoria trichodes* subsp. *trichodes* に似ています．ただし，ヤマンバノカミノケは黒色ですが，ハリガネキノリは褐色です．分布域も異なってヤマンバノカミノケは暖温帯中心に生育しますが，ハリガネキノリは亜寒帯に生育します．

19．地衣類の区別－子嚢地衣類と担子地衣類－

地衣類はそれを構成する真菌類（地衣菌 mycobiont と呼ばれます）の種類で分類することもできます．真菌類は「かび」のような子嚢菌類と「きのこ」のような担子菌類とに分けることができます．地衣類も同様に「子嚢地衣類」と「担子地衣類」に分かれます．

図 1.19 の左の写真の地衣類は子嚢地衣類の代表例としたアンチゴケ Anzia opuntiella です．葉状の地衣体で皿状の子器（子嚢胞子を作る器官）をつけています．皿状の子器の平坦な茶褐色の部分（子器盤と呼びます）の下で子嚢胞子が作られます．子器の多くは季節とは無関係に野外で見つけることができます．アンチゴケの子器はチャワンタケと呼ばれる子嚢菌類に属している種類の子器によく似ています．

図 1.19 地衣類の区別－子嚢地衣類と担子地衣類－

一方，図 1.19 の右の写真の地衣類は担子地衣類の代表例としたアリノタイマツ Sulzbacheromyces sinensis です．地衣体は粉状で写真では青白く見えています．橙色の棒状のものは子実体（担子胞子をつくる器官）です．子実体が傘状になる種，例えば，アオウロコタケ Lichenomphalia hudsoniana もあります．子実体の形成は他のきのこと同様に時期があります．子実体がない場合，同定することが難しくなります．

日本産 1786 種が記載された山本（2020）を調べると，子嚢地衣類に属するものは 99.6%，担子地衣類に属する種は 0.4% であることがわかりました．ほとんどの地衣類が子嚢地衣類で占められています．

20．子嚢地衣類の系統

子嚢地衣類の系統について詳しくは第 3 章「地衣類の系統・進化」で述べるのでここでは簡単に触れます．

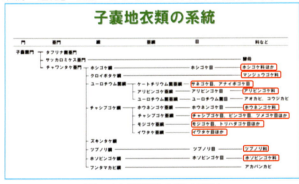

図 1.20 子嚢地衣類の系統

図 1.20 に示すように子嚢地衣類は子嚢菌門に属します．地衣類以外に子嚢菌門には酵母（パン酵母）やアオカビ，コウジカビ，アカパンカビが属します．子嚢菌門はタフリナ菌亜門，サッカロミケス亜門，チャワンタケ亜門の三つの亜門からなり，パン酵母はサッカロミケス亜門に，地衣類やアオカビ，コウジカビ，アカパンカビはチャワンタケ亜門に属します．

チャワンタケ亜門の中で主に地衣類が属する綱はホシゴケ綱，クロイボタケ綱，チャシブゴケ綱，ツブノリ綱，ユーロチウム菌綱，ホソピンゴケ綱です．

例えば，ホシゴケ綱にホシゴケ目が，クロイボタケ綱にマンジュウゴケ科が，チャシブゴケ綱にホウネンゴケ目が，ツブノリ綱にツブノリ目が，ユーロチウム菌綱にサネゴケ目，アナイボゴケ目，アリピンゴケ目が，ホソピンゴケ綱にホソピンゴケ目がそれぞれ含まれます．もちろん，これらの綱に多くの非地衣類も含まれます．例えば，アオカビやコウジカビはユーロチウム菌綱に属します．この中でチャシブゴケ綱は地衣類が属する最大の綱です．

21．共生する藻類（共生藻）

地衣類を構成する藻類（共生藻 photobiont）の種類と組み合わせで地衣類を三つのグループに分けることもできます（図 1.21）．

図 1.21 共生する藻類（共生藻）

A グループは真菌類＋緑藻類（いわゆる緑藻共生地衣類），B グループは真菌類＋緑藻類＋シアノバクテリア，C グループは真菌類＋シアノバクテリア（いわゆる藍藻共生地衣類）です．国内産 1786 種が記載された山本（2020）を調べると，A グループに属する種は 88%，B グループに属する種は 4%，C グループに属する種は 8% であることがわかりました．ほとんどの地衣類が A グループで占められています．

緑藻類でもシアノバクテリアでも光合成をするので，いずれのグループも共生する藻類が真菌類に炭素源を供給します．一方，シアノバクテリアは窒素固定も行うので，B と C のグループでは真菌類はシアノバクテリアから窒素源を供給されます．

各グループに属する地衣類の代表例を図 1.21 に示します．A グループの代表はマツゲゴケ Parmotrema clavuliferum（左下の写真），地衣体の表面の色が灰白色から淡灰緑色である地衣類はほとんどこのグループに属します．C グループの代表はアツバツメゴケ Peltigera malacea（右下の写真）です．一般的に地衣体の表面の色が暗褐色から黒色である地衣類はこのグループに属します．B グループの代表はヒロハツメゴケ Peltigera aphthosa（中央下の写真）です．地衣体表面が濡れると鮮やかな緑色を示す地衣類は普通このグループに属しま

す．ヒロハツメゴケの地衣体表面に黒い点状のものが見えます．これは頭状体と呼ばれ，シアノバクテリアが局在します．この **B** グループにキゴケ属も含まれます．頭状体については **1.27** で説明します．

22．共生藻の種類

前項で述べたように共生藻を担っているのは緑藻類とシアノバクテリアです．日本産の 1786 種が記載された山本（2020）を調べると，緑藻類を共生藻とするものは 92%，シアノバクテリアを共生藻とするものは 12% であることがわかりました．ほとんどの地衣類は緑藻類を共生藻としています．

図 1.22 共生藻の種類

緑藻類とシアノバクテリアの代表例を図 1.22 に示します．緑藻類のトレボキシア属 Trebouxia（左上の写真）は共生藻として最も多くの地衣類を構成しています．例えば，ウメノキゴケ属やハナゴケ属などの地衣類です．Trebouxia は単独では生存できないとされています．その他，緑藻類は Stichococcus（左下の写真）やスミレモ属 Trentepohlia が知られています．一方，シアノバクテリアのネンジュモ属 Nostoc（右下の写真）は共生藻として最も多くの藍藻共生地衣類を構成しています．例えば，ツメゴケ属やイワノリ属の地衣類です．その他，Anabaena が知られています．スミレモ属やネンジュモ属は自然界で単独に生存しています．

23．共生藻に対する地衣化の影響

図 1.23 共生藻に対する地衣化の影響

共生藻は地衣化によって目に見えるどのような影響をうけるのでしょうか．図 1.23 に示すのは二つの現象です．

一つは島根県在住の澤田達也氏から提供頂いた左の写真のような形態変化です．樹木の葉上に生育する気生性の緑藻 Cephaleuros は白藻病を起こす病害藻類，白藻病藻として知られています．地衣化していない自由生活系の場合，藻体は葉上に放射線状に広がります．ところが地衣化してアオバゴケ Strigula smaragdula になると，放射線状ではなく円形となります．

もう一つは右の写真のような色調変化です．岩上や樹上に生育する気生性の緑藻スミレモは自由生活系では橙色の藻体です．ところが地衣化してスミレモモドキ Coenogonium nigromaculatum になると橙色から緑色になります．地衣化されるとスミレモの橙色を示すカロテノイド色素の生合成が抑制されると考えられます．まれに，橙色と緑色が混在する場合もあり，その時は地衣化の過程にあるのでしょう．

共生藻に対する地衣化の影響はもちろん目に見えないレベルでも起きていると考えられます．

24．緑藻共生葉状地衣類の地衣体断面

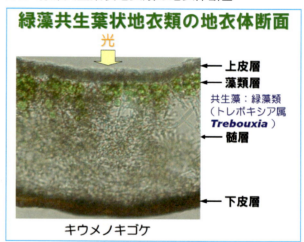

図 1.24 緑藻共生葉状地衣類の地衣体断面

緑藻共生葉状地衣類の地衣体断面写真を図 1.24 に示します．地衣体断面が異層になっているので異層地衣類と呼ぶこともあります．材料としたのはキウメノキゴケ Flavoparmelia caperata です．

地衣体の最上部と最下部は皮層と呼ばれる菌糸が密に詰まった数細胞の厚みのある組織からなります．最下部を下皮層と呼びます．ウメノキゴケ科の多くの種の下皮層は黒色です．黒色メラニンを貯蔵しています．一方，最上部を上皮層と呼びます．一般的に上皮層は無色ですが，一部の種は色素を貯蔵して着色しています．例えば，アカサビゴケ Zeroviella mandschurica はアントラキノン色素を上皮層に貯蔵しているので橙色です．葉状地衣類の中で下皮層を欠く種もあります．ゲジゲジゴケ属のクロアシゲジゲジゴケ Heterodermia japonica の仲間です．

上皮層の直下に藻類層があります．藻類層では共生藻細胞が菌糸に包まれた形で存在しています．キウメノキゴケの場合は緑藻類のトレボキシア属 Trebouxia が存在します．藻類層の厚みは種によって変わりますし，同じ

種でも場所によって変わります．例えば，日当たりのよい場所では藻類層は薄くなって地衣体の色は白っぽくなり，日当たりの悪い場所では藻類層は厚くなって緑色が濃くなります．

下皮層と藻類層の間の層を髄層と呼びます．菌糸のみからなる層です．菌糸は粗く絡まり，ところどころに空間を作ります．普通，髄層は無色ですが，色素によって着色することもあります．例えば，そのような種にアカハラムカデゴケ *Phaeophyscia endococcinodes*，キウラゲジゲジゴケ *Heterodermia obscurata*，アカウラヤイトゴケ *Solorina crocea* があります．

25. 緑藻共生樹状地衣類の地衣体断面

図 1.25 緑藻共生樹状地衣類の地衣体断面

緑藻共生樹状地衣類の地衣体断面写真を図 1.25 に示します．材料としたのはアカサルオガセ *Usnea rubrotincta*（図 1.25 の左の写真）とミヤマクグラ *Oropogon asiaticus*（図 1.25 の右の写真）です．

アカサルオガセを例に説明します．樹状地衣類はちょうど葉状地衣類を丸めたような地衣体断面をしています．中心に当たるところに中軸（あるいは軸）があります．中軸は菌糸が密に詰まっています．中軸があるのは広義サルオガセ属で広義ホネキノリ属やカラタチゴケ属に中軸はありません．また，ミヤマクグラやウツロヒゲゴケ *Eumitria baileyi* のように中軸に当たるところが空洞になっている種もあります．基本的な構造はアカサルオガセと変わりません．

樹状地衣類の最も外側に皮層があります．葉状地衣類の上皮層と同様に菌糸が密に詰まった数細胞の厚みのある組織からなります．ほとんどの場合，皮層は無色ですが，一部の種では色素を貯蔵して全体あるいは一部が着色しています．図 1.25 の左の写真のアカサルオガセの地衣体断面に赤く着色されたところを見つけることができます．また，右の写真のミヤマクグラの地衣体断面では皮層が淡褐色に着色されています．

皮層の直下に藻類層があり，藻類層と中軸との間に髄層があります．普通，髄層は無色ですが，色素によって着色することもあります．例えば，そのような種にバライロヒゲゴケ *Usnea ceratina* があります．

26. シアノバクテリア共生葉状地衣類の地衣体断面

シアノバクテリア（藍藻）共生葉状地衣類の地衣体断面写真を図 1.26 に示します．材料としたのはトゲカワホリゴケ *Collema subflaccidum* です．藻類層と髄層の区別がつかないので同層地衣類と呼ぶこともあります．

シアノバクテリア共生葉状地衣類は緑藻共生地衣類と同様に上下に皮層をもつグループと下皮層を欠くグループとがあります．図 1.26 に示すトゲカワホリゴケが属するイワノリ属は後者の下皮層を欠くグループに属します．一方，アオキノリ属のアオカワキノリ *Leptogium pedicellatum* の仲間は前者に属します．普通，上皮層は褐色あるいは黒色に着色しています．

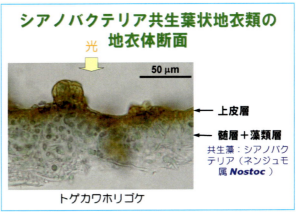

図 1.26 シアノバクテリア共生葉状地衣類の地衣体断面

トゲカワホリゴケにおいては髄層と藻類層の区別ができないので，ここでは両方をまとめて藻類層と呼ぶこととします．藻類層に共生藻であるシアノバクテリア（ネンジュモ属 *Nostoc*）が含まれます．ネンジュモ属は自由生活系では数珠状に細胞がつながっていますが，地衣体内では多くとも数細胞がつながるのみで，ほとんどの場合単細胞化しています．この現象も地衣化の影響です．共生藻の色は緑藻類の細胞に比べ，シアノバクテリアの細胞の方が深い緑色を呈します．

27. 二種類の頭状体

先に **1.21** で述べたように地衣類には真菌類に二種の藻類が組み合わされたグループがあります．その場合，緑藻類が主たる共生藻で地衣体全体に広がり，シアノバクテリアは頭状体と呼ばれる器官内に局在します．

図 1.27 二種類の頭状体

頭状体は二種類あり，外観から確認できる外部頭状体（図 1.27 の左の写真）と確認できない内部頭状体（図 1.27 の右の写真）があります．

図1.27の左の写真に外部頭状体をもつ代表としてヒロハツメゴケ Peltigera aphthosa を示します（写真は高知学園短期大学吉村庸教授提供）．図1.27の左上の写真に示すように地衣体表面に黒い点状に見える頭状体は外観から明確に区別することができます．左下の写真は頭状体を含む地衣体部分の断面写真です．頭状体に上皮層があり，その下にシアノバクテリアの多数の細胞とその細胞に絡む菌糸が確認できます．一方，緑藻類 Coccomyxa の細胞と頭状体は明らかに菌糸によって分離されています．

図1.27の右の写真に内部頭状体を持つ代表としてナメラカブトゴケ Lobaria orientalis を示します．ナメラカブトゴケが属する緑色カブトゴケ類には内部頭状体があります．右上のナメラカブトゴケの写真にはヒロハツメゴケのような黒い点状のものは認められません．右下の写真はナメラカブトゴケの頭状体を含む地衣体部分の断面写真（兵庫県在住の杉本廉氏提供）です．皮層の直下に隠れた内部頭状体を確認できます．

28. 頭状体をつけるその他の地衣類

頭状体をつける地衣類は葉状地衣類だけではありません．樹状地衣類や痂状地衣類の中にも頭状体をつける地衣類があります．

図1.28 頭状体をつけるその他の地衣類

頭状体をつけるその他の地衣類として樹状地衣類のキゴケ属があります．代表としてオオキゴケ Stereocaulon sorediiferum を図1.28の左の写真に示します．また，痂状地衣類としてオオセンニンゴケ Pseudobaeomyces pachycarpus（図1.28の右の写真）があります．どちらも外部頭状体で外観から明瞭に確認できます．オオキゴケの外部頭状体は暗藍色の嚢状，オオセンニンゴケの外部頭状体は淡赤色の疣状です．その他，外部頭状体をつける痂状地衣類として，デイジーゴケ Placopsis cribellans やカムリゴケ Pilophorus clavatus があります．

29. 地衣成分とは？

地衣類の第二の特徴は地衣成分と呼ばれる地衣類固有の含有成分です．

図1.29に示すように，地衣成分は1000種類以上が知られ，芳香族化合物が主になります．それらは地衣菌が産生します．地衣成分は真菌類や植物にほとんど含ま

れていないので，地衣類固有とみなされます．

また，地衣類は外敵に対抗するために，地衣成分という化学兵器を利用して地衣成分バリアーを構築し，外敵（昆虫や蘚苔類，微生物）や環境（紫外線や乾燥，凍結）から身を守っています．地衣成分については第7章で詳しく説明します．

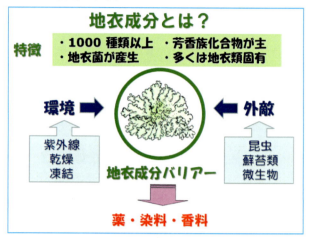

図1.29 地衣成分とは？

古来，人はこの地衣成分を薬，香料，染料として利用してきました．これらについては第10章と第13章で詳しく説明します．

30. 多様な気候の下でも地衣類は生きている

地衣類の第三の特徴は環境適応です．

世界中の多様な環境に適応して地衣類は生きています．生育環境はマクロな環境とミクロな環境に分けることができます．マクロな環境で生きている地衣類の生育は気候，すなわち温度と降水量に影響されます．一方，ミクロな環境に生きている地衣類の生育は光量や湿潤度に影響されます．地衣類の生育環境については第5章で詳しく説明します．

図1.30 多様な気候の下でも地衣類は生きている

日本は南北に約3000 kmと長く，標高は最も高い富士山で4000 m弱あり，日本は亜熱帯から寒帯までの気候を示します．

地衣類は適応できる気候帯に分かれ，それぞれ分布しています（図1.30）．亜熱帯に生きる地衣類は高温多湿の環境に適応しています．暖温帯も含めた照葉樹林に生きる地衣類の中の多くの種が東南アジアの地衣類と共通です．一方，寒帯に生きる地衣類は凍結する環境に適応

しています．北半球の高山やツンドラに生きる地衣類と深い関係があります．日本列島や琉球列島，小笠原諸島は古い時代に大陸から切り離されているために多くの固有種が見つかります．

31．多様な基物の上でも地衣類は生きている

ミクロな環境は共生藻の光合成に関係します．基物は適宜水分を含み，基物上の地衣類に水分を供給します．また，同じ基物でも場所によって受ける光量は異なります．光量は温度にも関係します．地衣類が生育する基物は地衣類にミクロな好適環境を提供します．

図 1.31 多様な基物の上でも地衣類は生きている

基物として樹木（木製物も含みます），岩（コンクリートや石造物も含みます），土，生葉，蘚類，地衣類が挙げられます（図 1.31）．この中から地衣類は好みに合った特定の基物，種によっては複数の基物を選びます．

32．極限環境にも地衣類は生きている

図 1.32 極限環境にも地衣類は生きている

地衣類は共生生物である利点を活かして，他の生物が生きにくい自然環境，極限環境にも生きています．地衣類が生きる極限環境に，図 1.32 に示す硫黄泉や大都会，鉱山跡，海岸があります．その他，砂漠，極地，火山溶岩流，硫黄噴気帯，河川水中が知られています．

33．地衣類とは？

図 1.33 に地衣類の特徴をまとめました．

地衣類は真菌類と藻類からなる共生生物で真菌類は地衣菌（mycobiont）と呼ばれ，主に子嚢菌類，一部担子菌類に属します．一方，藻類は共生藻（photobiont）と呼ばれ，緑藻類やシアノバクテリアが担います．

地衣類は地衣体（thallus）と呼ばれる独特な形態（栄養体）を有します．これは他の真菌類にない特徴です．

地衣類は多様な環境に生育が可能で，様々な基物に着生します．例えば，熱帯から高山や極地，砂漠，硫気荒原，岩石上や岩石内，樹皮上や樹皮内，地上，生葉上，河床，海岸の潮間帯のような極限環境にも生育します．

図 1.33 地衣類とは？

地衣類は世界で約 2 万種，日本で約 2 千種（真菌類の約 20%）が分布します．

地衣類は地衣類固有の化学物質（地衣成分）を含有し，古来，人は薬や染料・香料に利用してきました．

34．地衣学研究の将来

図 1.34 地衣学研究の将来

地衣学研究の将来を図 1.34 に示します．

一つの考え方は生物学が何を目指しているかですが，そこに三つの方向が読み取れます．その一つめは単純な系から複合した系へ，すなわち，個体間，あるいは種間，生物間における関係性を調べることに移行しつつあると思います．二つめは生物的視点から化学的視点と物理的視点を合わせた複合あるいは多視点へ，すなわち，生物現象は化学現象と物理現象の組み合わせだとする方向です．三つめは個体から社会へ，すなわち，生態系の一部として考えるということです．

生物学の方向から見ると，地衣学の将来は明るいと思います．従来の地衣類研究は地衣類をブラックボックスとして見ていました．しかし，現代では地衣類を構成する地衣菌の真菌類としての研究や共生藻の藻類としての研究が盛んにおこなわれ，地衣体再形成のような実験系も確立されるようになり，地衣菌と共生藻間の相互作用が研究できるようになりました．また，共存する微生物

群の研究も進みつつあります.

地衣類を生態系の一つとしてあるいは生態系そのものとして考える地衣学が21世紀に拓かれていくことと思います.

文　献

服部新佐. 1956. "こけ"と云うことば. 蘇苔地衣雑報 1 (3): 4-5.

久保輝幸. 2003. 地衣の名物学的研究. 茨城大学人文学研究科修士論文.

久保輝幸. 2009. Lichen は如何にして地衣と翻訳されたか. 科学史研究. 第 II 期 48 (249): 1-10.

盛口満. 2017. となりの地衣類, 246 pp. 八坂書房, 東京.

盛口満. 2021. 歌うキノコ, 245 pp. 八坂書房, 東京.

Schwendener, S. 1867. Die Algentypen der Flechtengonidien. Programm für die Rectorsfeier der Universität Basel 4: 1-42.

山本好和. 2012. 「木毛」ウォッチングの手引き 地衣類 初級編 第 2 版, 82 pp. 三恵社, 名古屋.

山本好和. 2020. 「木毛」ウォッチングの手引き 上級編 日本の地衣類-日本産地衣類の全国産地総目録-, 280 pp. 三恵社, 名古屋.

第 2 章 地衣類の分類

本章では最初に **A** 分類・同定の基本的な考え方を提示し，次いで，**B** 地衣類を材料にした分類・同定の実際について説明します．内容については一部拙著『地衣類初級編』（山本 2012）や『となりの地衣類』（盛口 2017）を参考にしてください．

A　分類・同定の基本

地衣類の分類・同定の実際に入る前に，分類と同定の基本的な考え方を説明します．

1. 分類・同定（名前を知る）の意味

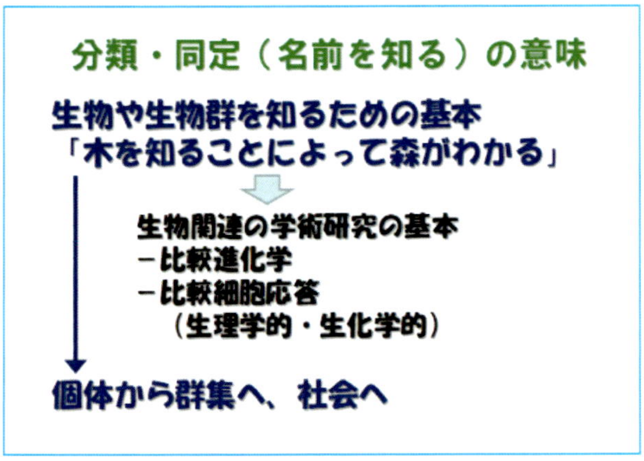

図 2.1 分類・同定（名前を知る）の意味

第 2 章に「地衣類の分類」を置いた意味は分類と同定という手段が図 2.1 に示すように生物や生物群を知る上で，また生物や生物群を研究する上で基本となるからです．筆者は生物学という学問は博物学と呼ばれた頃から生物どうしを比較することで積み上げられた学問と思っています．種を比較し，関連づけることで生物の進化を明らかにすることができます．また，細胞レベルで比較することで生化学的なあるいは生理学的な差異を明らかにでき，さらにその差異を生じた原因を明らかにすることができます．現在では遺伝子レベルで比較することで種はもとより個体レベルでの差異を明らかににすることもできるようになりました．これらは個体や種を分類・同定できたから生じた結果でもあります．

森を構成する木々の一つ一つの名前を明らかにすることで，森全体を理解することができます．このようにして名前を知ることは，個体比較から群集，社会を比較する研究へとつながっていきます．

2. 分類とは？

分類・同定の方法をどう考えたらよいのかを簡略化して筆者なりに説明します．まず，分類についてです．

図 2.2 に示すように，ある生物ですでに●で表される **A** があったとします．そこに今まで調査されたことがない地域で **A** と同一の個体や類似する個体群（新群）が多数見つかりました．類似するものは■や▲で表される個体群です．また，**A** に似ていますが大きさの異なる個体群もあります．そこで，形と色を指標に分けると三つのグループに分かれました．この作業が「分類」です．■のグループは既存種 **A** と明らかに異なると思われるので新種 **B** に，同様に▲のグループは新種 **C** と分類されます．それぞれの形質は **A** が●，**B** が■，**C** が▲と明確化されました．

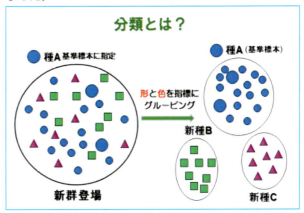

図 2.2 分類とは？

3. 分類の発展

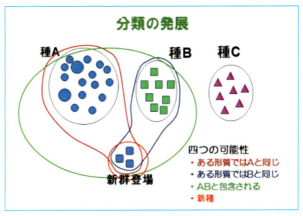

図 2.3 分類の発展

時を経て，新たな調査地域から **A** に類似した個体群（新群）がもたらされました．それは■の形質を有していました．さてこの新群をどこに分類すればよいでしょうか．四つの可能性があります．■という形の形質を優先すれば **B** に，青という色の形質を優先すれば **A** に分類できます．緑と青，●と■の形質分けが重要でないとすれば，新群も **A**，**B** も同じ種に属すると考えられるし，それぞれがより重要であるなら新群を新たな種と認定しなければならないでしょう．最終的な結論は分類学者に任されます．

4. 同定とは？

前項で種 **A** に加えて種 **B**，種 **C** が新たに確立されたとします．それに伴って新たな種概念が生まれました．図 2.4 において **A** は青（形は■か●），**B** は緑（形は■），**C** は紫（形は▲）でそれぞれの種の形質を表します．要

は色という形質が形という形質より優先されたことを意味します．

さて，また時を経て新たな調査地から新群が登場します．4個体の中で2個体は**A**，別の1個体は**B**と残りの1個体は**C**と同じ形質を持っているので，それぞれ**A**，**B**，**C**にあてはめます．この作業が同定です．

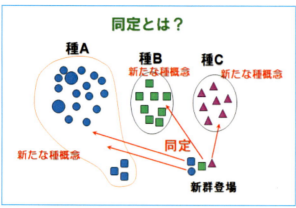

図 2.4 同定とは？

B　地衣類の分類・同定の実際

ここからは地衣類の分類・同定の実際に即して説明します．

5.　地衣類の調査・採集

図 2.5 地衣類の調査・採集

地衣類の分布調査の上では採集は欠かせません．調査・採集を行うときに注意すべき項目を図 2.5 にまとめました（イラストは沖縄大学盛口教授作）．

調査の前に是非行って頂きたいことは，まず調査地の緯度，経度，高度，住所を調べることです．それは国土地理院の HP を利用すれば容易にできます．以下の URL を入力すれば，国土地理院地図（電子国土 Web）が直接開きます．URL は変わることがあります．もしも，下記 URL が見つからない場合は検索ソフトで国土地理院を検索し，新しい URL を見つけてください．

http://maps.gsi.go.jp/#9/35.945771/140.822754/&base=std&ls=std&disp=1&vs=c1j0h0k0l0u0t0z0r1s0m0f1

この画面で上部にある空欄に場所を入力すれば該当する箇所が何箇所か提示されます．多数の場合に都道府県を指定すると限定されます．必要とする箇所をクリックすればその箇所の地図が出てきます．ここで最初に使用する場合に上部にある『★設定』で中心十字線を ON に設定すれば，その地点の緯度・経度・高度が表示されます．また『★設定』でグリッド表示の地域メッシュを ON に設定すれば 3 次メッシュまで表示されます．次回からこの設定がデフォルトになります．

地衣類を採集する様子と使用する主な道具を図 2.5 右のイラスト（盛口満氏作画，「となりの地衣類」から引用修正）に示しています．ルーペは必須です．市販の大体 10 倍から 20 倍のルーペで OK です．できるだけレンズの大きいものが使いやすいと思います．ガム剥がしや皮切りナイフは樹皮に固着した痂状地衣類を剥がす時に用います．私の使っているものは刃幅が 3.5 cm です．高知市柳川製です．次にコーキングヘラ，金属部がしなやかに曲がるので，樹皮上や岩上の葉状地衣類を剥がすのに便利です．最後にタガネとハンマー，岩上の痂状地衣類や固着して剥がしにくい葉状地衣類を採集する時に用います．岩の節理などを確かめながら，できるだけ薄く剥がします．あと，デジタルカメラと筆記具，メモノートは言うまでもありません．デジタルカメラは接写ができる方が好ましいです．もし，あなたが水筒や紫外線発生器（紫外線(UV)ライト），呈色反応液を持っていれば，野外での同定に大いに役立つでしょう．

次に，採集袋を準備します．筆者は古封筒を再使用しています．もちろん新品でも構いません．新封筒に採集時の必要項目（採集番号，住所，緯度，経度，高度，基物，仮同定名，特徴など）をあらかじめ印刷されている方もおられます．袋はビニール製を使わないでください．雨天で濡れている時はしかたがありませんが，持ち帰ったら必ず袋から出し，風乾してから紙袋に収めてください．そうしないとカビが発生します．

採集する場合，事前にその場所を管理する機関の許可を得なければならないこともあります．

準備が整ったら，さぁ，野外に出て地衣類観察です．採集する場合にふさわしい場所かどうかは一考を要します．興味ある地衣類が現れたらまず写真です．着生する基物がわかる程度の遠景，次いで目的の地衣類の形がわかる近景，カメラに接写機能があれば何枚か地衣体の拡大写真を撮ります．葉状地衣類の場合，腹面の情報も重要です．腹面の拡大写真も忘れずに撮影しましょう．

採集した場合，採集番号が必須です．これは個人での通し番号でも構いませんし，年月日を組み合わせた番号でも構いません．採集した袋に採集時刻（これはカメラの撮影時刻と関連づけることができます），生育基物，外観観察による仮同定名，また特徴を記します．

もし，あなたが Facebook 上の地衣類ネットワークスクールに在籍されているなら，遠景，近景，接写の写真セットをスクールに投稿してください．普通に見かける種なら名前を教えてもらえるでしょう．

6.　地衣類標本の整理と保存

持ち帰った標本の整理と保存について図 2.6 にまとめます．まず標本の整理です．最初にすべきことは標本の掃除です．樹皮上生の葉状地衣類や痂状地衣類についてはできるだけ基物である樹皮を剥がすようにします．その際に地衣体が小さく壊れてしまうことがあります．その場合にはそれ以上は無理と判断します．ハナゴケ属の

ような地上生の樹状地衣類については土や一緒に生育している蘚苔類をできるだけ剥がします．基本葉体を欠く，あるいは基本葉体が小さい場合には基本葉体と一緒に子柄を基物から抜き出します．ハナゴケ属の地衣類は時に数種が混在するので，その場合には種ごとに分けて，別途標本袋を用意します．岩上生の痂状地衣類についてはできるだけ基物である岩を剥がすようにしますが，無理なようであればそのままにします．痂状地衣類は小さくなる場合が多いので，木工用ボンドなどで台紙に貼りつけます．

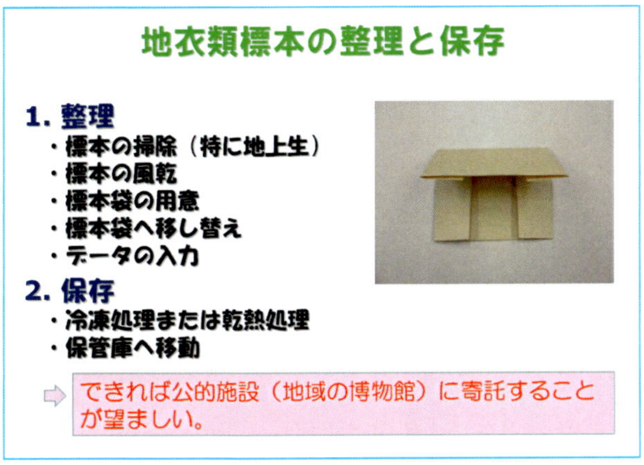

地衣類標本の整理と保存

1. 整理
  - 標本の掃除（特に地上生）
  - 標本の風乾
  - 標本袋の用意
  - 標本袋へ移し替え
  - データの入力
2. 保存
  - 冷凍処理または乾熱処理
  - 保管庫へ移動

⇒ できれば公的施設（地域の博物館）に寄託することが望ましい．

図 2.6 地衣類標本の整理と保存

掃除が終わった標本は風通しのよい場所で数日風乾して，標本袋に移します．もし採集時に雨などで標本が濡れている場合には掃除より乾燥を優先します．濡れたままにしておくと黴てしまいます．

標本袋は図 2.6 の右の写真のようにクラフト紙や少し厚い普通紙で作製します．A4 用紙を用い，そこに予めマイクロソフトエクセルやファイルメーカ，マイクロソフトアクセスなどのソフトを利用して入力したデータを印刷できるようにすれば便利です．

標本整理や同定作業の途中でも構わないのですが，先ほど示したソフトを利用してデータベースを作成し，採集データや同定データなどを入力します．

次に標本の保存です．博物館などで永久保存する場合は冷凍処理するか，または 60℃で 24 時間以上乾燥処理します．

最後にお願いです．地衣類の標本は日本では数多く博物館に所蔵されていません．できれば私蔵されることなく博物館，それも採集された地域あるいはご自分の住所のある博物館に寄贈されることをお勧めします．最近博物館の所蔵標本のデータベース化が進んでいます．皆さんが採集された標本が後世役に立つと確信しています．

7. 地衣類の分類形質

地衣類を分類・同定する上で重要な地衣類の特徴を分類形質と呼びます．図 2.7 に地衣類の分類形質を示します．地衣類の分類形質は時代とともに，また科学の進歩とともに変化してきました．最初は肉眼やルーペを用いた外部観察だけでしたが，顕微鏡が発達して解剖学的な観察が可能となりました．次いで，化学的な分析手法が発達して化学成分が加わり，最近では遺伝子分析手法が発達して遺伝子が新たに加わりました．化学分析や遺伝子分析は大学などの研究室で行われる高度かつ高価な手段なので，研究室とは無縁の方々にとってそのハードルは高くなります．化学分析や遺伝子分析を用いなくても地衣類は形態的な観察から名前をある程度絞り込むことができますし，同定することもできます．

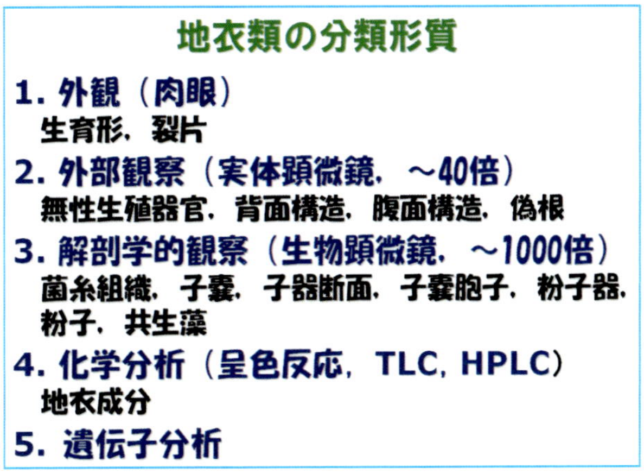

地衣類の分類形質

1. **外観（肉眼）**
  生育形，裂片
2. **外部観察（実体顕微鏡，〜40倍）**
  無性生殖器官，背面構造，腹面構造，偽根
3. **解剖学的観察（生物顕微鏡，〜1000倍）**
  菌糸組織，子嚢，子器断面，子嚢胞子，粉子器，粉子，共生藻
4. **化学分析（呈色反応，TLC, HPLC）**
  地衣成分
5. **遺伝子分析**

図 2.7 地衣類の分類形質

肉眼での観察では生育形とその表面の色が最も重要な形質です．さらに葉状地衣類では裂片幅の長さも重要です．

野外でのルーペ，さらに持ち帰っての実体顕微鏡による外部観察では背面構造と色，偽根を含む腹面の構造と色，子器や粉芽，裂芽などの生殖器官の有無や形，色を調べます．

地衣体を切断して得た切片を生物顕微鏡や電子顕微鏡で観察する解剖学的な観察では菌糸組織，子嚢の形，子器断面，子嚢胞子の大きさや形，雄性配偶子である粉子の大きさや形，粉子を作る粉子器の形や色，共生藻の形や色などを調べます．

化学分析では最初特殊な試薬による呈色反応を調べ，同定に役立てます．しかし，個々の地衣成分の同定はできません．そこで，次に考えられたのは地衣成分の結晶から地衣成分を同定する顕微結晶法です．最近ではクロマトグラフィー手法がよく利用されます．中でも薄層クロマトグラフィー（TLC）が使われます．

遺伝子分析は最後の手段と考えていますが，最近では遺伝子分析を最初に行って属レベルのあたりをつけることもされています．

8. 地衣類の分布調査における同定フロー

図 2.8 は小さな図で申し訳ありません．地衣類の分布

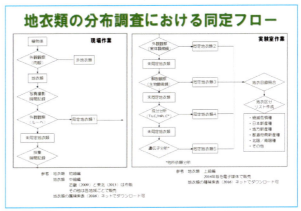

図 2.8 地衣類の分布調査における同定フロー

調査(私的あるいは公的)における地衣類の同定フローを示します.

同定は二つの場所で行われます.最初は野外(現場)で,野外でできないものについては持ち帰った実験室(これは研究室というよりは非野外と考えてください.)で作業します.最初は野外(現場)において遠目で白っぽい地衣類らしきものを探します.近寄って地衣類かどうかの最初の判断をします.地衣類であれば,まず写真撮影です.離れて遠景写真,近寄って地衣体全体の近景写真を撮ります.ルーペで覗き,背面とひっくり返した腹面を観察し,その特徴を調べます.際立つ特徴を写真に撮ります.ここで呈色反応や紫外線(UV)ライトを用いた UV 照射による発色や水をかけて表面の色の変化も確かめることもできれば,なお好ましい結果が得られると思います.

得られたデータを手元の中級編図鑑『「木毛」ウォッチングの手引き 中級編 東北の地衣類』(山本 2013)や『「木毛」ウォッチングの手引き 中級編 近畿の地衣類 第 2 版』(山本 2023)と自らの記憶と比較してその場で同定できれば,採集する必要性は低くなります.採集はできるだけしないことが望ましいし,採集するとしてもできるだけ少量で済ませたいものです.同定できないものは採集し,持ち帰ります.持ち帰った後,すぐに風乾し,その後できれば 1 週間程度冷凍室に入れます.これは地衣類にダニなど小動物が住んでいることが多いからです.冷凍することによってこれら小動物は死滅します.

ここから実験室作業になります.まず実体顕微鏡で地衣類の背面および腹面の外部形態を観察し,現場でルーペによって調べた特徴を再確認します.新たな特徴を発見することによって同定できる地衣類が出てきます.外部形態では同定できない地衣類については,地衣体切片や子器切片を作製し,それらの断面構造や共生藻,子嚢胞子を調べます.

得られた特徴を上級編図鑑『「木毛」ウォッチングの手引き 上級編 日本の地衣類-630 種』(できれば卓上版)(山本 2017)で比較して同定します.外部形態や解剖学的な特徴が似ていて地衣成分を調べないと同定できない地衣類もあります.呈色反応を再度行って,呈色反応の結果で同定できることもありますが,呈色反応も同じという類似した地衣類もあります.その場合は薄層クロマトグラフィーによる地衣成分の確認を行う必要があります.既存種の中に該当する種がない場合,遺伝子分析を行ってデータベースと照合し,新種かどうかを確認します.残念ながら国内の種でデータベースに収載されている種は少ないので,実際大変苦労します.

同定がすべて終われば,『「木毛」ウォッチングの手引き 上級編 日本の地衣類-日本産地衣類の全国産地目録-』(山本 2020)で該当種の産地を調べ,地方新産種か都道府県新産種かどうかを確かめます.

9. 地衣類はまず生育形により分類する

さて,ここから地衣類の分類の具体的な説明に入ります.まずは生育形の確認です.図 2.9 に葉状地衣類,樹状地衣類,痂状地衣類の代表的な例を示します.

できれば図 2.9 に示すような,より細分化された生育形,例えば,葉状地衣類では「葉状なのか,それとも鱗状なのか」,樹状地衣類では「垂下型なのか,それとも起上型なのか」,痂状地衣類では「痂状なのか,粉状なのか」まで確認して頂きたいと思います.

図 2.9 地衣類はまず生育形により分類する

図 2.9 に狭義葉状地衣類の代表例としてウメノキゴケ *Parmotrema tinctorum*(左上の写真),鱗状地衣類としてヒメミドリゴケ *Endocarpon superpositum*(左下の写真),垂下型樹状地衣類としてアカサルオガセ *Usnea rubrotincta*(中央上の写真),起上型樹状地衣類としてショクダイゴケ *Cladonia crispata* var. *crispata*(中央下の写真),狭義痂状地衣類としてヘリトリゴケ *Porpidia albocaerulescens* var. *albocaerulescens*(右上の写真),粉状地衣類としてコガネゴケ *Chrysothrix candelaris*(右下の写真)を示します.

10. 葉状地衣類は背面色で分類する

葉状地衣類の重要な分類形質に地衣体の大きさと背面色,腹面色があります.前項で地衣体の大きさにより狭義葉状地衣類と鱗状地衣類に分けることができることを明らかにしました.ここでは背面色について説明します.

図 2.10 葉状地衣類は背面色で分類する

背面の色から葉状地衣類は淡色系,すなわち灰白色から淡灰緑色,および淡緑褐色から暗緑褐色を呈する地衣類のグループ(淡色系地衣類)と褐色から黒褐色,濃灰色を呈する地衣類,および褐色から暗褐色を呈する地衣類のグループ(暗色系地衣類)に分けることができます.図 2.10 に示すように背面色が灰白色から灰緑色のウメ

ノキゴケ *Parmotrema tinctorum*（左上の写真）を含むウメノキゴケ属，淡黄緑色から暗黄緑色のウスカワゴケ *Nephromopsis pseudocomplicata* を含むオオアワビゴケ属，淡緑褐色から暗緑褐色のヤマトエビラゴケ *Lobaria adscripturiens* f. *adscripturiens*（右上の写真）を含むカブトゴケ属が淡色系地衣類に該当します．一方，背面色が褐色から黒褐色，濃灰色のモミジツメゴケ *Peltigera polydactylon*（左下の写真）を含むツメゴケ属や濃灰色のアオキノリ *Leptogium azureum* を含むアオキノリ属，褐色から暗褐色のイワタケ *Umbilicaria esculenta*（右下の写真）を含むイワタケ属が暗色系地衣類に該当します．淡色系地衣類に属する地衣類は前章 **1.21** で述べた緑藻共生地衣類と考えて差し支えありません．暗色系地衣類は広義イワタケ属を除けば藍藻共生地衣類と考えてこちらも差し支えありません．補足ですが，地衣類は淡色系地衣類と暗色系地衣類に属さない第三のグループに属する少数の種があります．地衣体の色が鮮やかな黄色や橙色を呈します．代表的な種としてロウソクゴケ *Candelaria asiatica* やコガネゴケ *Chrysothrix candelaris* が挙げられます．第三のグループに属する地衣類も緑藻共生地衣類です．

11. 葉状地衣類は腹面色で分類する

図 2.11 葉状地衣類は腹面色で分類する

腹面の色から葉状地衣類は腹面淡色系のグループと腹面暗色系のグループに分けることができます．葉状地衣類の多くの科で両グループは共存します．例えば，図 2.11 の左の写真に示すウメノキゴケ科ではウメノキゴケ *Parmotrema tinctorum* が属するウメノキゴケ属を含む多数の属は腹面暗色系ですが，トゲハクテンゴケ *Punctelia rudecta* が属するハクテンゴケ属は腹面淡色系です．図 2.11 の中央の写真に示すムカデゴケ科ではコウヤゲジゲジゴケ *Heterodermia koyana* が属するゲジゲジゴケ属は腹面淡色系ですが，コフキヂリナリア *Dirinaria applanata* が属するヂリナリア属は腹面暗色系です．また，図 2.11 の右の写真に示すツメゴケ科ツメゴケ属では白色脈を有するチヂレツメゴケ *Peltigera praetextata* は腹面白色系ですが，黒色脈を有するコフキツメゴケ *P. pruinosa* は腹面暗色系です．その他，カブトゴケ科は淡色腹面系ですが，イワノリ科は腹面暗色系となります．

12. 樹状地衣類は地衣体形状で分類する

図 2.9 で樹状地衣類は垂下型と起上型に分かれると述べました．また，樹状地衣類は円柱状と扁平状に分けることもできます．

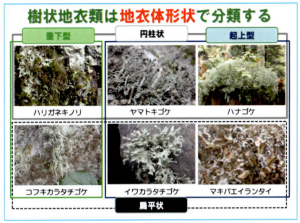

図 2.12 樹状地衣類は地衣体形状で分類する

図 2.12 に地衣体が円柱状である樹状地衣類と扁平状である樹状地衣類を例示します．図 2.12 の上段に地衣体が円柱状のハリガネキノリ *Bryoria trichodes* subsp. *trichodes*（左上の写真），ヤマトキゴケ *Stereocaulon japonicum* var. *japonicum*（中央上の写真），ハナゴケ *Cladonia rangiferina*（右上の写真），下段に地衣体が扁平状のコフキカラタチゴケ *Ramalina peruviana*（左下の写真），イワカラタチゴケ *R. yasudae*（中央下の写真），マキバエイランタイ *Cetraria laevigata*（右下の写真）を示します．

属の中に起上型の種と垂下型の種の両方を含む属もあります．図 2.12 に挙げたカラタチゴケ属とキゴケ属がそうです．コフキカラタチゴケは垂下型，イワカラタチゴケは起上型です．キゴケ属は起上型がほとんどですが，垂下型もあります．

13. 起上型樹状地衣類は子柄形状で分類する

図 2.13 起上型樹状地衣類は子柄形状で分類する

起上型の地衣類でハナゴケ属は地衣体を子柄と呼びます．ハナゴケ属に基本葉体と呼ばれる地衣体が存在する場合もあります．また，キゴケ属では地衣体を擬子柄と呼びます．

起上型樹状地衣類はさらに子柄や擬子柄が中実あるいは中空かで分類します．図 2.13 に例示します．

キゴケ属はすべて中実です．キゴケ属は擬子柄が棒状のヤマトキゴケ（左上の写真）のグループと灌木状のキゴケ *Stereocaulon exutum*（左下の写真）のグループに分けられます．エイランタイ属の地衣体（子柄や擬子柄とは呼びません）も中実です．

ハナゴケ属やトゲシバリ属は中空です．ハナゴケ属はさらに子柄の盃の形状や子器（盤）の色で分けることができます．図 2.13 に示すコアカミゴケ *Cladonia macilenta*（中央上の写真）やヤグラゴケ *C. krempelhuberi*（中央下の写真）は小盃をつけ，アカミゴケ *C. pleurota*（右上の写真）やジョウゴゴケ *C. chlorophaea*（右下の写真）は大盃をつけます．盃を欠くハナゴケ *C. rangiferina* のようなグループもあります．また，コアカミゴケやアカミゴケは赤い子器，ヤグラゴケやジョウゴゴケは褐色の子器をつけます．ハナゴケのグループは子器を欠き，粉子器をつけます．

14. 痂状地衣類は子器形状で分類する

痂状地衣類は外観で分類することは大変難しいグループです．しかし，子器の形や色，大きさを調べることによってある程度，科あるいは属を特定することができます．

図 2.14 痂状地衣類は子器形状で分類する

図 2.14 に示すように「痂状地衣類」は子器の形によって皿状の子器（裸子器と呼びます）をつけるグループ，半球状の子器（被子器と呼びます）をつけるグループ，紐状の子器をつけるグループ，棒状（ピン状）の子器をつけるグループに分かれます．

ナミチャシブゴケ *Lecanora megalocheila*（左上の写真）やヘリトリゴケ *Porpidia albocaerulescens* var. *albocaerulescens*（左下の写真）のような皿状の子器をつけるグループはさらに子器盤の色や子器の縁取りの有無が重要な視点になります．子器盤の色は淡赤色，朱色，橙色，褐色，灰黒色など多様で科や属を特定できる可能性があります．

ワタトリハダゴケ *Pertusaria quartans*（中央下の写真）やオニサネゴケ *Pyrenula gigas*（中央上の写真）のような半球状の子器をつけるグループもさらに子器の色や大きさで科や属を特定できる可能性があります．

コナモジゴケ *Graphis aperiens*（右上の写真）のような紐状の子器をつけるグループもさらに子器の長さや幅，筋状模様，子器盤の色で科や属を特定できる可能性があります．

シロハカマピンゴケ *Calicium hyperelloides*（右下の写真）のように棒状の子器をつけるグループにピンゴケ属，ホソピンゴケ属やヒメピンゴケ属が含まれます．

15. 子器が皿状の痂状地衣類は子器盤色で分類する

皿状の子器（裸子器）をつける痂状地衣類は子器縁でさらに分類できます．子器縁が白縁（地衣体背面と同系色）の裸子器はレカノラ型，黒縁の裸子器はレキデア型，子器縁を欠くように見える裸子器はビアトラ型です．図 2.14 の左上の写真のナミチャシブゴケは白縁があるのでレカノラ型です．また，ヘリトリゴケ（図 2.14 の左下の写真）は黒縁があるので，レキデア型です．

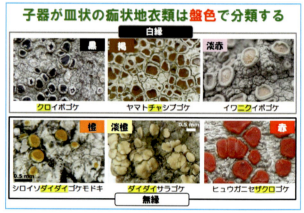

図 2.15 子器が皿状の痂状地衣類は盤色で分類する

図 2.15 の上段に白縁のレカノラ型，下段に無縁のビアトラ型の子器を図示します．図 2.15 に示すように子器盤色は子器型に関わらず黒色から赤色まで様々です．子器型や子器盤色は属によってほぼ決まっています．クロイボゴケ *Tephromela atra*（左上の写真）の属するクロイボゴケ属の子器はレカノラ型で子器盤は黒色，ヤマトチャシブゴケ *Lecanora nipponica*（中央上の写真）やナミチャシブゴケの属するチャシブゴケ属は同じくレカノラ型で褐色，イワニクイボゴケ *Ochrolechia parellula*（右上の写真）の属するニクイボゴケ属はレカノラ型で淡赤色，一方，シロイソダイダイゴケモドキ *Yoshimuria galbina*（左下の写真）の属するシロイソダイダイゴケ属の子器はビアトラ型で子器盤は橙色，ダイダイサラゴケ *Coenogonium luteum*（中央下の写真）の属するダイダイサラゴケ属はビアトラ型で淡橙色，ヒュウガニセザクロゴケ *Ramboldia haematites*（右下の写真）の属するニセザクロゴケ属はビアトラ型で赤色です．図 2.15 に黄色の背景で示しているところがあることに気がついたと思いますが，それぞれの属名は子器盤色にもとづいて名づけられています．

16. 地衣類の分類で最も重要な形質―無性生殖器官（粉芽・裂芽・泡芽）―

地衣類の生育形を問わず，種の同定に大きな役割を果たす分類形質に無性生殖（栄養繁殖）器官があります．無性生殖器官に粉芽（soredia），裂芽（isidia），泡芽

（pastula），小裂片（lobules），剥片（shizidia），粉子（pycnidia）があります．無性生殖器官の詳細は第 **4** 章で述べます．ここでは無性生殖器官の中で代表的な粉芽，裂芽，泡芽を図 2.16 に図示し，説明します．

図 2.16 の左下のイラストに示す粉芽は共生藻の細胞群に菌糸が周囲を囲んだ微小な粉状の塊で皮層はありません．例えば，キウラゲジゲジゴケ Heterodermia obscurata（左上の写真）に認められます．

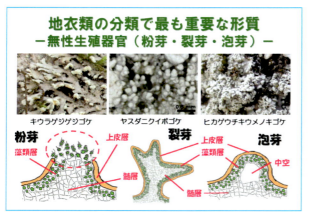

図 2.16 地衣類の分類で最も重要な形質
－無性生殖器官（粉芽・裂芽・泡芽）－

図 2.16 の中央下のイラストに示す裂芽は皮層を含む地衣体の一部が盛り上がったもので最初は顆粒状，大きくなると円柱状，さらに枝分かれしてサンゴ状になったり，幅が広がって扁平状になったりしたものを言います．粉芽との違いは必ず表面に皮層があることです．例えば，ヤスダニクイボゴケ Ochrolechia yasudae（中央上の写真）に認められます．

図 2.16 の右下のイラストに示す泡芽は一見したところ顆粒状や半球状，枕状で裂芽に見えることもありますが，裂芽と異なり中空です．例えば，ヒカゲウチキウメノキゴケ Myelochroa leucotyliza（右上の写真）に認められます．

17. 無性生殖器官による属内種分類

図 2.17 無性生殖器官による属内種分類

無性生殖器官が属内の種の分類・同定に利用されている例として図 2.17 にトコブシゴケ属を示します．

図 2.17 に示すようにコフキトコブシゴケ Cetrelia chicitae（右上の写真）は粉芽，トゲトコブシゴケ C. braunsiana（左下の写真）は裂芽，チヂレトコブシゴケ C. japonica（右下の写真）は小裂片をつけます．一方，トコブシゴケ C. nuda（左上の写真）は無性生殖器官をつけません．このように粉芽をつける種に「コナ」や「コフキ」，裂芽をつける種に「トゲ」，小裂片をつける種に「チヂレ」，泡芽をつける種に「アワ」を和名に付加することがよくあります．

トコブシゴケ属ほど多様ではありませんが，葉状地衣類の属内で無性生殖器官の種類によって名前がつけられているその他の例として，ヂリナリア属（粉芽をつけるコフキヂリナリア Dirinaria applanata，泡芽をつけるアワヂリナリア D. aegialita）があります．

18. 葉状地衣類の分類で重要な形質－偽根－

それぞれの生育形の分類で重要な形質があります．葉状地衣類の場合，腹面に発生する偽根（rhizines）がその一つです．

図 2.18 葉状地衣類の分類で重要な形質－偽根－

偽根は図 2.18 に示すように三つの型があります．それぞれ単一型，側根型（スカロース型），叉状型と呼ばれています．単一型としてコバノゲジゲジゴケ Heterodermia fragilissima（左下の写真），側根型としてヒゲネクロウラムカデゴケ Phaeophyscia squarrosa（中央下の写真），叉状型としてイコマゴンゲンゴケモドキ Remotrachyna incognita（右下の写真）を例示します．一般的にウメノキゴケ科の属では偽根は単一型が多く，そこに側根型が混在しますが，コウヤゴンゲンゴケ属はすべての種が叉状型です．

偽根の色は黒色が普通ですが，先端が白色化することもあります．また，白色や褐色を示すこともあります．偽根の長さや密度，色を利用し，葉状地衣類をさらに細かく分類することも可能です．例えば，同じゲジゲジゴケ科の中でゲジゲジゴケ属は長い偽根を散生し，一方，クロウラムカデゴケ属は短い偽根を密生します．「ゲジゲジ」と「ムカデ」を地衣類の名前に使った先人の妙に感動します．

偽根は野外でもルーペで容易に観察できるので，是非確認してください．

19. 葉状地衣類の分類で重要な形質－綿毛－

葉状地衣類で偽根と同じく重要な形質に図 2.19 に示すような綿毛（tomenta）があります．綿毛は背面，腹面の片方あるいは双方から発生し，大気中に伸びる微小

な菌糸束と考えられます．綿毛の色は種によって白色から褐色まで多様です．

綿毛は葉状地衣類にとって重要形質であることは以下のことから明らかです．ツメゴケ科ツメゴケ属は背面先端に白色の綿毛をつけるイヌツメゴケ Peltigera canina（左上の写真）やチヂレツメゴケ P. praetextata（左下の写真）のグループと綿毛を欠くウスツメゴケ P. degenii のグループに分かれます．また，カブトゴケ科カブトゴケ属は腹面に綿毛をつけるカラフトカブトゴケ Lobaria sachalinensis（中央上の写真）やウスバカブトゴケ L. linita（中央下の写真）のグループと綿毛を欠くエビラゴケ L. discolor var. discolor のグループに分かれます．カラフトカブトゴケは暗褐色の綿毛，ウスバカブトゴケの綿毛は淡褐色なので綿毛の色から両者を区別することができます．イワノリ科アオキノリ属は腹面に綿毛をつけるアオカワキノリ Leptogium pedicellatum（右上の写真）のグループと綿毛を欠くアオキノリ L. azureum のグループに分かれます．また，カワラゴケ Coccocarpia erythroxyli（右下の写真）の属するカワラゴケ科カワラゴケ属は腹面に灰色の綿毛をつけます．

図 2.19 葉状地衣類の分類で重要な形質－綿毛－

樹状地衣類にも綿毛があります．キゴケ属は綿毛をつけるグループと綿毛を欠くグループに分かれます．サンゴキゴケ Stereocaulon intermedium は綿毛をつけるグループに属します．

このように綿毛は分類のためのよい道標となります．

20. 葉状地衣類の分類で重要な形質－まつ毛－

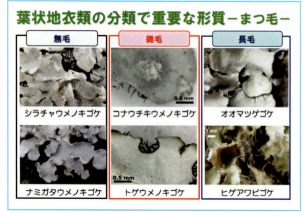

図 2.20 葉状地衣類の分類で重要な形質－まつ毛－

葉状地衣類，特に葉状のウメノキゴケ科の重要な形質に図 2.20 に示すようなまつ毛（cilia）があります．まつ毛は地衣体の縁（葉縁）から発生し，大気中に伸びる菌糸束と考えられます．綿毛よりは太めで長くなります．まつ毛の色は黒色が普通です．

まつ毛の有無やまつ毛の長さによって葉状のウメノキゴケ科を分類することができます．まつ毛を欠くグループには図 2.20 の左の写真に示すようなシラチャウメノキゴケ Canoparmelia aptata が属するハイイロウメノキゴケ属やナミガタウメノキゴケ Parmotrema austrosinense が属するウメノキゴケ属ウメノキゴケ類が含まれます．その他ハクテンゴケ属やカラクサゴケ属のようにウメノキゴケ科に属する多くの属はまつ毛を欠きます．まつ毛の長さが 0.5 mm 以下の微毛のグループには図 2.20 の中央の写真に示すようなコナウチキウメノキゴケ Myelochroa aurulenta が属するウチキウメノキゴケ属やトゲウメノキゴケ Hypotrachyna minarum が属するゴンゲンゴケ属ヒメウメノキゴケ類が含まれます．このグループにはまつ毛の基部が太くなるフトネゴケ属やキフトネゴケ属も含まれます．まつ毛の長さが 0.5 mm を超える長毛のグループには図 2.20 の右の写真に示すようなオオマツゲゴケ Parmotrema reticulatum の属するウメノキゴケ属マツゲゴケ類やヒゲアワビゴケ Tuckermannopsis americana が属する一部のヒゲアワビゴケ属が含まれます．

まつ毛の有無やその長さは野外でルーペにより確認できるので，葉状のウメノキゴケ科の分類のためのよい道標となります．

21. 葉状地衣類の分類で重要な形質－盃点と擬盃点，網斑－

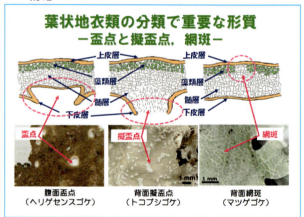

図 2.21 葉状地衣類の分類で重要な形質
－盃点と擬盃点，網斑－

葉状地衣類で同じく重要な形質に背面模様があります．これに属する形質に図 2.21 に示すような盃点（cyphella）と擬盃点（pseudocyphella），網斑（macula）があります．盃点は地衣体面の窪みと考えられます．擬盃点は皮層が欠けた部分と言えますが，外観では盃点に似ることもあります．網斑は藻類層を欠く現象です．図 2.21 のイラストに示すように，まず盃点と擬盃点の大きな違いは盃点に皮層が残り，擬盃点は皮層を欠くことです．また，盃点は腹面のみに，擬盃点は背面と腹面の両方に発生し得ることが知られています．盃点は点状ですが，擬盃点は点状から線状を示します．盃

点や擬盃点の色は白色であることが多いですが，擬盃点は一部髄層の菌糸の色を反映して着色することもあります．

盃点は図 2.21 の左下の写真に示すヘリゲセンスゴケ Sticta duplolimbata を含むヨロイゴケ属に特異的で腹面に発生します．盃点は明瞭な白色の円形を示します．

図 2.21 の中央下の写真に示すトコブシゴケ Cetrelia nuda を含むトコブシゴケ属は白色点状の擬盃点を背面全体に発生します．トコブシゴケ属と同様にハクテンゴケ属も白色点状の擬盃点を背面全体につけることが知られています．ハクテンゴケ属やトコブシゴケ属の擬盃点は粉芽化あるいは裂芽化することがしばしば認められます．その他背面に擬盃点をつける属にカラクサゴケ属があります．また，腹面に擬盃点をつける属にオオアワビゴケ属があります．

網斑は外観では擬盃点よりは細かな斑紋として観察されます．図 2.21 の右下の写真に示すマツゲゴケ Parmotrema claviliferum を含むウメノキゴケ属マツゲゴケ類やムカデゴケ科の一部で網斑が確認されます．

22. 擬盃点は樹状や痂状地衣類でも重要な形質

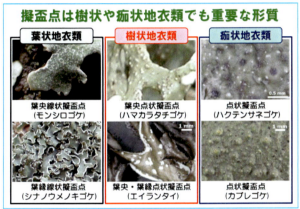

図 2.22 擬盃点は樹状や痂状地衣類でも重要な形質

擬盃点をつける葉状地衣類はウメノキゴケ科に属するハクテンゴケ属やトコブシゴケ属だけではありません．図 2.22 の左の写真に同じウメノキゴケ科のカラクサゴケ属のモンシロゴケ Parmelia marmorophylla とシナノウメノキゴケ P. shinanoana を例示します．その他，同じウメノキゴケ科に属するヒモウメノキゴケ属やオオアワビゴケ属，ピンゴケ科クロボシゴケ属，カブトゴケ科キンブチゴケ属にも擬盃点を見つけることができます．

一方，擬盃点は樹状地衣類や痂状地衣類でも重要な形質です．図 2.22 に樹状地衣類（中央の写真），痂状地衣類（右の写真）における擬盃点を例示します．エイランタイ属はウメノキゴケ科に属する起上型樹状地衣類です．擬盃点をつける種と欠く種とが混在します．エイランタイ Cetraria islandica subsp. orientalis は擬盃点をつけるグループに属し，葉央に白色点状，葉縁に白色線状の擬盃点をつけます．カラタチゴケ属も擬盃点をつける種と欠く種とが混在します．ハマカラタチゴケ Ramalina siliquosa は擬盃点をつけるグループに属し，葉央に白色点状の擬盃点をつけます．その他，ウメノキゴケ科ナガサルオガセ属も擬盃点をつけます．

痂状地衣類（図 2.22 の右の写真）ではサネゴケ属とカコウゴケ属に擬盃点をつけるグループが知られています．ハクテンサネゴケ Pyrenula quassiaecola とカブレゴケ Ocellularia microstoma は白色点状の擬盃点をつけます．

擬盃点は崩れることもあるので，無性生殖器官の一種である可能性があります．

23. 地衣類のさらなる分類のために－切片作製法－

地衣類のさらなる分類のために－切片作製法－

① 切断したい地衣体の一部もしくは子器を実体顕微鏡下に置く．
② 切断したいところに左手（あるいは右手）の人差し指を置き，爪の先で試料を押さえ，爪先端にカミソリを沿わせて試料を切り出す．
③ 切断面から少し左（あるいは右）にずらして人差し指を置き，②と同様に爪の先で試料を押さえ，爪先端にカミソリを沿わせて切片を切り出す．ずらす幅はできるだけ薄い方がよい．
④ スライドガラス上に水を1滴落とし，カミソリの先を少し濡らして切片を拾い上げた後，スライドガラスの水滴に移す．
⑤ カバーガラスをかぶせて生物顕微鏡で観察する．

注意事項 ①胞子を観察したい場合にはカバーガラスとスライドガラスを何度か擦り合わせて組織を壊してから観察する．
②胞子はできるなら油浸100倍対物レンズを使用し，接眼レンズにスケールを装着し，長さを測れるようにする．

図 2.23 地衣類のさらなる分類のために－切片作製法－

葉状地衣類や樹状地衣類の一部の種では外観だけでなく地衣体の組織構造や子器の構造を確認しなければならないこともあります．また，痂状地衣類は子器以外の外観にほとんど有効な形質がありません．このような地衣類の分類・同定にとって解剖学的観察による形質の確認は不可欠です．そのために地衣体の一部あるいは子器部分をカミソリやメスなどで上手に切断して，観察可能な切片を作製しなければなりません．図 2.23 に切片作製方法を示すとともに以下に説明します．

実体顕微鏡（携帯型実体顕微鏡でも可），生物顕微鏡，スライドガラス，カバーガラス，両刃あるいは片刃のカミソリ，台紙，接着剤，水を用意します．① 切断したい地衣体の一部もしくは子器を実体顕微鏡下に置きます．この場合に子器など小さなものは台紙に接着剤で貼りつけた方が上手に切ることができます．② 切断したいところに左手（あるいは右手）の人差し指を置き，爪の先で試料を押さえ，爪先端にカミソリを沿わせて試料を切り出します．③ 切断面から少し左（あるいは右）にずらして人差し指を置き，②と同様に爪の先で試料を押さえ，爪先端にカミソリを沿わせて切片を切り出します．ずらす幅はできるだけ薄い方がよいのですが，これはかなり熟練を要します．④ スライドガラス上に水を1滴落とし，カミソリの先を少し濡らして切片を拾い上げ，スライドガラスの水滴に移します．⑤ カバーガラスをかぶせて生物顕微鏡で観察します．

注意事項として，① 胞子を観察したい場合，カバーガラスとスライドガラスを何度か擦り合わせ，組織を壊してから観察します．② 胞子はできるなら油浸100倍対物レンズを使用し，接眼レンズにスケールを装着し，長さを測れるようにします．また，最初に1滴のコットンブルー染色液を用いれば胞子は青色に染色され，確認し

やすくなります．ライターやアルコールランプで下からスライドガラスを温め，突沸させないようにしながら中の空気の泡を除くときれいな切片標本が得られます．

24. 地衣体断面

地衣体断面を確認しなければならない実例を図2.24に紹介します．

図 2.24 地衣体断面

図2.24にアオキノリ属に属するウスバアオキノリ Leptogium moluccanum var. moluccanum（左の写真），アオキノリ L. azureum（中央の写真），ハイイロキノリ L. cochleatum（右の写真）の3種の生態写真と地衣体断面写真を示します．それぞれの種を外観から同定することはできません．3種の最も大きな違いは地衣体の厚さです．図2.24に示すように，ウスバアオキノリは35〜50 µm，アオキノリは50〜100 µm，ハイイロキノリは90〜170 µmの厚さなので，3種を同定するためには標本の地衣体の厚みを調べる必要があります．

25. 子器断面

子器や子器断面については第4章で詳しく述べるので，ここでは簡単にまとめます．

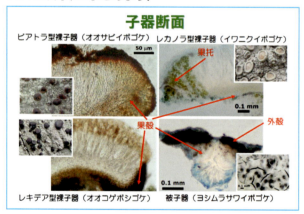

図 2.25 子器断面

子器に裸子器と被子器の二つの型があります．裸子器はさらにレキデア型，ビアトラ型，レカノラ型があります．図2.25に被子器と3種類の裸子器の断面写真を示します．ビアトラ型裸子器の代表としてオオサビイボゴケ Brigantiaea nipponica（左上の写真），レキデア型裸子器の代表としてオオコゲボシゴケ Megalospora tuberculosa（左下の写真），レカノラ型裸子器の代表としてイワニクイボゴケ Ochrolechia parellula（右上の写真），被子器の代表としてヨシムラサワイボゴケ Verrucaria yoshimurae（右下の写真）を選んでいます．

裸子器では果殻が地衣体の外側にあり，被子器では果殻が孔口を除いて地衣体に包まれています．また，被子器を有する一部の種では外殻と呼ばれる黒い部分が果殻の外側にあります．

裸子器の三つの型の最も大きな違いはその外観です．レカノラ型は地衣体背面と同色の子器縁があり，レキデア型やビアトラ型は子器縁が黒色で目立ちません．また，子器断面を観察すると，レカノラ型のみ子器縁に共生藻が存在し，果托と呼ばれます．ビアトラ型とレキデア型は子器全体が子嚢果にあたります．さらにレキデア型では果殻が炭化しています．

26. モジゴケ属の子器断面

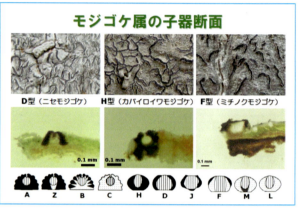

図 2.26 モジゴケ属の子器断面

モジゴケ属の子器は紐状で他の地衣類とは異なる形状を示します．この紐状の子器をリレラ型と呼びます．レカノラ型やビアトラ型，レキデア型と同じ裸子器に属します．レカノラ型などが二次元的な広がりを示すのに比べ，リレラ型は一次元的に伸びた形です．

リレラ型子器をつけるモジゴケ属やその近縁の属は果殻の炭化の程度と子器上部の縦じわの有無が重要な分類形質です．モジゴケ属の子器断面における炭化の型と対応する地衣類を図2.26に示します．

子器上部に縦じわがある型は図2.26の下の模式図に示すA型，Z型，B型，C型が該当します．一方，縦じわを欠く型はH型からL型までの型が該当します．A型とH型は果殻全体が炭化していること，Z型とD型は果殻側部が炭化していること，B型とF型は果殻側部の一部が炭化していること，J型は果殻の側部や底部の一部が炭化していること，M型は果殻底部が炭化していること，C型とL型は果殻の炭化が認められないことをそれぞれ示しています．

モジゴケ属3種の子器と子器断面の写真を図2.26に示します．ニセモジゴケ Graphis handelii は果殻側部が炭化しているのでD型，カバイロイワモジゴケ G. cervina は果殻全体が炭化しているのでH型，ミチノクモジゴケ G. intermediella は果殻側部の一部が炭化しているのでF型とそれぞれ当てはめることができます．

このように子器外観で同定が難しいモジゴケ属でも子器断面を調べることはその分類・同定に大いに寄与しま

す．また，果殻の炭化ばかりでなく，子囊層や子囊層基部の色はモジゴケ属以外の痂状地衣類の分類形質の一つに挙げられています．

27. 子囊胞子の形状と色

子器断面を調べた後，子囊中の胞子の数や子囊から追い出した胞子の長さや幅，色，室数を確認します．

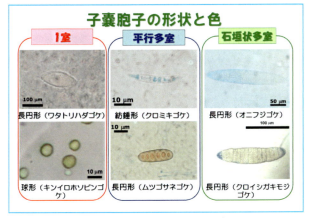

図 2.27 子囊胞子の形状と色

図 2.27 に子囊胞子の形状と色による分類を示します．子囊胞子の色は無色または褐色です．同じ属なら同じ色を示すのが普通です．子囊胞子は 1 室，あるいは平行した多室（2 室から十数室），石垣状の多室の三通りのどれかを示します．

図 2.27 に子囊胞子をそれぞれ例示します．1 室の例は無色長円形のワタトリハダゴケ *Pertusaria quartans*（左上の写真）と黄色球形のキンイロホソピンゴケ *Chaenotheca chrysocephala*（左下の写真）です．平行多室の例は無色紡錘形のクロミキゴケ *Stereocaulon nigrum*（中央上の写真）と褐色長円形のサネゴケ属のムツゴサネゴケ *Pyrenula sexlocularis*（中央下の写真）です．石垣状多室の例はフジゴケ属オニフジゴケ *Thelotrema monosporoides*（右上の写真）とクロイシガキモジゴケ属クロイシガキモジゴケ *Platygramme pseudomonotone*（右下の写真）です．

28. 岩上生で黒色半球状被子器を有する痂状地衣類の属分類

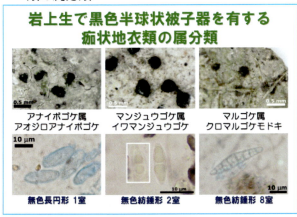

図 2.28 岩上生で黒色半球状被子器を有する痂状地衣類の属分類

子囊胞子の形状を確認することはどのような場合に役に立つのかその一例を挙げます．図 2.28 に岩上生の黒色半球状被子器を有する痂状地衣類の三つの属，アナイボゴケ属とマンジュウゴケ属，マルゴケ属を挙げました．外観でこれら三つの属を決めるのは大変難しいのですが，採集した標本の子囊胞子を確認することで容易に属を決めることができます．

図 2.28 の左の写真はアナイボゴケ属アオジロアナイボゴケ *Verrucaria praetermissa* です．子囊胞子は無色長円形の 1 室です．中央の写真はマンジュウゴケ属イワマンジュウゴケ *Strigula nipponica* です．子囊胞子は無色紡錘形の 2 室です．右の写真はマルゴケ属クロマルゴケモドキ *Porina flavonigra* です．子囊胞子は無色紡錘形の 8 室です．厳密にはこれら 3 種は生育環境が異なったり，子器径に違いがあったりするので慣れれば外観でも判断できるかもしれませんが，子囊胞子を確かめることで容易に判断できます．

29. 地衣類のさらなる分類のために－地衣成分分析（呈色反応）－

図 2.29 地衣類のさらなる分類のために－地衣成分分析（呈色反応）－

地衣類の地衣成分分析を分類に利用する最初の試みは，地衣成分が種々の試薬と反応して呈色することを利用することでした．

図 2.29 に地衣類の呈色反応に利用する試薬を挙げています．現在は主に 3 種類の試薬を用います．**C** 液，**K** 液，**P** 液（**PD** 液）です．**C** 液は市販アンチホルミン（次亜塩素酸ナトリウム溶液で約 10％の塩素を含む）原液です．冷蔵庫に保管し，小瓶などに小出しして用います．市販アンチホルミンの代わりに，市販のキッチンハイターの原液を使用することも可能です．光に当たると分解するので暗所に保存します．使用の都度色（淡黄色）や臭い（塩素臭）を確かめて使用可能の状態なのかを確認する必要があります．

K 液は市販 1N 水酸化カリウム溶液です．水酸化ナトリウムでも代用できます．こちらも小瓶などに小出しして用います．

P 液はパラフェニレンジアミンの 2％アルコール液ですが，劣化が早いので，アルコールを含ませた細い筆でパラフェニレンジアミン結晶の上をなぞり，直ちに地衣体に塗ることが勧められています．1N 水酸化カリウム溶液とパラフェニレンジアミンは劇物なので購入に際して手続きが必要です．

筆者は **C** 液，**K** 液とアルコール液を小瓶に小出しし，

パラフェニレンジアミンの小さな結晶の入った小瓶，小筆1本を小さなバッグ（図2.29）に入れ，観察会に持参しています．

30. 呈色反応の実際

図2.30にC液とP液で呈色する実例を示します．どちらも髄層を試験しました．まずメスやカミソリなどで髄層をむき出し，試薬を少量小筆あるいはつまようじの先をほぐしたものにつけて，軽く髄層に塗ります．

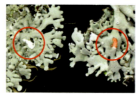
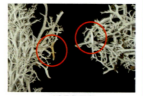
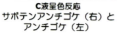

図2.30 呈色反応の実際

図2.30の左の写真は**C**液呈色反応例です．サボテンアンチゴケ *Anzia japonica*（右）とアンチゴケ *A. opuntiella*（左）です．サボテンアンチゴケは赤色に変化しましたが，アンチゴケは無変化でした．サボテンアンチゴケは**C**液で赤くなる地衣成分のアンチア酸を含みますが，アンチゴケはアンチア酸を含んでいません．

図2.30の右の写真は**P**液呈色反応例です．ワラハナゴケモドキ *Cladonia arbuscula* subsp. *mitis*（右）とワラハナゴケ *C. arbuscula* subsp. *beringiana*（左）です．ワラハナゴケは橙色に変化しましたが，ワラハナゴケモドキは無変化でした．ワラハナゴケは**P**液で橙色になる地衣成分のフマールプロトセトラール酸を含みますが，ワラハナゴケモドキはフマールプロトセトラール酸を含んでいません．

両ケースでは髄層に塗布しましたが，地衣体に直接塗布するケースもあります．痂状地衣類のように髄層が薄い場合に当てはまります．

それぞれの試薬で呈色する地衣成分は特定の化学構造を持っているグループなので，地衣成分が特定できるわけではありません．しかし，形態分類とあわせて地衣成分を特定することは可能です．また，呈色の度合いは地衣成分の含有量に関係するので，無変化だからと言って地衣成分を欠くとは限りません．これらの点に注意が必要です．

31. 地衣類のさらなる分類のために－地衣成分分析（UV露光）－

試薬による呈色反応と同様に簡便な地衣成分検出方法があります．それが紫外線（UV）ライトにより特定の波長の紫外線を発生させ，紫外線を地衣体に照射して地衣体の発色を調べる方法です．欠点としては，UV発色は地衣成分量と関連するので，量が少なければ発色は目立ちにくくなります．また，電池残量が少ないと光量が低くなるので発色は目立ちにくくなります．それぞれ注意が必要です．

図2.31Aに筆者が使用している紫外線（UV）ライト（左の写真，375 nmのUVを発生するブラックライト）とその使用例を紹介します．

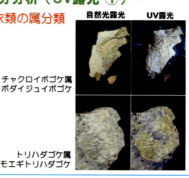

図2.31A 地衣類のさらなる分類のために－地衣成分分析（UV露光 ①）－

地衣類の属の中でUV露光に対して多くの種が発色する属があります．その性質を利用してUV露光と外観で属を決めることができます．図2.31Aの右上の写真はチャクロイボゴケ属ボダイジュイボゴケ *Lecidella sendaiensis*，右下の写真はトリハダゴケ属モエギトリハダゴケ *Pertusaria flavicans* です．チャクロイボゴケ属もトリハダゴケ属も属する多くの種がUV露光で発色する地衣成分のキサントン類を含んでいます．チャクロイボゴケ属はレキデア型裸子器，トリハダゴケ属は被子器か無子器なので両者の区別は容易です．もちろん，どちらの属にもUV露光で発色しない種もあります．外観とUV発色の有無で種を同定することも可能です．

属の中でUV発色する種が混在し，他種と外観や子嚢胞子の形態，呈色反応が類似してその区別が難しい場合に，UV露光は種を同定する有効な手段です．

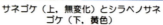

図2.31B 地衣類のさらなる分類のために－地衣成分分析（UV露光 ②）－

図2.31Bの左の写真の上の個体がサネゴケ属サネゴケ *Pyrenula fetivica*，下はサネゴケ属シラベノサネゴケ *P. pseudobufonia* です．この2種は外観でも区別がつきませんし，子器や胞子の大きさも同じ程度で，同定の難しい種です．しかし，自然光下とUV露光下のそれぞれの個体を比べると，サネゴケは変化がなく，シラベノサネゴケはUV露光下で黄色に発色しています．これはシラベノサネゴケに地衣成分のリヘキサントンが含まれ，

この地衣成分が UV で発色しているのです．一方，サネゴケにリヘキサントンが含まれていません．このように簡単に両者の区別がつきます．

リヘキサントンを含む地衣類は UV で黄色に発色するので，形態的に似ている種同士を簡単に区別することができます．例えば，クロボシゴケ Pyxine subcinerea とコナクロボシゴケ P. sorediata，ゴンゲンゴケ Hypotrachyna osseoalba とハコネゴンゲンゴケ H. revoluta の組み合わせがあります．どちらも前種がリヘキサントンを含み，UV で黄色に発色し，簡単に区別できます．図 2.31B の右上の写真は野外で UV 露光したゴンゲンゴケの写真です．野外でも容易に確認できるので，ブラックライトを持参すれば同定が進みます．また，図 2.31B の右下の写真はヒイロクロボシゴケ Pyxine cocoes です．UV 露光下で鮮やかな黄色に発色しています．リヘキサントンの含有量が多いのでしょう．

リヘキサントンはキサントン類に属する物質です．リヘキサントン以外のキサントン類も UV で黄色から橙色に発色します．図 2.31A に示すモエギトリハダゴケの地衣成分はリヘキサントン類に属するチオファニン酸です．UV 露光下で黄色ではなく橙色に発色しています．このように地衣成分の種類で UV 発色の色合いは若干異なることがあるので，調べればもっと面白いかもしれません．

32. 地衣類の同定のために－地衣成分分析（薄層クロマトグラフィー）－

地衣類の確実な同定にとって，その地衣成分を明らかにすることは重要です．地衣成分の同定にクロマトグラフィー手法が最も便利です．クロマトグラフィーの原理やその詳細について第 **7** 章で説明します．クロマトグラフィーの種類に薄層クロマトグラフィー（TLC），高速液体クロマトグラフィー（HPLC），ガスクロマトグラフィー（GC）がありますが，地衣成分分析によく使われるのは TLC や HPLC です．ここでは薄層クロマトグラフィーについて説明します．

地衣成分分析では主に図 2.32 に示す 4 種類の溶媒系を使用します．それぞれ **A**，**B′**，**C**，**G** と名づけられています．その組成は以下の通りです．**A**，トルエン／ヂオキサン／酢酸＝180:45:5，**B′**，ヘキサン／メチル-t-ブチルエーテル／ギ酸＝140:72:18，**C**，トルエン／酢酸エチル／ギ酸＝139:83:8，**G**，トルエン／酢酸＝85:15．また，スポットの発色は通常硫酸加熱で行います．

微量成分も含めて地衣成分を同定するためには薄層クロマトグラフィーだけでは難しく，高速液体クロマトグラフィーと他の分析機器，例えば，全波長 UV 検出器（PDA）やマススペクトル（MS）を組み合わせて使います．第 **7** 章で詳細を述べます．

薄層クロマトグラフィーを用いた種の同定例を図 2.32 に示します．ヨロイゴケ属に属するテリハヨロイゴケ Sticta nylanderiana とアツバヨロイゴケ S. wrightii は右の写真に示すようにその外観は非常に類似しています．しかし，その地衣成分は全く異なります．薄層クロマトグラフィーによる分析結果を図 2.32 の中央に示します．テリハヨロイゴケにジロフォール酸とコンジロフォール酸が検出されますが，一方，アツバヨロイゴケに地衣成分が認められません．このように形態分類では難しい類似種の化学成分を分析することで同定することができます．

33. 地衣類の同定のために－遺伝子情報－

形態観察や地衣成分分析で同定できない標本については遺伝子分析を行って最終的な同定を行わなければなりません．特に新種が想定される場合，必ず遺伝子分析を行い，得られた結果をデータベースと照合することが必須です．

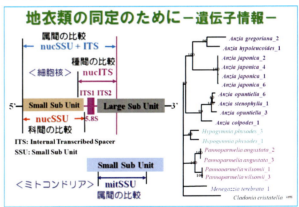

図 2.33 地衣類の同定のために－遺伝子情報－

図 2.33 に示すように，遺伝子分析では主に細胞核とミトコンドリアに存在する遺伝子の塩基配列を調べます．細胞核の遺伝子はリボソームのスモールサブユニット（**nucSSU**）とラージサブユニット（**LSU**），その間にある **ITS** と呼ばれる二つの領域，および **5.8S** と呼ばれる領域を調べます．種間の比較に細胞核遺伝子の **ITS1＋5.8S＋ITS2** の遺伝子領域，属間の比較に細胞核の主として **nucSSU＋ITS1＋5.8S＋ITS2** の遺伝子領域やミトコンドリアのスモールサブユニット（**mitSSU**），科間の比較に **nucSSU** を用います．

遺伝子分析の方法と実際について第 **3** 章で詳しく述べます．

34. 様々な分類形質を検討して同定する

図 2.34 に地衣類の分類・同定の流れをまとめます．まず，現地でルーペを用いて，生育形や背面と腹面の

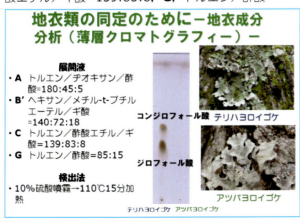

図 2.32 地衣類の同定のために
－地衣成分分析（薄層クロマトグラフィー）－

観察，子器の形態観察を行います．その結果と既存種のデータを照合して分類・同定できなければ，呈色反応や紫外線露光による簡便な地衣成分分析を行って分類・同定を試みます．その時に重要な情報は生態情報です．その標本がどのような地域，どのような気候帯，どのような基物から採集されたのかを既存種のデータと照合し，分類・同定します．次いで，実験室で実体顕微鏡や生物顕微鏡を用いて，形態観察と解剖学的な観察を行います．その結果と既存種のデータを照合して現地での分類・同定結果を再確認します．現地での分類・同定結果と一致しない場合，現地と実験室で得られたデータを見直して既存種のデータと照合し，分類・同定を行います．

それでも分類・同定できなければ本格的なクロマトグラフィーや機器分析のような地衣成分分析を行います．

もしも形態と地衣成分が類似している場合や既存種に合わない場合，遺伝子分析を行います．このような流れが分類・同定の標準的な流れです．

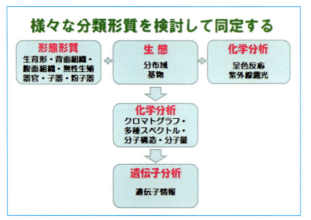

図 2.34 様々な分類形質を検討して同定する

最近，遺伝子分析を最初に行って時間的な効率化を図ることが考えられています．まだ，実用化に至っていませんが，将来的に有り得ることでしょう．

35. 地衣類の和名

最後に，地衣類の和名について説明します．

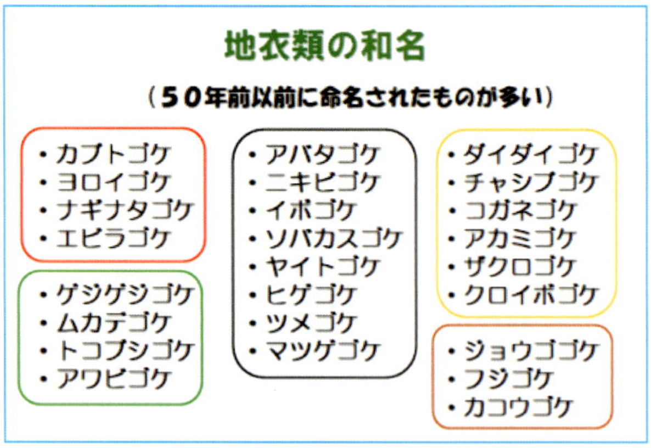

図 2.35 地衣類の和名

国内の地衣類研究は明治時代に始まりました．国内の地衣類研究者たちは標本を海外の研究者に送り同定してもらっていました．学名での同定ですから和名をつける必要がありました．他の生物同様に和名は世の中にその生き物を伝える有効な手段だからです．

地衣類の基本的な和名を図 2.35 に示します．基本的な和名はつけられた時代を反映して，赤枠で囲んだカブトゴケのグループのように武具から借りた何やら古臭い名前や黒枠で囲んだアバタゴケのグループのように人の身体的特徴を移した和名が多いことに驚きです．確かにわかりやすくはありますが，現在ならハラスメントものでしょう．その他，橙枠で囲んだダイダイゴケのグループのように地衣類の色から連想した名前や緑枠で囲んだゲジゲジゴケのように動物から連想した名前がつけられました．また，茶枠のジョウゴゴケやフジゴケのようにその形から連想した名前もつけられました．

多くの地衣類の和名は形態学的な特徴（例えば，粉芽をつける種に「コナ」や「コフキ」），採集された場所（例えば，宮崎県が初産の種に「ヒュウガ」，清澄山が初産の種に「キヨスミ」），採集者や命名者の恩師の名前（富樫氏が初採集した種に「トガシ」や命名者の恩師が黒川氏である種に「クロカワ」）がそれぞれ基本的な名前に付加される形でつけられました．

吉村図鑑と呼ばれ，日本最初の地衣類の本格的図鑑（吉村 1974）では従来の和名と合わせて，和名がつけられていなかった多数の地衣類に和名がつけられました．その結果，地衣類が多くの人々に知られることとなりました．

また，拙著『「木毛」ウォッチングの手引き 上級編 日本の地衣類-630 種-携帯版』（山本 2017）でもまだ和名がつけられていなかった多くの種に和名をつけました．その理由は，学術的な世界ではあくまで生物の名前として学名が第一で和名は通用しませんが，初級観察会では学名より和名の方が初心者になじみ深いことから，和名をつけることは重要だと考えたからです．

和名が複数知られている種もあります．例えば，*Dirinaria applanata* の和名を本書では「コフキヂリナリア」を使用していますが，別の書籍では「コフキメダルチイ」を採用している場合があります．初心者は混乱するかもしれませんが，命名者それぞれに歴史を背負い，思い入れがあるようなので，臨機応変に対応せざるをえないでしょうね．

文 献

盛口満. 2017. となりの地衣類, 246 pp. 八坂書房, 東京.

山本好和. 2012.「木毛」ウォッチングの手引き 地衣類初級編 第 2 版, 82 pp. 三恵社, 名古屋.

山本好和. 2013.「木毛」ウォッチングの手引き 中級編 東北の地衣類, 196 pp. 三恵社, 名古屋.

山本好和. 2017.「木毛」ウォッチングの手引き 上級編 日本の地衣類-630 種-携帯版, 310 pp. 三恵社, 名古屋.

山本好和. 2020.「木毛」ウォッチングの手引き 上級編 日本の地衣類-日本産地衣類の全国産地目録-, 280 pp. 三恵社, 名古屋.

山本好和. 2022.「木毛」ウォッチングの手引き 中級編 近畿の地衣類 第 2 版, 246 pp. 三恵社, 名古屋.

吉村庸. 1974. 原色日本地衣植物図鑑, 349 pp. 大阪, 保育社.

第 3 章 地衣類の系統・進化

本章では前半，**A** 地衣類の分子系統分類と題し，最初に真菌類全体における地衣類の分子系統的位置を明らかにし，次いで，真菌類全体からみた地衣類の分子系統樹を示します．最後に，地衣類の分子系統分類の実際について説明します．

後半は **B** 地衣類の共進化と題し，ハプロタイプネットワーク，共生藻置換現象，共進化の実際を紹介し，地衣類の共進化について考察します．

A 地衣類の分子系統分類

1. 地衣類を構成する地衣菌と共生藻

日本産地衣類を構成する地衣菌と共生藻の割合について明らかにしておきたいと思います．

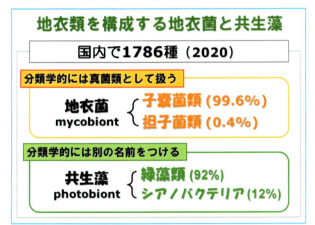

図 3.1 地衣類を構成する地衣菌と共生藻

図 3.1 に示すように日本産 1786 種が記載された山本（2020）を調べると，地衣菌が子嚢菌類に属するものは 99.6%，担子菌類に属するものは 0.4% であることがわかりました．また，緑藻類を共生藻とするものは 92%，シアノバクテリアを共生藻とするものは 12% であることがわかりました．

2. 地衣類の分類

図 3.2 地衣類の分類

図 3.2 に示すように地衣類の分類は他の生物同様に形態を基に始められ，地衣体や髄，子嚢胞子の形などを比較した分類（形態分類と呼びます）が現在でも続けられています．ところが，19 世紀後半から化学が発展し，地衣類が特有の化学成分（地衣成分）を含むことが知られるようになり，分類群により含有する地衣成分が多様であることが明らかにされました．その結果，地衣成分を基にした分類（化学分類と呼びます）が行われるようになりました．形態分類と化学分類が一致すれば好都合なのですが，一致しない場合に研究者によってどちらを優先するのかが課題となって現代まで引き継がれています．

この課題を解決できる方法が近年提示された分子系統解析を基にした分子系統分類です．この方法は核酸の塩基配列やアミノ酸配列を用いて分子系統解析を行います．結果が分子系統樹の形で得られる特徴があり，この結果を基に分類することができます．形態分類のような主観的な分類方法ではなく，化学分類と同じく客観的な分類方法と言えます．

3. DNA（デオキシリボ核酸）とは？

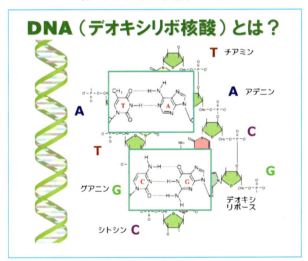

図 3.3 DNA（デオキシリボ核酸）とは？

DNA（デオキシリボ核酸）を用いた分子系統解析の説明に入る前に DNA について説明します．

図 3.3 に示すように DNA は糖，塩基，リン酸から構成された物質がリン酸を橋として連なり，合成された高分子の 2 分子の互いの塩基が逆向きで対になり，二本鎖の右巻きらせん構造となった物質です．糖はデオキシリボース，塩基は炭素と窒素からなる環状化学構造を有する物質で，異なる化学構造を示す 4 種類が知られ，それぞれチアミン（**T**），アデニン（**A**），グアニン（**G**），シトシン（**C**）と呼ばれます．アデニンとチアミン，グアニンとシトシンはその化学構造により相補的に水素結合します．DNA は高分子なのでその長さの表現として分子量よりは塩基対数（**bp**，base pair）を通常用います．この二本鎖は強固なため特異な酵素によってのみ切り離すことができます．切り離してそれぞれが対となる二本

鎖を合成すればDNAを複製することができます．細胞分裂はこのDNAの複製作業の一つと理解することができます．4種類の塩基からなる配列の組み合わせは膨大となるので，その組み合わせによって多数の遺伝子を表現することができます．生物はこのDNAを利用したシステムを構築できたことが，現在の繁栄に繋がっているのだと実感します．

DNAは細胞核に存在します．その他，細胞小器官である葉緑体やミトコンドリアにも存在します．

4. 真菌類の誕生と進化

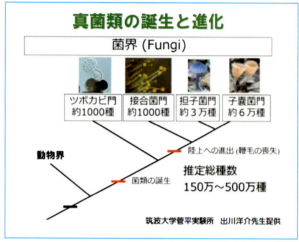

図3.4 真菌類の誕生と進化

真菌類の誕生と進化を説明するために，筑波大学菅平実験所の出川洋介先生が地衣類ネットワークスクールで講演された時の発表スライドの1枚を図3.4に示します．図1.6とは若干異なります．

真菌類は図3.4に示すように，動物界から枝分かれて誕生しました．原始真菌類にもっとも近いと考えられているのはツボカビ門に属する真菌類（ツボカビ類）です．ツボカビ類は水中に生育し，鞭毛を有する遊走子で新たな宿主を求めて動き回ります．この様子は，動物の精子が卵を求めて動き回る様子とそっくりです．陸上に上がった真菌類はやがて必要がなくなった鞭毛を捨て，接合菌類が誕生します．その後，真菌類は大発展を遂げ，担子菌類や子嚢菌類へ進化しました．

5. 真菌類における地衣類の系統

Gargas *et al.*（1995）が行った分子系統解析結果に

より，初めて真菌類全体から見た地衣類の位置づけが明らかになりました．Gargas *et al.*（1995）の分子系統樹を参考に簡略化した系統樹を図3.5に示します．地衣類の系統は五つ（赤字で示す）に分かれ，二つは子嚢菌類に属し，三つは担子菌類に属しました．このことは地衣類が単系統ではなく，少なくとも五つの独立した起源に由来する多系統であることを示しています．

また，この結果は地衣化と呼ばれる藻類との共生現象が少なくとも同時期に地球規模で行われたというよりは異なる時期の局地的な現象の積み重ねであることを示唆しています．

地衣類の五系統に属する地衣類の写真を図3.5に示します．子嚢菌門に属する二系統はアカボシゴケ *Coniocarpon cinnabarinum* を代表とするホシゴケ綱とアンチゴケ *Anzia opuntiella* を代表とするチャシブゴケ綱です．一方，担子菌門に属する三系統はケットゴケ *Dictyonema sericeum* の属するケットゴケ属やキリタケ *Multiclavula mucida* の属するキリタケ（シラウオタケ）属，アオウロコタケ *Lichenomphalia hudsoniana* の属するアオウロコタケ属が該当します．

しかし，その後の分子系統研究において Gargas *et al.*（1995）で地衣化が確認できたホシゴケ綱とチャシブゴケ綱以外の子嚢菌門のフンタマカビ綱やクロイボタケ綱，ユーロチウム菌綱に属する種でも地衣化が起きていることが確かめられた（山本2020）ので，これら綱の共通祖先において地衣化が起き，後世に伝えられた可能性があります．

6. アリピンゴケ目における脱地衣化

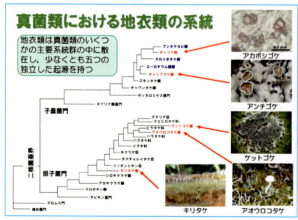

図3.6 アリピンゴケ目における脱地衣化

Lutzoni *et al.*（2001）はさらに地衣類の系統に属する種の個々の系統を調べました．すると興味あることにその中に地衣化していない菌（非地衣化菌）が複数見つかりました．一般的に考えれば，それら非地衣化菌は，地衣類から退行進化して出現したものと考えるのが普通でしょう．前項で説明したように，地衣類は様々な真菌類から多系統的に生じたとされてきました．しかし，地衣類は考えられているよりずっと昔に進化し，真菌類のいくつかの系統は，かつては地衣類だったが後に独立して脱地衣化菌になったとする考え方もされるようになりました．

図3.6に多くの種が脱地衣化したと想定されるアリピ

ンゴケ目を例として示します．アリピンゴケ目はユーロチウム菌綱に属し，国内では四つの属，ヒメピンゴケ属，アリピンゴケ属，ノミピンゴケ属，クギゴケ属からなるアリピンゴケ科とイチジクゴケ属からなるイチジクゴケ科からなります．国内のアリピンゴケ目に属する種の栄養生態系は共生（赤字で表示），腐生（緑字），寄生（黒字）と三つに分かれます．共生系はヒメピンゴケ属に属するエゾヒメピンゴケ *Chaenothecopsis rubescens* とワタゲヒメピンゴケ *C. sanguinea*（図3.6の右上の写真）の2種のみ，ヒメピンゴケ属のその他の種はすべて腐生系です．アリピンゴケ属はアリピンゴケ *Mycocalicium subtile*（右中央の写真）を含むすべての種が腐生系，ノミピンゴケ属はすべて寄生系，クギゴケ属はクギゴケ *Stenocybe septata* が腐生系，ハンノキクギゴケ *S. pullatula*（右下の写真）が寄生系です．また，イチジクゴケ属はすべて寄生系です．

地衣化するか否かの壁は私たちが考えるよりもっと低いものなのかもしれません．地衣類の起源についてはまだまだ研究が続きます．

7. アンチゴケ属とは？

ここからアンチゴケ属を材料とした藤原（2005）の研究を基に分子系統解析を説明します．

図3.7 アンチゴケ属とは？

アンチゴケ属は葉状地衣類に属し，多数の裂片，腹面の海綿状組織，子嚢中の多数の三日月形胞子を特徴とします．主に東アジア，東南アジア，北米，南米に分布し，38種が知られています．国内ではアンチゴケ *Anzia opuntiella* 以下6種が知られ，冷温帯を中心に分布しています．そのアンチゴケ属は次項に述べるような分類が定まらない属であり，その系統関係の解明という課題がありました．

8. アンチゴケ属の分類課題

アンチゴケ属については三つの分類課題がありました．それぞれ，科レベル，属レベル，種レベルの課題です．

科レベルでは今までその特徴的な海綿状組織を有する形態分類からアンチゴケ属は単独でアンチゴケ科をなすとされました．しかし，ウメノキゴケ科として含めてもよいのではないかという議論が続いていました．

どの科に属するかという問題は別にして，アンチゴケ属に近縁の属は何かという問題が属レベルの課題です．

形態的にフクロゴケ属が近縁のような気がします．

種レベルでは国内6種はもとより，外国産も含めてその近縁関係はわかっていません．

藤原（2005）はこれら三つの課題をDNA分子系統解析で明らかにしようと考えました．

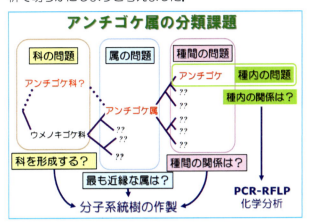

図3.8 アンチゴケ属の分類課題

9. 分子系統解析に用いたDNA領域

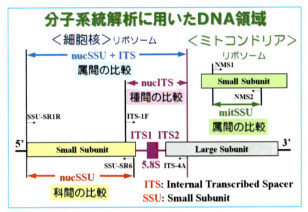

図3.9 分子系統解析に用いたDNA領域

藤原（2005）が分子系統解析に用いたDNA領域を図3.9に示します．DNAは細胞核と細胞小器官に存在します．細胞核ではSmall Subunit（**nucSSU**）単独と**nucSSU**とLarge Subunit（**LSU**）の間にはさまれたDNA領域（**nucITS** = ITS1+5.8S+ITS2），一方，細胞小器官ではミトコンドリアの**SSU**（**mitSSU**）のDNA領域を用います．この領域は分子系統解析では標準的に用いられる領域です．ここで**SSU**や**LSU**はリボソーム形成に関わるDNA領域です．

科間解析では**nucSSU**，属間解析では**nucSSU**+**ITS**と**mitSSU**，種間解析では**nucITS**を用います．**SSU**は塩基の置換が少なく，割と安定である一方，**ITS**は塩基の置換が多くなり多様であることに基づいています．

10. 分子系統解析実験の手法－実験フロー（1）－

実験の流れを以下説明します．

① 標本からDNAを抽出します．標本はできるだけ新鮮でかつ他の生物の混入がないようにします．標本はあらかじめクロロホルムのような有機溶媒で色素のようにDNAと結合しやすい物質を十分に除去した方が好ましい結果が得られます．DNAの抽出は定法であるCTAB法ま

たは市販のキットを用います．地衣類特有の抽出方法ではありません．

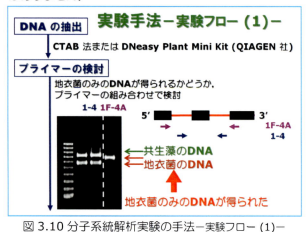

図3.10 分子系統解析実験の手法－実験フロー（1）－

② プライマーの検討を行います．プライマーはDNAの上流部と下流部のセットでその間に挟まれた領域をPCRで増幅させるためのDNA領域です．真菌類である地衣菌のDNAのみを増幅させるために真菌類特有のプライマーが必要です．一方，共生藻のDNAのみを増幅させるために藻類特有のプライマーが必要です．プライマーは普通希望の塩基配列を有するDNAを設計して試薬メーカーに特注します．図3.10に真菌類特有のプライマーが得られた結果を示します．

11．分子系統解析実験の手法－実験フロー（2）－

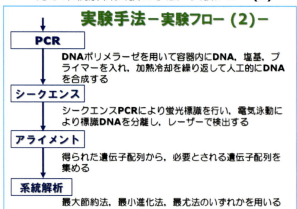

図3.11 分子系統解析実験の実験手法－実験フロー（2）－

③ PCR（Polymer Chain Reaction）はDNAポリメラーゼを用いて容器内にDNA，塩基，プライマーを入れ，加熱冷却を繰り返して人工的にDNAを合成する方法です．得られるPCR産物は繰り返し回数に依存して指数関数的に増加します．

④ シークエンスPCRによりそれぞれの塩基特有の蛍光色素を結合させて蛍光標識を行い，電気泳動により標識DNAを分離します．得られたDNAの末端から塩基をレーザーで検出して配列を得ます．

⑤ 得られた遺伝子配列の中に不必要な配列もあり，それらを除いた後，必要とされる遺伝子配列を集めて解析用の遺伝子配列を得ます．

⑥ 得られた解析用遺伝子配列とデータベースにおける遺伝子配列とを合わせて，最大節約法，最小進化法，最尤法のいずれかを用いて分子系統樹を作成します．これらの作業はコンピュータプログラムを用いて行われます．

⑦ このように増幅した該当するDNAを精製し，DNAシーケンサーにかけ，その塩基配列を基にデータベースと比較し，塩基配列の類似度を系統樹として表します．

12．分子系統解析結果－科間比較－

以後，藤原（2005）による地衣菌の分子系統解析結果を示します．

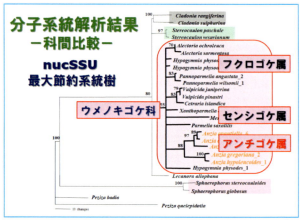

図3.12 分子系統解析結果－科間比較－

図3.12に科間比較のためのnucSSUによる分子系統解析結果を最大節約系統樹で示しました．アンチゴケ属は単系統を示し，フクロゴケ属やセンシゴケ属と同じウメノキゴケ科のクレードに入りました．このことは紛れもなくアンチゴケ属はウメノキゴケ科の一員であることを示しています．

13．分子系統解析結果－属間比較－

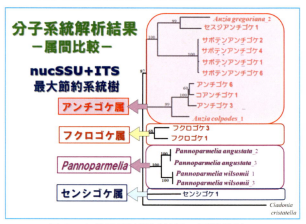

図3.13 分子系統解析結果－属間比較－

図3.13に属間比較のためのnucSSU+ITSによる分子系統解析結果を最大節約系統樹で示しました．こちらの解析でもアンチゴケ属は単系統を示しました．近縁の属としてはフクロゴケ属や*Pannoparmelia*（オーストラリア産），センシゴケ属が挙げられました．この結果は形態分類とよく一致しています．

14．アンチゴケ属内の種間関係

アンチゴケ属の形態分類と化学分類の従来の結果を図3.14にまとめました．

形態分類ではアンチゴケ属は裂片の分岐が不規則なSection *Anzia*と分岐が規則的なSection *Nervosae*に分かれます．前者にアンチゴケ *A. opuntiella*，サボテン

アンチゴケ A. japonica，コアンチゴケ A. stenophylla，A. colpodes（北米産），アンチゴケモドキ A. colpota が属します．一方，後者にセスジアンチゴケ A. hypoleucoides，A. gregoriana（東南アジア産）が属します．

図 3.14 アンチゴケ属内の種間関係

化学分類では地衣成分のヂバリカート酸とアンチア酸のどちらを主要な地衣成分とするかで分類します．ここでは前者を C_3 タイプ，後者を C_5 タイプと呼びます．ヂバリカート酸とアンチア酸はレカノール酸やエベルン酸と同じデプシド類に属し，ヂバリカート酸はエベルン酸のメチル基（CH_3）がプロピル基（C_3H_5）に，アンチア酸はレカノール酸のメチル基（CH_3）がペンチル基（C_5H_{11}）に置換された物質です．C_3 タイプにアンチゴケ A. opuntiella，コアンチゴケ A. stenophylla，A. colpodes，アンチゴケモドキ A. colpota が属します．一方，C_5 タイプにサボテンアンチゴケ A. japonica，セスジアンチゴケ A. hypoleucoides，A. gregoriana が属します．

15．分子系統解析結果－種間比較－

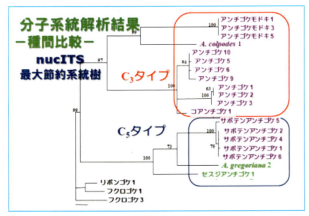

図 3.15 分子系統解析結果－種間比較－

図 3.15 に種間比較のための nucITS による分子系統解析結果を最大節約系統樹で示しました．C_3 タイプに属するアンチゴケ，コアンチゴケ，A. colpodes，アンチゴケモドキが一つのクレードを形成し，一方，C_5 タイプに属するサボテンアンチゴケ，セスジアンチゴケ，A. gregoriana がもう一つのクレードを形成することがわかりました．このことはアンチゴケ属の系統分類について化学分類の形質である含有地衣成分が形態分類の形質である裂片分岐より優先されることを示しています．

また，図 3.15 で示される結果で以下の興味ある 2 点が明らかになりました．① A. colpodes（北米）とアンチゴケモドキ A. colpota（東アジア）は形態や化学的に非常に似ているものの，異なる大陸の東端という地域的隔離条件で種に分けられています．分子系統解析結果はこれを支持しています．② C_3 タイプに属するアンチゴケモドキ，A. colpodes，アンチゴケ，コアンチゴケがアンチゴケモドキと A. colpodes のクレードとアンチゴケとコアンチゴケのクレードをそれぞれ形成していることがわかりました．さらにアンチゴケが二つの小クレードに分かれました．含有する地衣成分の分析結果からアンチゴケの一方のグループはセッカ酸を含み，他方はセッカ酸を欠くことがわかりました．このことはセッカ酸の有無でアンチゴケを二つの種に分けることができるという仮説を提示しています．

16．分子系統解析結果－共生藻－

地衣菌ばかりでなく共生藻も藻類のプライマーを用いることで分子系統解析を行うことができます．藤原（2005）による結果を図 3.16 に示します．

図 3.16 分子系統解析結果－共生藻－

アンチゴケ属の共生藻は三つの大きなクレードに分かれました．全北区と東南アジアの標本から得られたトレボキシア属 Trebouxia sp.，オーストラリアと南米から得られた Trebouxia jamesii，中米から得られた Coccomyxa ?? です．藻類は真菌類とは違って地域性が高いことが知られています．各地域で採集されたアンチゴケ属はその各々の地域で共生できる藻類を見つけて生き残ってきたと考えられます．

17．地衣菌と共生藻の共進化

地衣類を構成する地衣菌と共生藻の分子系統樹を合わせることで地衣類の進化を想像することができます．藤原（2005）は図 3.17 に示すようにアンチゴケ属の地衣菌と共生藻の分子系統樹を明らかにし，アンチゴケ属の進化を想像することを試みました．

アンチゴケ属に近縁の Pannoparmelia に属する P. angustata はオーストラリアと南米，P. wilsonii はオーストラリアに分布しています．Pannoparmelia は Trebouxia jamesii を共生藻としています．分子系統的に Pannoparmelia に近いアンチゴケ属の A. masonii は中米に分布し，Trebouxia とは系統的に離れた Coccomyxa ?? を共生藻としています．昔，ゴンドワナ

大陸にTrebouxiaを共生藻とするアンチゴケ属とPannoparmeliaの先祖があり，その後両者が分かれました．その原因となったのは共生藻の許容度かもしれません．PannoparmeliaはT. jamesiiに限定的だったのに比べ，アンチゴケ属はT. jamesiiに拘らず別種のTrebouxiaやCoccomyxaまでも共生藻とすることができたのでしょう．そのためアンチゴケ属はゴンドワナ大陸が分裂した全北区全体に分布することができたと思われます．なお，欧州でもアンチゴケ属の化石が発見されているので，一時は全北区全体に広がり，その後，欧州では絶滅したと考えられます．

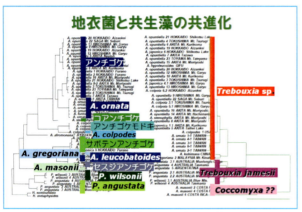

図3.17 地衣菌と共生藻の共進化

18. 担子地衣類アリノタイマツ群の一考察－分布－

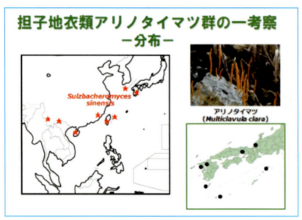

図3.18 担子地衣類アリノタイマツ群の一考察－分布－

分子系統解析の次の例は図3.18に示すような棍棒型の子実体をつける担子地衣類のアリノタイマツに関する研究です．

アリノタイマツは従来，Multiclavula claraとされ，ハラタケ目シロソウメンタケ科キリタケ属の一員でしたが，Hodkinson et al.（2014）がLepidostromatalesを新たに創設し，そこに新たな属としてSulzbacheromycesをたてました．Liu et al.（2017）はアジア産のMulticlavula fossicolaとM. sinensisをSulzbacheromycesに移し，Yanaga et al.（2015）が新種とした日本産Lepidostroma asianumをS. sinensisに含めました．Liu et al.（2019）によれば，図3.18の左の地図中★に示すようにS. sinensisは国内では宮崎県と西表島，海外では韓国の済州島，台湾，中国の雲南省と海南島に分布します．しかし，このような結果が出ているものの，西南日本で数多く見出されていたアリノタイマツM. claraの帰属についてどの論文も触れておらず，課題として残されていました．

筆者は久留米工業高等専門学校中嶌研究室と共同で西南日本に産するアリノタイマツ（図3.18の右下地図中●で採集したアリノタイマツ）について分子系統解析を行い，その帰属を検討しました（中嶌・山本2021）．

19. 担子地衣類アリノタイマツ群の一考察－ITS1-ITS2領域の系統樹－

中嶌・山本（2021）が行ったアリノタイマツ群の地衣菌の分子系統解析結果を図3.19に示します．

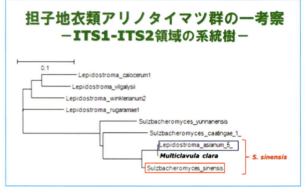

図3.19 担子地衣類アリノタイマツ群の一考察
－ITS1-ITS2領域の系統樹－

西南日本で採集されたアリノタイマツの塩基配列はSulzbacheromyces sinensisおよびLepidostroma asianumの塩基配列と一致しました．このことは，日本産アリノタイマツMulticlavula claraはS. sinensisに含まれることを意味しています．

B 地衣類の共進化

先に，アンチゴケ属を例として地衣類の共生藻選択は許容的であって，その許容度が地衣類を新天地へ進出させ，新しい種を創設させる可能性に至ることを示唆しました．以下，そのような事例を紹介しましょう．

20. 地衣類の遺伝子型（ハプロタイプ）の進化および分布－キウメノキゴケ－

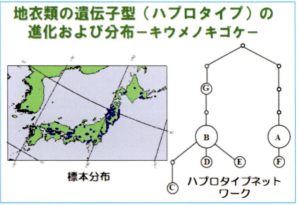

図3.20 地衣類の遺伝子型（ハプロタイプ）の進化および分布－キウメノキゴケ－

地衣類（地衣体）は半数体（ハプロイド）であるので，その遺伝子型はハプロタイプと呼ばれます．地衣類の特定の種において，遺伝子型の塩基の他塩基への置換の数

や割合を調べることによって，その種がどう変化しているのかを明らかにすることができます．種の遺伝子型の多様性を調べた結果をハプロタイプネットワークと呼びます．

武田（2000）と黒澤（2008）はハプロタイプを調べるため，日本だけでなく北半球の冷温帯に多産するキウメノキゴケ *Flavoparmelia caperata* を材料に日本や世界各地から試験標本を採集しました（図3.20の左は日本付近の標本分布図）．韓国産の標本の採集には韓国・スンチョン大学Hur教授の協力を得ました．それらの地衣菌の分子系統解析を行った結果を図3.20の右に示します．この図において，〇が一つ動くごとに1個塩基が異なることを示しています．アルファベットを欠いている〇は当該型が実在していないことを意味します．日本産のキウメノキゴケは**A**，**B**，**C**，**D**，**E**，**F**の6型があることがわかりました．**A**と**F**は同じ系列（**A**グループ）で1個塩基が異なります．**B**，**C**，**D**，**E**は同じ系列（**B**グループ）で**D**と**E**は**B**と1個，**C**は2個塩基が異なります．**A**と**B**は8個塩基が異なります．なお，**B**と2個塩基が異なる**G**は中国と米国に分布し，日本産では未確認の型です．

21．キウメノキゴケの遺伝子型の分布ーハプロタイプ国内分布ー

図3.21 キウメノキゴケの遺伝子型の分布
ーハプロタイプ国内分布ー

キウメノキゴケ（厳密にはその地衣菌）の二つの遺伝子型グループ，**A**グループと**B**グループの国内における分布および韓国の遺伝子型を図3.21に示しました．実験を始める前は遺伝子型と分布に何らかの関連があるものと期待していましたが，結果はその期待を裏切るものでした．**A**グループと**B**グループは図3.21に示すように国内で混在していたのです．

この混在の理由として，以下の二つが考えられました．① **A**と**B**の二つのグループは日本に分布するまでに分かれていて，日本各地に自然に広がった．② **A**と**B**の二つのグループは日本に分布するまでに分かれていて，植栽などによって人工的に広がった．もちろん①と②の両方の可能性もあると思われます．

韓国においても**A**グループと**B**グループが混在していることがわかりました（図3.21）．韓国は一時日本の領土であった時期もあるので，その頃にサクラなど日本産の樹木の植栽が行われ，韓国全土に広がった可能性が考えられます．

22．キウメノキゴケの遺伝子型ー地衣菌ハプロタイプ世界ネットワークー

図3.22にキウメノキゴケのハプロタイプ，より厳密に言えばキウメノキゴケの地衣菌ハプロタイプの世界ネットワークを示します．前項で述べたように，日本と韓国に**A**と**B**のグループが混在していることがわかりました．ところが，米国と中国の遺伝子型は**G**型，スペインは**B**型でした．**G**型は**B**型と2個遺伝子が異なり，**B**型の祖先型と考えられます．全北区のどこかで**A**と**B**の系列に分かれ，それが全体に広がる中で**B**の系列がより発展したと想像できます．

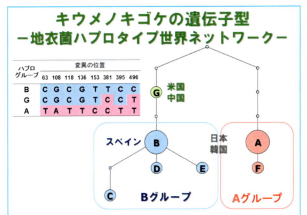

図3.22 キウメノキゴケの遺伝子型
ー地衣菌ハプロタイプ世界ネットワークー

まだまだ解析データが少ないのでキウメノキゴケの世界的な広がり方については大いに検討の余地がありますが，このような事実はいろいろな種でハプロタイプネットワークを調べることが種の多様な発展を理解するのに役立つことを示しています．

23．キウメノキゴケの遺伝子型ー共生藻ハプロタイプ世界ネットワークー

図3.23 キウメノキゴケの遺伝子型
ー共生藻ハプロタイプ世界ネットワークー

一方，キウメノキゴケの共生藻のハプロタイプ世界ネットワークを調べた結果を図3.23に示します．ここでは国内と韓国のデータに加えて米国のデータのみが追加されています．

図3.23に示すように日本と韓国の共生藻は**I**型を中心としたネットワークを形成しています．このことは共

生藻が地域に局在することを示唆しています．一方，米国の遺伝子型であるD型はI型から8個遺伝子が異なり，しかもこの変異は日本と韓国のグループとは別系統であることを示しています．このことも共生藻の局在性を支持しています．将来，欧州や中国など他地域のデータが追加されればなお興味ある結果につながると思います．

24. 不可思議な現象

次に紹介するのは地衣類の共生に関する不可思議な三つの現象です．

Takahashi et al.（2006）は従来別種と思われていた地衣類が同一種であることを証明しました．図3.24の左上の写真は中国で見つかったその二種です．この写真の左側の樹状の個体は *Dendriscocaulon* sp.，右側の葉状の個体はアツバヨロイゴケ *Sticta wrightii* です．写真を見る限りにおいて二つは別種と考える方が普通でしょう．しかし，図3.24の左下の写真に示す不可思議な個体が中国の別の場所で見つかりました．先に述べた *Dendriscocaulon* sp. が下側，アツバヨロイゴケが上側にあり，二つがつながっています．

図3.24 不可思議な現象

Takahashi et al.（2006）は *Dendriscocaulon* sp. の部分とアツバヨロイゴケの部分の断面切片を作製し，顕微鏡で観察しました．図3.24の右上の写真はアツバヨロイゴケの部分の断面写真です．緑藻類が確認できます．一方，右下の写真は *Dendriscocaulon* sp. 部分の断面写真です．シアノバクテリアが確認できます．

25. *Sticta wrightii* と *Dendriscocaulon* sp. は同一種

次いで，Takahashi et al.（2006）は図3.25のA〜Dに示すように種々の場所で採集した *Dendriscocaulon* sp. とアツバヨロイゴケ，およびその結合個体の上下部分の地衣菌の遺伝子分析を行いました．ここでAは中国産のアツバヨロイゴケ，Bは図3.24の左上の写真で示した中国産のアツバヨロイゴケと *Dendriscocaulon* sp.，Cは図3.24の左下の写真で示した *Dendriscocaulon* sp. とアツバヨロイゴケの結合個体，Dは中国産の *Dendriscocaulon* sp. です．さらに日本産のアツバヨロイゴケ2標本の地衣菌の遺伝子分析も行いました．

結果を図3.25の左に分子系統樹で示します．結論から言うとアツバヨロイゴケと *Dendriscocaulon* sp. は同一種でした．特にCの結合個体の上の部分（chloro-type）と下の部分（cyano-type）は全く同一の配列を示しました．このことは同一の地衣菌が結合個体の上下部分を占めていること，すなわちアツバヨロイゴケ単一の個体であることを示しています．この結果は大変興味深い二つの事実を導きます．一つは緑藻類が共生すると葉状に，一方シアノバクテリアが共生すると樹状になることは，共生相手が変われば生育形が変わるということですから，共生藻が地衣菌の形態形成に影響を及ぼしていることを示しています．

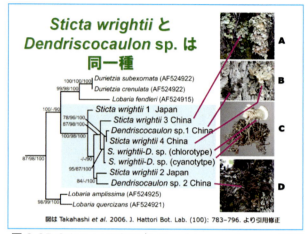

図3.25 *Sticta wrightii* と *Dendriscocaulon* sp. は同一種

他方，固定的に考えられていた真菌類と藻類の共生関係は意外と自由なもので生育する環境によって主たる共生藻が入れ替わることを示しています．

実は自然界では緑藻類を主たる共生藻とするツメゴケ科やカブトゴケ科の種が乾燥環境で緑藻類が主たる共生藻となっている緑色を呈し，一方，湿潤環境ではシアノバクテリアを主たる共生藻とする褐色を示す現象，すなわち共生藻置換現象（Photosymbiodeme）が知られています．まれではありますが，そのキメラ体も見いだされています．

26. 培養ヒロハツメゴケの共生藻置換

図3.26 培養ヒロハツメゴケの共生藻置換

不可思議な現象の二例目です．Yoshimura & Yamamoto（1993）はヒロハツメゴケ *Peltigera aphthosa* の組織培養を行っている際に培養環境の変動によってその共生藻が置換される現象を見つけました．

組織培養による形態形成は第 9 章で詳しく説明するので，ここでは共生藻置換現象のみについて図 3.26 を用いて説明します．ヒロハツメゴケは図 3.26 の上の写真のように緑藻類が主たる共生藻で地衣体全体に広がり，シアノバクテリアは頭状体と呼ばれる器官内に局在します（**1.27** 参照）．

寒天培地に植えつけたヒロハツメゴケの微小片から図 3.26 の左下の写真のような再分化体が形成されます．その再分化体は暗褐色でシアノバクテリアが主たる共生藻となっています．時間が経過し寒天培地が徐々に乾燥していくと，右下の写真のように再分化体の色調が緑色に変化しました．この再分化体は緑藻類を主たる共生藻としています．

Yoshimura & Yamamoto（1993）は自然現象である共生藻置換現象を実験室的に再現し，その現象に乾燥-湿潤環境が影響することを証明したことになります．

27．コフキツメゴケの共生藻置換

不可思議な現象の三例目です．筆者は 2009 年 10 月比叡山での地衣類調査の折，歩道横の石垣上で奇異な感じの地衣類を発見しました．地衣体の色が緑色と褐色が混在しているツメゴケの仲間でした．最初は 2 種が混ざっているのかと思いましたが，ルーペで観察すると一つの個体でした．持ち帰って標本を調べ，コフキツメゴケ *Peltigera pruinosa* と同定しました．図 3.27A にその標本写真を示します．予備的ではありますが，褐色部と緑色部の藻類の遺伝子分析を行ったところ，褐色部の藻類はコフキツメゴケの共生藻として知られているシアノバクテリアのネンジュモ属の一種 *Nostoc* sp. でした．緑色部はシアノバクテリアのアナベナ属の一種 *Anabaena* sp. でした．

図 3.27A コフキツメゴケの共生藻置換

2011 年 9 月に再び採集した場所を訪れました．石垣の上にはキメラ状態の地衣体はなく，見つけたコフキツメゴケはすべて褐色の個体（*Nostoc* type）でした．周辺を探したところ，歩道脇の古いコンクリート側溝の上に緑色のコフキツメゴケ（*Anabaena* type）を数個体見つけました．石垣上は乾燥状態でしたが，側溝上は湿っていて高湿度状態でした．前回は側溝の上を確認しませんでしたが，多分コフキツメゴケの生育状態は変わらなかったのだろうと思われます．

前項で示したようなヒロハツメゴケにおける緑藻類とシアノバクテリアの共生藻置換現象と全く同じ現象がコフキツメゴケにおいて同じシアノバクテリアに属する *Nostoc* sp. と *Anabaena* sp. でも起き，しかもその現象が乾燥－湿潤環境によって引き起こされることが明らかにされました．

シアノバクテリアの共生藻置換現象はコフキツメゴケだけに起きる現象ではありません．図 3.27B に示すのは長野県入笠山系釜無山で発見したウスツメゴケ *Peltigera degenii* における共生藻置換現象です．この場合，藻類を明らかにしていないので確かではありませんが，左の写真には緑色型（*Anabaena* type?）と褐色型（*Nostoc* type?），右の写真には褐色型とキメラ型が確認できました．

図 3.27B ウスツメゴケの共生藻置換

以上述べた共生藻置換現象から言えることは以下の二つです．① 地衣菌と共生藻の共生関係は想像したよりも多様で自由なものである．② 共生藻が変わることで形態変化がおこる場合もある．

28．ホソピンゴケ属の一考察－コフキホソピンゴケとヌカホソピンゴケ－

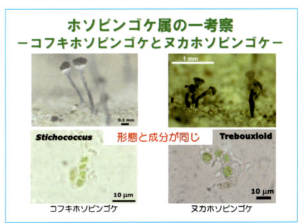

図 3.28 ホソピンゴケ属の一考察
－コフキホソピンゴケとヌカホソピンゴケ－

共進化の次の例は図 3.28 に示すようなピン状の子器をつける痂状地衣類であるホソピンゴケ属に関する研究です．

ホソピンゴケ属に属するコフキホソピンゴケ *Chaenotheca stemonea*（図 3.28 の左上の写真）とヌカホソピンゴケ *C. hygrophila*（図 3.28 の右上の写真）は形態と地衣成分が同じですが，その共生藻はコフキホソピ

ンゴケが円柱状細胞の緑藻類 Stichococcus（図 3.28 の左下の写真），一方，ヌカホソピンゴケが球状細胞の緑藻類 Trebouxioid（図 3.28 の右下の写真）と両種は異なります．しかし，このように両種は極めて近縁な関係にあります．

草間（2014）は分子系統解析を行うことによって両者の近縁関係をまず解明しようと試みました．

29. コフキホソピンゴケとヌカホソピンゴケ－地衣菌の系統樹－

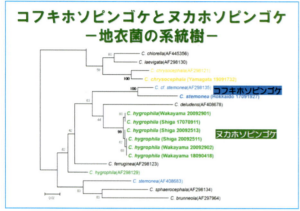

図 3.29 コフキホソピンゴケとヌカホソピンゴケ
－地衣菌の系統樹－

草間（2014）によるホソピンゴケ属の地衣菌の分子系統解析結果を図 3.29 に示します．日本産のヌカホソピンゴケは一つのクレードを形成しました．別のクレードにデータベースから得られた海外産の標本がありますが，これは同定間違いと考えてよさそうです．一方，ヌカホソピンゴケのクレードから離れた位置に，日本産コフキホソピンゴケとデータベースから得られた海外産の標本一つが同じクレードを形成しました．別のクレードにデータベースから得られた海外産のほかの標本がありますが，これは同定間違いと考えてよさそうです．分子系統解析結果を信ずる限り，コフキホソピンゴケとヌカホソピンゴケは系統的に近縁であることは確かです．

30. コフキホソピンゴケとヌカホソピンゴケ－共生藻の系統樹－

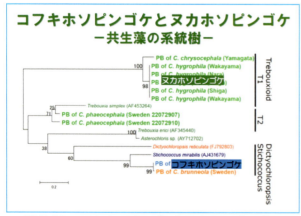

図 3.30 コフキホソピンゴケとヌカホソピンゴケ
－共生藻の系統樹－

次に，草間（2014）によるホソピンゴケ属の共生藻の分子系統解析結果を図 3.30 に示します．

日本産のヌカホソピンゴケとキンイロホソピンゴケ C. chrysocephala の共生藻は一つのクレードを形成しました．両種ともに共生藻は球状細胞の Trebouxioid なので，間違いなさそうです．一方，日本産のコフキホソピンゴケと海外産エダウチホソピンゴケ C. brunneola の共生藻である Stichococcus mirabilis は一つのクレードを形成しました．従ってこのクレードは円柱状細胞の Stichococcus で間違いなさそうです．ただし，エダウチホソピンゴケの共生藻は球状細胞の緑藻 Dictyochloropsis なので，図 3.30 に示す海外産エダウチホソピンゴケは同定間違いと思われます．図 3.30 に示すように Stichococcus と Trebouxioid は形態的にも系統的にも離れているので，どのように近縁の地衣菌が異なる共生藻を獲得するに至ったか興味あるところです．

31. コフキホソピンゴケとヌカホソピンゴケ－国内分布－

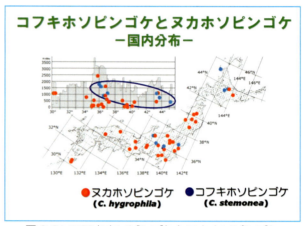

図 3.31 コフキホソピンゴケとヌカホソピンゴケ
－国内分布－

最後に，草間（2014）によるコフキホソピンゴケとヌカホソピンゴケの国内における分布を図 3.31 に示します．コフキホソピンゴケの国内分布は中部地方から北海道に至る冷温帯に広がり，他方ヌカホソピンゴケは日本全国の亜寒帯から暖温帯に広がって分布しています．コフキホソピンゴケは海外でも見つかっているので，汎冷温帯地衣類と言えます．一方，ヌカホソピンゴケは国内でのみ見つかっているのではないかと思われます．このことは最初に冷温帯に適応した Stichococcus を共生藻とするコフキホソピンゴケが日本に分布し，その後，日本の暖温帯に適応した Trebouxioid を共生藻とするようなヌカホソピンゴケへの変異が起き，日本各地に広がったのではと想像できます．

32. 地衣類の共進化仮説

分子系統解析は地衣学の新しい分野を切り開く可能性があることを示しました．それは地衣類を構成する真菌類と藻類がどのように共生，進化して新たな地衣類を創生したのかを明らかにする分野です．

幾つか得られた知見から地衣類の共進化過程を物語風に考えたいと思います．その内容を図 3.32 に提示します．とある場所に地衣菌 β と共生藻 Z からなる地衣類がありました．この地衣類が子器をつけ，子器から子嚢胞

子を発生しました．子嚢胞子は風や雨で拡散し，多数の新天地にそれぞれ到達しました．そこには **A** から **I** までの藻類が生育していましたが，残念ながら本来のパートナーであった共生藻 **Z** はいませんでした．しかし，地衣菌 **β** にとって幸運なことに共生関係を築くことのできる新パートナー **E** が見つかり，新しい組み合わせによる地衣類ができあがりました．その場所は地衣菌にとってあまりよい環境ではなかったので，地衣菌 **β** は有性世代を繰り返して遺伝子を変え，環境適応できる地衣菌 **γ** に変化し，その変化に付随して形態や地衣成分も変わり，最終的に新種が誕生しました．

図 3.32 地衣類の共進化仮説

文 献

藤原文子. 2005. *Anzia* に関する分子系統学的研究. 秋田県立大学生物資源科学研究科修士論文.

Gargas A., DePriest P.T., Grube M. & Tehler A. 1995. Multiple origins of lichen symbioses in fungi suggested by SSU rDNA phylogeny. Science 268: 1492-1495.【1343】

Hodkinson B.P., Lücking R. & Moncada B. 2014. Lepidostromatales, a new order of lichenized fungi (Basidiomycota , Agaricomycetes), with two new genera, *Ertzia* and *Sulzbacheromyces*, and one new species, *Lepidostroma winklerianum*. Fungal Diversity 64: 165-169.【3565】

草間裕子. 2014. ピンゴケ類の分類学的研究. 秋田県立大学生物資源科学研究科修士論文.

黒澤実里. 2008. 地衣類キウメノキゴケの遺伝的変異の解析. 秋田県立大学生物資源科学部卒業論文.

Liu D., Wang X.Y., Wang L.S., Maekawa N. & Hur J.-S. 2019. *Sulzbacheromyces sinensis*, an unexpected Basidiolichen, was newly discovered from Korean Peninsula and Philippines, with a phylogenetic reconstruction of genus *Sulzbacheromyces*. Mycobiology 47: 191-199.【3563】

Liu D., Goffinet B., Ertz D., De Kesel A., Wang X., Hur J.-S., Shi H., Zhang Y., Yang M. & Wang L. 2017. Circumscription and phylogeny of the Lepidostromatales (lichenized Basidiomycota) following discovery of new species from China and Africa. Mycologia 109: 730-748.【3244】

Lutzoni F., Pagel M. & Reeb V. 2001. Major fungal lineages are derived from lichen symbiotic ancestors. Nature 411: 937–940.【1520】

中嶌裕之・山本好和. 2021. 日本産アリノタイマツ地衣菌の rRNA コード領域における分子系統解析. 久留米工業高等専門学校紀要 36:11-16.【3641】

Takahashi K., Wang L.-S., Tsubota H. & Deguchi H. 2006. Photosymbiodemes *Sticta wrightii* and *Dendriscocaulon* sp. (lichenized Ascomycota) from Yunnan, China. J. Hattori Bot. Lab. (100): 783–796.【3837】

武田瑞紀. 2000. 大気汚染指標キウメノキゴケの北東北における分布と遺伝子変異. 秋田県立大学生物資源科学部自主研究.

山本好和. 2020.「木毛」ウォッチングの手引き 上級編 日本の地衣類-日本産地衣類の全国産地目録-, 280 pp. 三恵社, 名古屋.

Yanaga K., Sotome K., Suhara H. & Maekawa N. 2015. A new species of *Lepidostroma* (Agaricomycetes, Lepidostromataceae) from Japan. Mycoscience 56: 1-9.【3057】

Yoshimura I. & Yamamoto Y. 1993. Development of lichen thalli in vitro. Bryologist 96: 412-421.【0830】

第4章 地衣類の生殖

本章は地衣類の生殖をテーマに取り上げます．まず **A** 地衣類の増殖（増えること）について説明します．その後，生殖には有性生殖と無性生殖があるので，それぞれ，**B** 地衣類の有性生殖，**C** 地衣類の無性生殖と題して紹介します．

A 地衣類の増殖

ここでは増殖ということばの解説と地衣類の生活環を紹介します．

1. 地衣類の増殖

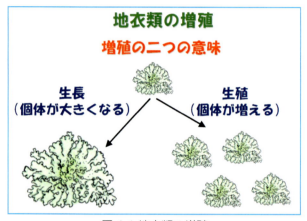

図4.1 地衣類の増殖

図4.1に示すように増殖には二つの意味があります．一つは個体を構成する細胞が増えて個体が大きくなること，すなわち生長です．他方は個体そのものが増えて集団が大きくなること，すなわち生殖です．本章で地衣類の生殖を説明し，第6章で地衣類の生長を説明します．

2. 地衣類の生活環

図4.2に地衣類の生活環を示し，地衣類の生殖と生長をその生活環の中に位置づけます．また，図4.2を用いて地衣類の有性生殖（生殖繁殖）と無性生殖（栄養繁殖）について簡単に紹介します．地衣類は真菌類と藻類からなる共生生物で片方だけでは生き残ることができないと言われています．従ってその生活環も複雑になります．

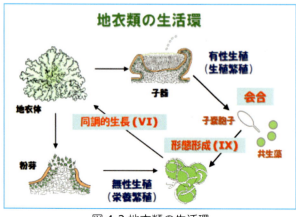

図4.2 地衣類の生活環

地衣類の存続に最も有効な繁殖手段は真菌類と藻類が共存した形で次代に繋げていくことです．その手段は植物でも採用されている無性生殖です．地衣類は図4.2に示すように粉芽と呼ばれる無性生殖器官をつけます．また，粉芽以外の幾つかの無性生殖器官も知られています．

地衣類が生殖するための次の手段は地衣菌の有性生殖です．地衣菌の胞子は子器中の子嚢で作られ，成熟して大気中に放出されます．放出された子嚢胞子は風や水の流れに乗り，樹皮上や岩面上，地面上に留まります．子嚢胞子は適当な水分があれば発芽し，菌糸の網を広げます．そこで地衣菌が共生できる藻類の細胞を捕まえることができなければ，いずれ地衣菌は死に絶えてしまうでしょう．もし，地衣菌の藻類選択に幅があれば，生き残ることのできる可能性は高まると思われます．

地衣菌と共生藻が会合できれば，まず粉芽のような未分化な共生体が形成され，そこから地衣体の形態形成が始まります（図4.2のⅨの部分）．このような形態形成の詳細は第9章で説明します．

裂芽や小裂片のような小さな地衣体が形成されると，そこから地衣菌と共生藻の同調的な生長が始まり，最終的に子器を形成できるほどの大きさの地衣体になります（図4.2のⅥの部分）．地衣類の生長の詳細は第6章で説明します．

地衣類は必ず子器をつけるわけではありません．痂状地衣類は子器をよくつけますが，有性生殖よりは無性生殖を繁殖手段としている地衣類はウメノキゴケ科などで多く見つかります．例えば，キウメノキゴケ *Flavoparmelia caperata* が子器をつけていることは非常に稀です．

B 地衣類の有性生殖

ここでは，まず地衣類の有性生殖について概略図を用いて説明し，その後，有性生殖器官である粉子器と粉子，同じく有性生殖器官である子器と子嚢胞子について説明します．

3. 仮説：子嚢地衣類の有性生殖概略図

子嚢地衣類の地衣菌の受精から地衣体ができるまでの

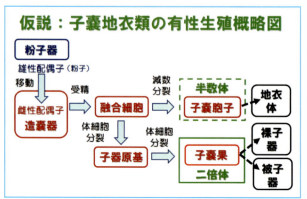

図4.3 仮説：子嚢地衣類の有性生殖概略図

過程を図4.3に「仮説：子嚢地衣類の有性生殖概略図」として示し，以下に簡単に説明します．ここで仮説としたのは有性生殖過程に不明なところが多いためです．

地衣類の雄性配偶子は粉子と呼ばれ，粉子器で形成されます（**4.4**）．一方，雌性配偶子は造嚢器で形成されます（ただし，造嚢器自体が雌性配偶子であるとの説もあります）．粉子は移動して造嚢器中の雌性配偶子にたどり着き，受精が行われ，融合細胞が作られます．

次に，融合細胞が体細胞分裂する過程で子器原基と胞子母細胞に分化します．胞子母細胞は減数分裂し，半数体の子嚢胞子が作られます．子嚢胞子の形成過程については**4.17**に詳述します．子嚢胞子は子器から放出され，共生藻と出会った後，生長して地衣体になります．従って地衣体は子嚢胞子由来なので半数体です．

一方，子器原基は体細胞分裂を繰り返し，組織分化して子嚢果を形成します．従って子嚢果中の組織分化した細胞は子嚢胞子を除いて二倍体です．子嚢果はその後さらに周囲の組織分化を伴って裸子器あるいは被子器が作られます．子器原基から裸子器への発達過程については**4.11**で詳述します．

4.　粉子器と子器－ミキノチャハシゴケモドキ－

前項で述べたように地衣類には粉子器と呼ばれる器官があります．粉子器の役割に二つの考え方があります．一つは粉子が雄性配偶子であり，粉子器はそれを作り収容する器官であるという考え，他方，粉子は分生子であり，粉子器は無性生殖器官であるという考えです．どちらの考え方が正しいというわけではなく，種によってどちらかあるいは両方の可能性もあると思われます．粉子器や粉子は種や属によって形が多様です．また，粉子器が見つかっていない種もあります．

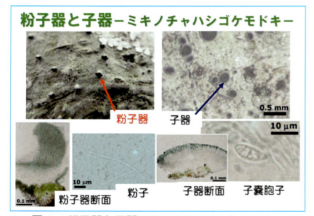

図4.4 粉子器と子器－ミキノチャハシゴケモドキ－

図4.4にワタヘリゴケ科チャハシゴケモドキ属に属する樹皮上生の地衣類，ミキノチャハシゴケモドキ *Pseudocalopadia chibaensis* を例に粉子器（左上の写真）と粉子器断面および粉子（左下の2枚の写真）を示し，子器（右上の写真）と子器断面および子嚢胞子（右下の2枚の写真）と比較します．ミキノチャハシゴケモドキの子器は皿状のビアトラ型裸子器で子器盤は黒色，子嚢胞子は子嚢に8個存在し，無色でほぼ長円形，室数は4室です．一方，粉子器は灰黒色の匙状で匙の内側に無色糸形粉子を多数収納しています．

5.　粉子器の多様性

粉子器は地衣体から突出する場合や地衣体に埋没する場合があります．前者の場合，疣状，粒状，椀状，匙状，刺状のように多様な形を示し，肉眼で容易に確認できます．後者の場合でも，地衣体表面に孔口が存在し，その周囲は黒色で外観的に点状に見えます．粉子器は子器同様に黄色，赤色，灰色，黒色と多彩です．

図4.5 粉子器の多様性

図4.5にアカサビゴケ *Zeroviella mandschurica*（左上の写真），ヨウジョウクロヒゲ *Tricharia vainioi*（左下の写真），ヤマナミセンシゴケ *Menegazzia primaria*（右上の写真），アカミゴケ *Cladonia pleurota*（右下の写真）の粉子器を示します．また，それぞれの子器も比較のために示します．

粉子器は図4.4に示したミキノチャハシゴケモドキでは灰黒色匙状でしたが，アカサビゴケは橙色疣状，ヨウジョウクロヒゲは黒色刺状，ヤマナミセンシゴケは黒色点状，アカミゴケは赤色粒状の粉子器をそれぞれつけます．図に挙げた種では子器と粉子器で異なった形をしていますが，同形の種もあり，例えば，マンジュウゴケ属では子器と粉子器の大きさが異なるものの黒色椀状の同じ形を示します．

粉子器は pycnidia，粉子は conidia の和訳ですが，本書ではその定義を広げて用いました．例えば，キャンピリデア campylidea やハイフォフォア hyphophore を粉子器に含めて説明しています．

6.　粉子の多様性　－形－

粉子も粉子器同様に形や大きさ，色も種によって多様です．粉子の形は長円形，桿形，紡錘形，針形，糸形が知られています．糸形は分岐することもあります．長さは10 μm以下から100 μmを超えるものまであります．粉子は子嚢胞子より小さいのが普通です．色は無色あるいは褐色です．

図4.4に示したミキノチャハシゴケモドキの粉子は無色糸形でした．図4.6に粉子形状の実例を写真で示します．左上の写真のウスダイダイサラゴケ *Coenogonium geralens* の粉子は無色長円形で長さ5 μm以下，左下の写真のアオバゴケ *Strigula smaragdula* は無色紡錘形で長さ10～20 μm，右上の写真のニセチャハシゴケ *Calopadia subcoerulescens* は無色糸形で長さ30～50

μm，右下の写真のコツブヨツハシゴケ *Badimia polillensis* は枝つきの無色糸形で長さ 50～100 μm です．

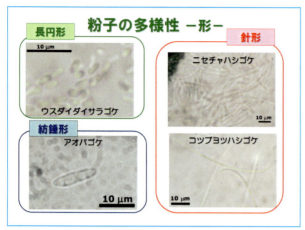

図 4.6 粉子の多様性－形－

7. 子器とその構造－裸子器と被子器－

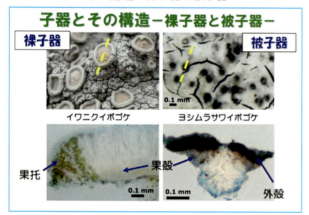

図 4.7 子器とその構造－裸子器と被子器－

第 2 章 2.25 で説明したように子器には裸子器と被子器の二つの型があります．

裸子器と被子器を縦に切断した写真を図 4.7 に示します．裸子器の代表としてイワニクイボゴケ *Ochlorechia parellula*（左の写真），被子器の代表としてヨシムラサワイボゴケ *Verrucaria yoshimurae*（右の写真）を選んでいます．

子器を構成するものに子嚢胞子を含む子嚢，単一あるいは分岐した糸状の菌糸束である側糸，そして子嚢と側糸で満たされた部屋を包む果殻（子嚢殻とも呼ばれます）があります．果殻は一部の種では確認できないほど薄い場合もありますし，厚く肥大化し，さらに炭化することもあります．裸子器では果殻が地衣体の外側にある一方，被子器では果殻が孔口を除いて地衣体に包まれており，子嚢胞子が孔口を通路として放出されます．被子器を有する一部の種に外殻と呼ばれる黒い部分が果殻の外側にあります．

裸子器はウメノキゴケ科やチャシブゴケ科を含むチャシブゴケ目やツメゴケ科やイワノリ科を含むツメゴケ目の地衣類に多く見つけることができます．これらの地衣類はチャシブゴケ綱に属します．一方，被子器はユーロチウム菌綱に属するサネゴケ目やアナイボゴケ目の地衣類で見つけることができます．

8. チャワンタケ亜門の子器の多様性

チャワンタケ亜門の子器の多様性			
ホシゴケ綱		ホシゴケ目	裸子器
クロイボタケ綱	ピレオスポラ亜綱	ピレオスポラ目	被子器
チャシブゴケ綱	ホウネンゴケ亜綱	ホウネンゴケ目	裸子器
	チャシブゴケ亜綱	ゴイシゴケ目，チャシブゴケ目，ピンゴケ目，ツメゴケ目，ダイダイゴケ目，チズゴケ目	裸子器
	モジゴケ亜綱	モジゴケ目，バラゴケ目，ヒロハセンニンゴケ目，トリハダゴケ目，イワバタゴケ目，チャザクロゴケ目	裸子器
	イワタケ亜綱	イワタケ目	裸子器
ツブノリ綱		ツブノリ目	被子器
ホソピンゴケ綱		ホソピンゴケ目	裸子器
ユーロチウム菌綱	ケートチリウム菌亜綱	サネゴケ目，アナイボゴケ目	被子器
	アリピンゴケ亜綱	アリピンゴケ目	裸子器

図 4.8 チャワンタケ亜門の子器の多様性

図 4.8 に子嚢菌類のチャワンタケ亜門に属するチャシブゴケ綱やユーロチウム菌綱およびそれら以外の綱において採用された子器を示します．

ユーロチウム菌綱でもサネゴケ目，アナイボゴケ目の属するケートチリウム菌亜綱は先に述べたように被子器ですが，アリピンゴケ亜綱アリピンゴケ目は裸子器です．被子器はそれ以外ではピレオスポラ亜綱ピレオスポラ目，ツブノリ綱ツブノリ目で採用されています．このようにチャワンタケ亜門では裸子器が一般的な子器と考えてよいと思います．

9. 裸子器の多様性

図 4.9 裸子器の多様性

裸子器は図 4.9 に示すような種々の形が知られています．先に第 2 章 2.25 で述べたレカノラ型，ビアトラ型，レキデア型に加えてリレラ型，ピン状があります．図 4.9 にそれらの代表例を示します．レカノラ型のアオカワキノリ *Leptogium pedicellatum*（左上の写真），ビアトラ型のケクズゴケ *Polychidium dendriscum*（中央上の写真），レキデア型のヘリトリゴケ *Porpidia albocaerulescens* var. *albocaerulescens*（右上の写真），リレラ型のコナモジゴケ *Graphis aperiens*（左下の写真）とヒョウモンメダイゴケ *Chiodecton congestulum*（中央下の写真），ピン状のオオピンゴケ *Calicium chlorosporum*（右下の写真）です．リレラ型では詳しくは単一紐状のグループと疣状の突起に数個の子器を包んだストロマ状リレラ型（以下の図中ではストロマ状と略記）のグループがあります．このように地衣類は種々の形の裸子器を進化させてきました．

10. 皿状裸子器断面

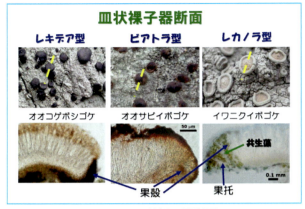

図 4.10 皿状裸子器断面

図 4.10 に皿状裸子器の三つの型，レキデア型，ビアトラ型，レカノラ型を例示します．ビアトラ型裸子器の代表としてオオサビイボゴケ *Brigantiaea nipponica*（中央の写真），レキデア型裸子器の代表としてオオコゲボシゴケ *Megalospora tuberculosa*（左の写真），レカノラ型裸子器の代表としてイワニクイボゴケ *Ochrolechia parellula*（右の写真）を選んでいます．

皿状裸子器の三つの型の縦断面は異なります．最も大きな違いは，レカノラ型は果托と呼ばれ，地衣体の一部であった組織を有しますが，レキデア型やビアトラ型は果托がありません．地衣体を起源とする果托には子器縁の共生藻が見つかります．もちろん，ビアトラ型とレキデア型の皿状子器に共生藻は見つかりません．両型の子器縁のレカノラ型の果托によく似ている組織は実は果殻です．ビアトラ型とレキデア型は子器全体が子嚢果に該当します．両者の果殻は発達し，肥大化しています．さらにレキデア型では果殻が炭化しています．一方，レカノラ型では果殻はほとんど見えません．

子嚢果の上部，果殻を欠く部分は子器盤（あるいは盤）と呼ばれ，普通色素を沈着して発色します．色素は顆粒状である場合や細胞に溶解している場合があります．盤の色は淡褐色から褐色，暗褐色の褐色系が多いですが，黄色から橙色，朱色，赤色，灰色，黒色の場合も知られています．

11. 仮説：裸子器の発達

裸子器がどのように発達してそれぞれの形に至ったのかを図 4.11 に仮説的に模式図で示します．

造嚢器ができた時から存在するのか，それとも二核になった時に形成されるのか筆者にはわかりませんが，まず，造嚢器を包む単相菌糸塊から子嚢殻が作られ，地衣体から仕切られます（これを子器原基 O とします）．

レカノラ型では果殻周囲の地衣体が盛り上がり，それにつれて子嚢果も盛り上がり，子器が形成されると考えられます．

ビアトラ型では子嚢果のみが盛り上がり，果殻が肥大化して子器が形成されると考えられます．

レキデア型では子嚢果が盛り上がる前に果殻が炭化し，その後，子嚢果のみが盛り上がって子器が形成されると考えられます．

ピン状ではレキデア型子器がさらに柄を生じ，柄が伸長することで子器が形成されると考えられます．

12. 裸子器の構造 ーレカノラ型ー

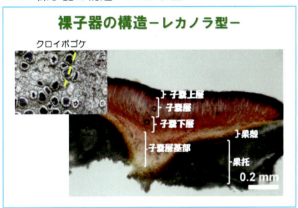

図 4.12 裸子器の構造 ーレカノラ型ー

裸子器の構造について，クロイボゴケ *Tephromela atra* の裸子器の縦断面写真を例に図 4.12 に示します．

クロイボゴケはレカノラ型の裸子器をつける痂状地衣類です．外観的にチャシブゴケ属の地衣類に似ていますが，黒色の子器盤と暗褐色の子嚢層を有することで区別できます．子器の最も外側の黒く現れている部分は果托です．図ではわかりにくいですが緑色の部分があり，それが共生藻です．子器は上から子嚢上層，子嚢層，子嚢下層，子嚢層基部と層状構造を示し，子嚢層基部と果托の間に薄い果殻が認められます．種によって子嚢下層と子嚢層基部との区別がつかない場合もあります．子嚢上層は子器盤の色を反映しています．クロイボゴケの子器盤は黒色なので，子嚢上層は黒く現れています．子嚢層は胞子を収納した袋である子嚢が集積されている層です．子嚢層基部は造嚢糸が集まっています．

子嚢果の組織構造はレカノラ型，ビアトラ型，レキデア型で大きな差異はありません．チャシブゴケ属の地衣類では果托にシュウ酸カルシウムの大形結晶を含むことがあり，それが分類形質になっています．また，チャクロイボゴケ属の地衣類では子嚢下層と子嚢層基部の着色の有無が分類形質になっています．このように痂状地衣類では子器の内部構造を検査することも重要です．

13. モジゴケ科における裸子器の多様性

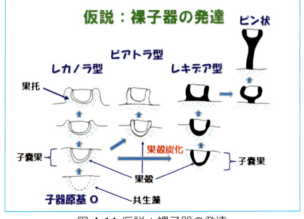

図 4.11 仮説：裸子器の発達

モジゴケ科は多くの属からなります．その中での多くの属はリレラ型子器をつけますが，リレラ型ではない子器をつける属もあります．モジゴケ科における裸子器の多様性について考えてみましょう．

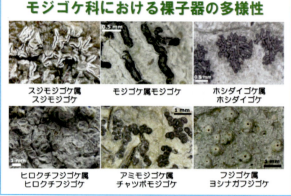

図4.13 モジゴケ科における裸子器の多様性

図4.13にモジゴケ科に属し，異なる形の子器をつける6種を示します．リレラ型を示す種はスジモジゴケ属スジモジゴケ *Fissurina inabensis*（左上の写真），モジゴケ属モジゴケ *Graphis scripta*（中央上の写真），ストロマ状リレラ型のホシダイゴケ属ホシダイゴケ *Sarcographa tricosa*（右上の写真）の3種です．残りの3種は孔口の広い被子器様型のヒロクチフジゴケ属ヒロクチフジゴケ *Chapsa grossomarginata*（左下の写真），アミモジゴケ属チャツボモジゴケ *Glyphis scyphulifera*（中央下の写真），孔口が細い被子器様型のフジゴケ属ヨシナガフジゴケ *Thelotrema faveolare*（右下の写真）です．ストロマ状リレラ型はその他アミモジゴケ属アミモジゴケ *Glyphis cicatricosa* を含みます．また，被子器様型はその他キッコウゴケ属を含みます．モジゴケ科はさらにビアトラ型を示すヨウジョウクロヒゲ属を含みます．

このようにどうやらモジゴケ科に属する地衣類は他の科に属する地衣類とは異なる子器の発達様式をしてきたようです．

14．仮説：モジゴケ科裸子器の発達

子器原基 O からモジゴケ科の各種子器型への変遷を図4.14に仮説的に模式図として示します．

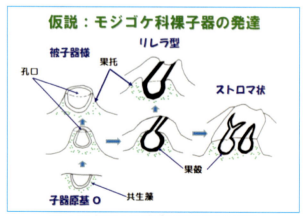

図4.14 仮説：モジゴケ科裸子器の発達

子器原基 O の子嚢果が周囲の地衣体とともに盛り上がり，孔口の細い被子器様になります．その後孔口が広がって，孔口の広い被子器様型になります．図に載せていませんが，果殻が炭化すればチャツボモジゴケの子器のようになります．

孔口の細い被子器様型が伸長し，果殻の炭化が起こります．炭化はモジゴケ属を含めた紐状の子器をつける種によって多様です．次いで子器盤が横に広がります．ここで，種によっては子器縁に縦じわを生じたり，果托が痩せて消失したりする場合もあります．

子嚢果周囲の地衣体が複数の子嚢果を含んで盛り上がる場合もあります．その場合がストロマ状リレラ型です．まれに種によっては盛り上がり程度が小さいものもあります．

15．裸子器の多様性－リトマスゴケ科－

裸子器の多様性－リトマスゴケ科－			
国内のリトマスゴケ科：すべて痂状			
メダイゴケ属	レカノラ型	樹	冷温帯
ヘリブトゴケ属	レカノラ型	岩	暖温帯
フシアナゴケ属	レカノラ型	樹・岩	暖温帯・亜熱帯
アシカゴケ属	レカノラ型	岩	暖温帯
カシゴケ属	レキデア型	樹	暖温帯・亜熱帯
ヒョウモンメダイゴケ属	ストロマ状	樹・岩	暖温帯・亜熱帯
フェルトゴケ属	ストロマ状	樹	亜熱帯
クチナワゴケ属	リレラ型	樹	暖温帯・亜熱帯
タツゴケ属	リレラ型	樹	亜熱帯

図4.15 裸子器の多様性－リトマスゴケ科－

多様な裸子器をつける科はモジゴケ科だけではありません．図4.15に示すようにリトマスゴケ科も多様な裸子器をつけます．

リトマスゴケ科に属する国内産の属は9属が知られています．すべて痂状地衣類で多くの属は暖温帯以南に分布しています．リトマスゴケ科の子器型はレカノラ型が4属，レキデア型が1属，リレラ型が2属，ストロマ状リレラ型が2属です．

このように子器型が異なると子器の外観観察だけでリトマスゴケ科と判断するのは大変難しいですね．

16．リトマスゴケ科における裸子器の多様性

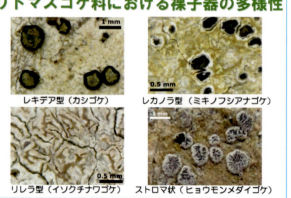

図4.16 リトマスゴケ科における裸子器の多様性

図4.16にリトマスゴケ科の裸子器の代表例を示します．恐らく，これら写真をご覧になった皆さんはその多様性に驚かれることと思います．

レキデア型のカシゴケ Cresponea proximata（左上の写真）はカシゴケ属に属します．カシゴケ属は黄色の粉霜を子器盤につけるので，レキデア型子器をつける他の痂状地衣類と区別できます．

レカノラ型のミキノフシアナゴケ Mazosia japonica （右上の写真）はフシアナゴケ属に属します．黒い子器盤と白い縁取りが特徴的です．子嚢胞子を確認しないと他のレカノラ型痂状地衣類と区別できません．

リレラ型のイソクチナワゴケ Enterographa leucolyta（左下の写真）はクチナワゴケ属に属します．クチナワゴケ属の子器は紐状ではありますが，モジゴケ属と比べ細く短いばかりでなく，子器盤の色も淡色なのでモジゴケ属と区別は容易です．

ストロマ状リレラ型のヒョウモンメダイゴケ Chiodecton congestulum（右下の写真）はヒョウモンメダイゴケ属に属します．モジゴケ科と比べ，子器を含む疣状突起の大きさが小さく，リレラは点状あるいは短い線状なのでこちらも区別しやすいと思います．

17. 子嚢胞子形成過程

子嚢地衣類の地衣菌の受精から子嚢胞子ができるまでの過程を Honegger & Scherrer（2008）の総説を参考に図 4.17 に示します．

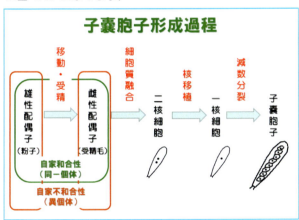

図 4.17 子嚢胞子形成過程

地衣類の雄性配偶子は粉子と呼ばれ，粉子器で形成されます．一方，雌性配偶子は造嚢器で形成されます．粉子器は地衣体に埋没あるいは突出し，通常は肉眼でもわかる程度の大きさです．粉子あるいは粉子器は種によって形や大きさが異なります（4.5 および 4.6 参照）．一方，造嚢器は地衣体にほぼ埋没しているので確認することは困難です．粉子は粉子器から放出された後，大気中に漂い，あるいは水で流されて造嚢器から伸びた受精毛にたどり着きます．

粉子と造嚢器，受精毛についてはまだ多くの疑問が残されています．粉子器と造嚢器が同一の地衣体でもよいのか（自家和合性），それとも異なる地衣体でなければならないのか（自家不和合性）について Honegger & Scherrer（2008）によれば地衣類の多くの種は自家不和合性で特殊な種，例えば，オウシュウオオロウソクゴケ Xanthoria parietina は自家和合性とされています．それでもまだまだ疑問が残ります．例えば，粉子器と造嚢器は同じ地衣体で発生する（雌雄同株）のか，それとも異なる地衣体で発生するのか（雌雄異株），また時期を変えて発生する（雌雄異熟）のかなどがあります．これらの疑問について地衣類全体にあてはまることなのか，それとも種によって特異的なのか，これらもまだまだ議論が必要です．

造嚢器から地衣体上に伸びた受精毛に粉子が接触し，細胞質融合（Plasmogamy）が起き，造嚢器が雄性配偶子の核を受け入れて二核細胞となります．その後，二核細胞となった造嚢器から同じく二核細胞である造嚢糸が生じ，細胞分裂して発達します．造嚢器を包む単相菌糸塊から子嚢殻（果殻）が発達し，やがて子器になります．ここで子嚢殻となる単相菌糸塊は造嚢器ができた時から存在するのか，それとも二核になった時に形成されるのか筆者はよくわかりません．Honegger & Scherrer（2008）は受精毛が子嚢果原基から伸びていると説明しているので，子嚢果原基は早い時期からできていると思われます．

造嚢糸の二核細胞は対になって核分裂を繰り返し，対になった多核の細胞となります．その先端で隔壁を生じ子嚢母細胞となる二核細胞となります．さらに核同士が融合（核移植と呼ばれます）します．核は減数分裂し，さらに核分裂をして，8 相の単相核を生じ，それぞれの核を中心にして胞子膜の仕切りが作られてそれぞれ子嚢胞子ができます．その結果，8 個の子嚢胞子を内包した子嚢が完成します．従って，子器中の子嚢は二倍体（ディプロイド）となりますが，子嚢以外の果殻を含む組織は造嚢器を包む単相菌糸塊から派生するので半数体（ハプロイド）になります．

18. 子嚢中の胞子数の多様性

子嚢胞子を包む袋状の組織である子嚢は地衣類の種によって多様な形をとります．子嚢は球状，円筒状，棍棒状が多くの種に見られる標準形です．まれに隔壁を生じる場合や柄を生じる場合もあります．

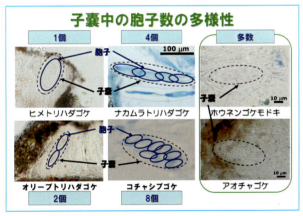

図 4.18 子嚢中の胞子数の多様性

子嚢に含まれる胞子は 8 個を標準として 1 個または 2 の倍数個になります．2 の倍数個となるのは減数分裂の結果です．子嚢の大きさに限界があるので，子嚢に収納される胞子の大きさと数はある程度逆相関します．また，子嚢に収納される胞子数は子嚢の成熟度にもよります．ここで示した数は最大値と考えてください．

子嚢に含まれる胞子の数は種によって変化します．図

4.18 に 1 個，2 個，4 個，8 個，多数個のそれぞれの実例を写真で示します．1 個はヒメトリハダゴケ *Pertusaria amara*（左上の写真），2 個はオリーブトリハダゴケ *Pertusaria pustulata*（左下の写真），4 個はナカムラトリハダゴケ *Pertusaria nakamurae*（中央上の写真），8 個はコチャシブゴケ *Lecanora leprosa*（中央下の写真），多数個はホウネンゴケモドキ *Acarospora asahinae*（右上の写真）とアオチャゴケ *Maronea constans*（右下の写真）です．図 4.18 では子嚢は黒破線，胞子は青枠で示されています．胞子は普通子嚢に隙間なく詰まっています．

子嚢胞子は子嚢中では 1 列になっていることが多いですが，種によっては 2 列になることもあります．

19．子嚢胞子の多様性 ①－色と室数－

子嚢胞子の形や色，室数は地衣類の種によって多様です．子嚢胞子は無色あるいは褐色ですが，着色の程度は種によって異なりますし，未熟な時は無色でも成熟するにつれ褐色化することもあります．

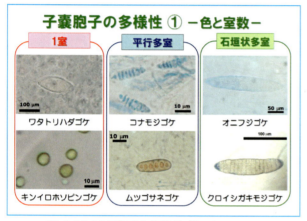

図 4.19 子嚢胞子の多様性 ①－色と室数－

図 4.19 に子嚢胞子の色と室数について例としてワタトリハダゴケ *Pertusaria quartans*（左上），キンイロホソピンゴケ *Chaenotheca chrysocephala*（左下），コナモジゴケ *Graphis aperiens*（中央上），ムツゴサネゴケ *Pyrenula sexlocularis*（中央下），オニフジゴケ *Thelotrema monosporoides*（右上），クロイシガキモジゴケ *Platygramme pseudomontagnei*（右下）を写真で示します．子嚢胞子が青色に着色しているのはコットンブルーで染色したからです．

図中のワタトリハダゴケとキンイロホソピンゴケの子嚢胞子は 1 室（単室とも言います）です．ワタトリハダゴケは無色長円形で長さ 100 µm を超えますが，キンイロホソピンゴケの子嚢胞子は黄色球形で径 10 µm 程度です．

図 4.19 に示すようにコナモジゴケとムツゴサネゴケの子嚢胞子は室が平行に並んでいます．これを平行多室胞子と呼びます．平行多室胞子の室数は種によって異なり，2 室から十数室です．種によって室数は一定を保つ場合もありますが，普通ある程度の幅があります．室数が多くなると胞子は長くなる傾向を示します．室の形も種によって異なり，球状から円錐状，四角状，レンズ状，砂時計状のように様々です．また，室は室間の明瞭な線で隔てられます．これを胞子隔壁と呼びます．隔壁が濃く着色される場合もあります．室のみが着色する場合や室に油滴が観察される場合もあります．

図 4.19 に示すコナモジゴケの子嚢胞子は無色紡錘形で，室はレンズ状で室数は 8 から 10 室，隔壁は目立ちません．ムツゴサネゴケの子嚢胞子は褐色長円形で室は球状をしていて 5 個の隔壁があり，室数は 6 室です．室が赤く着色している特徴があります．

図 4.19 に示すようにオニフジゴケとクロイシガキモジゴケの子嚢胞子は石垣のように小さな室で区切られています．これを石垣状多室胞子と呼びます．石垣状多室胞子は普通，室数が数えられないくらい多いですが，数えられるくらいの大きさの室の場合，亜石垣状多室胞子と呼ぶこともあります．室が隔壁で隔てられている場合もあります．

図 4.19 に示すクロイシガキモジゴケの子嚢胞子は褐色長円形で隔壁が認められます．他方，オニフジゴケは無色長円形で隔壁は認められません．

子嚢胞子を包む膜を胞子膜あるいは胞子壁と呼びます．胞子膜の厚さも種によって異なります．また，種によって胞子壁が多重になることもあります．

20．子嚢胞子の多様性 ②－形－

子嚢胞子の形状は針形や紡錘形，蠕虫形，長円形，球形と種によって決まっています．ただし，大きさは変わることが多く，それでもある程度の範囲に収まります．胞子の長さは 10 µm 程度から 100 µm を超えるものまであります．

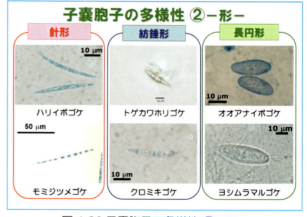

図 4.20 子嚢胞子の多様性 ②－形－

図 4.20 に子嚢胞子形状のそれぞれの実例を写真で示します．ハリイボゴケ *Bacidia spumosula*（左上の写真）とモミジツメゴケ *Peltigera polydactylon*（左下の写真）の子嚢胞子は無色針形の多室，トゲカワホリゴケ *Collema subflaccidum*（中央上の写真）は無色紡錘形の 4 室，クロミキゴケ *Stereocaulon nigrum*（中央下の写真）は同じく無色紡錘形の 6 室，オオアナイボゴケ *Verrucaria margacea*（右上の写真）は無色長円形の 1 室，ヨシムラマルゴケ *Porina yoshimurae*（右下の写真）は長円形の石垣状多室です．

C 地衣類の無性生殖

地衣類が真菌類と藻類の共生生物という繁殖に面倒な

生き方をしているのにもかかわらず，地衣類は地球上の多様な環境に適応して繁栄しているように思えます．それは地衣類が必ず子器をつけるわけではなく，多くの地衣類が無性生殖という繁殖手段を採用しているからではないかと思います．それも多数の無性生殖器官を周囲に散布します．体細胞分裂時に起きる突然変異を利用して環境適応していると言っても過言ではないのでしょう．ここでは地衣類の無性生殖方法や無性生殖器官，無性生殖器官によるクローンの散布，生殖様式の差異ついて説明します．

21. 地衣類の無性生殖方法

図 4.21 地衣類の無性生殖方法

地衣類の無性生殖（栄養繁殖）方法を図 4.21 に示します．

一般的な無性生殖方法は特定の無性生殖器官を利用する方法です．無性生殖器官として粉芽（soredia），裂芽（isidia），泡芽（pastula），小裂片（lobules），剥片（shizidia），粉子（conidia）が知られています．粉子については 4.4～4.6 を参照してください．

無性生殖器官は種によって異なりますし，同じ種が複数の無性生殖器官をつけることも少ないので，無性生殖器官があれば種を決定することが容易になります．

次に，他の生物を利用する無性生殖方法があります．例えば，動物により地衣体が粉砕，微細化され，それが動物に付着し，周囲に運ばれることが考えられます．ハナゴケ *Cladonia rangiferina*（図 4.21 の上の写真）のようなハナゴケ属やキゴケ属の地衣類がこれに当てはまります．ハナゴケ属の中に先端が尖った地衣体を持つ種類がありますし，キゴケ属は棘枝と呼ばれる地衣体の小さな棘状の分枝を持っています．岩上の地衣類があちらこちらの岩上に広がっていることを見たことがあります．しかも，それらはいつも大きな岩のトップに広がっています．多分，鳥が地衣体の上に止まり，その時に地衣体が壊れて，鳥の足につき，運ばれたものと考えられます．また，粉状の地衣体の痂状地衣類では，粉体が小動物について周囲に運ばれることが考えられます．レプラゴケ属やコガネゴケ属の地衣類はこの典型的な例になります．

また，物理的な手段を利用する無性生殖方法もあります．ヨコワサルオガセ *Dolichousnea diffracta*（図 4.21 の下の写真）を含むサルオガセ属やキノリ属のような紐状の樹状地衣類は通常樹上に生育しています．強風で地衣体が千切れて飛び，それが別の木の枝に巻きついて分布を広げると考えられます．また，河岸や海岸の地衣類は台風の時など大波で地衣体が壊れ，それが別の場所に運ばれて分布を広げると考えられます．

無性生殖器官をつける地衣類は子器をつけることがあまりありません．例えば，ウメノキゴケ *Parmotrema tinctorum* やマツゲゴケ *P. clavuliferum*，キウメノキゴケ *Flavoparmelia caperata*，ナミガタウメノキゴケ *P. austrosinense* は日本では暖温帯で普通に観察される地衣類ですが，それらの子器を見つけることは難しく，これら4種の中ではマツゲゴケが最もたやすく，次いでウメノキゴケ，キウメノキゴケ，ナミガタウメノキゴケの順に難しくなります．筆者は子器つきのキウメノキゴケを二度見たことがありますが，ナミガタウメノキゴケの子器を見たことがありません．

22. 無性生殖器官－粉芽・粉芽塊－

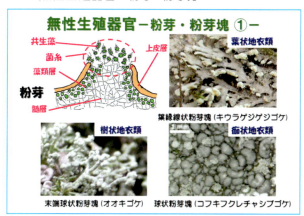

図 4.22A 無性生殖器官－粉芽・粉芽塊 ①－

無性生殖器官の中で粉芽（soredia）は最も普通に利用されています．図 4.22A の左上のイラストに示すように粉芽は共生藻の細胞群に菌糸が周囲を囲んだ微小な粉状の塊で皮層はありません．粉芽塊は粉芽が集合して肉眼で見える程度の大きさになったものを言います．

粉芽をつけている地衣類は葉状，樹状，痂状を問いません．図 4.22A に葉状地衣類の代表例として葉縁に線状の粉芽塊をつけるキウラゲジゲジゴケ *Heterodermia obscurata*（右上の写真），樹状地衣類として擬子柄末端に球状の粉芽塊をつけるオオキゴケ *Stereocaulon sorediiferum*（左下の写真），痂状地衣類として球状の粉芽塊をつけるコフキフクレチャシブゴケ *Lecanora ussuriensis*（右下の写真）を挙げます．

痂状地衣類の中に粉芽塊が集合して地衣体を形成するものもあります．多くのレプラゴケ属やコガネゴケ属の地衣類が該当します．

地衣類の中でも葉状地衣類は多様な形状の粉芽塊を多様な場所につけることが知られ，それぞれ種特異的な形質とされています．

図 4.22A に葉縁に線状粉芽塊をつけるキウラゲジゲジゴケを挙げましたが，図 4.22B に葉端に球状粉芽塊をつけるマツゲゴケ *Parmotrema clavuliferum*（左上の写真），葉縁に枕状粉芽塊をつけるナミムカデゴケ *Kashiwadia orientalis*（左下の写真），葉央に球状粉芽

塊をつけるコフキヂリナリア *Dirinaria applanata*（右上の写真），腹面葉端に口唇状粉芽塊をつけるコフキゲジゲジゴケ *Heterodermia subascendens*（右下の写真）を挙げます．

図 4.22B 無性生殖器官―粉芽・粉芽塊 ②―

　粉芽塊の形状として，図 4.22A や図 4.22B に示すように球状，線状，枕状，口唇状が知られています．また，粉芽塊をつける特定の場所として，図 4.22A や図 4.22B に示すように背面葉縁や背面葉央，背面葉端，腹面葉端，地衣体末端が知られています．なぜ粉芽塊が特定の場所に生ずるのか，また，種によってそれぞれ特定の形状を有するのかその理由について明らかではありません．さらに，粉芽発生のメカニズムについても明らかではありません．

　粉芽は他の無性生殖器官，例えば，裂芽や泡芽の壊れた痕から発生することもありますし，地衣体が壊れた痕から発生することもあります．

23. 無性生殖器官―裂芽―

図 4.23A 無性生殖器官―裂芽 ①―

　裂芽（isidia）は無性生殖器官の中では粉芽に次いで多くの地衣類で利用されています．裂芽は図 4.23A の左上のイラストに示すように皮層を含む地衣体の一部が盛り上がったものです．裂芽はその付け根付近で物理的な力を受けて切断されます．

　裂芽も粉芽と同様に葉状，樹状，痂状地衣類を問わず見かけます．図 4.23A に葉状地衣類の代表例として粒状の裂芽をつけるチヂレカブトゴケ *Lobaria isidiophora*（右上の写真），樹状地衣類として針状の裂芽をつけるナ

ガヒゲサルオガセ *Usnea filipendula*（左下の写真），痂状地衣類として円柱状の裂芽をつけるヤスダニクイボゴケ *Ochrolechia yasudae*（右下の写真）を挙げます．サルオガセ属の地衣体につく針状の裂芽を針芽と呼ぶこともあります．

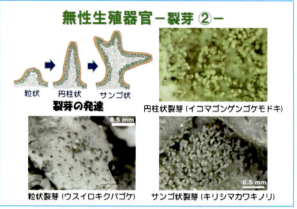

図 4.23B 無性生殖器官―裂芽 ②―

　図 4.23B の左上のイラストに示すように裂芽ははじめ粒状，発達すると円柱状，さらに枝分かれしてサンゴ状になったり，幅が広がって扁平状になったりします．図 4.23B にそれら裂芽をつける代表例として，粒状裂芽をつけるウスイロキクバゴケ *Xanthoparmelia coreana*（左下の写真），円柱状裂芽をつけるイコマゴンゲンゴケモドキ *Remotrachyna incognita*（右上の写真），サンゴ状裂芽をつけるキリシマカワキノリ *Leptogium pseudopapillosum*（右下の写真）を挙げます．しかし，裂芽をつけるすべての地衣類で裂芽が発達してサンゴ状になるわけではなく，途中の段階で止まる地衣類もあり，どの段階で止まるかは種によって決まっています．裂芽が脱離した痕に粉芽が発生することもあるのでその場合に注意が必要です．

24. 無性生殖器官―小裂片―

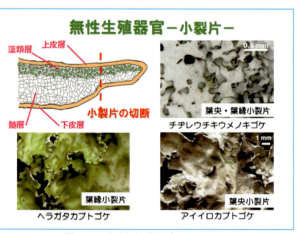

図 4.24 無性生殖器官―小裂片―

　図 4.24 の左上のイラストに小裂片（lobules）の構造を示します．小裂片も次々項に示す剥片も無性生殖器官の中では数少ない種で利用されています．小裂片も裂芽同様に付け根付近で物理的な力により切断されます．

　小裂片は扁平裂芽によく似ていますが，背腹性を示します．葉縁に現れることが多いですが，葉央に現れることもあります．葉縁小裂片の例として図 4.24 の左下の

写真にヘラガタカブトゴケ Lobaria spathulata，葉央・葉縁小裂片の例として図 4.24 の右上の写真にチヂレウチキウメノキゴケ Myelochroa xantholepis，葉央小裂片の例として図 4.24 の右下の写真にアイイロカブトゴケ L. isidiosa を示します．

小裂片が大きい場合，それは不定芽と呼ばれることもあります．その例としてトゲナシカラクサゴケ Parmelia fertilis が挙げられます．

25．無性生殖器官－泡芽－

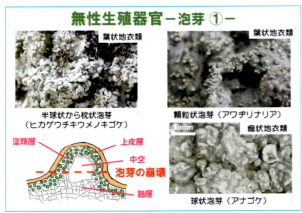

図 4.25A 無性生殖器官－泡芽 ①－

泡芽（pastula）は図 4.25A の左下のイラストに示すように一見したところ顆粒状や球状，半球状，枕状で裂芽に見えることもありますが，裂芽と異なり髄の一部が空洞になっています．上部を軽く押すと，潰れるので泡芽と判断できます．泡芽も裂芽同様に付け根付近で物理的な力により切断されます．

図 4.25A に泡芽つける地衣類を例示します．葉状地衣類のアワヂリナリア Dirinaria aegialita（右上の写真）は顆粒状の泡芽，同じく葉状のヒカゲウチキウメノキゴケ Myelochroa leucotyliza（左上の写真）は半球状から枕状の泡芽，痂状地衣類のアナゴケ Rhabdodiscus inalbescens（右下の写真）は球状の泡芽をつけます．このように泡芽も生育形に拘りません．

図 4.25B 無性生殖器官－泡芽 ②－

泡芽が崩れて粉芽塊となる場合があります．図 4.25B の左上のイラストに泡芽の崩壊を示します．このような実例にシラチャウメノキゴケ Canoparmelia aptata があります．シラチャウメノキゴケは初期に顆粒状の泡芽（図 4.25B の左下の写真）をつけますが，泡芽が背面上に広がると一部が崩壊して粉芽化し，粉芽塊（図 4.25B

の中央下の写真）となります．同様の例にキウメノキゴケ Flavoparmelia caperata（図 4.25B の右上の写真）があります．

泡芽についても粉芽や裂芽同様にその発生について不明な点が多く残されています．

26．無性生殖器官－剥片－

図 4.26 の左上のイラストに示すように無性生殖器官の一つである剥片（shizidia）は葉状地衣類の背面に生じたしわから生じる皮層＋藻類層の剥がれた部分です．剥片の剥がれた跡が粉芽化することもあります．図 4.26 に剥片の代表例として，葉状地衣類のクズレウチキウメノキゴケ Myelochroa entotheiochroa（左下の写真）とクズレマツゲゴケ Parmotrema hawaiiense（右下の写真），痂状地衣類のヒメセンニンゴケ Dibaeis absoluta（右上の写真）を挙げます．ヒメセンニンゴケの剥片が脱離した痕は粉芽塊と混同しやすいですが，その発生過程を調べれば異なることがわかります．

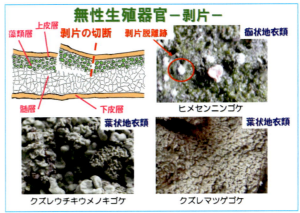

図 4.26 無性生殖器官－剥片－

剥片は無性生殖器官の中では数少ない種で利用されています．剥片については専門書ではあまり説明がありません．

27．粉芽塊の散布・生長－クローン散布 ①－

図 4.27 粉芽塊の散布・生長－クローン散布 ①－

無性生殖器官である粉芽や粉芽塊はどのように散布され，地衣体として大きくなっていくのか，そのような状況を確認することはなかなか難しいことです．筆者の住んでいる大阪府寝屋川市でたまたまよいモデルが見つかったので紹介します．

紹介する地衣類は葉縁に粉芽塊をつけるナミガタウメノキゴケ Parmotrema austrosinense です．図4.27に示すように，移植後40年のタブノキにナミガタウメノキゴケが4箇所着生しています．最も上部にある個体が最も大きく，上から2列目の2個体，次いで3列目の個体と下になるに従って個体の大きさは小さくなっています．このことは最も上部の個体から粉芽塊が流れて，2列目の個体を生じ，さらに2列目の個体から3列目の個体，または最も上部の個体から2列目の個体ができてしばらく経った後，3列目の個体を生じたものと考えられます．つまりこれはクローン散布と呼ばれる現象の結果と考えられます．これが事実かどうかの証明はまず4個体が同じ遺伝子を持つ，すなわちクローンでなければなりません．結果を楽しみにいずれ確認したいと思います．

28. 粉芽塊の散布・生長－クローン散布 ②－

図4.28 粉芽塊の散布・生長－クローン散布 ②－

　粉芽塊の散布の二例目を図4.28に示します．ここで紹介する地衣類は子柄に粉芽塊をつけるヒメジョウゴゴケモドキ Cladonia subconistea です．図4.28に示すように，歩道上にヒメジョウゴゴケモドキの多数の個体が生育しています．数年前に歩道を改設した後，最近肉眼で見つかるほどの大きさに生長しました．最も近いヒメジョウゴゴケモドキの成熟個体（図4.28の右上の写真）は歩道脇の一段高い生垣上のところにあります．推察するに歩道上の個体は生垣上の個体から粉芽塊が大雨で下段の歩道に流れ，歩道の隙間に定着し，生長したものと思われます．歩道上の個体の大きさがほぼ同じ程度なのは同時期に散布されたものなのでしょう．

29. 粉芽塊の散布・生長－クローン散布 ③－

　粉芽塊の散布・生長の三例目を図4.29に示します．図4.29はコフキヂリナリア Dirinaria applanata の地衣体上に散布されたヒイロクロボシゴケ Pyxine cocoes の粉芽塊です．ヒイロクロボシゴケはリヘキサントンを含有するので，UV照射下で黄色に発色しますが，コフキヂリナリアは含有しないので発色しません．両種のUV呈色反応の差を利用して粉芽塊の散布を捉えることができました．

　図4.29の上の拡大写真には点々とヒイロクロボシゴケの粉芽塊が黄色に発色しているのがよくわかります．恐らく，図4.29の右下の写真のヒイロクロボシゴケの

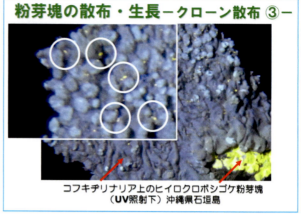

図4.29 粉芽塊の散布・生長－クローン散布 ③－

個体もこのような粉芽塊散布の結果，散布された粉芽塊が生長し，大きくなったものと推察されます．

　粉芽塊の散布はこのように多数の微小地衣体の発生につながるので，地衣類が増えることにとって大変効率的な手段と言えます．

30. 地衣体の散布・生長－クローン散布 ④－

図4.30 地衣体の散布・生長－クローン散布 ④－

　クローン散布と思われる四例目の事例を紹介します．

　図4.30に北海道在住の泉田健一氏により北海道苫小牧市で撮影された写真を示します．右の写真を見ると微小な多数の地衣体片（赤矢印）が蘚類（チャボスズゴケ）上に認められます．蘚類は樹皮より保水力が強く，そのため地衣類の微小片が生育しやすいと考えられます．この微小片を載せた蘚類のそばに左の写真のように擬盃点（赤丸）をつけるヒモウメノキゴケ Nipponoparmelia laevior が観察されます．ヒモウメノキゴケは粉芽や裂芽のような無性生殖器官を持ちません．しかし，地衣体をよく観察すると葉縁の擬盃点のところで微小片が脱落しているのがわかります．擬盃点は皮層がなく髄層がむき出しになっている場所で菌糸の結びつきがあまり強固ではないので，強風や大雨のような物理的な力で微小片として剥がれたものと推察されます．剥がれた微小片は剥片の一種と考えられ，これがチャボスズゴケ上散布されたと思われます．

31. ハナゴケ属の群落の種多様性

　地面や岩上，屋根のハナゴケ属の群落をよく観察すると数種が混生していることがしばしば確認できます．そ

の一例を図 4.31 に示します．筆者が京都市今宮神社で撮影した写真です．

図 4.31 ハナゴケ属の群落の種多様性

図 4.31 にヒメレンゲゴケ Cladonia ramulosa とヒメジョウゴゴケモドキ C. subconistea の小群落が混在しています．これら 2 種を含むハナゴケ属は一部の種群を除いて子器をよくつけています．ハナゴケ属の地衣類はトレボキシア属 Trebouxia を共通の共生藻としているので，筆者はハナゴケ属群落に本来存在していなかったハナゴケ属の他種の子嚢胞子が群落に到達し，漏れ出ていた共生藻を捕らえ，その結果，群落侵入を果たすのではないかと推定しています．

32．生殖様式の影響

地衣類が生殖する場合，無性生殖と有性生殖ではどのような違いがあるのかどうか調べた例はほとんどありません．

Yamamoto et al.（1998）は姉妹種であるナメラキゾメヤマヒコノリ Letharia columbiana とキゾメヤマヒコノリ L. vulpina を用いてその生殖様式の影響について調べました．両種は北米の同じような場所に分布し，前種は粉芽を欠き，よく子器をつけて有性生殖で生殖し，後種は子器をつける有性生殖よりも粉芽をつける無性生殖を主に用いて生殖します．Yamamoto et al.（1998）は両種の子器つき地衣体を採集し，−25℃で

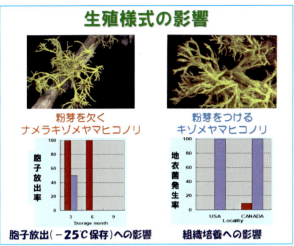

図 4.32 生殖様式の影響

保存していたそれぞれの種の子器を分離し，子器から子嚢胞子放出の程度（胞子放出率）を調べました．さらに地衣体微小片を用いて地衣組織培養を行い，微小片から菌糸が発生する程度（地衣菌発生率）を比較しました．

その結果を図 4.32 に示します．図中の赤棒がナメラキゾメヤマヒコノリ，青棒がキゾメヤマヒコノリです．左図に胞子放出率（＝胞子放出した子器数 x100%／試験に供した子器数）を，右図に地衣菌発生率（＝菌糸が発生した微小片数 x100%／試験に供した微小片数）を示します．胞子放出率ではナメラキゾメヤマヒコノリ，一方，地衣菌発生率ではキゾメヤマヒコノリが優位でした．このことはそれぞれの種でその生殖器官に応じた生殖適応が行われていることを示唆します．

文 献

Honegger R. & Scherrer S. 2008. Sexual reproduction in lichen-forming ascomycetes. In Nash III T.H. (ed), Lichen Biology, 2nd Edition, pp. 94-103. Cambridge University Press, New York.

Yamamoto Y., Kinoshita Y. & Yoshimura I. 1998. Difference of cell-viability and spore discharge capability between two lichen species, Letharia columbiana (Nutt.) Thoms. and L. vulpina (L.) Hue. Plant Biotechnology 15: 131-133.

第 5 章 地衣類の生育環境

本章は地衣類の生育環境をテーマに取り上げますが，最初に地衣類の生き方の二つの意味について説明します．次いで，**A** マクロな生育環境を説明後，**B** ミクロな生育環境について説明します．最後に **C** 日本に生きる絶滅危惧種を紹介します．

1. 地衣類の生育環境

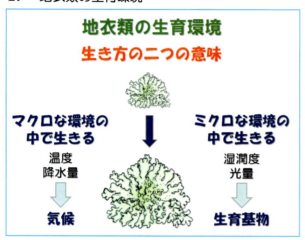

図 5.1 地衣類の生育環境

図 5.1 に示すように地衣類の生き方，すなわち生育するということについては二つの意味があります．

一つは本章 **A** で述べるマクロな生育環境で生きると言うことです．これは地球規模の環境の中で生きると言うことと同じ意味です．生物全般の生育にとって最も必要な環境的な変化量は温度と水（降水量と言い換えることができます）なので，この二つの因子を満たす言葉は気候です．気候帯がマクロな環境を表す重要な言葉になります．

他方は本章 **B** で述べるミクロな環境で生きると言うことです．これは生物 1 個体が周囲の環境の中で生きると言うことと同じ意味です．このことは個々の生物群で必要な因子が変わることを示します．地衣類の生育にとって最も重要な因子は水と光，言い換えれば湿潤度と光量です．地衣類は共生する藻類の光合成によってすべてのエネルギーを得ているからです．

A マクロな生育環境

気候帯と地衣類との関係について説明します．

2. マクロな生育環境－気候帯－

図 5.2 に日本の気候帯分布を示します．元図は広島大学理学部植物分類生態学研究室で作成されたもので水平分布では国土地理院の 5 万分の 1 地形図の区画，垂直分布では 100 m 毎の区画において，主要な植生を 5 色で表しています．赤色は亜熱帯，桃色は暖温帯，紫色は冷温帯，水色は亜寒帯，青色は寒帯を示します．

日本は南北に約 3000 km と長く，標高が最も高い富士山で 4000 m 弱あるので，亜熱帯から寒帯までの気候を示します．

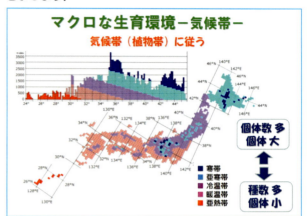

図 5.2 マクロな生育環境－気候帯－

亜熱帯は主に琉球列島と小笠原諸島，暖温帯は関東地方や東海地方，西日本の標高 500 m 以下の低地，冷温帯は西日本の山地や中部・関東・東北地方の 500 から 1500 m までの山地，北海道の低地，亜寒帯は中部地方から関東・東北地方の 1500 から 2300 m までの高地，北海道の山地，寒帯は中部地方の標高 2300 m 以上の高山，北海道の高地に広がっています．

日本列島と琉球列島，小笠原諸島には多様な生物が生きています．多くの生物群は適応できる気候帯に分かれてそれぞれ分布しています．種子植物も蘚苔類も地衣類と同じように分かれて適応しています．亜熱帯には亜熱帯の気候に適応した地衣類が，寒帯には寒帯に適応した地衣類がそれぞれ生育しています．日本の亜熱帯に生きる地衣類は東南アジアの地衣類と関係が深く，日本の寒帯に生きる地衣類は北半球の高山やツンドラに生きる地衣類と深い関係があります．

日本列島や琉球列島，小笠原諸島は古い時代に大陸から切り離されているために多くの固有種が見つかります．

一般的に，北方に生きる生物は相が単純で個体数が多く，一方，南方に生きる生物は多様で各種の個体数が少ないという特徴があります．地衣類も同様で北日本ではカブトゴケ科やツメゴケ科の大形の葉状地衣類が多産します．一方，南では痂状地衣類が多様です．特に亜熱帯は多様な痂状地衣類相を示し，モジゴケ科やサネゴケ科のような南方系地衣類が豊富です．もちろん亜熱帯特有の種類も多数見つかります．

3. 亜熱帯の地衣類－マングローブ林－

亜熱帯の森と言えば，海岸に広がるマングローブ林と照葉樹林が思い浮かびます．マングローブは熱帯や亜熱帯の河口付近の林を形成する木々の総称で主にオヒルギのようなヒルギ科の植物で構成されています．

マングローブ林は汽水域にあるので，塩分の影響を受け，そのため着生する地衣類は少ないと想像されるかも

しれませんが，意外と多くの地衣類が見つかります．もちろん，痂状地衣類が主流です．

日本のマングローブ林としては西表島に生育するものが有名ですが，沖縄本島にも湾内奥の狭い地域にマングローブ林があります．図 5.3 に沖縄県在住の多和田匡氏撮影による沖縄本島大浦湾のマングローブ林（左）の写真を示します．大浦湾のマングローブ林で確認された地衣類は葉状地衣類（ウメノキゴケ属，チリナリア属，イワノリ属）や痂状地衣類（モジゴケ科，マルゴケ属，カシゴケ属，スミイボゴケ属）です．代表としてウメノキゴケ *Parmotrema tinctorum*（右上，多和田匡氏撮影）とホシガタキモジゴケ *Phaeographis circumscripta*（右下）の写真を図 5.3 に例示します．沖縄本島では本州で豊富なウメノキゴケは非常に少なくマングローブ林でわずかに生育が確認できます．

図 5.3 亜熱帯の地衣類−マングローブ林−

4. 亜熱帯と暖温帯の地衣類−照葉樹林−

図 5.4 亜熱帯と暖温帯の地衣類−照葉樹林−

照葉樹林は西南日本，特に現在では宮崎県以南の暖温帯から亜熱帯に広がる森です．シイやカシ類など主に常緑の広葉樹が生育します．図 5.4 に亜熱帯と暖温帯の照葉樹林を写真で示します．亜熱帯の照葉樹として沖縄県山原の森（左の写真），暖温帯の照葉樹林として宮崎県綾町の森（右の写真）を例に挙げました．どちらの森も筆者が何度か通っている森で訪れるたびに圧倒的な地衣類の多様性に心動かされます．

照葉樹林の地衣類についての報告は従来多くありませんでした．そのため筆者は 2008 年から宮崎県の照葉樹林を手始めに鹿児島県，沖縄県の照葉樹林の調査を進めています．照葉樹林では樹状地衣類（ハナゴケ属，サルオガセ属，カラタチゴケ属）や葉状地衣類（ウメノキゴケ属，チリナリア属，クロボシゴケ属，ヨロイゴケ属，カワラゴケ属，イワノリ属，アオキノリ属），痂状地衣類（モジゴケ科，ホシゴケ科，マメゴケ科，キゴウゴケ科，リトマスゴケ科，ワタヘリゴケ科，スミイボゴケ属，サネゴケ属，マルゴケ属，マンジュウゴケ属，ダイダイサラゴケ属，レプラゴケ属）が確認できます．亜熱帯の照葉樹林では熱帯の照葉樹林に生育する地衣類と共通の種が多くなり，一方，暖温帯の照葉樹林では里山に生育する地衣類と共通の種が多くなります．

5. 亜熱帯照葉樹林−痂状地衣類の宝庫−

図 5.5 亜熱帯照葉樹林−痂状地衣類の宝庫−

図 5.5 の写真で亜熱帯照葉樹林がいかに痂状地衣類の宝庫であるかを紹介します．これは沖縄県在住の吉野圭哉氏が撮影したカラスザンショウの樹肌の写真です．樹肌は白色，黒色，橙色，茶色と色彩が豊かです．モザイク模様の造形も皆違います．これらは多様な痂状地衣類が作り出したものなのです．

図 5.5 における赤矢印は痂状地衣類を示したものです．大きなものだけで 8 個体が確認できます．驚くことにそれらはすべて別種です．サネゴケ属，ダイダイサラゴケ属，モジゴケ属，ホシダイゴケ属などの痂状地衣類が見つかります．樹皮を見ているだけで 1 日が終わりそうです．

6. 亜熱帯の痂状地衣類−新種−

亜熱帯の地衣類の面白さは多様性だけではありません．琉球列島の地衣類の調査が進んでいないのです．日本の痂状地衣類自体の研究が乏しいので，琉球列島の痂状地衣類を調査すれば，新種や日本新産種に出会う確率は高くなります．

図 5.6 に示す 2 種の樹皮上生痂状地衣類はいずれもダイダイゴケ科に属する新種の地衣類です．左の写真は沖縄大学盛口満教授が沖縄県与那国島で発見したヨナグニダイダイゴケ *Fauriea yonaguniensis*，右の写真は沖縄大学盛口満教授と筆者がそれぞれ沖縄県の与那国島と石垣島で個別に発見したリュウキュウダイダイゴケ *Laundonia ryukyuensis* です．どちらも地衣類研究者であるウクライナの国立植物学研究所 Kondratyuk 教授

によって同定され，発表されました（Kondratyuk et. al. 2019）．さらに同様に3種目として，沖縄県在住の多和田匡氏によって沖縄本島で採集されたリュウキュウコフキダイダイゴケ Loekoeslaszloa reducta も同定され，発表されました（Kondratyuk et. al. 2022）．

図 5.6 亜熱帯の痂状地衣類―新種―

筆者は沖縄県，鹿児島県，宮崎県在住の方々と亜熱帯や暖温帯の照葉樹林の地衣類調査を行ってきました．その結果，今までに先の3種の新種と25種余の日本新産種を報告しました．

以上のように亜熱帯と暖温帯の照葉樹林に生育する地衣類，特に痂状地衣類を調べることはますます楽しくなりそうです．

7. 暖温帯の地衣類―里山―

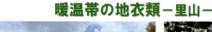

図 5.7 暖温帯の地衣類―里山―

関東から西日本に至る低地を主とする暖温帯はいわゆる里山の自然として知られる環境です．自然林は少なく，マツやスギの二次林がその多くを占めています．里山は周囲の農地と一体化し，人が手入れを続けて現在の姿になっています．典型的な里山の風景を図 5.7 の左の写真で示します．愛知県在住の上杉毅氏撮影による愛知県瀬戸市の一景です．

里山は日本列島に人が住み農耕を始める前は照葉樹林だったと思われます．人が農耕を始めて以後，照葉樹林を切り開き，開墾して田畑を広げてきました．照葉樹林に適応した地衣類の中から里山の環境に適応できる地衣類が里山に進出したのだろうと思います．

里山には典型的な暖温帯性の地衣類が生育します．里山で見つかる主要な地衣類としてハナゴケ属やサルオガセ属，カラタチゴケ属のような樹状地衣類，ウメノキゴケ属，ゴンゲンゴケ属，イワノリ属のような葉状地衣類，レプラゴケ属のような痂状地衣類が挙げられます．図 5.7 に樹状地衣類の代表例として地上生のトゲシバリ Cladia aggregata（右下の写真）と葉状地衣類の代表例として樹上生のマツゲゴケ Parmotrema clavuliferum（右上の写真）を示します．

ところで現在の日本では残念なことに発達した都市が里山を飲み込もうとしています．そのためにこれら里山の地衣類は絶滅の淵にいるかあるいは残った社叢林にのみ見つかるような状況にあります．

8. 暖温帯の地衣類 vs 冷温帯の地衣類―目で見る分布の違い―

暖温帯と冷温帯にそれぞれ主として生育する地衣類の分布の違いについて両種の分布図（山本 2021）を用いて図 5.8 に表します．冷温帯の地衣類の代表としてキウメノキゴケ Flavoparmelia caperata，暖温帯の代表としてウメノキゴケ Parmotrema tinctorum を取り上げます．両種ともにウメノキゴケ科の中で分布の広い種類です．ウメノキゴケは南方起源で東アジアから東南アジア，南太平洋まで広く分布し，一方，キウメノキゴケは北方起源で北半球に広く分布しています．両者の関係はまるでキアゲハとナミアゲハのようです．

図 5.8 暖温帯の地衣類 vs 冷温帯の地衣類
―目で見る分布の違い―

日本列島における両種の分布とその違いを図 5.8 で詳しく見ていきましょう．図 5.8 の右上のウメノキゴケの分布図および右下のキウメノキゴケの分布図において赤点が混みあっている場所は各地衣類が多く生育している場所です．キウメノキゴケは九州北部を南限として，北海道まで分布しています．北緯 34 度以南の海岸ではほとんど分布せず，標高 500 m 以上に分布しています．まさしくキウメノキゴケは冷温帯を代表する地衣類と言えるでしょう．一方，ウメノキゴケの北限は最近発見された北海道の太平洋岸です．南は沖縄本島まで分布しています．興味深いのは日本海沿岸に分布が少ないことです．小林・中川（1989）は兵庫県におけるウメノキゴケの分布を調査し，その分布と最深積雪量とに深い関係があることを明らかにしました．一方，日本海沿岸の北限は佐々木（1988）が報告した入道崎です．佐々木は入道崎の垂直な岩壁に径 5 cm 程度の大きさの約 30 個体を

発見したと記述しています．ところで筆者らは秋田市小泉潟公園の地衣類を調査した折，数本のマツにウメノキゴケの大群落を見つけました（山本他 2015）．分布北限近くでウメノキゴケが多数発見されたのはなぜなのでしょうか．小泉潟公園は 1979 年に開園しました．筆者はその時，他の場所から公園に移植されたマツにウメノキゴケがすでに生育していて，その後，温暖化の影響もあって分布を広げた可能性があるのではないかと推定しています．新たに見つかった太平洋岸の北限もその可能性があると思っています．

9. 冷温帯の地衣類－ブナ林－

日本を代表する冷温帯の樹林はブナ林です．ブナ林は落葉広葉樹林（夏緑林）の典型的なもので，九州地方の山地から北海道南部の平地にかけて分布します．主要な樹種としてブナの他，ミズナラ，カエデが挙げられます．図 5.9 の左の写真に秋田県秋田駒ヶ岳の典型的なブナ林を示します．

ブナの樹皮上に多様な樹状地衣類や葉状地衣類，痂状地衣類が豊富に生育します．図 5.9 の右上の写真に樹状地衣類の代表的な種としてヨコワサルオガセ Dolichousnea diffracta を示します．ヨコワサルオガセは灰緑色の紐状の地衣体に横輪が連続する特徴があるので，簡単に同定することができます．

図 5.9 冷温帯の地衣類－ブナ林－

図 5.9 の右下の写真に葉状地衣類の代表的な種としてアンチゴケ Anzia opuntiella を示します．腹面に特徴的な海綿状組織を有する地衣類です．その他，トコブシゴケ属やウチキウメノキゴケ属，ヨロイゴケ属もブナ林を代表する地衣類です．

大きな葉状地衣類の陰で目立ちませんが，トリハダゴケ属やダイダイゴケ属，ブナノモツレサネゴケ Viridothelium cinereoglaucescens のような痂状地衣類もブナ林に豊富に生育しています．それらはブナの樹肌を彩ります．

10. 亜寒帯の地衣類－針葉樹林－

亜寒帯の森林は主として中部地方の高地や北海道の山地に広がっています．その森林はほとんど針葉樹で占められている針葉樹林です．モミ属やトウヒ属のような針葉樹種にダケカンバのような広葉樹が混生します．

針葉樹林では樹木から垂れ下がる樹状地衣類が目立ちます．図 5.10 の左の写真に長野県八ヶ岳の典型的な針葉樹林の樹上地衣類群落を示します．ここに登場する樹状地衣類は広義サルオガセ属のナガサルオガセ Dolichousnea longissima や広義ホネキノリ属です．図 5.10 の右上の写真に示す褐色の紐状の地衣類であるハリガネキノリ Bryoria trichodes subsp. trichodes はまるで樹皮を飾る髭のようです．また，葉状地衣類もたくさん見つけることができます．図 5.10 の右下の写真に示すフクロゴケ属のナメラフクロゴケ Hypogymnia delavayi もその一つです．

図 5.10 亜寒帯の地衣類－針葉樹林－

針葉樹林では地面の上にもまた地面に近い樹木基部にもたくさんの大形の葉状地衣類を見つけることができます．その多くはツメゴケ科やカブトゴケ科に属する地衣類です．これらの地衣類はシアノバクテリアを共生藻としています．シアノバクテリアは窒素固定を行うので，地衣類が針葉樹林帯における窒素供給に一定の役割を担っていると考えられています．

これら針葉樹林で確認される地衣類は北米や欧州，シベリアの針葉樹林に生育する地衣類と高い共通性を示します．

11. 寒帯の地衣類－地上地衣類群落－

図 5.11 寒帯の地衣類－地上地衣類群落－

寒帯は垂直分布では高山，水平分布では国外のツンドラの二つの場面からなります．図 5.11 の右の写真に高山の地上地衣類群落（長野県八ヶ岳）と左の写真にツンドラの地上地衣類群落（フィンランド）を示します．

森林限界を越えた高山では高山植物のお花畑が広がっています．そのお花畑を構成する花々やガンコウラン，

コケモモ，ハイマツなどの小低木の下に地上地衣類群落が広がっています．地衣類群落を構成している地上生の地衣類はハナゴケ属を中心に，そこにエイランタイ属が環境に応じて混じります．図 5.11 の右の写真の八ヶ岳ではハナゴケ属のハナゴケ *Cladonia rangiferina*，ナギナタゴケ *C. maxima* とエイランタイ属のマキバエイランタイ *Cetraria laevigata* が確認できます．

2004 年の国際地衣学会の後，地衣類調査のためにフィンランドのヘルシンキから北極圏に近いオウルに飛びました．オウル空港へ着陸のために飛行機が高度を下げていく時，針葉樹の低木林の中に生じた無数の大きなギャップが白いじゅうたんのようなもので覆われていることに気づきました．それがハナゴケの仲間だったのです．

ツンドラの地衣類の代表はハナゴケの仲間です．多くの場合，ハナゴケ属の群落にエイランタイ属が混じります．図 5.11 の左の写真ではハナゴケとエイランタイ *Cetraria islandica* subsp. *orientalis* が確認できます．ハナゴケ群落は 1 種だけで構成されることはほとんどありません．

高山の地上地衣類群落とツンドラの地上地衣類群落はほとんど同じような地衣類から構成されています．これは世界的に共通な種類が多く，氷河期に汎世界的に分布した種が高山とツンドラのそれぞれに残存したと考えてよいと思います．

ツンドラは世界の陸地面積の約 6%を占めます．ツンドラに生育している植物を調べると，時期によって違いはありますが，平均的にツンドラの半分を地衣類が占めていることがわかります．とすると，陸地の 3%を地衣類が覆っていることになります．ツンドラの地衣類は主としてハナゴケ属ですから 1 属で陸地の 3%を占めるということは，想像するだけですごいことだと思います．

12. 寒帯の地衣類－岩上地衣類群落－

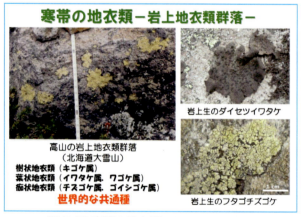

図 5.12 寒帯の地衣類－岩上地衣類群落－

高山の地衣類はハナゴケの仲間ばかりではありません．高山の岩上に樹状のキゴケ属，葉状のイワタケ属，痂状のチズゴケ属の地衣類が繁茂します．TV で百名山の紹介の折に岩上で目立つのは黄色のチズゴケ *Rhizocarpon geographicum* の仲間です．井上（2009）は高山の地衣類について詳しく説明しています．

図 5.12 の左の写真に北海道大雪山で撮影した典型的な高山の岩上地衣類群落を示します．図 5.12 の右上の写真に葉状地衣類の代表的な種として，ダイセツイワタケ *Umbilicaria hyperborea* を示します．その他，葉状地衣類としてワゴケ属も知られています．また，図 5.12 の右下の写真に痂状地衣類の代表的な種としてフタゴチズゴケ *Rhizocarpon eupetraeoides* を示します．その他，痂状地衣類としてシアノヘリトリゴケ属やゴイシゴケ属も知られています．

これら高山の岩上で確認される地衣類は北米ロッキー山脈や欧州アルプスに生育する地衣類と高い共通性を示します．

B　ミクロな生育環境

ここからはまずミクロな環境を代表する生育基物と地衣類との関係について説明し，次に局地的な環境，生育基物と地衣類との関係や極限環境と地衣類との関係について説明します．

13. ミクロな生育環境

図 5.13 ミクロな生育環境

図 5.13 に示すように地衣類は真菌類と藻類の複合的な生物で，栄養は藻類に依存しています．藻類は光合成を行って栄養（炭素源）を得ています．従って，地衣類は光独立栄養生物と言って差し支えはありません．光独立栄養生物の生存にとって，言い換えれば光合成にとって最も重要な因子は光（光量）と水（湿潤度＝水分度）です．光も水も外界から与えられます．種によって好適な光量あるいは好適な水分度が異なるために種多様性が生まれます．

地衣類は基物を選んで生育します．光量は基物の存在する場所で決まります．好適な光量があってもそこに好みに合った基物がなければ生育できません．一方，水分度は水が流れるところと留まるところで違います．水が流れやすい基物なのかそれとも留まりやすい基物なのか，地衣類にとって好ましい基物として選択性を生じます．

ミクロな環境とは地衣類が生育する基物とその周囲の環境に他ならないのです．地衣類が生育する基物は樹木，岩，土，生葉，蘚類，地衣類が挙げられます．この中から種は好みに合った特定の基物，場合によっては複数の基物を選びます．

14. 樹上生の地衣類 －樹種の選択－

　生育基物として樹木を選んだ地衣類を樹上生地衣類と呼びます．樹上と言っても地衣類は樹皮表面で生きているので，葉上と区別するために正確性を期して樹皮上生地衣類と言い換える場合もあります．樹木は地衣類の基物の中で最も多くの種を育てています．多くの垂下型樹状地衣類は樹上生です．樹木とされる基物は生木だけではなく枯木や木製品，有機物も含みます．

　樹上生の地衣類を図 5.14 に示します．樹木として暖温帯のサクラ（京都市仁和寺），冷温帯のブナ（青森県奥入瀬渓流）を例示します．サクラとブナの樹皮を比べるとサクラの方は表面がでこぼこしている上にコルク層が厚く，ブナは表面がすべすべしているように思えます．すなわち，サクラの樹皮の方が水を留める性質，湿潤度が高いようです．

図 5.14 樹上生の地衣類－樹種の選択－

　図 5.14 の左の写真で示すようにサクラの樹皮に多様な葉状地衣類（ウメノキゴケ Parmotrema tinctorum，マツゲゴケ P. clavuliferum，シラチャウメノキゴケ Canoparmelia aptata，キウメノキゴケ Flavo-parmelia caperata，コフキヂリナリア Dirinaria applanata）が生育していることがわかります．さらに葉状地衣類の間に痂状地衣類（モジゴケの仲間）が確認できます．一方，図 5.14 の右の写真で示すようにブナの樹皮に多様な痂状地衣類（ブナノモツレサネゴケ Viridothelium cinereoglaucescens，トリハダゴケの仲間，モジゴケの仲間，ダイダイゴケの仲間）が生育しているのがわかります．ただしそこに生育する種の多様性は亜熱帯の多様性に比べて劣ります．一般的に痂状地衣類は葉状地衣類に比べ，乾燥した環境を好むことが知られているので納得できる結果です．地面に近いブナの樹幹基部には葉状地衣類（カワホリゴケの仲間）が生育しています．

　サクラよりもコルク層が発達しているクスノキやヤナギの樹皮上に湿潤な環境を好むイワノリ科の地衣類が生育します．また，同じサクラの木でも樹幹上部で見つからないイワノリ科の地衣類が樹幹下部で見つかります．また，ブナの樹皮上でも水の通り道に葉状地衣類が見つかります．以上の結果から地衣類が好ましい湿潤度を保つ樹種を選んで生育していると考えられます．

15. 葉上生の地衣類

　生育基物として生葉を選んだ地衣類を葉上生地衣類と呼びます．もちろん生葉は落葉樹ではなく，常緑樹の葉です．しかも，数年が経過した葉になります．葉上生地衣類も樹上生地衣類と言えなくもありません．

　図 5.15 にアスナロ（秋田県抱返り渓谷）とイスノキ（鹿児島県屋久島）の葉上生の地衣類を示します．左の写真のアスナロの葉上にヒノキノアオバゴケ Fellhanera bouteillei とケマルゴケ Porina nitidula，アカマルゴケ P. semicarpi，右の写真のイスノキの葉上にヒモマンジュウゴケ Strigula subtilissima とマルゴケ属の痂状地衣類がそれぞれ確認できます．葉上生の地衣類は 1 枚の葉に 1 種が生育するわけではなく，普通複数の種が混生します．地衣体は径 2 から 3 cm になることもありますが，普通 1 cm 以下の大きさです．従って個体数は多くなります．

図 5.15 葉上生の地衣類

　アスナロは冷温帯から亜寒帯の針葉樹，イスノキは暖温帯から亜熱帯の広葉樹です．冷温帯では針葉樹以外にシャクナゲなど広葉樹の葉にも地衣類は生育します．暖温帯や亜熱帯では照葉樹林を構成する広葉樹，例えば，イスノキ以外にツバキ類やタブノキ類，シイ類，またササの葉上にもよく生育します．地衣類が生育できる葉は常緑の種子植物だけとは限りません．亜熱帯ではシダ植物にもよく生育します．冷温帯以北と暖温帯以南で葉上に生育できる地衣類の種を比べると圧倒的に暖温帯以南の方が多くなります．亜熱帯と暖温帯を比べると亜熱帯の方が多くなります．日本では葉上生地衣類の研究はあまり進んでいません．特に亜熱帯の葉上生地衣類はこれから研究が進めば新種や新産の地衣類が発見されると思います．

16. 蘚類上生の地衣類

　蘚類上に生育する地衣類，蘚類上生地衣類も広く言えば葉上生地衣類と言えるでしょう．それほど種数が多くありませんが，特に冷温帯以北でよく見かけます．蘚類はその体に水分をよく保持します．地衣類にとって好ましい基物なのでしょう．

　図 5.16 の左の写真に北海道在住の泉田健一氏撮影によるサビイボゴケ Brigantiaea ferruginea を示します．左上の写真はエゾチョウチンゴケ上，左下の写真はイワイトゴケ？上に生育しています．この写真から判断するとサビイボゴケは特に蘚類の種を選んでいるわけではなさそうです．

また，図5.16の右の写真にその他蘚類上生の種，ワタトリハダゴケ *Pertusaria quartans*（右上）とヒメニクイボゴケ *Ochrolechia upsaliensis*（右下）を示します．これらの蘚類選択性については定かでありません．

図5.16 蘚類上生の地衣類

17. 地衣上生の地衣類－これを地衣類と呼んでいいのか－

生育基物として地衣類を選んだ地衣類を地衣上生地衣類と呼びます．詳細は第15章で説明します．

地衣上生も基物的には生物上ということで葉上生の一部になるかもしれませんが，地衣上生の地衣類のほとんどが地衣体を持っていません．と言うよりは地衣体があるのかどうかわかりません．見えるのは表面の子器だけです．地衣類の定義は『藻類と共生できる真菌類』ということですから，地衣上生でかつ藻類と共生している地衣体がなければ地衣類とは言えないのです．それでもなぜかあえて地衣上生地衣類と呼んでいます．その一方，野外調査で葉状地衣類の上に別種の葉状地衣類が生育していることもよくありますが，この場合面白いことにあえて地衣上生と呼んでいません．

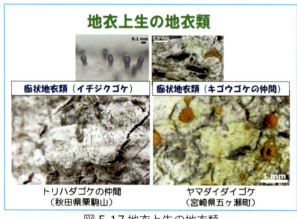

図5.17 地衣上生の地衣類
－これを地衣類と呼んでいいのか－

図5.17に地衣上生の地衣類を例示します．右の写真はヤマダイダイゴケ *Mikhtomia gordejevii* の地衣体上に生育する痂状地衣類のキゴウゴケ属 *Opegrapha* の一種です．新種あるいは日本新産の可能性があります．左の写真はトリハダゴケ属の地衣体上に生育する痂状地衣類のイチジクゴケ *Sphinctrina tubaeformis* です．上の写真はそれぞれの子器を拡大したものです．それぞれの地衣類の特徴がよく現れています．

日本の地衣上生地衣類の研究は海外ほど進んでいません．目立つ種類ではないからでしょう．これからの研究の進展が期待されます．

18. 地上生の地衣類－地上の選択－

生育基物として土（地表）を選んだ地衣類を地上生地衣類と呼びます．高山や草地が生育場所になります．ハナゴケ属やツメゴケ属の地衣類のほとんどが地上生です．国内では一部の痂状地衣類（センニンゴケ属）以外の痂状地衣類で地上生の種はほとんどありません．ただし，小さな木片のような有機物に地衣類が着生する場合もあります．その場合，地上生ではなく樹上生と判断すべきでしょう．

地上生の地衣類の基物となる土は構成する土質や周囲の環境によって多様な性質を持ちます．例えば，酸性からアルカリ性，乾燥から湿潤まで変化します．地衣類は土の好ましいpHや湿潤度を選んで生育しています．もちろん，基物となる土を照らす光量も重要です．

図5.18 地上生の地衣類－地上の選択－

図5.18に地上生の地衣類のハナゴケ属のショクダイゴケ *Cladonia crispata* var. *crispata*（左の写真）とツメゴケ属のチヂレツメゴケ *Peltigera praetextata*（右の写真）を挙げました．ハナゴケ属は明るく乾いた地上に，他方ツメゴケ属は木陰の湿った地上によく生育します．藍藻共生地衣類は一般的にツメゴケ属と同じような生育環境を好みます．このように地衣類は属によって好ましい光量や湿潤度があることを示しています．

19. 岩上生の地衣類－岩種の選択－

生育基物として岩を選んだ地衣類を岩上生地衣類と呼びます．特に高山，海岸，河岸のような極限環境の中で生きる地衣類は岩上生が多いようです．岩上生と言っても単に岩だけとは限りません．基物としての岩は石垣，小石，墓石など石造物やコンクリート製も含みます．また岩にも種々の種類があります．例えば，花崗岩，安山岩，粘板岩，石灰岩，流紋岩，凝灰岩，溶岩などです．

岩上の地衣類は岩のどの性質を選ぶのか，湿潤度の観点からは岩が多孔質かどうかは重要です．もう一つは岩の酸性度（pH）です．多くの生物の生育は環境のpHに影響されます．特にアルカリ性は弱くても影響があります．

図5.19に岩のpHによる地衣類の選択の実例を示しま

す．右の写真は京都市高雄の花崗岩上の地衣類の写真です．普通に岩の上に見られる痂状地衣類，ヘリトリゴケ *Porpidia albocaerulescens* var. *albocaerulescens*，イシガキチャシブゴケ *Lecanora subimmergens*，イワニクイボゴケ *Ochrolechia parellula* が写っています．左の写真は沖縄県嘉津宇岳，琉球石灰岩でできた岩峰上の地衣類です．石灰岩上に特有の痂状地衣類であるクロイシバイアナイボゴケ *Verrucaria nigrescens* とイシバイアナイボゴケ *Bagliettoa calciseda* が写っています．イシバイアナイボゴケはコンクリート上にも登場します．

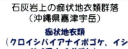

図5.19 岩上生の地衣類－岩種の選択－

コンクリート壁は人工的な基物ですが，ダイダイゴケ科の地衣類にとって最高の基物です．それでも新しいコンクリート壁に着いていません．生育可能なpH範囲があるのだと思います．

岩石が多孔質であるかどうかは湿潤度から重要な観点です．通常，岩石は光や雨風で時間の経過とともに表面が劣化して微細な孔を生じ，水分を保持できるようになります．地衣類にとって表面が滑らかな岩石は苦手ですが，表面が粗くなり水分が留まるようになれば，進出できるチャンスです．墓地の地衣類を調査すると，新しい墓石に地衣類は着いていませんが，古い墓石ほど多くの地衣類を確認できます．しかも，古くなればなるほど葉状地衣類が出現します．

元から多孔質の岩石，例えば，凝灰岩や溶岩も地衣類にとって好ましい基物です．例えば，火山の溶岩流跡地ではハイイロキゴケ *Stereocaulon vesuvianum* var. *vesuvianum* のようなキゴケ属の大規模な地衣類群落を見ることができます．

注意しなければならないことは岩上であってもそこのわずかな土壌の上に地衣類が生育している場合があることです．その場合は地上生と判断すべきでしょう．

20．こんなところに！－塗装された金属の上－

図5.20に「こんなところに！」と題して地衣類があたかも金属上に生育している写真を載せました．ガードレール上のマツゲゴケ *Parmotrema clavuliferum*（左上），自動車車体上のナミガタウメノキゴケ *P. austro-sinense*（右上）のような葉状地衣類ばかりではなく，ガードレール上の痂状地衣類のウメボシゴケ *Trypetheliopsis boninensis*（左下），鉄柵上の樹状地衣類のアカサルオガセ *Usnea rubrotincta* と葉状地衣類のウメノキゴケ *Parmotrema tinctorum*（右下）が写っています．

図5.20 こんなところに！－塗装された金属の上－

金属上に見えますが，実際は有機塗膜を介して金属上に生育しているので，厳密に言えば有機物上とするべきでしょう．しかし，図5.20の右下の写真の鉄柵のところどころ錆びた箇所にも地衣類が生育していました．このような場合もあるので，金属上生と言えないこともないのかもしれません．

21．極限環境にも地衣類は生きている

ここからは極限環境と地衣類について説明します．

地衣類は共生生物である利点を活かして，他の生物が生きにくい自然環境，極限環境にも生きています．地衣類が生きる極限環境として，図5.21に示す硫黄泉（硫黄噴気帯）や大都会，銅鉱山跡，海岸がありますが，その他，砂漠，極地，火山溶岩流，河川水中が知られています．

図5.21 極限環境にも地衣類は生きている

22．砂漠でも地衣類は生きている

砂漠気候とはケッペンの気候区分における気候区の一つで，一般的に年間を通して降水量が少なく，また日較差（一日の温度差）が非常に大きく，植物の育たない地域を指します．年間平均気温が18℃以上の地域を熱帯砂漠，18℃未満なら温帯砂漠と呼びます．

砂漠には，砂砂漠，礫砂漠，岩石砂漠があります．砂砂漠は風で運ばれてきた砂が堆積してできた砂漠，礫砂漠は岩石の破片である礫がまるで敷かれたようになっている砂漠，岩石砂漠は岩盤が露出している砂漠のことを

言います．有名なサハラ砂漠も実は70%が礫砂漠です．

砂砂漠では基物である砂がいつも風で動いているために地衣類は定着できません．

アフリカ南部のナミビアの大西洋岸に位置するナミブ砂漠は大西洋から風にのって海霧が内陸まで届くために砂漠内に独自の植物や昆虫が生きていることで知られています．図5.22に示すようにナミブ砂漠の礫砂漠ではキクバゴケ属やダイダイキノリ属の地衣類が生育しています．

図5.22 砂漠でも地衣類は生きている

ソノラ砂漠の一部の岩石砂漠ではカラタチゴケ属，*Niebla*，ロウソクゴケ属，サルオガセ属，ゲジゲジゴケ属，チャシブゴケ属，アナイボゴケ属，キクバゴケ属，ダイダイキノリ属の地衣類が生育しています（Nash *et al.* 2007）．ソノラ砂漠については第12章12.7でさらに説明します．

23．南極でも地衣類は生きている

図5.23 南極でも地衣類は生きている

南極は極限環境の代表的な環境です．日本は1956年から南極に観測隊を送っています．目的は南極地域での気象や大気，雪氷，地質，宇宙物理，生物，海洋などの観測です．その拠点となるのが東オングル島にある昭和基地です．

久留米高等専門学校教授の中嶌（2003）は2000年から2002年にかけて南極観測隊42次越冬隊に参加し，主に昭和基地周辺の地衣類について調査を行いました．昭和基地周辺は夏（日本では冬）に平均気温が0℃を超え，雪や氷が溶けて地面が露出します．その際にいろいろな生物が顔を覗かせます．植物では蘚苔類や藻類，そ

れに地衣類も南極で生きています．その代表的な例であるナンキョクサルオガセ *Neuropogon sphacelatus* とナンキョクイワタケ *Umbilicaria aprina* の写真（中嶌裕之氏撮影）を図5.23の右上と右下に示します．

24．火山の溶岩上でも地衣類は生きている

火山で噴出した溶岩が流れ，その後冷えて固まってできた溶岩流台地も栄養貧弱な極限環境と言うことができます．そこでも多くの地衣類を見ることができます．図5.24の左の写真は東北の火山の一つである岩手山の焼走り溶岩流の写真です．散策路から見える溶岩がところどころ白っぽくなっています．これらはすべて地衣類に覆われています．その場所に近づくと多くは複数の地衣類と蘚苔類からなる群落です．右の写真は群落を作っている地衣類の代表で樹状地衣類のキゴケ属ハイイロキゴケ *Stereocaulon vesuvianum* var. *vesuvianum*（右上）と同じく樹状地衣類のハナゴケ属マタゴケ *Cladonia furcata*（右下）です．岩手山溶岩流の地衣類については井上（1993）が調査し，約30種を報告しています．

図5.24 火山の溶岩上でも地衣類は生きている

筆者は米国地衣・蘚苔類学会の大会観察会でハワイ島マウナケア山の溶岩台地を訪れたことがあります．道路脇の溶岩に近寄ると，地衣類のカザンキゴケ *Stereocaulon vulcani* と蘚苔類（残念ながら名前を知りません）で覆われていることに大変驚いた記憶があります．

溶岩台地のように植物が生えていなかったところに最初に繁殖する植物を先駆植物と言います．地衣類はその代表的な例になります．

25．硫黄噴気帯でも地衣類は生きている

火山で硫黄の噴気に覆われているところ，すなわち硫黄噴気帯は地獄と呼ばれることが多くあります．普通そこでは植物が生えていないか，生えていても貧弱な植物です．極限環境にふさわしい場所です．

硫黄噴気帯で大群落をなしているのが地衣類，ハナゴケ属イオウゴケ *Cladonia vulcani* です．図5.25に秋田県川原毛地獄とそこにお花畑のように生育しているイオウゴケの大群落，赤い子器をつけたイオウゴケの写真を載せています．川原毛地獄でイオウゴケは土砂崩壊シート上に幅数mに広がる大群落を形成しています．イオウゴケは赤実をつけるハナゴケ属の仲間でよく目立つので，壮観です．

図 5.25 硫黄噴気帯でも地衣類は生きている

吉谷ら (2012) はイオウゴケの独自産地調査に既知の産地を加えたイオウゴケ国内分布を報告しました．吉谷らによると，北海道雌阿寒温泉・川湯硫黄山，青森県恐山・八甲田山，岩手県八幡平・岩手山，秋田県乳頭温泉・川原毛地獄・玉川温泉，宮城県鬼首温泉郷，神奈川県箱根大涌谷，富山県立山，長野県乗鞍岳，長崎県雲仙岳，大分県九重山，宮崎県霧島山など名だたる火山や温泉がリストされています．

硫黄噴気帯に生育するのはイオウゴケだけではありません．川原毛地獄では道路脇の強い噴気を感じる場所でイオウゴケ，若干弱くなる場所でマタゴケが確認できます．また，山本 (2017) で硫黄噴気帯や硫黄泉に生育する地衣類を探すとハナゴケ属のセイタカアカミゴケ *Cladonia graciliformis*，ナナバケアカミゴケ *C. sulphurina*，チズゴケ属のウスチャフタゴチズゴケ *Rhizocarpon badioatrum*，ニセウスキチズゴケ *R. oederi*，クロチズゴケ *R. atrobrunnescens*，イオウチズゴケ *R. vulcani* が確認できます．

26．大都会にも地衣類は生きている—大阪市長居公園—

図 5.26 大都会にも地衣類は生きている
—大阪市長居公園—

大都会もある意味では極限環境です．確かに街路樹や公園などがあり，植物が生育しているので，極限環境と言うのは抵抗があるかもしれません．しかし，それでも大気汚染，ヒートアイランド現象，重度の乾燥化などを考慮すれば自然環境の中よりは厳しい環境と考えられます．

東京や大阪など大都会でどんな地衣類が生きているのか，筆者は大阪市立自然史博物館のある長居公園の地衣類を調査しました (山本他 2017a)．その結果，16 種を認めました．その一部を図 5.26 に示します．左上の写真はロウソクゴケ *Candelaria asiatica*，中央上はクロウラムカデゴケ *Phaeophyscia limbata*，右上はコフキヂリナリア *Dirinaria applanata*，左下はコナレプラゴケモドキ *Lepraria ecorticata*，中央下はコチャシブゴケ *Lecanora leprosa*，右下はヒメスミイボゴケ *Amandinea punctata* です．図 5.26 に挙げた地衣類はいずれも長居公園以外の大阪市内の街路樹や社叢林でも見かけます．また，東京でも皇居の調査が行われ，20 余種が確認されました (Kashiwadani & Thor 2000)．皇居の方が多いのは皇居の面積が大きく，かつ江戸時代からの自然がよく残されているからだと思われます．

27．海岸でも地衣類は生きている

海岸は極限環境と言って過言ではないでしょう．植物にとって過度の塩分は生育に大きな影響を及ぼします．海岸で生きていくために特別な体制が必要です．そのような仕組みを持っている植物は海浜植物あるいは塩生植物と呼ばれます．海浜植物群落で有名なものにマングローブ林があります．

図 5.27 海岸でも地衣類は生きている

図 5.27 は和歌山県串本町橋杭の海岸です．海岸をよく観察すると海水面の上部に黒色域，その上に白色域が認められる場合があります．また，橙色域が入ることもあります．これらを合わせて地衣類ゾーンと呼んでいます．黒色域に地衣体が暗色または黒色のアナイボゴケ属，橙色域に地衣体が橙色のダイダイゴケ属，白色域に地衣体が白色のトリハダゴケ属やイソクチナワゴケ *Enterographa leucolyta*，シロイソダイダイゴケモドキ *Yoshimuria galbina* が確認できます．白色域に痂状地衣類ばかりでなく，樹状地衣類のカラタチゴケ属ハマカラタチゴケ *Ramalina siliquosa* やイソカラタチゴケ *R. litoralis* も生育します．アナイボゴケ属は潮間帯にも生育します．岩上ばかりでなくフジツボの上に生育しているのを見たことがあります．

筆者は 1986 年にロンドンの大英博物館で海岸の地衣類を描いたポスターを購入しました．今でも販売されているかどうかはわかりません．地衣類のポスターなんてあるとも思っていなかったので，嬉しかったことを覚えています．このポスターを見ると海岸生地衣類がよくわ

かります．前述したように下部に黒色域，その上に橙色域，上部に白色域があり，白色域にカラタチゴケ属が生育しています．最下部のアナイボゴケ属はフジツボ上にもあります．

28．河川水中・河岸でも生きている

河川の水中，河岸も極限環境だと思います．水中に生える植物もありますが，それは水中に特化した植物と言えるでしょう．河岸岩壁ではそもそも植物が育ちませんし，定着したくとも増水で流されてしまいます．

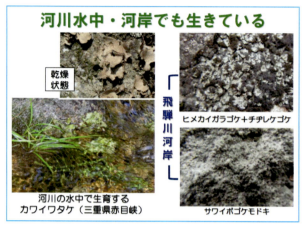

図5.28 河川水中・河岸でも生きている

図5.28の左下の写真に三重県赤目峡の河川の水中で生育する典型的な地衣類，カワイワタケ *Dermatocarpon miniatum* を示します．もちろん渇水時（左上，乾燥状態）でもしっかり生きています．カワイワタケは国内の清流に広く分布しているので，注意深く探すと見つかることがあると思います．

カワイワタケはもちろん河岸にも生え，どちらかというと水面に近いところですが，水面から離れたところにもカワイワタケが生えています．カナダ・ロッキー山脈での米国地衣・蘇苔類学会大会の観察会の折，大きな岩のくぼみで見つけた地衣類を現地の地衣類研究者からカワイワタケだと教えられた時はこんな山中で出会えるとはと大変驚きました．

河岸に生育する地衣類はカワイワタケだけではありません．図5.28の右の写真に示すように，飛騨川河畔に生育する地衣類を調査した際，ヒメカイガラゴケ属ヒメカイガラゴケ *Psorula rufonigra* とチヂレケゴケ属チヂレケゴケ *Ephebe japonica*（右上），アナイボゴケ属サワイボゴケモドキ *Verrucaria funckii*（右下）を確認しました．いずれも河岸の地衣類として知られています．アナイボゴケ属の地衣類は海岸生で知られていますが，河岸にもよく生育します．その他，痂状地衣類ではマルゴケ属やマンジュウゴケ属，ミドリゴケ属，樹状地衣類ではツブノリ属の中にも河岸生の種が認められます．

29．鉱山でも生きている－東北の銅鉱山跡－

鉱山を極限環境とするのは，自然環境が厳しいというよりは，重金属や重金属イオン，重金属を精錬する際に生じる二酸化硫黄の影響と考えるべきだと思います．

図5.29は東北の銅鉱山跡の精錬所近辺における地衣類の生育への影響を調べた結果です（阿部・伊東 2004）．

調査地点は，**I**：直接精錬所からの風が当たるところ，**II**：**I**よりも風が当たらないところ，**III**：風が全く当たらないところ，**IV**：距離的に遠いところの以上4箇所です．彼らによると，調査で確認できたヤグラゴケ *Cladonia krempelhuberi* とイオウゴケ *C. vulcani* の分布は図5.29に示すようにヤグラゴケは**IV**のみ，イオウゴケは**I**を除いた3箇所でした．ただし，イオウゴケは通常子器が赤色ですが，**II**と**III**の子器は黒化し，**II**の方が黒化の程度が高いことがわかりました．

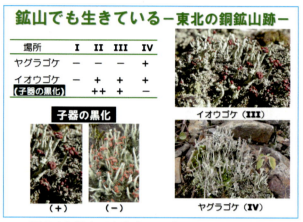

図5.29 鉱山でも生きている－東北の銅鉱山跡－

さらに，阿部・伊東（2004）はイオウゴケとコアカミゴケ *C. macilenta* の子嚢胞子放出と硫酸銅添加寒天培地における菌糸生長を比べました．イオウゴケは子器が黒化すると胞子が放出されないこと，コアカミゴケは硫酸銅添加培地で生長が抑えられるが，イオウゴケはコアカミゴケに比べてよく生長できることがわかりました．このようにイオウゴケはコアカミゴケに比べて銅耐性があることが明らかになりました．

吉谷ら（2012）は前述したようにイオウゴケの国内分布を報告しています．イオウゴケは火山や温泉地以外に銅鉱山跡地にも生育します．

C　絶滅危惧種

ここで日本の環境に生きる絶滅危惧種に話を移します．日本は南北に長く，また3000 mを超える高山を有しているために，亜熱帯から寒帯までの広い気候を示します．さらに，日本列島や琉球列島，小笠原諸島は古い時代に大陸から切り離されました．このことで大陸とは違った種分化を招きました．また，大陸ですでに絶滅した種も日本で生き続け，そこでも種分化を起こしました．従って，どの生物群も多くの日本固有種が知られています．

30．絶滅が危惧される地衣類－植物版レッドリスト（環境省 2019）－

図5.30に環境省指定の絶滅が危惧される地衣類の区分ごとの種数を示します．絶滅危惧種は1997年に82種が指定され，2019年の改定でさらに追加されて152種が指定されています．約1800種の中で150種余ですから，約8%を占めていることがわかります．

絶滅種は4種挙げられています．ヌマジリゴケ *Erioderma tomentosum*，ホソゲジゲジゴケ *Heterodermia angustiloba*，イトゲジゲジゴケモドキ *H.*

leucomelaena，シロツノゴケ *Siphula ceratites* です．ただし，イトゲジゲジゴケモドキは近年再確認されましたが，まだ指定から除かれていません．今まで地衣類の生育情報が乏しく，研究者の感覚に頼らざるを得ない状態だったのですが，全国産地目録（山本 2020）と分布図録（2021）が出版されて日本国内における地衣類の生育分布が明らかになりました．目録に環境省指定の絶滅危惧種が記号とともに示されています．これらにより，よりデータに整合した絶滅危惧種指定がなされていくと思います．

絶滅が危惧される地衣類
－植物版レッドリスト（環境省 2019）－

82 種 (1997) → 152 種

絶滅種（**EX:** すでに絶滅したと考えられる種） 4 種

絶滅危惧I類種（**CR+EN:** 現在の状況をもたらした圧迫要因が引き続き作用する場合，存続が困難な種） 41 種

絶滅危惧II類種（**VU:** 現在の状況をもたらした圧迫要因が引き続き作用し，近い将来に絶滅危惧I類に移行すると考えられる種） 20 種

準絶滅危惧種（**NT:** 現時点では絶滅危険度は小さいが，生息条件の変化によっては絶滅危惧として上位に移行する可能性を有する種） 41 種

絶滅危惧情報不足種（**DD:** 稀産種と考えられるが評価するだけの情報が不足している種） 46 種

図 5.30 絶滅が危惧される地衣類
－植物版レッドリスト（環境省 2019）－

指定された種の多くは高山や琉球列島，小笠原諸島で確認された種です．また，日本列島の高山以外で確認されたとしても，その産地が特殊な生育環境であるために限られています．

31．絶滅が危惧される地衣類

図 5.31A と B に筆者が確認した絶滅が危惧される地衣類の中で 12 種を選び，それらの写真 12 枚を載せています．12 種について以下説明します．

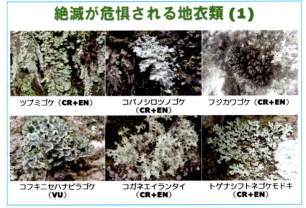

図 5.31A 絶滅が危惧される地衣類 (1)

図 5.31A で示す絶滅危惧 I 類種（**CR+EN**）は 5 種です．中でも特筆すべきは絶滅種から復活したセンニンゴケ科コバノシロツノゴケ *Siphula decumbens*（中央上の写真）です．屋久島の樹皮上で確認されました．ハナゴケ科ツブミゴケ *Gymnoderma insulare*（左上の写真）は絶滅危惧種の中で筆者にとって初めて出会った種です．高野山のスギの大木の樹皮に生育しています．国内でも 3 箇所で確認されているに過ぎません．発見者である藤川氏の名前が冠されたヘリトリゴケ科フジカワゴケ *Toninia tristis* subsp. *fujikawae*（右上の写真）は日本各地の石灰岩上に生育します．ウメノキゴケ科トゲナシフトネゴケモドキ *Relicina segregata*（右下の写真）は 1964 年に米国地衣学者 Hale が宮崎県の照葉樹林で採集し，新種記載した日本固有種です．初産以後確認されませんでしたが，2009 年同所で原光二郎氏により再発見されました．ウメノキゴケ科コガネエイランタイ *Flavocetraria nivalis*（中央下の写真）の写真のみ日本産ではありません．フィンランドのオウルで撮影したものです．寒帯性の地衣類で日本では北海道大雪山山系でのみ生育しています．

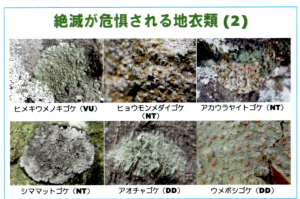

図 5.31B 絶滅が危惧される地衣類 (2)

図 5.31A と B で示す絶滅危惧 II 類種（**VU**）は 2 種です．ハナビラゴケ科コフキニセハナビラゴケ *Leioderma sorediatum*（図 5.31A の左下の写真）は樹上生地衣類で長野県と徳島県でのみ確認されています．亜寒帯で筆者が発見するまで本種は暖温帯性と思われていました．ウメノキゴケ科ヒメキウメノキゴケ *Flavopunctelia soredica*（図 5.31B の左上の写真）は樹上生地衣類でキウメノキゴケによく似た地衣類です．北海道と中部地方，特に長野県で多産します．

図 5.31B で示す準絶滅危惧種（**NT**）は 3 種です．ツメゴケ科アカウラヤイトゴケ *Solorina crocea*（右上の写真）は腹面と葉縁が鮮やかな橙色を示す美しい寒帯性の地衣類です．主として中部地方の 2500 m を超える高山の地上に生育します．イワノリ科シママットゴケ *Lepidocollema marianum*（左下の写真）は黒い下生菌糸に縁取られた照葉樹林の地衣類です．リトマスゴケ科ヒョウモンメダイゴケ *Chiodecton congestulum*（中央上の写真）は暖温帯から亜熱帯に生育する地衣類です．最近確認される産地が増加しています．

図 5.31B で示す絶滅危惧情報不足種（**DD**）は 2 種です．ニセゴマゴケ科ウメボシゴケ *Trypetheliopsis boninensis*（右下の写真）は主として亜熱帯の広葉樹の樹皮上に生育します．沖縄本島では湿ったガードレール上にも生育しています．北限は宮崎県綾町です．チャヘリトリゴケ科アオチャゴケ *Maronea constans*（中央下の写真）は暖温帯の樹上生地衣類です．最近確認される産地が増加しています．

32．絶滅が危惧される地衣類－地衣類レッドリスト作成の都道府県－

環境省が日本の絶滅が危惧される生物をリスト（レッドリストと呼ばれます）に記載して以来，各都道府県でも地域の実情に合わせた絶滅危惧種がレッドリストに記載されるようになりました．地衣類も例外ではありませんが，まだ全国の都道府県でレッドリストに記載されているわけではありません．図 5.32A で赤色に塗られた 16 府県のみが地衣類をレッドリストに記載しています．この原因は日本で地衣類の専門家が少ないためと思われます．

図 5.32A 絶滅が危惧される地衣類
－地衣類レッドリスト作成の都道府県－

筆者は宮崎県の地衣類のレッドリスト作成に関わっています．宮崎県総合博物館の黒木秀一氏とともに 2008 年から宮崎県内の地衣類調査を進め，2022 年の改定に繋がりました．調査の結果，364 種が確認され，そのうち 71 種が絶滅危惧種としてレッドリストに記載されました．本リストでは日本新産種はもとより，国内北限種，国内南限種，九州稀産種を含んでいます．これらの成果はいずれも宮崎県総合博物館紀要に 16 報にまとめられて報告されました（川上他 2011, 2014, 2015, 2016，山本他 2016, 2017bc, 2018, 2019ab, 2020, 2021ab, 2022ab, 2024）．また，2022 年に宮崎県レッドデータブックにまとめられました．

図 5.32B 宮崎県で確認された日本新産種

図 5.32B に宮崎県で確認された日本新産の 6 種，イノハエホシダイゴケ *Sarcographa labyrinthica*（左上），ヒュウガホソフジゴケ *Thelotrema crespoae*（中央上），ヒュウガニセザクロゴケ *Ramboldia haematites*（右上），カブレゴケモドキ *Ocellularia masonhalei*（左下），ヒュウガシロマメゴケ *Astrothelium phlyctaena*（中央下），イシガキメゴケ *Myriotrema rugiferum*（右下）の写真を挙げます．いずれも宮崎県の照葉樹林の樹皮上で確認された痂状地衣類です．照葉樹林に生育する地衣類の多様性がよくわかります．

文　献

阿部ちひろ・伊東真那実. 2004. 重金属汚染地帯における地衣類分布. 秋田県立大学生物資源科学部自主研究.

井上正鉄. 1993. 岩手山焼走り溶岩流の地衣類. In 焼走り溶岩流に関する学術調査報告, pp. 35-51. 西根.

井上正鉄. 2009. 高山の地衣類. In 増沢武弘編著, 高山植物学－高山環境と植物の総合科学－, pp. 307-321. 共立出版, 東京.

Kashiwadani H. & Thor G. 2000. Lichens of the Imperial Palace grounds, Tokyo. II. Mem. Ntl. Sci. Mus., Tokyo (34): 172-195.【1629】

川上寛子・原光二郎・小峰正史・黒木秀一・山本好和. 2011. 宮崎県猪八重渓谷の地衣類. 宮崎県総合博物館研究紀要 (31): 41-45.【2320】

川上寛子・原光二郎・小峰正史・黒木秀一・岩切勝彦・山本好和. 2014. 宮崎県綾町綾南川および綾北川河畔の地衣類. 宮崎県総合博物館研究紀要 (34): 73-81.【2804】

川上寛子・綿貫攻・原光二郎・小峰正史・黒木秀一・岩切勝彦・山本好和. 2015. 宮崎県日南海岸の地衣類. 宮崎県総合博物館研究紀要 (35): 41-46.【2966】

川上寛子・綿貫攻・原光二郎・小峰正史・黒木秀一・岩切勝彦・山本好和. 2016. 宮崎県宮崎市加江田渓谷の地衣類. 宮崎県総合博物館研究紀要 (36): 55-59.【3041】

小林禧樹・中川吉弘. 1989. ウメノキゴケの生育分布と積雪量との関係について. Acta Phytotax. Geobot. 40: 181-189.【1258】

Kondratyuk S.Y., Halda J.P., Lőkös L., Yamamoto Y., Povopa L.P. & Hur J.-S. 2019. New and noteworthy lichen-forming and lichenicolous fungi 8. Acta Botanica Hungarica 61: 101-135.【3429】

Kondratyuk S.Y., Lőkös L., Kärnefelt I., Kondratiuk T.O., Parnikoza I.Y., Yamamoto Y., Hur J.-S. & Thell A. 2022. New and noteworthy lichen-forming and lichenicolous fungi 12. Acta Bot. Hung. 64: 337-368.【3946】

Nash III T. H., Gries C. & Bungartz F. (eds). 2007. Lichen Flora of the Greater Sonoran Desert Region. Arizona State University.

中嶌裕之. 2003. 南極の地衣類　－第 42 次日本南極地域観測隊に参加して. 日本地衣学会ニュースレター (11): 35-36.

佐々木弘治郎. 1988. 東北地方沿岸部におけるウメノキゴケの分布. ライケン 6 (5): 3-4.【1464】

山本好和. 2017. 「木毛」ウォッチングの手引き 上級編 日本の地衣類-630 種-携帯版, 310 pp. 三恵社, 名古屋.

山本好和. 2020.「木毛」ウォッチングの手引き 上級編 日本の地衣類-日本産地衣類の全国産地目録-, 280 pp. 三恵社, 名古屋.

山本好和. 2021.「木毛」ウォッチングの手引き 上級編 日本の地衣類-日本産地衣類の分布図録-, 244 pp. 三恵社, 名古屋.

山本好和・浅利絵里子・吉田恵李果・佐々木美桜・原光二郎. 2015. 秋田県立小泉潟公園の地衣類. 秋田県立博物館研究報告 (40): 5-8.【2949】

山本好和・原光二郎・小峰正史・黒木秀一・岩切勝彦. 2016. 宮崎県尾鈴山の地衣類. 宮崎県総合博物館研究紀要 (36): 51-54.【3040】

山本好和・川上寛子・原光二郎・小峰正史・黒木秀一・岩切勝彦. 2017b. 宮崎県宮崎市の地衣類. 宮崎県総合博物館研究紀要 (37): 33-36.【3121】

山本好和・川上寛子・原光二郎・小峰正史・黒木秀一・岩切勝彦. 2017c. 宮崎県日豊海岸の地衣類. 宮崎県総合博物館研究紀要 (37): 37-40.【3120】

山本好和・黒木秀一・岩切勝彦・松本美津・八木真紀子. 2019a. 宮崎県日南市飫肥の地衣類. 宮崎県総合博物館研究紀要 (39): 39-42.【3422】

山本好和・黒木秀一・岩切勝彦・松本美津・八木真紀子. 2019b. 宮崎県鰐塚山の地衣類. 宮崎県総合博物館研究紀要 (39): 43-46.【3423】

山本好和・黒木秀一・岩切勝彦・盛口満・松本美津・八木真紀子. 2020. 宮崎県宮崎市加江田渓谷および日南市猪八重渓谷の地衣類 補遺. 宮崎県総合博物館研究紀要 (40): 21-26.【3674】

山本好和・黒木秀一・松本美津・八木真紀子. 2021a. 宮崎県宮崎市平和台公園の地衣類. 宮崎県総合博物館研究紀要 (41): 31-35.【3633】

山本好和・黒木秀一・松本美津・八木真紀子. 2021b. 宮崎県串間市福島川河畔および大平川河畔の地衣類. 宮崎県総合博物館研究紀要 (41): 37-42.【3634】

山本好和・黒木秀一・松本美津・八木真紀子. 2024. 宮崎県椎葉村の地衣類. 宮崎県総合博物館研究紀要 (44): 11-20.【4100】

山本好和・川上寛子・原光二郎・小峰正史・黒木秀一・岩切勝彦. 2018. 宮崎県綾町の地衣類 補遺. 宮崎県総合博物館研究紀要 (38): 87-92.【3251】

山本好和・高萩敏和・坂東誠・川上寛子. 2017a. 大阪府地衣類資料Ⅰ. 長居公園（大阪市）の地衣類相および日本新産種を含む興味深い4種について. 大阪市立自然史博物館研究報告 (71): 11-16.【3113】

山本好和・綿貫攻・原光二郎・黒木秀一・福松東一・松本美津・八木真紀子・盛口満. 2022a. 宮崎県北部の向坂山および白岩山の地衣類. 宮崎県総合博物館研究紀要 (42): 13-24.【2829】

山本好和・綿貫攻・黒木秀一・松本美津・八木真紀子. 2022b. 宮崎県日豊海岸および日南海岸の地衣類 補遺. 宮崎県総合博物館研究紀要 (42): 25-30.【2830】

吉谷梓・原光二郎・小峰正史・山本好和. 2012. 分布資料 (33). イオウゴケ *Cladonia vulcani*. Lichenology 11: 21-25.【2490】

第 6 章 地衣類の生長・一次代謝

本章は第 4 章「地衣類の生殖」や第 5 章「地衣類の生育環境」と関連付けられます．前半に **A** 地衣類の生長について，後半に **B** 地衣類の生長の基礎となる生体成分や一次代謝についてそれぞれ説明します．

A　地衣類の生長

はじめに地衣類の生長の仕組みと野外での生長について述べ，次に野外における移植片の生長，言い換えれば地衣類の野外栽培における生長について述べます．実験室内における生長については地衣類の人工栽培として第 9 章で説明します．

1. 地衣類の生長のしくみ

図 6.1 地衣類の生長のしくみ

地衣類の個体において地衣菌と共生藻の同調的な生長はどのように行われているのかを痂状地衣類フチカザリチャシブゴケ Lecanora thysanophora を例にとり，図 6.1 に示します．

フチカザリチャシブゴケは白い下生菌糸を地衣体周縁に広げています．顕微鏡で観察すると細い菌糸束がところどころ規則的に数本ずつまとまって，実にきれいな模様を形作っています．フチカザリの所以です．

フチカザリチャシブゴケの白い下生菌糸の内側に緑色に染まった縞が見えます．この縞に共生藻細胞が確認できます．このことから，まず下生菌糸が広がってその後地衣体周縁近くの共生藻の細胞分裂が起き，共生藻の縞が広がっていると想像されます．

2. 地衣菌による共生藻の制御－両細胞の接触と藻細胞の分裂制御－

地衣菌と共生藻は密接な関係を保って生長していると思われます．それでは両者の細胞はどのように接触しているのでしょうか．Smith & Douglas（1987）は地衣類における地衣菌の菌糸と共生藻細胞の接触に三つの様式があることを示しました．

第一の様式は地衣菌の菌糸の一部が共生藻細胞の細胞壁を突破して共生藻細胞内に侵入している状態です．これは菌根菌の吸根によく似ています．第二の様式は共生藻細胞の細胞壁と一緒に地衣菌の菌糸が共生藻細胞内に食い込んでいる状態です．第三の様式は地衣菌の菌糸が共生藻細胞の細胞壁に接着した状態です．第三の様式の状態を図 6.2 の左の電子顕微鏡写真で示します．写真はウメノキゴケ Parmotrema tinctorum の地衣体断面の共生藻裸出部を神奈川県在住の石原峻氏が撮影したものです．地衣体をアセトンで 3 回洗浄し，髄層や藻類層の地衣成分の結晶を除去しています．地衣菌の菌糸と共生藻細胞が接着した状態がよくわかります．

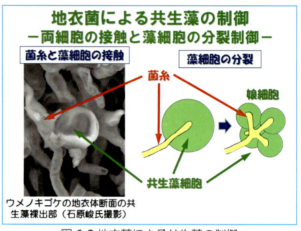

図 6.2 地衣菌による共生藻の制御
－両細胞の接触と藻細胞の分裂制御－

地衣菌の菌糸と共生藻細胞の間には細胞認識のシステムがあるものと思われます．レクチンが関係しているとの説もありますが，まだ明らかになっていません．認識システムが明らかになれば，地衣菌がどの藻類と共生できるのかがわかるようになります．

地衣菌と共生藻との同調的な生長の仕組みがなければ，どちらも野放図に増え，少なくとも地衣体という特定の形がとれないことは自明です．そのために地衣菌が共生藻の細胞分裂を制御できる仕組みがなければなりません．

Smith & Douglas（1987）は Honegger（1984）の電子顕微鏡写真を基に地衣菌による共生藻細胞の分裂制御を模式的に示しました．図 6.2 の右に筆者が改変したイラストを示します．地衣菌の菌糸と共生藻細胞は細胞接触の形でお互いにつながっています．共生藻自体が自律的に行うのかそれとも地衣菌からの指示のもとで行われるのかはわかりませんが，共生藻細胞が分裂を始めて娘細胞となります．もし，このまま分裂が完成すれば，娘細胞はばらばらになり，共生藻は無制限に増殖していくことになります．しかし，娘細胞に菌糸が伸び，それぞれの娘細胞に菌糸が接触していくことになります．最終的に分裂が終わると，新たな共生藻細胞に菌糸がつながると言った最初の状態に戻ります．このようにして共生が維持されます．

地衣類の細胞レベルにおいてこのようなシステムが存在することは，地衣類の共生の維持に当然のように思われますが，読者の皆さんはどう思われるでしょうか．筆

者はとても神秘のものに思えます．

3. 糸状菌の一次元的生長

ところで地衣菌も含めた糸状菌の菌糸はどのように生長すると考えたらよいでしょうか．

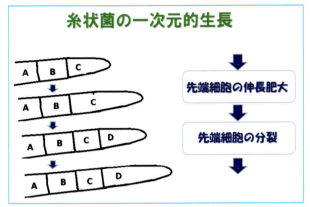

図 6.3 糸状菌の一次元的生長

図 6.3 の左に模式的に示すように，一般的に糸状菌の菌糸の生長は一次元的で先端の細胞のみが分裂し，前方に伸びていきます．まず先端の細胞である **C** が伸長肥大し細胞分裂します．新生細胞となった **C** と **D** の中で先端の細胞である **D** が伸長肥大し細胞分裂します．これを繰り返して前方に生長します．残っている細胞 **A** や **B** は伸長肥大するのか，細胞分裂しないのかあるいはできないのかは議論する必要があります．しかし，細胞分裂後時間が経過すると細胞に栄養が届かず衰え，やがて遺伝子が欠落し，分裂活性を失っていくものと思われます．

4. 地衣類の生長－二次元的生長 (1)－

地衣類の野外での生長はどの程度になるのでしょうか．海外ではアマチュアの方々が地衣類の生長を測定すること（Lichenometry と呼ばれています）に結構取り組んでいます．しかし，今まで国内における報告はほとんどありません．

筆者は研究室の地衣類観察会で定期的に訪れている秋田県田沢湖畔のキウメノキゴケ Flavoparmelia caperata を材料に年間の生長を調べました（図 6.4）．

図 6.4 地衣類の生長－二次元的生長 (1)－

キウメノキゴケは冷温帯を代表する大形葉状地衣類です．図 6.4 に示す写真の内側（黄色）の地衣体は 2002 年 7 月撮影時のもので，外側（灰色）の地衣体は 2005 年 4 月撮影時のものです．外側と内側の差は約 1.5 cm です．約 3 年間の生長ですから，年間では約 0.5 cm の生長になります．生育地は湖畔の日当たりのよい場所で，かつ，田沢湖から湿気の多い風が当たる場所です．この場所はキウメノキゴケ以外のウメノキゴケ科の地衣類も数多く生育しているので，地衣類にとって生育に好ましい場所と思われます．

5. 地衣類の生長－二次元的生長 (2)－

図 6.5 地衣類の生長－二次元的生長 (2)－

次の生長例は暖温帯を代表する大形葉状地衣類のウメノキゴケ Parmotrema tinctorum です．佐賀県黒髪山で筆者が確認しました．

結果を図 6.5 に示します．黄枠写真の内側（白色部分）の地衣体は 2003 年 4 月撮影時のもので，外側（灰色部分）の地衣体は 2005 年 4 月撮影時のものです．残念ながら地衣体の径を測らなかったので生長量はわかりませんが，3 年間でかなり生長していることがわかります．それでも年間 0.5 cm から 1 cm の範囲内だと思われます．黒髪山の調査地は西光密寺境内で日当たりがよく，山の中腹で湿気が溜まりやすいので，地衣類の生育に好ましい場所と言えます．

6.4 から得たキウメノキゴケの結果と本項のウメノキゴケの結果から両種の年間の生長は 0.5 cm から 1 cm と推定されますが，恐らくこれは国内における両種の最高値に近いものと思われます．

6. 地衣類の月間の生長－米国産キウメノキゴケ－

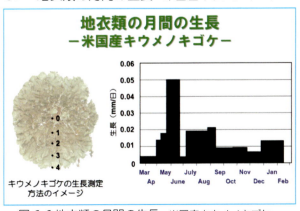

図 6.6 地衣類の月間の生長－米国産キウメノキゴケ－

国内では地衣類の月間生長について報告された例はあ

りません．図 6.6 に Hale（1970）が報告した米国・ワシントン DC におけるキウメノキゴケ Flavoparmelia caperata の月間の生長結果を一部改変して示します．

Hale（1970）は図 6.6 の左のイメージ図のように実験材料としたキウメノキゴケの地衣体中心部から葉端までの間で，形態的に特徴をもち，ほぼ直線的に並ぶ数箇所を測定点として選びました．その後，ほぼ定期的にその距離を測り，そのデータを集積して結果としました．

Hale（1970）によれば，図 6.6 の右の棒グラフに示すようにキウメノキゴケは 5 月から 9 月の夏を中心とする時期で速い生長を示しました．一方，10 月から 4 月の冬を中心とする時期は夏に比べて生長が抑えられました．

ワシントン DC のキウメノキゴケの年間生長の値，約 0.5 cm と日本の田沢湖畔（約 0.5 cm）と比べるとほぼ同等でした．両地点の年間平均降水量と年間平均気温を調べると，ワシントン DC が年間平均気温 14.5℃，年間降水量 998 mm を示すのに比べ，田沢湖畔が 9.6℃，2088 mm とワシントン DC の方が高温で乾燥しています．両地点の年間平均降水量と年間平均気温のこの程度の差異はキウメノキゴケの生長にほとんど影響しないのかもしれません．

筆者は今までの観察から日本の暖温帯の地衣類は夏の気温が高すぎて，夏よりは冬の方が生長に好ましいという印象を持っています．今後，日本でこのようなデータが報告されるのを楽しみにしたいと思います．

7. 地衣類の生長部位ーウメノキゴケー

Hale（1970）の実験は図 6.6 の左のイメージ図のようにキウメノキゴケの地衣体に予め測定点を決めているので，測定点間の距離を毎月調べることによって，どの測定点間の生長が全体の生長に寄与したのかがわかります．その結果，約 63％が葉端とその手前の測定点との間の生長で占められていることがわかりました．

坂東（2002）も Hale と同様の観察実験をウメノキゴケ Parmotrema tinctorum で行いました．坂東は直径 29 から 56 mm の地衣体の中心点と周縁，その中間点の距離増大率を調べました．図 6.7 にその結果を示します．有意な差とは言えませんでしたが，周辺部は中央部に比べ生長していることがわかりました．坂東はこの生長速度の差異は周辺部が中央部より単位重量当たりのクロロフィル含量が高いこと，さらに地衣体厚に占める藻類層厚の割合が大きいことで周辺部が中央部より栄養の供給に優位であるためと推測しました．

坂東（2002）はさらにウメノキゴケの人工栽培実験でも同様の結果を得ました．一方，Ino et al.（2003）はナガサルオガセ Dolichousnea longissima の野外移植実験で地衣体全体が伸長していると報告しました．図 6.3 に示したように一般的に糸状菌の伸長は一次元的で先端の細胞のみ分裂活性があると考えられます．しかし，これらの結果は，先端以外で残存した細胞が伸長肥大する可能性もありますが，残存した細胞にも分裂活性が残っていることを示しています．このことは第 8 章で説明するように地衣体を利用した組織培養法が開発できたことでも明らかです．

8. 地衣類の年間の生長

先に 6.5 で日本の葉状ウメノキゴケ科のキウメノキゴケとウメノキゴケの年間生長が 0.5 から 1.0 cm と推定されるとしました．では海外の地衣類の生長はどうなのでしょう．

	種名	年間生長（mm）
葉状地衣類*	キウメノキゴケ	0.46 - 11.2
	キクバゴケ	0.55 - 7.6
	カラフトエビラゴケ	5.62
	ヒメムカデゴケ	1.3 - 2.0
	タカネゴゲノリ	0.01 - 0.04
	オウシュウオウロウソクゴケ	2.5 - 6.0
	チヂレツメゴケ	25.0 - 27.0
樹状地衣類**	ハナゴケ	2.7 - 6.0
	ツノマタゴケ	2.00
痂状地衣類**	ハイイロキッコウゴケ	0.44
葉上地衣類**	マンジュウゴケ属	1.5 - 1.8

*Armstrong & Bradwell (2011), **Hale (1973)

図 6.8 地衣類の年間の生長

種々の葉状地衣類の年間生長についてのデータを Armstrong & Bradwell（2011）が集積してその総説にまとめています．それらのデータと Hale（1973）の総説から抽出した樹状地衣類と痂状地衣類，葉上地衣類のデータを合わせて図 6.8 の表に示します．

集めた年間生長のデータは非常にばらつきの多いものでした．生長は生育場所の環境から大きな影響を受けるので当然のことと思われます．

表中の葉状地衣類の中で年間生長が最も著しい種はチヂレツメゴケ Peltigera praetextata でした．その最大値 27.0 mm は他の葉状地衣類を大きく引き離していました．野外観察の印象としてツメゴケ属の地衣類は広い範囲に生育していることが多いので，この値も納得できます．表中のキウメノキゴケ Flavoparmelia caperata は 0.46 から 11.2 mm の年間生長でした．田沢湖や米国ワシントン DC におけるキウメノキゴケの年間生長もこの範囲に収まりました．

典型的な起上型樹状地衣類のハナゴケ Cladonia rangiferina は年間 2.7 から 6.0 mm の生長を示しました．ハナゴケの子柄の高さが約 3 cm とすると 5 から 10 年でその大きさになります．ハナゴケはツンドラの地衣類でトナカイの主要な飼料です．食べ尽くしたとしても，

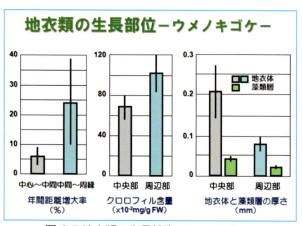

図 6.7 地衣類の生長部位ーウメノキゴケー

5から10年経てば元の大きさに戻ることになります．

痂状地衣類はハイイロキッコウゴケ Diploschistes scruposus の1種のみですが，0.44 mm の年間生長を示しました．この値は葉状地衣類や樹状地衣類よりも小さな値と考えられます．

葉上生の痂状地衣類であるマンジュウゴケ属は年間1.5から1.8 mm の生長を示しました．マンジュウゴケ属の多くは葉上生なので，速い生長が必要なのかもしれません．

9. 広義ムカデゴケ科地衣類の年間の生長－千葉県千葉市－

図 6.9 広義ムカデゴケ科地衣類の年間の生長
－千葉県千葉市－

地衣類の年間生長について日本における数少ない報告の一例を図 6.9 に紹介します．

安斉・原田（2002）は千葉市において広義ムカデゴケ科に属する3種，ヂリナリア属コフキヂリナリア Dirinaria applanata，ナミムカデゴケ属ナミムカデゴケ Kashiwadia orientalis，ヒラムシゴケ属ヒラムシゴケ Hyperphyscia crocata の年間生長を調べています．

安斉・原田の調査結果によると，コフキヂリナリアの最大年間生長は 7.7 mm，ナミムカデゴケは 6.1 mm，ヒラムシゴケは 3.7 mm とウメノキゴケやキウメノキゴケとほぼ同等の値です．平均生長でもコフキヂリナリアは約 4 mm，ナミムカデゴケは約 3 mm，ヒラムシゴケは約 2 mm とこれでも大きな値です．

地域差や個体差はあるかもしれませんが，最大値で比較し，科間差や属間差など生長に関わる違いの理由を今後明らかにすることは面白いかもしれません．

10. 世界最大の地衣類？

地衣類の生長が遅いということがわかりましたが，そ
れでは地衣類はどれぐらいの大きさにまで生長するのでしょうか．この疑問に答えるにふさわしい報告が日本でありました．

図 6.10 は広島県在住の高橋奏恵氏撮影による和歌山県古座川町古座川河畔にある一枚岩の上に生育するヘリトリゴケ Porpidia albocaerulescens var. albocaerulescens の写真です．一枚岩は 1500 万年前に存在した熊野カルデラの南端に誕生しました．

梅本他（2001）による当地のヘリトリゴケの調査で大きさが測定されました．その調査から図 6.10 に示す地衣体の直径が約 1.9 m と推定されました．一枚岩上で最大のものと思われます．先程の痂状地衣類の生長速度から約 1 mm／年と考えると，約 1000 年経っている計算になります．まるで屋久杉なみの古さです．

直径約 1.9 m のヘリトリゴケの隣のヘリトリゴケは中央が地衣体で埋まっています．しかし，直径約 1.9 m のヘリトリゴケは中央がまだら模様になっています．地衣体の周縁の菌糸は元気で生長するのですが，中央の菌糸は栄養の供給がうまくいかずに死滅し，その結果抜け落ちたものと思われます．ちょうど植物の幹に空洞ができるのと同じことです．

11. 国内最大？のウメノキゴケ

葉状地衣類はどれくらいの大きさになるのでしょうか．地衣類ネットワークスクールで会員の皆さんに身近なウメノキゴケ Parmotrema tinctorum の大きさを測定して頂きました．

図 6.11 国内最大？のウメノキゴケ

図 6.11 の写真に示すようにお送り頂いた写真の中で最も大きいものは静岡県在住の矢頭勇氏が 2019 年に撮影した掛川市産（右）です．その直径は約 45 cm，単一個体かどうか若干疑わしいところはありますが，今のところ日本最大のウメノキゴケです．残念ながらその後の矢頭氏の観察によるとウメノキゴケの中心部が剥がれてしまいました．第 2 位の大きさの個体は筆者が確認した京都市仁和寺境内産（左の写真）で径 31.5 cm です．

ウメノキゴケ以外の葉状地衣類の大きさについて報告はありません．全国でその他の種でもこのような調査が行われれば面白いでしょうね．

樹状地衣類ではアカサルオガセ Usnea rubrotincta の長さが印象に残っています．約 40 年前に京都市高雄で確認した個体は約 15 cm，約 20 年前に高野山で約 30

cm の長さの個体がありました．残念ながら今ではどちらの場所にもその個体はありません．また，それから 15 cm の長さを超える個体を確認していません．

12．地衣類の生長－三次元的生長－

先のキウメノキゴケとウメノキゴケの二つの例は平面的な生長例でした．図 6.12 にウメノキゴケ Parmotrema tinctorum の三次元的な生長例を示します．撮影場所は亀岡盆地の中心にある京都府亀岡市亀岡城址です．日当たりのよい堀の近くで確認しました．

図 6.12 地衣類の生長－三次元的生長－

通常，ウメノキゴケは図 6.5 に示すように平面的な生長を示す場合がほとんどですが，時に中心部の裂芽から地衣体が派生して，それが何度も繰り返され重なり，バラ状になることがあります．このような三次元的生長を見せる場合，その生育地はウメノキゴケの生長にかなり適している環境なのではないかと想像されます．

13．地衣類の野外移植実験の代表例

今までの話題は野外での地衣類の生長を測定した結果でした．ここから，地衣類の微小片を野外に移植し，その移植片の生長を調べ，環境が地衣類の生長に及ぼす影響を確かめた野外移植実験の話題に移ります．

野外移植実験は海外で始められ，近年国内でも行われるようになりました．移植実験の代表例を図 6.13 の表に示します．

実験期間としては短いもので 5 箇月間，最も長いもので 3 年間です．野外移植実験に用いられる地衣類は扱い

地衣類	移植材料	期間（月）	文献
コフキカラクサゴケ	粉芽	12	Schuster et al. 1985
Lobaria oregana	地衣体小片	36	Denison 1988
コナカブトゴケ	粉芽	15	Scheidegger 1995
チヂレマツゲゴケ	裂芽	16	Scheidegger et al. 1995
オウシュウオオロウソクゴケ	地衣体小片	5	Honegger 1996a
センシゴケ	粉芽	16	Zoller et al. 2000
ツブカワキノリ	裂芽	16	Zoller et al. 2000
コウヤクゴケ	裂芽	8	Zoller et al. 2000
ハイイロカブトゴケ	粉芽	29	Hilmo & Otto 2002
ナガサルオガセ	地衣体断片	16	Ino et al. 2003
ウメノキゴケ	地衣体小片	6	Kon et al. 2003
キウメノキゴケ	地衣体小片	12	小野 2006
ウメノキゴケ	地衣体小片	36	斎藤 2013
エゾキクバゴケ	地衣体小片	6	李他 2016

図 6.13 地衣類の野外移植実験の代表例

やすいためか，葉状地衣類が多く見られます．評価は面積で行っています．海外では移植片として粉芽や裂芽の無性生殖器官を用いることが多いのがわかります．一方，国内では地衣体小片を用いる場合が多いようです．国内の実験で興味が持たれるのは，移植材料として樹状地衣類であるナガサルオガセ Dolichousnea longissima を用いた Ino et al.（2003）の実験です．また，李他（2016）は実験に用いたエゾキクバゴケ Xanthoparmelia tuberculiformis の基物として瓦を用いました．これも従来にない面白い着想と言えます．

以下，野外移植実験例として葉状地衣類と樹状地衣類を用いた小野（2006）の実験を紹介します．

14．キウメノキゴケ移植小片の生長 (1)

図 6.14 キウメノキゴケ移植小片の生長 (1)

小野（2006）は秋田県秋田市内で採集したキウメノキゴケ Flavoparmelia caperata を約 7 mm 角に裁断したものを移植小片として用いました．図 6.14 の左の地図に示すように，野外移植実験は秋田市内の秋田県立大学秋田キャンパス敷地内の東西南北 4 箇所（★）の独立樹で行いました．キャンパスは海岸沿いの松林の中にあり，それぞれの樹木は松林から 10 m 程度離れています．樹木の地面から約 1.5 m の高さの八方位の位置を実験場所として選びました．それぞれの小片をガーゼ網，ボンド，ピンで樹皮に止め，約 1 年間観察しました．増殖評価は増殖率（＝実験終了時面積 x100%/実験開始時面積）で行いました．

15．キウメノキゴケ移植小片の生長 (2)

小野（2006）の実験結果を図 6.15 に示します．面積は最高で実験開始時の 170％に増大しました．

場所による影響をみると増殖率は北と西が大きく，東と南は小さいという傾向にありました．田沢湖畔でも同じ現象が見られ，北岸と西岸に地衣類が豊富で東岸と南岸は地衣類が少なく，特に南岸が最も貧弱な地衣類相でした．これは北側の場所が南からの光を受けやすく，東は湿度の高い朝方の光を受けやすいのに比べ，逆に南側は森にさえぎられて光を受けにくく，西側は光を受けるのが湿度の低くなった夕方になるからと推定できます．

方位による影響をみると増殖率は南西が最も大きく，その他はそれほど差がないという結果でした．日当たりのよい南側は生長が大きいという予想とは異なっていま

した．微環境の影響は想像通りではないのかもしれません．

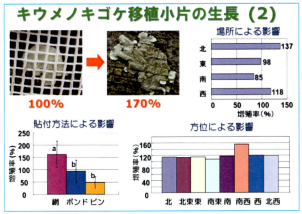

図6.15 キウメノキゴケ移植小片の生長 (2)

貼付方法についてはガーゼ網が最も大きい増殖率を与えました．ガーゼで覆うとガーゼに雨や露がしみ込んで水分の供給を助けているのではないかと思われます．

以上の小野 (2006) の結果から，光合成を担う水分の供給と光の照射が効率的に行われている場所で生長が大きいものと考えられます．

16．ヒメジョウゴゴケモドキ移植小片の生長 (1)

図6.16 ヒメジョウゴゴケモドキ移植小片の生長 (1)

小野 (2006) はさらに起上型樹状地衣類であるハナゴケ属ヒメジョウゴゴケモドキ Cladonia subconistea を材料として秋田県立大学秋田キャンパス敷地内で野外移植実験に取り組みました（図6.16）．ヒメジョウゴゴケモドキはキャンパス内の裸地によく生育しています．

試験期間は2004年12月から翌7月までの7箇月間，試験は以下に示すように行われました．① 乳鉢で地衣体を約1 mm程度に粉砕しました．② 地衣体粉砕物0.5 mgをプラスチックトレーに充填した土の上に蒔きました．③ その上に土を薄くかぶせました．④ トレーを建物の周囲の5箇所（図6.16の右の地図上のA～E）に置いて生育への影響を調べました．

17．ヒメジョウゴゴケモドキ移植小片の生長 (2)

小野 (2006) による結果を図6.17に示します．トレーの一つにヒメジョウゴゴケモドキの移植小片から地衣体が再生しているのを確認できました．地衣体は基本葉体ばかりでなく，じょうご形の子柄をも再生していまし た．

驚くべきことに，4月に雪が溶けトレーを覗くと，すでにトレー内に地衣体の再生が認められました．キャンパスは海岸近くにあるので積雪の影響は少ないとは言え，例年1月から3月まで30～50 cmの積雪があります．ということは，積雪下で地衣体の再生と生育が見られたということです．秋田の冬は猫の目のごとくに天気が晴れから雪，雪から晴れに変わります．ちょっとした晴れ間があれば光は積雪を通過してトレー内に届きます．光が当たれば雪が溶けて水分が供給されます．温度が零度でも光合成は可能です．

図6.17 ヒメジョウゴゴケモドキ移植小片の生長 (2)

冬の季節下，わずかに当たる光を得て光合成を行うことでひそやかに生き続け，再生を果たす地衣類のしたたかさに感服します．

B　地衣類の一次代謝

生物が生長するために生体を構成する元素，主に炭素，窒素，酸素，水素がどのように外界から供給されて生体に必要な物質（生体成分）となるのかを知る必要があります．

ここからは地衣類の一次代謝について，生体成分（生体物質）と一次代謝，共生藻，水分吸収と移動，炭素移動と代謝，窒素移動と代謝に分け，それぞれ説明します．

18．生体成分（生体物質）とは？

生体成分（生体物質）とは？

生体高分子成分：生体を形作る成分
多糖類（炭水化物やセルロースなど），蛋白質，脂肪，DNAやRNA

↓

生体低分子成分：生体高分子の構成成分やそれらから派生した機能成分
一次代謝成分：糖類，アミノ酸，脂肪酸
二次代謝成分：植物成分や地衣成分，真菌成分

図6.18 生体成分（生体物質）とは？

生物，言い換えれば生体はすべて物質から成り立っています．そこで起きる現象は化学的な現象と物理的な現象の二つです．いわゆる生物的な現象は物質とそこに介

在する化学的な現象あるいは物理的な現象，もしくはその複合現象として説明されます．生物を扱う学問は化学と物理の知識なしでは理解が難しいでしょう．

図 6.18 で示すように，生体成分は生体，すなわち生物を形作る化学成分のことです．ここで，化学成分は化学物質と同じ意味ですが，化学的な説明を行うときに物質よりは成分の方がよく使われます．

生体は複数の高分子成分から成ります．生物により構成する高分子は異なります．動物は蛋白質，植物はセルロース，真菌類はキチン質が主体となります．セルロースやキチン質は多糖類とも炭水化物とも呼ばれる同じ仲間です．もちろん，植物や真菌類にも蛋白質は存在します．多糖類や蛋白質以外に重要な生体高分子に DNA や RNA があります．場合によっては脂肪も含みます．

多糖類や蛋白質の生体高分子の原料となる成分を一次代謝成分と呼びます．従って，一次代謝成分は生体低分子です．また，一次代謝成分が水や二酸化炭素，窒素から作られる工程，あるいは一次代謝成分から生体高分子が作られる工程を一次代謝と呼びます．一次代謝成分に糖類，アミノ酸，脂肪酸などがあります．セルロースやキチン質は多数の糖類，蛋白質は多数のアミノ酸，脂肪は脂肪酸とグリセリンがつながってできた高分子です．

一次代謝成分に対して二次代謝成分と呼ばれる成分があります．二次代謝成分は一次代謝成分から作られる低分子成分で，植物成分や地衣成分，真菌成分などがあります．二次代謝成分については第 7 章で説明します．

19. 一次代謝概念図

図 6.19 に一次代謝を模式的に示します．

主要な生体高分子成分である多糖類，脂肪，蛋白質はそれぞれ糖類，脂肪酸，アミノ酸から合成酵素系により作られ，また分解酵素系により分解されます．

糖類は解糖系＋TCA 回路からなるエネルギー獲得系により，また脂肪酸はエネルギー獲得系の一つである β 酸化系により，二酸化炭素と水にまで分解され，エネルギーの源となる ATP が作られます．

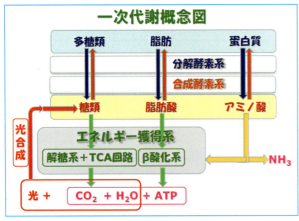

図 6.19 一次代謝概念図

蛋白質はアミノ基をアンモニアとして脱離させた後，エネルギー獲得系に入ります．エネルギー獲得系の一部は細胞小器官であるミトコンドリアに局在します．

植物の葉緑体やシアノバクテリアは二酸化炭素と水から光エネルギーを利用して糖類を合成します．

大気中の窒素は土壌中の窒素固定菌によりアンモニアに還元されます．さらに，アンモニアはアミノ酸合成酵素によりアミノ酸に取り込まれます．

20. 共生する藻類（共生藻）

地衣類は真菌類と藻類の共生生物なので，一次代謝は両者を組みあわせて考えるべきだと思われます．その場合に共生する藻類の違いをもう一度再確認する必要があります．図 6.20 は第 1 章に載せた図 1.21 と同じです．簡単に再度紹介し，組み合わせの違いについて理解を深めて頂きたいと思います．

地衣類を構成する藻類の種類と組み合わせにより地衣類は三つのグループに分けられます．

図 6.20 共生する藻類（共生藻）

A グループは真菌類＋緑藻類（いわゆる緑藻共生地衣類），B グループは真菌類＋緑藻類＋シアノバクテリア，C グループは真菌類＋シアノバクテリア（いわゆる藍藻共生地衣類）です．国内産 1786 種が記載された山本（2020）を調べると，A グループに属するものは 88%，B グループに属するものは 4%，C グループに属するものは 8% であることがわかりました．ほとんどの地衣類が A グループで占められています．

光合成は緑藻類でもシアノバクテリアでも行われるのでいずれのグループも藻類が炭素源を真菌類に供給します．一方，シアノバクテリアは窒素固定も行うので，B と C のグループでは真菌類はシアノバクテリアから窒素源の供給を受けます．

21. 地衣類の水分吸収

光合成に必要な物質は二酸化炭素と水です．二酸化炭素は空気中から供給されます．地衣体自体は菌糸が密に詰まっているわけではないので，共生藻細胞への二酸化炭素の供給はそれほど光合成を制約する要因になりません．しかし，共生藻細胞への水の供給の良し悪しは光合成を大きく制約します．

地衣類の多くは地衣体に水を貯めることができます．図 6.21 の上段の写真にエビラゴケ Lobaria discolor var. discolor を例示します．左の地衣体は乾燥した状態で灰褐色です．地衣体に水を加えると地衣体の色は速やかに鮮やかな緑色に変化し，さらに水分を貯めて約 1.5 倍に膨らみます．この変化の速さは驚きです．そのまま放置しても，しばらくの間このままの状態が続きます．

図 6.21 地衣類の水分吸収

水分膨張率は緑藻共生地衣類と藍藻共生地衣類で大きく異なります．Blum（1973）は 35 種の地衣類の吸水後の水分含量を表にまとめています．図 6.21 の下段の表は彼が作成した表から代表的な地衣類に絞り，抜き出して作成したものです．

水吸収後 30 秒経過時点での乾重量に対する水分量の割合（％）はハナゴケ *Cladonia rangiferina* やフクロゴケ *Hypogymnia physodes* のような緑藻共生地衣類は約 150％以内の値を示すのに比べ，イヌツメゴケ *Peltigera canina* やトゲカワホリゴケ *Collema sub-flaccidum* のような藍藻共生地衣類のツメゴケ属やイワノリ属は 200％以上の大きな値を示します．

22．水分の通り道

地衣体に水を 1 滴垂らすと速やかに吸い込まれます．これは地衣菌の菌糸の水管を通って，共生藻細胞に水を届ける体制ができていることを示します．

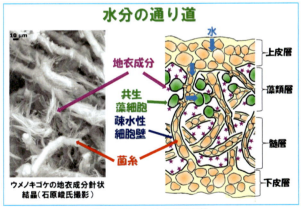

図 6.22 水分の通り道

図 6.22 の右に Honegger（1991）が示した地衣類の共生藻細胞への水分供給模式図を改変して示します．

Honegger（1991）によれば，菌糸および共生藻細胞の周囲は地衣菌に由来する疎水性の細胞壁表面層で覆われています．しかも，菌糸や共生藻細胞の周囲は地衣成分の結晶で補強されています．地衣成分の多くは非水溶性です．地衣成分がウメノキゴケ *Parmotrema tinctorum* の菌糸の周囲に結晶化している様子（図 6.22 の左の写真）を神奈川県在住の石原峻氏が撮影しています．速やかな水分供給体制です．しかし，あふれるほど多量の水分が集まると，水は菌糸から染み出て菌糸と菌糸の間の空隙に留まり，乾燥に備えます．

わずかな水分も，また多くの水分でも逃さない良くできた体制と言うことができます．

地衣類の炭素固定に与える水分量の影響を Lange（1980）が報告しました．水分含量が約 10％以下では光合成も呼吸も停止しました．いわゆる，休眠状態です．10％を超えると呼吸が復活し，20％になって光合成が復活しました．20％から 70％程度まで光合成は活発になり，その後水分含量が増えても光合成が低下しました．このことは地衣類の光合成にとって適切な水分含量があることを示唆します．

23．地衣類の光合成能－植物との比較－

Schulze & Lange（1968）は地衣類の光合成能を植物と比較しました．その結果を図 6.23 に示します．地衣類はフクロゴケ *Hypogymnia physodes* を選び，温度と光量を変えました．植物は草本植物，広葉樹，針葉樹を選びました．植物は適温，最適光量の条件下です．

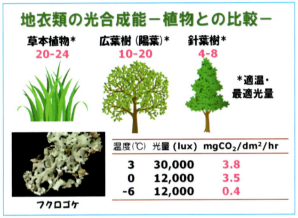

図 6.23 地衣類の光合成能－植物との比較－

Schulze & Lange（1968）によれば，草本植物の場合，20 から 24 $mgCO_2/dm^2/hr$，広葉樹（陽葉）の場合，10 から 20，針葉樹の場合，4 から 8 の値を示しました．フクロゴケの場合の最も高い値は約 4（3℃），針葉樹の最低レベルです．この結果は地衣類の実験温度が低すぎるためとも思われます．しかし，地衣類の場合，植物に比べて葉緑体密度が低いので当然の値かもしれません．

特筆すべき点は，フクロゴケの場合，0℃でも光合成能が維持され，しかも，－6℃でもわずかではありますが，それが働いていることです．

Richardson（1973）は地衣類の光合成が行われる最低温度を表にまとめています．Richardson（1973）によれば，*Cladonia alcicornis* や *Stereocaulon alpinum* のように光合成の最低温度が－24℃を示す地衣類もいます．普通植物では低温になると光合成が停止します．ハナゴケ属やキゴケ属，フクロゴケ属のように亜寒帯や寒帯に生育する地衣類にとって低温でも光合成機能を発揮できることは生存にとって大変有利だと思われます．

24．地衣類の光合成能－種比較－

Ino（1985）は南極や日本に産する 9 種の地衣類の最

大光合成能について調べました．南極産の地衣類はナンキョクサルオガセ Neuropogon sphacelatus，ネナシイワタケ Umbilicaria decussata，ナンキョクイワタケ U. aprina の3種，日本産は北海道産のホソハナゴケ Cladonia ciliata var. tenuis，長野県産のハナゴケ C. rangiferina，ミヤマハナゴケ C. stellaris，ムクムクキゴケ Stereocaulon sasakii，ウチキウメノキゴケ Myelochroa irrugans，ヨコワサルオガセ Dolichousnea diffracta の6種を使用しました．

	地衣類種	光合成速度*	温度**	光量***
南極	ナンキョクサルオガセ	約0.8	3	800
	ネナシイワタケ	約0.1	5	400
	ナンキョクイワタケ	約0.6	3	600
北海道	ホソハナゴケ	約3	20	800
長野県	ムクムクキゴケ	約0.8	25	800
	ハナゴケ	約2	15	800
	ミヤマハナゴケ	約6	15	800
	ウチキウメノキゴケ	約2	15	800
	ヨコワサルオガセ	約2	5	800

* mg CO₂/mg Chlorophyll a·hr, ** ℃, *** µE/m²·sec

図 6.24 地衣類の光合成能－種比較－

Ino (1985) の得た結果を筆者が図 6.24 の表にまとめました．光合成能は光合成速度 mg CO₂/mg Chlorophyll a·hr で表しています．また，温度℃と光量 µE/m²·sec は測定時の条件です．

Ino (1985) によれば，地衣類の光合成能は種によって幅がありました．最小の種であるネナシイワタケと最大の種であるミヤマハナゴケで約 60 倍も異なることがわかりました．ハナゴケ属 3 種（ホソハナゴケ，ハナゴケ，ミヤマハナゴケ）の結果からもわかるように，属内における光合成能についても幅が認められました．南極産の地衣類の光合成能は日本産に比べて低く，また，その温度も低温であることがわかりました．

これらの理由については定かではありませんが，当該の種がその種の適応する環境での能力をそれぞれ反映しているのかもしれません．

25．地衣類の炭素移動 ①

Richardson (1973) は共生藻から地衣菌への炭素移動をまとめています．これらの結果は放射性同位元素の取り込み実験から得られました．地衣類の中の共生藻が光合成を行って得た炭素源（炭水化物）は共生藻から地衣菌の菌糸へ移動します．移動する炭素源は糖源（糖と糖アルコール）です．糖源の種類は共生藻の種類によって異なります．

図 6.25 に共生藻の種類と移動する糖源を例示します．地衣類の共生する藻類の種類によって地衣類は三つグループに分かれます（6.20）．マツゲゴケ Parmotrema clavuliferum のように緑藻類のみを共生藻とする地衣類，ヒロハツメゴケ Peltigera aphthosa のように緑藻類とシアノバクテリアを共生藻とする地衣類，アツバツメゴケ P. malacea のようにシアノバクテリアのみを共生藻とする地衣類です．Richardson (1973) によれば，マツゲゴケの共生藻である緑藻類 Trebouxia では糖アルコールであるリビトールが菌糸に移動します．ヒロハツメゴケの共生藻である緑藻類 Coccomyxa でもリビトールが移動します．ヒロハツメゴケのもう一つの共生藻であるシアノバクテリア Nostoc ではブドウ糖が移動します．アツバツメゴケの共生藻である Nostoc でも同じくブドウ糖が移動します．

26．地衣類の炭素移動 ②

緑藻類とシアノバクテリアでは移動する糖の種類が異なることを示しましたが，ではそれぞれの属によって移動する糖源に違いはあるのでしょうか．

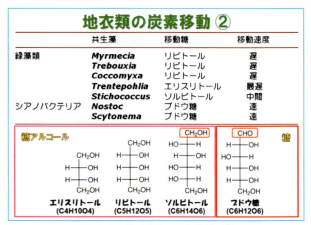

図 6.26 地衣類の炭素移動 ②

図 6.26 の上段の表は Smith & Douglas (1987) がまとめた表から抜粋して作成しました．共生藻の属による移動する糖源の違いを示します．Smith & Douglas (1987) によれば，緑藻類では移動する糖源はすべて糖アルコールです．Myrmecia と Trebouxia，Coccomyxa ではリビトール，Trentepohlia ではエリスリトール，Stichococcus ではソルビトールが移動します．シアノバクテリアの Nostoc や Scytonema では同じブドウ糖が移動します．移動の速さはブドウ糖が最も速く，次いでソルビトール，リビトールで最も遅いのはエリスリトールです．これら糖源の移動の遅速についての理由は定かではありません．

移動する糖源の化学構造を図 6.26 の下段に示します．末端にアルデヒド基（-CHO）をつけるものが糖と呼ばれます．糖が一つだけのものを単糖類と呼び，糖が二つつながったものを二糖類と呼びます．例えば，ブドウ糖

図 6.25 地衣類の炭素移動 ①

は単糖類，ショ糖は二糖類です．一方，末端のアルデヒド基が還元されたヒドロキシメチレン基（-CH₂OH）をつけるものは糖アルコールと呼ばれます．リビトールやエリスリトール，ソルビトールが該当します．また，糖を構成する炭素の数が4個のものは4炭糖，5個は5炭糖，6個は6炭糖と呼ばれます．

従って，ブドウ糖は6炭糖，エリスリトールは4炭糖アルコール，リビトールは5炭糖アルコール，ソルビトールは6炭糖アルコールです．糖源は同じ化学式であっても幾つもの水酸基の位置異性化合物が知られているので大変複雑です．

27. 地衣類の炭素移動 ③－ヒロハツメゴケ－

Richardson（1973）を参考にしてヒロハツメゴケ *Peltigera aphthosa* を例に地衣類の炭素移動を図6.27に示します．

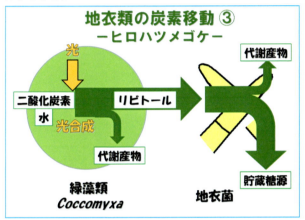

図6.27 地衣類の炭素移動 ③－ヒロハツメゴケ－

ヒロハツメゴケの共生藻である *Coccomyxa* は光エネルギーを利用して二酸化炭素と水から炭水化物を合成します．光合成と呼ばれるシステムです．自由生活でも地衣体でも同様の光合成を行っています．しかし，合成した炭水化物が自由生活では大部分が自らの生長に利用されるのに対し，地衣体では多くの部分は5炭糖アルコールであるリビトールとして真菌類に送られ（真菌類に収奪されると言い換えた方が妥当かもしれません），自ら利用する分は少ないものと思われます．菌糸は送られてきた炭水化物を自らの生長に利用すると同時に貯蔵します．

自由生活する緑藻類の場合，ブドウ糖が光合成産物ですが，共生によってブドウ糖から糖アルコールに代謝されるのか，それともブドウ糖が合成される工程で糖アルコールとして分離されるのかはわかっていません．

緑藻共生地衣類では貯蔵糖は6炭糖アルコールであるマンニトールであることが知られています．地衣菌は5炭糖アルコールから6炭糖アルコールへの変換経路を有すると思われます．

28. 培養地衣菌や地衣培養組織の糖源資化能

地衣体中に取り込まれた糖源は種々の糖や糖アルコールに代謝されます．地衣類はどんな糖や糖アルコールを利用できるのでしょうか．培養地衣菌や地衣培養組織で実験されました．

Ahmadjian（1964）は子嚢胞子由来の培養地衣菌の増殖に及ぼす種々の糖源の影響を調べ，二糖類の麦芽糖と乳糖が最も増殖を速めることを見出しました．

Yamamoto et al.（1987）は地衣菌と共生藻が共存した広義サルオガセ科培養組織の増殖に及ぼす糖源の種類と濃度の影響を調べました．材料としてアカサルオガセ *Usnea rubrotincta*，ヨコワサルオガセ *Dolichousnea diffracta* の培養組織を用いました．培地としてブドウ糖無添加のリリーバーネット培地に糖源としてショ糖，ブドウ糖，ソルビトール，リビトール，マンニトールをそれぞれ 0，2，4，8，16％を加えた培地を用い，20℃暗所で12週間培養しました．ブドウ糖とソルビトール，リビトールは地衣類の移動糖源として，またマンニトールは貯蔵糖源として知られています．

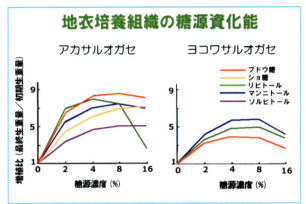

図6.28 地衣培養組織の糖源資化能

Yamamoto et al.（1987）によれば，図6.28に示すようにアカサルオガセ培養組織の増殖にリビトールとブドウ糖がソルビトールより優れ，12週間で約9倍の増殖比を示しました．ブドウ糖では地衣菌と共生藻の比は変わりませんが，リビトールでは地衣菌，マンニトールでは共生藻の比が増しました．一方，ヨコワサルオガセ培養組織はマンニトール添加培地上で約6倍の増殖比を示し，これが最高の増殖比でした．これらの結果はどちらと言うと糖アルコールの方が糖よりも培養組織の増殖を高めることを示唆しています．

29. 地衣類の窒素含量

共生藻	地衣類種	窒素含量 (%DW)
シアノバクテリア	イヌツメゴケ	3.3
	モミジツメゴケ	3.6-4.5
	チヂレツメゴケ	4.7
緑藻類+シアノバクテリア	コナカブトゴケ	2.7
	ヒロハツメゴケモドキ	1.9-3.4
	コフキデイジーゴケ	0.9-1.3
緑藻類	フクロゴケ	0.49
	コフキカラクサゴケ	0.96
	ヒゲサルオガセ	0.37
	ツノマタゴケ	0.84
	サンゴエイランタイ	0.38
	ハマカラタチゴケ	0.93
	オウシュウオオロウソクゴケ	1.2-1.7

図6.29 地衣類の窒素含量

今まで光合成と炭素移動など炭素に関わる事柄を述べてきました．ここから窒素に関する話題を提供します．窒素は蛋白質の素材であるアミノ酸を構成する重要な元素です．蛋白質は生体を構成する重要な高分子ですし，種々の化学反応を担う触媒である酵素も構成します．生

物にとって外界から窒素をどう獲得するかは重要な問題です．

地衣類が共生藻とするシアノバクテリアは通常窒素固定を行うことが知られています．地衣類中で共生している時にも窒素固定を行っているのか否かは知りたい課題です．Millbank & Kershaw（1973）がまとめた各種地衣類の窒素含量を図6.29の表に示します．

Millbank & Kershaw（1973）によれば，一部の例外がありますが，予想通りにシアノバクテリアのみを共生藻とする地衣類の窒素含量が最も高く，次いでシアノバクテリアと緑藻類を共生藻とする地衣類であることがわかりました．

渡辺（1979）は国内産のツメゴケ属数種からシアノバクテリアを分離・培養し，それらの窒素固定能を調べました．結果，分離したシアノバクテリアが窒素固定能を有していることがわかりました．そこで，地衣体の窒素固定能についても調べ，同様に有していることを明らかにしました．

確かに野外から採集したシアノバクテリアのみを共生藻とするツメゴケ属の地衣類を濡れた状態でしばらく放置するとアンモニア臭がすることがあります．シアノバクテリアを共生藻とするツメゴケ属やカブトゴケ属の地衣類は個体が大きくなったり，多数集まって群落となったりすることが多く見られます．これも窒素固定による効果なのかもしれません．

一方，緑藻共生地衣類はシアノバクテリアを共生藻としていないので，窒素含量が高くありません．ではどこから窒素を獲得しているのでしょうか．窒素含量が低くても生長に問題はないのでしょうか．筆者は大きな疑問を抱きます．

30．地衣類中のシアノバクテリアにおける異型細胞の割合

糸状性シアノバクテリアの窒素固定は異型細胞（ヘテロシスト，図6.30の左の写真は*Anabaena* sp. 名古屋大学大学院生命農学研究科ゲノム情報機能学分野HPより引用改変）で行われていることが知られています．異型細胞はシアノバクテリアが窒素欠乏状態で分化する細胞で通常十数個に一個の割合で分化します．窒素をアンモニアに還元する酸素感受性ニトロゲナーゼを局在するため，酸素の侵入障壁を形成します．光合成と窒素固定を同じ細胞で同時に行うと酸化還元バランスが維持できなくなるからです．

Hitch & Millbank（1975）はシアノバクテリアを共生藻とする地衣類の中でシアノバクテリア細胞中の異型細胞の割合を調べました．その結果の一部を図6.30の表に示します．Hitch & Millbank（1975）によれば，頭状体中のシアノバクテリアと非頭状体中（地衣体中）のシアノバクテリアで異型細胞の割合が異なることが明らかになりました．すなわち，頭状体を有する地衣類はコナカブトゴケ *Lobaria pulmonaria* やミヤマウラミゴケ *Nephroma arcticum*，ヒロハツメゴケ *Peltigera aphthosa* のように10％を超える値を示す一方，頭状体を持たない地衣類ではトゲカワホリゴケモドキ *Collema furfuraceum* やチヂレアオキノリ *Leptogium cyanescens*，ニセウチキウラミゴケ *N. laevigatum*，ハイイロカブトゴケ *L. scrobiculata*，イヌツメゴケ *P. canina* のように5％以下の値を示しました．もしも，頭状体中のシアノバクテリアが自由生活時や地衣体中とは異なって異型細胞を分化させ，地衣菌がそれを制御しているのだとしたら，大変面白いことだと思います．

31．地衣類の主な窒素移動－ヒロハツメゴケ－

Rai（2003）が図示したヒロハツメゴケ *Peltigera aphthosa* における窒素移動を模式的に図6.31に示します．

図6.31 地衣類の主な窒素移動－ヒロハツメゴケ－

ヒロハツメゴケの頭状体に存在するシアノバクテリア *Nostoc* の異型細胞中のニトロゲナーゼにより大気中の窒素は還元固定されてアンモニアが合成されます．一部のアンモニアはシアノバクテリアで利用されますが，残りの大部分は頭状体中の地衣菌に移動します．地衣菌中のグルタミン酸脱水素酵素（GDH）は移動してきたアンモニアとα-ケトグルタル酸とを反応させ，グルタミン酸を合成します．一部のグルタミン酸は地衣菌で利用されますが，残りの大部分のグルタミン酸はグルタミン酸ピルビン酸トランスアミナーゼ（GPT，別名アラニンアミノ酸転移酵素 ALT）の触媒作用によりピルビン酸と反応し，アラニンとα-ケトグルタル酸を生成します．この反応に別経路があり，グルタミン酸はグルタミン酸オキサロ酢酸トランスアミナーゼ（GOT，別名アスパラギン酸アミノトランスフェラーゼ AST）の触媒作用によりアスパラギン酸とα-ケトグルタル酸を生成します．アスパラギン

酸はアスパラギン酸-1-デカルボキシラーゼの触媒作用によりアラニンを生成します．生成したアラニンは頭状体から地衣体に移動します．

32. 培養地衣菌や地衣培養組織のアミノ酸資化能

窒素固定で作られたアンモニウムイオンや硝酸イオンは地衣体中に取り込まれ，種々のアミノ酸に代謝されます．地衣類はどんなアミノ酸を利用できるのでしょうか．培養地衣菌や地衣培養組織で実験されました．

Ahmadjian（1964）は子嚢胞子由来の培養地衣菌の増殖に及ぼす種々のアミノ酸の影響を調べ，L-アラニンが最も増殖を速めることを見出しました．

Yamamoto *et al.*（1987）は広義サルオガセ科培養組織の増殖に及ぼすアミノ酸の種類と濃度の影響を調べました．材料としてアカサルオガセ *Usnea rubrotincta* とヨコワサルオガセ *Dolichousnea diffracta* の培養組織を用い，アミノ酸無添加リリーバーネット培地にアミノ酸として L-アスパラギン，D-アスパラギン，L-アスパラギン酸，グリシン，L-グルタミンをそれぞれ 0，0.2，0.4，0.8，1.6%を加えた培地上，20°C 暗所で 12 週間培養しました．

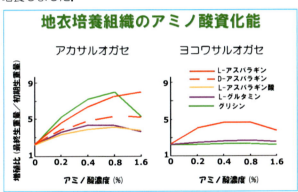

図 6.32 地衣培養組織のアミノ酸資化能

Yamamoto *et al.*（1987）によれば，図 6.32 に示すようにアカサルオガセ培養組織の増殖に L-アスパラギンとグリシンが優れていました．特筆すべきは D-アスパラギンも増殖に寄与することが示されたことです．ヨコワサルオガセ培養組織は L-アスパラギン添加培地上で最高の増殖を示しました．

33. 森林等における地衣類の窒素固定寄与

森林等	主な地衣類	窒素固定*	文献
オーク林, USA	アオキノリ属	0.22-1.23	①
ブナ林, USA	カブトゴケ属	0.17-0.84	②
ナンキョクブナ林, NZ	ヨロイゴケ属	1-10	③
針葉樹林, USA	ツメゴケ属	0.04-0.21	④
針葉樹林, USA	ツメゴケ属	0.04-3.3	⑤
針葉樹林, Sweden	ウラミゴケ属	10-40	⑥
針葉樹林, Sweden	キゴケ属	1.0	⑦
氷河堆積物, Iceland	キゴケ属	6.2	⑧
火山遷移, USA	カザンキゴケ	0.20-0.45	⑨

* kg ha⁻¹ yr⁻¹
① Becker *et al.* 1977, ② Becker 1980, ③ Green *et al.* 1980, ④ Gunther 1989, ⑤ Forman & Dowden 1977, ⑥ Kallio 1974, ⑦ Huss-Danell 1977, ⑧ Crittenden 1975, ⑨ Kurina & Vitousek 2001

図 6.33 森林等における地衣類の窒素固定寄与

Nash（2008）は森林等において地衣類の共生藻であるシアノバクテリアが固定した窒素量をまとめています．Nash（2008）の示した表を参考に，森林等における地衣類の窒素固定量を図 6.33 の表にまとめます．表に示されている対象地域はブナ林のような冷温帯林や針葉樹林，寒帯の氷河堆積物，火山遷移です．対象とされる地衣類としてはキゴケ属やツメゴケ属，カブトゴケ属，ウラミゴケ属が挙げられます．

窒素固定の数値がどれほどの意味をもっているのか筆者はよくわかりません．筆者はカナダや北海道の針葉樹林の林床で一面のツメゴケ群落を確認したことがあります．平均気温の低い地域では窒素固定菌の活動も低くなりがちですが，炭素固定能と同様に地衣類の窒素固定能は低温でも低下しないのかもしれません．

文 献

Ahmadjian V. 1964. Further studies on lichenized fungi. Bryologist 67: 87-98.【0013】

Armstrong R.A. & Bradwell T. 2011. Growth of foliose lichens: a review. Symbiosis 53: 1-16.【3776】

安斉唯夫・原田浩. 2002. 葉状地衣類数種の生長量とその計測方法. Lichenology 1: 79.

坂東誠. 2002. ウメノキゴケ *Parmotrema tinctorum* (Nyl.) Hale の葉状体周辺部および中央部の特性および成長速度の差異. Lichenology 1: 51-55.

Becker V.E. 1980. Nitrogen fixing lichens in forests of the southern Appalachian Mountains of North Carolina. Bryologist 83: 29-39.

Becker V.E., Reeder J. & Stetler R. 1977. Biomass and habitat of nitrogen fixing lichens in an oak forest in the North Carolina Piedmont. Bryologist 80: 93-99.

Blum O.B. 1973. Water relation. In Ahmadjian V. & Hale M. (eds), The Lichens, pp. 381-400. Academic Press, New York, San Francisco & London.

Crittenden P.D. 1975. Nitrogen fixation on the glacial drift of Iceland. New Phytologist 74: 41-49.

Denison W.C. 1988. Culturing the lichens *Lobaria oregana* and *L. pulmonaria* on nylon monofilament. Mycologia 80: 811-814.【3615】

Forman R.T.T. & Dowden D.L. 1977. Nitrogen fixing lichen roles from desert to alpine in the Sangre de Cristo Mountains, New Mexico. Bryologist 80: 561-70.

Green T.G.A., Horstmann J., Bonnett H., Wilkins A. & Silvester W.B. 1980. Nitrogen fixation by members of the Stictaceae (lichens) of New Zealand. New Phytologist 84: 339-348.

Gunther A.J. 1989. Nitrogen fixation by lichens in a subarctic Alaskan watershed. Bryologist 92: 202–208.

Hale M.E. 1970. Single-lobe growth-rate patterns in the lichen *Parmelia caperata*. Bryologist 73:

72-81.【3772】

Hale M.E. 1973. Growth. In Ahmadjian V. & Hale M. (eds), The Lichens, pp. 473-492. Academic Press, New York, San Francisco & London.

Hilmo O. & Ott S. 2002. Juvenile development of the cyanolichen *Lobaria scrobiculata* and the green algal lichens *Platismatia glauca* and *P. norvegica* in a boreal *Picea abies* forest. Plant Biol. 4:273-280.

Hitch C.J.B. & Millbank J.W. 1975. Nitrogen metabolism in lichens. VII. Nitrogenase activity and heterocyst frequency in lichens with blue-green phycobionts. New Phytologist 75: 239-244.

Honegger R. 1984. Cytological aspects of the mycobiont-phycobiont relationship in lichens. Lichenologist 16: 111-127.【0018】

Honegger R. 1991. Functional aspects of the lichen symbiosis. Annu. Rev. Plant Physiol. Plant Mol. Biol. 42: 553-578.【0442】

Honegger R. 1996a. Experimental studies of growth and regenerative capacity in the foliose lichen *Xanthoria parietina*. New Phytol. 133: 573-581.【1136】

Honegger R. 1996b. Field studies on growth and regenerative capacity in the foliose macrolichen *Xanthoria parietina* (Teloschistales, Ascomycotina). Bot. Acta 109: 187-193.【1136】

Huss-Danell K. 1977. Nitrogen fixation by *Stereocaulon paschale* under field conditions. Can. J. Bot. 55: 585-592.

Ino Y. 1985. Comparative study of the effects of temperature on net photosynthesis and respiration in lichens from the Antarctic and subalpine zones in Japan. Bot. Mag. Tokyo 98: 41-53.【0004】

Ino Y., Fujii M., Nakao Y. & Yoshida M. 2003. Mode of elongation growth of *Usnea longissima* Ach. on Mt. Kushigata, central Japan. Lichenology 2: 1-4.【3771】

Kallio P. 1974. Nitrogen fixation in subarctic lichens. Oikos 25: 194-198.

Kon Y., Mineta M. & Kashiwadani H. 2003. Transplantation experiment of lichen thalli of *Parmotrema tinctorum* (Ascomycotina, Parmeliaceae). J. Jpn. Bot. 78: 208-213.【1589】

Kurina L.M. & Vitousek P.M. 2001. Nitrogen fixation rates of *Stereocaulon vulcani* on young Hawaiian lava flows. Biogeochemistry, 55, 179-194.

Lange O.L. 1980. Moisture content and CO_2 exchange of lichens. I. Influence of temperature on moisture-dependent net photosynthesis and dark respiration in *Ramalina maciformis*. Oecologia 45: 82-87.

李潤・木下光・遠藤剛・高萩敏和・浜田信夫. 2016. 屋根瓦へ移植した葉状地衣類エゾキクバゴケの成長. Lichenology 15: 65-78.【3098】

Millbank J.W. & Kershaw K.A. 1973. Nitrogen metabolism. In Ahmadjian V. & Hale M. (eds), The Lichens, pp. 289-307. Academic Press, New York, San Francisco & London.

Nash III T.H. 2008. Nitrogen, its metabolism and potential contribution to ecosystems. In Nash III T.H. (ed), Lichen Biology, 2nd Edition, pp. 216-233. Cambridge University Press, New York.

小野静香. 2006. 地衣類の小片からの地衣体再生. 秋田県立大学生物資源科学部卒業論文.

Rai A.N. 2003. Nitrogen metabolism. In Galun M. (ed.). CRC Handbook of Lichenology I, pp. 201-237. CRC Press, Boca Raton, Florida.

Richardson D.H.S. 1973. Photosynthesis and carbohydrate movement. In Ahmadjian V. & Hale M. (eds), The Lichens, pp. 249-288. Academic Press, New York, San Francisco & London.

斎藤誠. 2013. 名古屋市におけるウメノキゴケの分布と移植実験. ライケン 17 (2): 15-16.【3775】

Scheidegger C. 1995. Early development of transplanted isidioid soredia of *Lobaria pulmonaria* in an endangered population. Lichenologist 27: 361-374.【3777】

Scheidegger C., Frey B. & Zoller S. 1995. Transplantation of symbiotic propagules and thallus fragments: methods for the conservation of threatened epiphytic lichen populations. Mitteilungen der Eidgenossischen Forschungsansalt fur Wald, Schnee und Landschaft 70: 41-62.【3779】

Schulze E.D. & Lange O.L. 1968. CO_2 Gaswechsel der Flechte *Hypogymnia physodes* bei tiefen temperaturen im Freiland. Flora (Jena) 158: 180-184.

Schuster G., Ott S. & Jahns H.M. 1985. Artificial culture of lichens in the natural environment. Lichenologist 17: 247-253.【0312】

Smith D.C. & Douglas A.E. 1987. The Biology of Symbiosis, 302 pp. Edward Arnold, Baltimore.

梅本信也・種坂英次・原田浩. 2001. 和歌山県古座川町「一枚岩」の巨大なヘリトリゴケ(地衣類). 南紀生物 43: 98-101.【1580】

渡辺篤. 1979. 地衣類による森林土壌の窒素地力の増強. ライケン 4 (1): 1-2.【1726】

Yamamoto Y., Mizuguchi R., Takayama S. & Yamada Y. 1987. Effects of culture conditions on the growth of Usneaceae lichen tissue cultures.

Plant Cell Physiol. 28: 1421-1426. 〔0086〕

Zoller S., Frey B. & Scheidegger C. 2000. Juvenile development and diaspore survival in the threatened epiphytic lichen species *Sticta fuliginosa*, *Leptogium saturninum* and *Menegazzia terebrata*: conclusions for in situ conservation. Plant Biology 2: 496-504. 〔3780〕

第7章 地衣成分・二次代謝

　地衣成分は地衣類が自然環境から自らを守り、他の生物と伍して戦うための化学兵器です．本章の前半は **A** 地衣成分・二次代謝と題して、地衣成分が地衣類の中でどのように作られ、利用されるのか、後半は **B** 地衣成分の分析と題して、地衣成分をどのように分析するのかを説明します．

A　地衣成分・二次代謝

　ここでは、地衣成分も含めた二次代謝成分とそれらの役割について説明します．

1.　二次代謝概念図

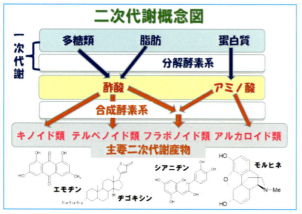

図 7.1 二次代謝概念図

　前章で生体が多糖類（炭水化物とも呼ばれます）、脂肪、蛋白質の高分子成分から構成されていること、高分子成分の合成・分解を一次代謝と呼ぶことを説明しました．

　また、前章で一次代謝成分から二次代謝成分、例えば、植物成分、地衣成分、真菌成分が作られ、この工程を二次代謝と呼ぶと説明しました．植物成分、地衣成分、真菌成分は生物から見た物質分類ですが、化学的にそれぞれ類似の化学構造をもった物質のまとまりとして考えることができます．

　図 7.1 に示すように、主要な二次代謝産物はエモヂンのようにキノン基を持っている成分（キノイド類と呼ばれます）、ヂゴキシンのように複数の環がつながった化学構造をもつ成分（テルペノイド類と呼ばれます）、シアニヂンのように複数の芳香環がつながった化学構造をもつ成分（フラボノイド類と呼ばれます）、モルヒネのように化学構造の中に窒素原子を有する成分（アルカロイド類と呼ばれます）があります．

　キノイド類には緩下剤であるエモヂンのようなアントラキノン類以外に紫草の染料成分であるシコニンのようなナフトキノン類があります．地衣成分であるデプシド類やデプシドーン類、ヂベンゾフラン類もこの化合物群に属します．

　テルペノイド類には薬用成分であるヂゴキシン以外にコレステロールや植物色素であるカロテンやリコペン、香料であるメントール、植物ホルモン類であるジベレリンがあります．

　フラボノイド類には紅葉の赤色色素であるシアニヂン以外に紫色色素であるデルフィニヂンや黄色色素であるケルセチンがあります．

　アルカロイド類にはケシの麻薬成分であるモルヒネ以外に胃腸薬成分であるベルベリン、抗癌成分であるビンブラスチンがあります．

　キノイド類とテルペノイド類は一次代謝成分である酢酸から、アルカロイド類は同じくアミノ酸から、フラボノイド類は酢酸とアミノ酸から、それぞれその材料に特異的な酵素系によって合成（生体内で合成されるので特別に生合成と呼ばれます）されます．

　これら二次代謝成分は派生してビタミン類（例えば、ビタミン **A** やビタミン **D**）やホルモン類（例えば、昆虫脱皮ホルモンや男性ホルモン）、フェロモン類（例えば、集合フェロモンや誘引フェロモン）など生体維持に重要な物質にもなります．

2.　植物成分や地衣成分、真菌成分の役割

　二次代謝産物である植物成分や地衣成分、真菌成分のそれぞれの生体での役割は一体何でしょうか．図 7.2 にそれら成分の役割を示します．

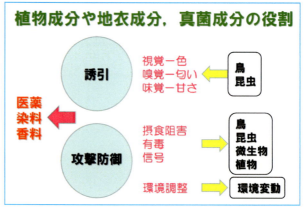

図 7.2 植物成分や地衣成分、真菌成分の役割

　二次代謝産物の役割は大きく二つあります．一つは動物の誘引であり、他方は他生物（外敵）の攻撃に対する防御、あるいは他生物に対する積極的な攻撃と環境変動からの防御です．

　誘引は鳥や昆虫の五感、主に視覚、嗅覚、味覚を刺激し、それら動物を自らの繁殖に利用しようとするものです．

　動物の視覚に訴えるもの、それは色です．植物の緑以外の色に着色されている場所は果実と花です．なぜ果実と花は着色されているのでしょうか．植物の果実は普通赤色を示すものが多いですが、それは果物を鳥や猿、蝙蝠が食べてその種を散布してほしいからです．動物にとって緑の世界の中で補色である赤は最も目立つ色です．赤色を呈する色素は二次代謝成分の中でも種々知られています．

一方，野生の花は黄色と白色を組み合わせた花色が多いことに気づきます．それらの花は普通虫媒花で昆虫に花粉を運んでもらいます．昆虫の視覚の範囲は鳥と異なって紫外線領域に広がっているので，黄色や白色の組み合わせが昆虫にとって目立つのです．ところが，人は黄色や白色では満足せず，赤色の花を求めて品種改良に励みました．植物は望んではいないでしょうね．

　熱帯や亜熱帯ではハイビスカスのような赤い花が目立ちます．それは誘引相手として，昆虫よりもハチドリのような鳥の比重が大きくなるからだと思われます．

　キノコや熱帯の花の一部にはヒトが耐えられないような匂いを発生して動物や昆虫を引きつけるものもいます．

　果実が甘くなければ，たとえ色が赤くても動物に見向きもされないでしょう．赤色と甘いことはセットになっています．昆虫も蜜のない花に立ち寄ることはないでしょう．たとえその花が目立つ色をしていたとしてもです．甘さの元になる糖は動物にとって最高のエネルギー源ですからそれに誘引されるのは当然です．

　植物や地衣類，真菌類は外敵が来ても動物のように逃げることができません．もしも動物に一度食べられたとしても，二度と食べられないように動物に教える必要があります．動物を殺してしまうほどの毒成分でなくても，苦味成分（普通は蛋白質分解酵素阻害作用があります）で食べられないものだと教えています．

　外敵が微生物の場合，地面下から襲ってくることが多いので，防御は根で行われます．抗菌成分が根に多いのはそのためです．例えば，西洋アカネのアリザリンやムラサキのシコニンがあります．外敵を寄せつけないための攻撃的な成分もあります．いわゆるアレロパシー（他感作用）成分です．

　環境変動が生命の維持を脅かす場合があります．例えば，凍結や乾燥です．このような水分ストレス現象に対しては浸透圧調整成分を貯蔵し，それに対応します．厳密にいえばこの成分は糖類やアミノ酸なので二次代謝産物ではありません．しかし，環境変動に対する重要な防御対策です．

　古来，人類は地衣成分のこのような作用を学習し，それを医薬，香料，染料，毒物として利用してきました．それについては第10章や第13章で説明します．

3. 地衣成分とその特徴

　図7.3に示すように二次代謝成分の中で地衣類に含まれている成分（地衣成分と呼ばれます）は主に芳香族化合物（化学構造がベンゼン環＝芳香環からなる化学物質）であるキノイド類と脂肪族化合物（化学構造が長く連なる化学物質）であるテルペノイド類です．両者の出発物質は酢酸で同じですが，生合成的に全く異なる化合物群です．

　キノイド類はさらに主なものとして，二つの芳香環がエステル結合でつながったデプシド類，エステル結合とエーテル結合で環化したデプシドーン類，エーテル結合で環化したヂベンゾフラン類，二つのキノン基を有して三つの環からなるアントラキノン類にわかれます．それぞれの化合物群の代表的なものにデプシド類としてウメノキゴケの主要地衣成分のレカノール酸，デプシドーン類としてカラクサゴケ属の主要地衣成分のサラチン酸，ヂベンゾフラン類としてサルオガセ属の主要地衣成分のウスニン酸，アントラキノン類としてダイダイゴケ属の主要地衣成分のパリエチンが含まれます．

　テルペノイド類はさらに主なものとして，炭素数が30で4環あるいは5環からなるトリテルペノイド類，炭素数が19から29で4環からなるステロイド類にわかれます．それぞれの化合物群の代表的なものにトリテルペノイド類ではゼオリン，ステロイド類ではエルゴステロール（キノコにも含まれビタミンDの前駆体として知られています）があります．

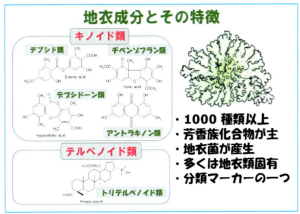

図7.3 地衣成分とその特徴

　地衣成分は1883年にブルピン酸，1900年にレカノール酸が単離同定されて以来，現在までに1000種類以上が知られています．それらの化学構造や物理的性質は朝比奈・柴田（1949）やHuneck & Yoshimura（1996）の書籍に詳しく紹介されているのでそちらを参照してください．

　地衣成分は芳香族化合物が主で地衣菌が産生します．地衣成分は地衣類以外の真菌類や植物にほとんど含まれていません．地衣類固有と言ってよいでしょう．また，地衣成分は分類マーカーとして，種や属の同定に大いに貢献しています．

4. 地衣成分の役割

図7.4 地衣成分の役割

　二次代謝産物の役割については図7.2で誘引と攻撃防御があると説明しましたが，二次代謝産物の一つである地衣成分は誘引の役割を持たないと考えています．地衣

成分の役割を図7.4に示します．

地衣類の特徴である真菌類と藻類の共生は生存競争にとって有利なのですが，どちらかが死滅すると他方も死滅するというリスクも背負います．また，第6章で説明したように地衣類の生長が遅いので，他の生物との競争に負ける可能性もあります．

そこで，地衣類は地衣成分という他の生物群にない化学兵器を生み出し，外敵に対抗しています．すなわち，地衣成分による自己防御システムの構築です．言い換えれば，地衣成分バリアーで外敵や環境から身を守る独自システムです．

まとめると，地衣成分の役割は二つあって一つは外敵からの防御，他方は環境変動からの防御です．外敵は動物（昆虫）や植物（蘚苔類），微生物であり，環境変動は凍結や乾燥です．

5. 外敵から自己を守る

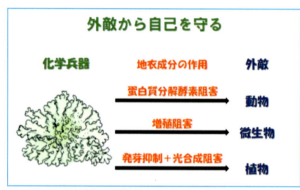

図7.5 外敵から自己を守る

まず，外敵である動物，微生物，植物から自己を守る場合について，地衣成分はどのような作用を外敵に与えるのかを図7.5に示します．

動物に対する地衣成分の作用は蛋白質分解酵素阻害作用と考えられます．第10章で地衣成分の生物活性（薬理活性）を詳しく説明しますが，生体外試験で地衣成分はトリプシンのような蛋白質分解酵素を阻害することがすでにわかっています．地衣類を食べる動物や昆虫がそれほど多くないのはそのためではないかと思われます．

しかし，トナカイやナメクジ，コヤガのような地衣類を食べる動物も知られています．これら生物は地衣成分を体内で分解できるものと思われます．

筆者は沖縄で地衣類を食していると思われるナメクジの一種の糞を集め，そのアセトン抽出物をHPLC分析したことがあります．その糞からは地衣成分が全く検出されなかったので，そのナメクジは自らあるいは腸内微生物によって地衣成分を分解できるのでしょう．

また，地衣成分の薬理作用の中で初めて明らかにされたのが，抗細菌活性作用です．多くの地衣成分に病原性細菌や病原性真菌のような微生物に対する増殖抑制作用が知られています（山本2000）．

7.10で述べますが，植物に対して地衣成分は光合成阻害作用，種子や胞子に対する発芽抑制作用を示すことが知られています．特に小さな植物にとって地衣類は脅威かもしれません．

6. 地衣類 vs 木材腐朽菌 －天然地衣体の木材腐朽菌増殖阻害－

地衣成分が微生物に対して増殖抑制作用を示す実例を紹介します．

図7.6 地衣類 vs 木材腐朽菌 －天然地衣体の木材腐朽菌増殖阻害－

地衣種	基物	Allescheria terrestris 軟腐	ケタマカビ 軟腐	カイガラタケ 白色腐朽	キカイガラタケ 褐色腐朽	Polyporus abietinus 白色腐朽	Stereum sanguinolentum 白色腐朽
Alectoria sarmentosa	樹皮	–	–	–	–	–	–
Platismatia glauca	樹皮	++	+	+	+	+	+
Cetraria islandica subsp. islandica	土	–	–	–	–	–	–
Cladonia alpestris	樹皮	–	–	–	–	+	–
フクロゴケ	樹皮	+	+	+	–	–	+
ミヤマウラミゴケ	土	+++	++	+++	+	+	+
ヒロハツメゴケ	樹皮	–	–	–	–	–	–
ムクムクキゴケモドキ	土	–	–	–	–	–	–
Umbilicaria pustulata	岩	–	–	–	nd	nd	nd

図7.6 地衣類 vs 木材腐朽菌
－天然地衣体の木材腐朽菌増殖阻害－

Lundström & Henningsson（1973）は6種の木材腐朽菌を用い，それらの増殖に対する9種の地衣類粉末の影響を調べました．9種の地衣類は樹皮上生，地上生，岩上生と様々でした．地衣類粉末（配合量 0.125，0.25，0.5，1.0% w/v）は栄養寒天培地とともに高圧滅菌して用いられました．結果を図7.6の表に示します．

Lundström & Henningsson（1973）によれば，最も効果が高かったのは全試験菌に増殖抑制を示した地上生のミヤマウラミゴケ Nephroma arcticum，次いで5種に対して抑制を示した樹皮上生の Platismatia glauca と4種に対して抑制を示したフクロゴケ Hypogymnia physodes がそれに続きました．Alectoria sarmentosa，Cetraria islandica subsp. islandica，ヒロハツメゴケ Peltigera aphthosa，ムクムクキゴケモドキ Stereocaulon paschale は全く効果がありませんでした．この結果は地衣類の生育基物が抑制作用とは無関係であることを示唆します．

7. 国内産天然地衣体の木材腐朽菌増殖抑制 －試験菌・方法－

図7.7 国内産天然地衣体の木材腐朽菌増殖抑制
－試験菌・方法－

加賀谷（2006）は既報告の Lundström & Henningsson（1973）を参考にして，白色腐朽菌であるカワラタケ（CV）と褐色腐朽菌であるオオウズラタケ（TP）の菌糸を用い，その増殖に対する54種の国内産

天然地衣体の粉砕物の影響を調べました（図7.7）．両株は秋田県立大学木材高度加工研究所土居教授より分与されたものです．

加賀谷（2006）の実験手順を以下に示します．① 地衣体を液体窒素に浸漬後，粉砕しました．② 木材腐朽菌の菌糸を培養する栄養培地に地衣類の粉砕物（1%濃度）を入れ，高圧滅菌器（120℃，15分）で殺菌しました．③ 殺菌した培地を9 cmシャーレに分注し，冷却しました．④ 別途寒天培養しておいた木材腐朽菌の菌糸を寒天培地ごと滅菌したコルクボーラで打ち抜き，分注した培地上に植えつけました．⑤ 18℃で培養しました．

8. 国内産天然地衣体の木材腐朽菌増殖抑制

図7.8 国内産天然地衣体の木材腐朽菌増殖抑制

加賀谷（2006）の実験結果の一部を図7.8に示します．地衣体粉砕物が入っていないcontrolではシャーレの大部分に白色のカワラタケ菌糸の増殖が見られました．地衣類粉砕物を入れたシャーレはどうでしょうか．ウメノキゴケ *Parmotrema tinctorum* の粉砕物ではカワラタケ菌糸の増殖は完璧に抑えられていました．一方，ヒゲアワビゴケ *Tuckermannopsis americana* やワラハナゴケ *Cladonia arbuscula* subsp. *beringiana* では全く抑制作用が認められませんでした．コフキトコブシゴケ *Cetrelia chicitae* やウグイスゴケ *Cladonia gracilis* subsp. *turbinata* はその中間的な効果を示しました．このように木材腐朽菌の増殖抑制作用は地衣類の種による特異的なものであることが示唆されます．

9. 国内産天然地衣体の木材腐朽菌増殖抑制－スクリーニング－

図7.9 国内産天然地衣体の木材腐朽菌増殖抑制－スクリーニング－

加賀谷（2006）のスクリーニング実験結果を図7.9の表に示します．ウメノキゴケ同様にカワラタケ（**CV**）の増殖を強く抑えた**A**ランクの地衣類は13種，一方，オオウズラタケ（**TP**）では9種，オオウズラタケの増殖を強く抑えた9種はカワラタケでも強い抑制作用を示しました．このように地衣類の種類でその作用は大きく異なることが明らかになり，このことはそれぞれの地衣類に含まれる地衣成分の影響が現れているためと考えられます．

さらに，加賀谷（2006）は増殖抑制作用の強かった地衣類9種を選び，蒸留水に1%濃度でそれら地衣体の粉末を入れ，高圧滅菌してそれぞれ水抽出液を作製しました．次いで，水抽出液を50%，25%，10%入れて栄養培地を作製し，木材腐朽菌を植えつけて培養試験に供しました．結果，トゲゲジゲジゴケ *Heterodermia isidiophora* とコナウチキウメノキゴケ *Myelochroa aurulenta* が最も強い抑制作用を示しました．しかし，加賀谷（2006）は作用の強かった地衣成分について明らかにしていません．一般的な地衣成分は非水溶性ですから，まだ知られていない水溶性の抗真菌活性成分があるのかもしれません．将来の解明が楽しみです．

10. 地衣類 vs 植物

図7.10 地衣類 vs 植物

地衣類は植物の生長に影響を与えるかという問題は昔からありました．今は以下の説が普通です．すなわち，『地衣類は樹木から栄養収奪するわけではなく，独立栄養的に生きているので，単に樹木上を生活の場としている生き物である』と言うことなのですが，筆者の観察事例からそうでもないように思えます．

地衣類が樹木の生長に影響を与えていると思われる事例を図7.10の上段に写真として2例紹介します．右の写真は福岡県久留米市のツツジの例です．明らかに小枝の先端にウメノキゴケ科の地衣類がからまってツツジの生長を止めています．左の写真は兵庫県篠山市のモミの例です．兵庫県在住の樹木医安田邦男氏から提供されました．こちらも小枝の先端にコフキヂリナリア *Dirinaria applanata* がからまってモミの生長を止めています．このような例を幾つか集めていますが，どの例もツツジやサツキのように枝の先端の細いところで生育阻害が起きています．

実際に地衣成分が植物の生育を阻害している代表例を

図7.10の下段に表として示します．ナガサルオガセ *Dolichousnea longissima* の地衣成分であるデプシド類のエベルン酸とノルバルバチン酸はレタスの種子発芽後の胚軸の生長を抑制することがわかりました．また，同じナガサルオガセの地衣成分であるデプシド類のバルバチン酸とヂフラクタ酸にも同様の抑制作用があるものの先の二者よりはその効果が小さいことがわかりました（Nishitoba *et al*. 1987）．

Reddy *et al*.（1978）はタマネギ根細胞の分裂を地衣成分が阻害することを明らかにしました．キウメノキゴケ *Flavoparmelia caperata* の主要な地衣成分であるデプシドーン類のプロトセトラール酸やアイイロカブトゴケ *Lobaria isidiosa* の主要な地衣成分であるデプシドーン類のスチクチン酸とチヂレカブトゴケモドキ *Lobaria retigera* var. *retigera* の地衣成分であるヂテルペノイド類のレチゲラ酸がタマネギ根細胞分裂阻害活性を有していました．

蘚苔類と拮抗する場面に当たることが多いハナゴケ類の地衣成分であるエベルン酸とスカマート酸は蘚苔類3種（*Funaria hygromeirica*, *Ceratodon purpureus*, *Mnium cuspidatum*）の胞子の発芽を抑えることが明らかにされました（Lawrey 1977）．

これらの報告以外に地衣成分が植物の光合成阻害作用を示した報告（Endo *et al*. 1998）やウスニン酸がタバコ種子の発芽阻害作用を示した報告（Cardarelli *et al*. 1997）があります．

佐藤（1984）は林業現場から地衣類の樹木への被害を報告しています．彼は樹木への被害は着生が主幹や太枝の場合に影響がなく，小枝や細枝に著しいと述べています．また，地衣類が着生した小枝の断面を観察したところ周縁部の放射状組織の褶曲が観察されたとも述べています．これらのことは地衣成分が植物の細胞肥大や細胞分裂に影響を及ぼしていることを示しています．ただし，佐藤が言うように地衣成分は太い枝に影響が少なく，細い枝に特に影響を及ぼすと推定されます．

地衣成分が植物細胞のどの部分対してどのような作用を示すのか，まだまだ追究が足りません．

要は，地衣類が植物の生育に及ぼす影響は地衣成分量と地衣類着生部の幹枝断面積との関係に尽きるような気がします．

11．地衣類と植物との関係

図7.11に地衣類と植物との関係を示します．

植物にとって地衣類が着生することのメリットは二つあります．一つは地衣類が樹幹を被覆することによって植物病原性細菌や植物病原性真菌の胞子の樹幹への直接な着生を防ぐことができることです．それらはもちろん地衣類の上で発芽をしますが，その増殖は地衣成分によって抑えられます．他方のメリットはたとえ病原性微生物が地衣類の被覆されていない場所に着生したとしても，その周囲に地衣類の着生があれば漏出した地衣成分が樹幹を被覆して発芽胞子の増殖を抑えることができることです．植物はまるで地衣成分の鎧を着ているようなものです．

植物にとって地衣類が着生するデメリットは一つです．それは植物の着生した地衣類から地衣成分が漏出し，植物の細胞に影響を与えて，その生長を抑制，あるいは枯死させることです．ただし，このデメリットは樹木の小枝や細枝に限られます．その他に，地衣類が着生したことによって樹木の皮目における呼吸が妨げられるという説もあります．しかし，地衣体は植物のように空気の流通を妨げるような強固なものではありません．この説は否定されるべきものと思います．また，地衣類が繁茂することによって光を遮り，樹木の光合成を低下させ生長が抑えられるという説もあります．この説は一時流行しました．

図7.11 地衣類と植物との関係

筆者が約40年前に観光バスで富士めぐりをした時，枯れた針葉樹にサルオガセ類が繁茂している場所でバスガイドが「地衣類が繁茂した結果，針葉樹は枯れた．」と説明しましたが，真実はドライブウェイができて水環境が変わり，針葉樹が枯れた結果，サルオガセ類にとって生育に最適な場所が出現したのです．サルオガセ類にとってみれば濡れ衣です．

樹木は地衣類にとって重要な生活の場所です．適当な光量と適当な水分が樹木から与えられるからです．地衣類は自らにとって好適な樹木環境を選んで生育していると言えます．ところが，生育環境が変わって樹木が枯れ，倒れてしまえば，樹木に着生している地衣類も死んでしまいます．もちろん，森林が皆伐されれば，動物は移動できますが，地衣類は移動できません．そこで生育していた地衣類は全滅です．森林は元あった樹木を植えればいずれ元に戻ります．しかし，以前そこに生育していた地衣類は戻れないのです．

12．地衣類 vs 蘚苔類

蘚苔類は小さな植物ですから，化学兵器である地衣成分は植物同様に蘚苔類の生長や繁殖も抑えることができると考えられます．

地衣類と蘚苔類は厳密に言えば生育する環境に違いがありますが，近接する場所にいることが多いので，そこでは陣とり合戦が盛んです．図7.12に地上と岩上の二つの攻防戦の例を示します．

図7.12の左の写真の地上での攻防戦は京都市大原のとある寺院境内でのことです．対戦するのは蘚苔類のス

ギゴケの仲間と樹状地衣類のヒメレンゲゴケ *Cladonia ramulosa* です．両種は同じような背丈です．ヒメレンゲゴケは日当たりのよい通路側に陣取り，スギゴケの仲間は通路から離れた場所に陣取り，ヒメレンゲゴケと対峙しています．通路側は乾燥気味，通路から離れると暗く湿っぽくなります．乾燥が進むと地衣類が進出していきます．日本の気候では通常水の補給を行わないと乾燥が進むので，地衣類の進出を抑えることができません．蘚苔類を維持するためには水分管理が重要です．

図 7.12 地衣類 vs 蘚苔類

図 7.12 の右の写真は岩上での攻防戦で，宮崎県在住の松本美津氏から提供されたものです．対戦するのは蘚苔類のハイゴケと痂状地衣類のヘリトリゴケ *Porpidia albocaerulescens* var. *albocaerulescens* です．ハイゴケは地面に接している部分から伸長するタイプの蘚苔類なので，地衣類から離れていれば，地衣成分の影響を受けにくいと考えられます．松本氏の観察では最初はヘリトリゴケの縁に留まっていたハイゴケがどんどんヘリトリゴケ上に伸長し，ヘリトリゴケの半分程度まで覆うようになった（図 7.12 の右の写真）とのことなので，いずれはヘリトリゴケ全体を覆うようになると思われます．地衣類の生長や生命の維持に光が必要ですから，蘚苔類の覆うという物理兵器に地衣類は降参です．

地衣類と蘚苔類がいつも戦いを強いられているわけではありません．筆者は京都市銀閣寺での地衣類観察会の折，蘚苔類が生育する庭でツメゴケ属の地衣類がところどころ生えているのを見つけました．ハナゴケ属の地衣類とは異なり，ツメゴケ属は暗く湿気たところが大好きです．この環境は蘚苔類と同じです．ツメゴケ属は地衣成分であるデプシド類を含まない種も多いので共存できるわけです．しかし，この状況が永遠に続くのかと疑問が残ります．どちらの生長が速いのか，いずれ遅い方は淘汰されていくのでしょう．

13．環境から自己を守る

次に環境から地衣類が自己をどのように守っているのかについて説明します（図 7.13）．

地衣類は真菌類と藻類からなる光独立栄養生物と言ってよい存在ですから，生存に最も必要な要件は光合成要件である光と水です．この要件は光合成生物なら当然なものです．自己生存のために，光の場合，過剰な光量や紫外線の影響をできるだけ排除する必要があります．次

項で紫外線の生物への影響について説明します．

水の場合，水分欠乏の影響をなくす必要があります．水分欠乏の影響から逃れることは乾燥や凍結に対する防御と言い換えることができます．また，水分ストレス応答反応とも呼んでいます．

図 7.13 環境から自己を守る

光と水以外で生存が脅かされる要素に有害物があります．例えば，大気汚染物質である二酸化硫黄や窒素酸化物，重金属，農薬，環境ホルモンが挙げられます．これら有害物に対して，抵抗性を示す種が挙げられていますが，まだその抵抗メカニズムのようなものが報告されているわけではありません．農薬や環境ホルモンに対する抵抗性についての研究は環境保全にとって大事な研究と思います．ただ，重金属である銅について，地衣成分のデプシドーン類が銅イオンに配位することで銅イオンを固定して細胞侵入を抑え，銅の毒性を緩和するのではないかとの報告（Purvis *et al*. 1987, 1990）があります．

第 12 章で地衣類の環境耐性とその耐性機構について詳しく説明します．

14．環境から守る－紫外線から守る－

地衣類に対する紫外線の影響を説明する前に，紫外線の生物全般への影響について図 7.14 を用いて説明します．

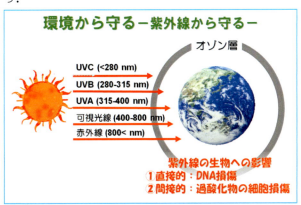

図 7.14 環境から守る－紫外線から守る－

太陽から紫外線と可視光線，赤外線が地球に注ぎます．赤外線は約 800 nm 以上，可視光線は 400 から 800 nm，紫外線は 400 nm 以下の波長の光を言います．紫外線は波長によってさらに三つに区分されます．315 から 400 nm までが **UVA**，280 から 315 nm までが **UVB**，280 nm 以下が **UVC** と呼ばれます．波長が短いほどエネルギーは高くなります．太陽で発生して地球に届く紫外線の中で **UVC** は大部分が地球を取り巻くオゾ

ン層に吸収されます．**UVB** と **UVA** はオゾン層をすり抜けて，地上に降り注ぎます（図 7.14）．

地球上の生物に届いた紫外線は細胞の DNA を直接損傷させます．DNA の修復時に異常が起これば細胞を癌化させます．皮膚癌を引き起こす最大の原因です．また，細胞中の水や脂質あるいはその他の物質を破壊して過酸化物質を生じさせます．過酸化物質は細胞を損傷し，DNA を損傷します．このように紫外線は生物に対して重大な影響を及ぼします．

15. 環境から守る－紫外線から守る二つの武器－

それでは地衣類はどのように紫外線から自らを守っているのでしょうか．図 7.15 で説明します．守る武器は二つあります．一つは地衣成分，他方は黒色色素であるメラニンです．

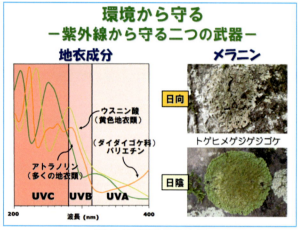

図 7.15 環境から守る
－紫外線から守る二つの武器－

化学物質には紫外線や可視光線を吸収する性質があります．当然，地衣成分にもその性質があります．1000種類以上知られている地衣成分はそれぞれ紫外線の領域に特異的な吸収スペクトルを示します．それを紫外線（UV）吸収スペクトルと呼びます．代表的な三つの地衣成分の UV 吸収スペクトルを図 7.15 の左に示します．波長で色分けしているのはそれぞれ左から **UVC**，**UVB**，**UVA** の領域を示しています．

デプシド類の一つであるアトラノリンは多くの地衣類の上皮層に含まれている地衣成分です．図 7.15 ではアトラノリンの UV 吸収スペクトルを緑色の線で示しています．アトラノリンは **UVC** の吸収が最も強いことがわかります．多くのデプシド類はこれに似たパターンを示します．

ヂベンゾフラン類の一つであるウスニン酸も多くの地衣類に含まれている黄色の色素です．ウスニン酸は皮層にも髄層にも含まれています．図 7.15 ではウスニン酸の UV 吸収スペクトルを黄色の線で示しています．ウスニン酸は **UVC** と **UVB** を強く吸収しています．

アントラキノン類の一つであるパリエチンはダイダイゴケ科の地衣類に含まれている橙色の色素です．上皮層に多く含まれています．図 7.15 ではパリエチンの UV 吸収スペクトルを橙色の線で示しています．パリエチンは **UVC**，**UVB**，**UVA** を吸収します．

多くの地衣成分はオゾン層で大部分吸収されているはずの **UVC** を強く吸収しています．確かにエネルギーが最も高い **UVC** は危険な紫外線なので，最も防御すべき対象なのでしょう．もしかするとオゾン層がまだ発達していなかった地球史の記録として残しているのかもしれません．

真菌類のメラニンは動物のメラニンとは構造が異なりますが，黒色色素であることに変わりがありません．地衣類ではウメノキゴケ科の下皮層の黒色色素でもあります．下皮層のメラニンは微生物に対する防御と考えられます．

人が紫外線に当たると日焼けして黒くなります．同じようなことが地衣類でも起きます．図 7.15 の右の写真にその例を示します．トゲヒメゲジゲジゴケ Anaptychia isidiata は日陰に生育するものは緑色ですが（右下），同じ種でも日向に生育するものは褐色化しています（右上）．筆者は他にカブトゴケ属あるいはハナゴケ属の地衣類でこのような現象をしばしば確認しています．褐色化現象は多くの地衣類で観察することができます．

紫外線や過剰な光量は細胞内の過酸化物質を増大させます．通常それら過酸化物質はカタラーゼやスーパーオキサイドディスムターゼ（**SOD**）で還元されます．また，植物は過酸化物質を還元させる物質，いわゆる抗酸化物質を含んでいます．地衣類に含まれる多くの地衣成分も抗酸化機能も有していることがわかっています．

16. 環境から守る－水分ストレスから守る－

生物が水分ストレスから自らを守るシステムを図 7.16 に示します．

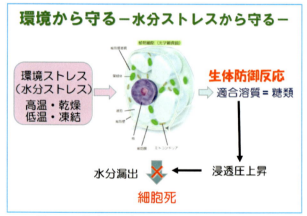

図 7.16 環境から守る－水分ストレスから守る－

先に述べたように水分ストレスは高温・乾燥や低温・凍結による水分欠乏によるものです．すなわち，乾燥は細胞内から水分が奪われる（漏出する）現象，凍結は細胞内の水分が氷となり水として利用できなくなる現象で，どちらも細胞にとって水分欠乏となります．さらに，水分欠乏が長期に及べば細胞死を招きます．

細胞から水分の漏出を防ぐために，また細胞中の水分の氷化を防ぐために生物は何をすべきでしょうか．生物は細胞の浸透圧を高めて，水の漏出や氷化を防ぎ，ひいては細胞死を防いでいるのです．これは生体防御反応の一つで，浸透圧を上昇させる物質を適合溶質と呼んでいます．

適合溶質は種々知られていますが，塩類や糖類が普通

です．植物では糖類の場合が多いので，野菜を冬季に雪中貯蔵すれば糖濃度が高まり，その結果おいしくなるというわけです．糖以外にアミノ酸も適合溶質として知られています．

耐塩性も水分ストレスに対する防御反応の一つと考えられています．塩分も乾燥も凍結も水分ストレスなので，細胞の応答も同じ，対応する遺伝子も同じと考えられています．現象は違っても細胞の応答は同じなのは不思議です．

17. 環境から守る－水分ストレスから守る二つの武器－

それでは地衣類はどのように水分ストレスから自らを守っているのでしょうか．図 7.17 で説明します．守る武器は二つあります．一つは糖アルコール，他方は四級アンモニウムイオンです．

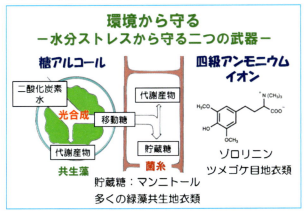

図 7.17 環境から守る－水分ストレスから守る二つの武器－

糖アルコール，中でもマンニトールが地衣類の適合溶質として緑藻共生地衣類では一般的です．地衣類ではマンニトール含量が異常に高いのです．乾燥している時の地衣類の硬さはマンニトールが原因と考えられます．藍藻共生地衣類ではマンニトール以外の糖類が適合溶質と思われます．

もう一つの適合溶質である四級アンモニウムイオンはツメゴケ目の地衣類にのみ存在します．図 7.17 の右に示す化学構造を有するゾロリニンはアカウラヤイトゴケ *Solorina crocea* から単離されました（Matsubara *et al.* 1994）．その後，彼らによってツメゴケ目の地衣類に広く分布していることがわかりました（Matsubara *et al.* 1999）．ゾロリニンはアミノ酸類似化合物で化学構造的に大変興味が持たれます．ゾロリニン以外の四級アンモニウムイオンがツメゴケ目のカブトゴケ科の地衣類にも存在していることがわかっています．

地衣類の適合溶質がこれだけなのかについて議論がされていません．また，予想もつかない別のシステムを備えていることも考えられます．

18. 地衣成分の存在と役割

地衣成分の存在場所と役割についてまとめます（図 7.18）．地衣成分の存在場所は 3 箇所です．

存在場所の一つは上皮層です．ここに存在する地衣成分の第一の役割は紫外線防御です．アトラノリンやアントラキノン類のような成分がその役割を担います．また，昆虫など他生物からの防御も兼ねます．

次の存在場所は藻類層と髄層です．この役割については第 6 章 **6.22** ですでに説明しました．デプシド類やデプシドーン類のような非水溶性成分は水の通路としての菌糸壁の補強の任務を担います．地衣成分の結晶が菌糸の周囲に確認できます（図 7.18 の右の写真，神奈川県在住の石原峻氏撮影）．

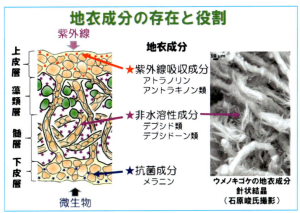

図 7.18 地衣成分の存在と役割

存在場所の最後は下皮層や偽根です．地衣体への細菌類や真菌類の侵入は基物との接触部から起こることが想像されます．偽根や下皮層を持たない地衣類もいますが，葉状地衣類のように下皮層や偽根を持つ種類は下皮層や偽根にメラニンを細胞間隙に貯めて侵入を防ぎます．

B　地衣成分の分析

二次代謝産物の分析技術はクロマトグラフィー手法が発達して 1960 年代以降格段に進歩し，たとえその存在が微量であっても化学構造が決定できるようになりました．ここから地衣成分分析の歴史，顕微結晶法，薄層クロマトグラフィー（TLC），高速液体クロマトグラフィー（HPLC）による分析の方法と分析の実際（実例）を説明します．

19. 地衣成分分析の歴史

地衣成分分析については Huneck & Yoshimura（1996）に詳しく記されています．また，川上・山本（2014）でも紹介されています．

地衣成分分析の歴史についての概略を図 7.19 に示し

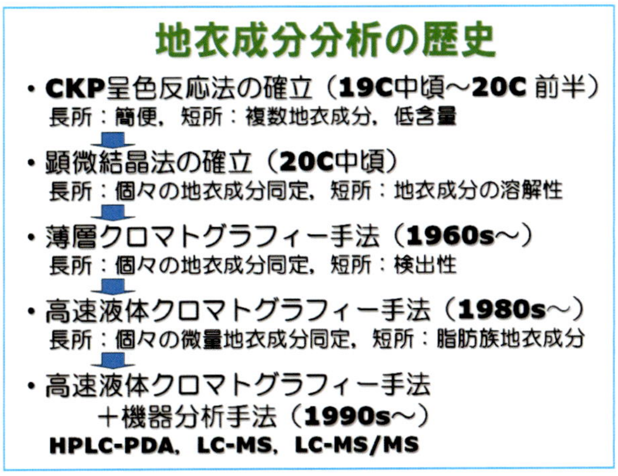

地衣成分分析の歴史

- **CKP呈色反応法の確立（19C中頃～20C前半）**
  長所：簡便，短所：複数地衣成分，低含量
- **顕微結晶法の確立（20C中頃）**
  長所：個々の地衣成分同定，短所：地衣成分の溶解性
- **薄層クロマトグラフィー手法（1960s～）**
  長所：個々の地衣成分同定，短所：検出性
- **高速液体クロマトグラフィー手法（1980s～）**
  長所：個々の微量地衣成分同定，短所：脂肪族地衣成分
- **高速液体クロマトグラフィー手法＋機器分析手法（1990s～）**
  HPLC-PDA，LC-MS，LC-MS/MS

図 7.19 地衣成分分析の歴史

ます．最初の地衣成分の分析手法である特定試薬（**C 液**，**K 液**，**P 液**）に対する呈色反応が19世紀中頃から20世紀前半にかけて確立されました．野外でも使えるほどの簡便さで今日も利用されています．しかし，成分含量が少ない場合は変化がなかったり，複数成分だと強い反応が優先されたりすることもあり使用に注意が必要です．第**2**章**2.29**で詳しく紹介したので，本章では説明を省きます．

20世紀中頃に地衣体から有機溶媒を用いて地衣成分を抽出し，その後溶媒を蒸発させて地衣成分を結晶化させ，その結晶形で地衣成分を同定する方法（顕微結晶法）が朝比奈により開発され，特定の地衣成分を同定できるようになりました．

1960年代以降に，薄層クロマトグラフィー手法が地衣成分の分析に利用されるようになりました．溶媒系も独自開発され，それらの組み合わせで多くの地衣成分が同定できるようになりました．しかし，低含量のものについては検出できないという限界もあります．また，毒性のある溶媒系を使用するため，使用する場所ではドラフト設備が必要という欠点もあります．

続いて，1980年代に高速液体クロマトグラフィー手法が開発され，簡便かつ微量でも地衣成分が同定できるようになりました．ただし，検出できる成分が紫外線吸収性のあるものに限られていたために，芳香族成分に限定されていました．

現代では高速液体クロマトグラフィーと機器分析手法を組み合わせた方法，例えば，全波長 UV 検出器と組み合わせた HPLC-PDA や質量分析計と組み合わせた LC-MS，LC-MS/MS など高度な微量分析が可能になっています．しかし，装置が大変高価であることから大学などの研究機関に限られます．Yoshimura *et al.*（1994）は世界に先駆けて HPLC-PDA を地衣成分の分析に応用しました．

20．顕微結晶法

図 7.20 顕微結晶法

顕微結晶法を図 7.20 に示します．上の図は吉村（1974）から引用したものです．顕微結晶法については吉村（1974）で詳しく紹介されています．

顕微結晶法は以下のように行います．① スライドガラス上に地衣体小片（葉状地衣類なら 1 cm² 程度）を置き，小ピペットを用い，少量のアセトンを徐々に注ぎ，風乾します．アセトンの代わりに別の溶媒を使えば，別の地衣成分が主になる可能性もあります．② 地衣体小片を取り除き，ガラス上の地衣成分粉末をカミソリで中央に集め，結晶観察用の溶媒を 1 滴注ぎ，その上にカバーガラスを乗せます．溶媒を変えると結晶形も変わります．その変化でより地衣成分の決定確率を高めることができます．③ スライドガラスの下からミクロアルコールランプ（細い炎が出るように火口を細く改良したもの）で少しずつ温め，地衣成分粉末を溶かし，しばらく放置します．粉末を極微量で残せばそこから結晶が発達するので，観察がしやすくなります．

顕微結晶法の長所は複数の地衣成分が同時に結晶化することです．一度に複数の地衣成分が確認できれば有利です．短所は結晶観察用溶媒への個々の地衣成分の溶解性が異なるので，含量の高低に無関係で結晶しやすい地衣成分と結晶しにくい地衣成分ができてしまうことです．

21．顕微結晶法の実際

図 7.21 に顕微結晶法による地衣成分同定事例を二つ紹介します．

結晶観察用溶媒として図 7.21 に示す **GAW**（グリセリン／エタノール／水=1:1:1）と **GE**（グリセリン／氷酢酸=1:1）がよく使われます．その他，**An**（グリセリン／エタノール／アニリン=2:2:1）と **oT**（グリセリン／エタノール／*o*-トルイヂン=2:2:1）があります．

図 7.21 顕微結晶法の実際

図 7.21 の右の写真はヨコワサルオガセ *Dolichousnea diffracta* の地衣体からアセトン抽出して得た抽出物粉末を **GE** で結晶化させたヂフラクタ酸です．特徴ある直方体の結晶です．ヨコワサルオガセにウスニン酸も含まれているはずですが，結晶は現れていません．

図 7.21 の左の写真はウメノキゴケ *Parmotrema tinctorum* の地衣体からアセトン抽出して得た抽出物粉末を **GE** で結晶化させたレカノール酸です．これも特徴ある針状結晶です．ウメノキゴケにアトラノリンも含まれているはずですが，その結晶は現れていません．

顕微結晶法は試験する標本が形態からある程度種同定され，その含有地衣成分に間違いないかどうかを確認する上では有効な手段です．吉村（1974）の口絵に種々の地衣成分の結晶形の写真が載っているので参考にしてください．

22．クロマトグラフィーとは？

クロマトグラフィーは物質の吸着・脱着理論が基になってできた物質分離手法です．筆者は洗濯の原理と呼んでいます．

図7.22にクロマトグラフィーの原理を模式的に示します．クロマトグラフィーの原理は分離しようとする物質群の担体と溶媒への吸着力の違いにより個々の物質を分離することです．

クロマトグラフィーに必要なものは担体（担持体＋固定相）と流動相ですが，クロマトグラフィーの種類によって担体と流動相に用いられる材料が変わります．担体は二種類あり，担持体が担体となっているものと担持体に固定相を付着させたものです．

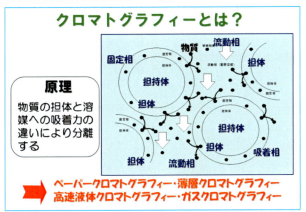

図7.22 クロマトグラフィーとは？

図7.22にクロマトグラフィーの原理を簡略的に示します．

順相薄層クロマトグラフィーを例にとって説明します．順相薄層クロマトグラフィーは最も普通に利用されている薄層クロマトグラフィー手法で担持体としてシリカゲル粒子，固定相として水，流動相としてヘキサンを主成分とする有機溶媒を用います．有機溶媒は上から下に流れているとします．そこに水溶性成分と非水溶性の成分が混合した試料を上から流します．水溶性成分は担体の周囲の固定相に存在する水に溶けてその場に留まりますが，非水溶性成分は水に溶けないのでその場に留まらず流れます．固定相の水分内に残った水溶性成分は新しい溶媒が流れてくるので追い出されます．しかし，先に流れた非水溶性成分に追いつけません．下端付近に非水溶性成分が先に到着した時に水溶性成分はまだ届いていません．差がついています．個々の成分は水溶性も非水溶性もデジタル的ではなくアナログ的なものなので，その性質に応じて分かれます．

ここで溶媒の非水溶性の度合いを変えれば，成分の溶解性も変わります．また，担体に付着する水分の量も変えることができるので，多ければそこに留まる時間が長くなり，少なければ短くなります．このように選択肢が増えれば，分離したい成分の分離に適切な条件を自由に選ぶことができます．逆相薄層クロマトグラフィーでは担持体にシリカゲル粒子，固定相として油，流動相として水溶性有機溶媒を用います．特に水溶性成分の分離に用いられます．

クロマトグラフィーには例示した薄層クロマトグラフィー以外にペーパークロマトグラフィー（PC），高速液体クロマトグラフィー（HPLC），ガスクロマトグラフィー（GC）があり，その原理は変わりません．ペーパークロマトグラフィーでは担持体の紙に水が付着したものが担体で流動相は普通非水溶性有機溶媒です．高速液体クロマトグラフィーでは担持体のシリカゲル粒子に油を被覆したものが担体で流動相は普通水溶性有機溶媒です．組み合わせは逆相薄層クロマトグラフィーと同じです．ガスクロマトグラフィーでは担持体のシリカゲル粒子に油を被覆したものが担体で流動相は窒素ガスです．この中で地衣成分分析によく使われるのは薄層クロマトグラフィーと高速液体クロマトグラフィーです．

余談ですが，電気泳動による分離もクロマトグラフィーによる分離の親戚のようなものです．溶媒の代わりに直流電気を流します．電荷をもっている物質はその電荷量に応じて分離されます．

23．薄層クロマトグラフィー（TLC）

図7.23に薄層クロマトグラフィー（TLC）の溶媒系と実例を示します．

TLCによる地衣成分分析実験の流れを以下に示します．
① 地衣体をアセトンに浸漬し，アセトン抽出液を作製します．② マイクロピペットにアセトン抽出液を吸引し，TLCの一点に塗布します．その点を原点と呼びます．濃くしたい場合はこの操作を何度も行います．③ 風乾後，TLCを展開溶媒の入った展開槽に浸します．このとき原点が展開溶媒液面より少し上になるようにし，原点より上のTLC部分が十分あるようにします．やがて溶媒はTLC表面を下から上へと原点を通って上昇します．④ 溶媒がTLCの上端に上がりきる前に，展開槽から出し，風乾します．原点から溶媒の上昇線までの距離（L_0）を測定します．⑤ TLCに10％硫酸液を霧吹きで噴霧し，その後電熱器で110℃，15分間加熱します．含まれる地衣成分がスポットとしてそれぞれ分離されて現れます．
⑥ 現れたそれぞれのスポットの原点からの距離（L）を測定し，保持距離 $Rf=(L/L_0)\times 100$ を計算します．

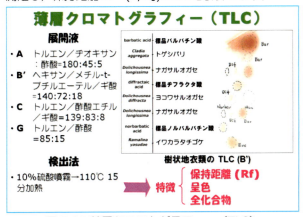

図7.23 薄層クロマトグラフィー（TLC）

TLCは市販のメルク社製シリカゲルG（20 x 20 cm）を適当に（例えば，5 x 10 cm あるいは 10 x 10 cm）刃物で切って使います．シリカゲルG以外にも蛍光試薬が含まれているもの（GFタイプ）やシリカゲル粒子に油を被覆しているもの（逆相TLCと言い，HPLCに使用されるものと類似しています）もあります．

地衣成分分析では図7.23に示す4種類の溶媒系を展開液として主に使用します．4種類の溶媒系の組成を以下に示します．**A**：トルエン／ヂオキサン／酢酸=180:45:5, **B'**：ヘキサン／メチル-t-ブチルエーテル／ギ酸=140:72:18, **C**：トルエン／酢酸エチル／ギ酸=139:83:8, **G**：トルエン／酢酸=85:15. 4種類の溶媒系の中で標準としてよく使われるのは**B'**です．

吉村（1974）に各地衣成分の**Rf**値を比較した表があります．溶媒系が**B**（組成はヘキサン／ヂエチルエーテル／ギ酸=130:80:30）で**B'**ではありませんが，**B'**に近い**Rf**値なので参考になります．

地衣成分の検出は普通10%硫酸噴霧後，110℃，15分加熱で行います．硫酸噴霧前にUV照射し，UVで発色するスポットを検出することも行われます．

図7.23の右の写真は地衣成分標品3種類（バルバチン酸，ヂフラクタ酸，ノルバルバチン酸）と樹状地衣類4種類，トゲシバリ Cladia aggregata，ナガサルオガセ Dolichousnea longissima，ヨコワサルオガセ D. diffracta，イワカラタチゴケ Ramalina yasudae の標本のアセトン抽出液のTLC結果です．この写真からわかることは以下の通りです．① 地衣成分の標品はそれぞれ個別のスポット位置を示します．② 地衣類でそれぞれの地衣成分のスポットが分離されて現れます．③ 標品のスポット位置と照らし合わすことによって地衣類の成分が同定できます．

TLCによる地衣成分分析の長所は，① 地衣成分が保持距離（**Rf**）で表すことができます．② 個々の地衣成分が特徴ある発色を示します．③ すべての地衣成分を検出することができます．一方，短所は，① **Rf**値は実験環境（例えば，温度や湿度，TLCの状態，人的誤差）で変わることがあります．普通，標準品（例えば，市販ウスニン酸）を同じTLC上に別レーンとして塗布し，標準の**Rf**値を示すかどうかを確認します．既に試験した標本でも構いません．その標本が調べようとする標本と同じ種ならなおさら好都合です．② TLCの長さは有限で地衣成分によりスポットが重なることがあります．溶媒系を変えることでその解決を図ります．③ 発色は地衣成分の量で決まるので，量が少なければ発色しないことがあります．地衣成分の量で決まるとは言っても定量できるわけではありません．多いか少ないかがわかる程度です．同じサンプルで量を変え，複数点塗布することで，この短所をある程度防ぐことができます．④ TLCで用いる溶媒は有毒な物質を含むので，ドラフト設備があるところで行う必要があります．硫酸は危険な物質です．硫酸噴霧後のTLCの加熱もドラフト内で行う必要があります．

24. TLCによる同定

形態的に類似した種の同定にTLCを用いた実例を図7.24に示します．

ヨロイゴケ属に属するテリハヨロイゴケ Sticta nylanderiana とアツバヨロイゴケ S. wrightii は右の写真に示すように外観は非常に類似しています．しかし，その地衣成分は全く異なります．TLCによる分析結果を左の写真で示します．テリハヨロイゴケではジロフォール酸とコンジロフォール酸が検出されますが，一方，アツバヨロイゴケにこれら地衣成分は認められません．

このように形態分類で難しい類似種の地衣成分をTLCで分析し，その地衣成分を決定することで種を同定することができます．

図7.24 TLCによる同定

25. 高速液体クロマトグラフィー（HPLC）

高速液体クロマトグラフィー（HPLC）は以下の器具や機器を順序に従って組み合わせた装置です．① 高圧ポンプセット，② 注入器，③ カラム，④ 紫外線（UV）検出器，⑤ 記録計です．ここで，カラムはシリカゲル粒子担持体に油を被覆した担体が詰まった金属の筒，高圧ポンプセットは水溶性有機溶媒（流出溶媒）をカラムに流すための機器，注入器は流路にサンプル抽出液を注入するための器具，UV検出器は一定波長の紫外線を照射して，その吸収を測定し，電気信号に変換する機器，記録計は電気信号を自動的に記録する機器です．その他，カラムを一定温度に保つために恒温槽内に設置することもあります．高圧ポンプセットを2組用意して，二つの溶媒を自由に組み合わせこともも可能です．UV検出器が一定波長ではなく全波長（180〜700 nm）で行われる機器がフォトダイオードアレイ検出器（PDA）で，この検出器を用いた分析をHPLC-PDAと呼びます．ピーク毎のUVスペクトルが記録可能で，個々のピークのスペクトルと保持時間をコンピュータ内のデータベースと比較し，ピーク成分の同定ができます．記録計がコンピュータであれば自動で記録と計算が行われます．

HPLCによる地衣成分分析実験の流れを以下に示します．① 流出溶媒を用意し，セットします．② ポンプのスイッチを入れ，流出溶媒をカラムに流し，安定になるのを待ちます．③ 地衣体（10 mg）をアセトン（1 ml）に浸漬し，アセトン抽出液を作製します．④ マイクロシリンジにアセトン抽出液（10 µl）を吸引し，注入器の注入口から流路に注ぎます．濃くしたい場合は注入量を増やします．⑤ 2分程度後，溶媒のピークが記録計に現れます．もしも現れない場合はどこかで失敗している可能性があります．⑥ 含有地衣成分のそれぞれのピークが次々と溶解性に従って現れます．サンプル注入時から含有地衣成分のそれぞれのピークの最高値までの時間を保持時間（**Rt**）として算出します．

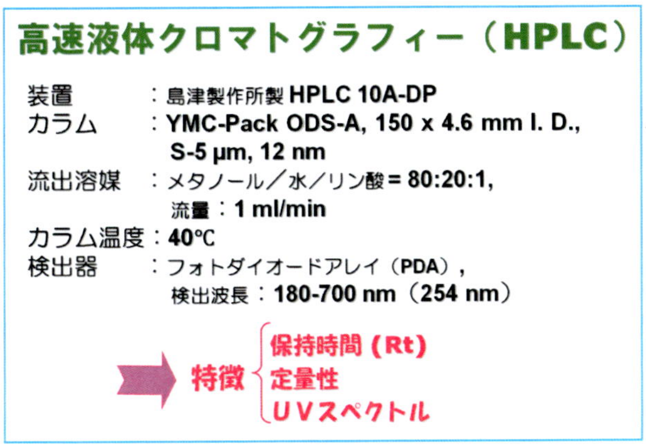

高速液体クロマトグラフィー（HPLC）

装置 ：島津製作所製 HPLC 10A-DP
カラム ：YMC-Pack ODS-A, 150 x 4.6 mm I. D., S-5 μm, 12 nm
流出溶媒 ：メタノール／水／リン酸= 80:20:1, 流量：1 ml/min
カラム温度 ：40°C
検出器 ：フォトダイオードアレイ（PDA）, 検出波長：180-700 nm（254 nm）

特徴 → 保持時間（Rt）／定量性／UVスペクトル

図 7.25 高速液体クロマトグラフィー（HPLC）

図 7.25 に秋田県立大学の植物資源創成システム研究室で使用されている標準的な HPLC-PDA の要件を示します。装置は一体化され国内メーカーで販売されています。カラムも国内メーカーから多種，分析される物質に応じたものが発売されています。図 7.25 に示すカラムは地衣成分分析の標準的なものです。流出溶媒はメタノール／水／リン酸=80:20:1 で，これも地衣成分分析に標準的な溶媒比です。カラムは恒温槽内に収納されて 40°C に保たれています。日本の気候は夏と冬の温度差が大きく，できるならば恒温槽を装備すべきです。

HPLC の長所は微量でも地衣成分が同定できることです。一方，短所は，① 検出できる成分が紫外線吸収性のある芳香族成分に限られています。しかし，多くの地衣成分は芳香族系なのであまり大きな影響はありません。それでもこの短所を解消する方法として LC-MS や LC-MS/MS が登場しました。② TLC が Rf 値と発色で地衣成分を同定できるのに比べ，HPLC は Rt 値だけで同定しなければなりません。これを解決するために，UV スペクトルやマススペクトルを測定できる HPLC-PDA や LC-MS が開発されました。③ HPLC の Rt 値は TLC と同様に実験環境（温度や湿度，カラムの状態，人的誤差）で変わることがあります。普通，標準品（例えば，市販ウスニン酸）をまず注入して標準の Rt 値を示すかどうかを確認します。もし手元に地衣成分の標準品がなければ，既に試験した標本でも構いません。その標本が調べようとする標本と同じ種ならなおさら好都合です。

26. HPLC の実際 ①－シラチャウメノキゴケとタナカウメノキゴケ－

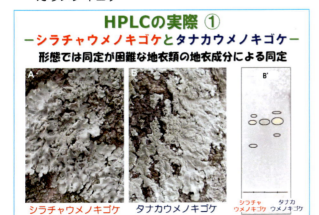

図 7.26 HPLC の実際 ①
－シラチャウメノキゴケとタナカウメノキゴケ－

次に，形態的に類似し，形態では同定が困難な地衣類の地衣成分による同定に HPLC-PDA を用いた実例を図 7.26 に示します。

材料となったシラチャウメノキゴケ *Canoparmelia aptata*（図 7.26 の左の写真）とタナカウメノキゴケ *C. texana*（中央の写真）はウメノキゴケ科ハイイロウメノキゴケ属に属する葉状地衣類で国内では暖温帯の樹上に生育しています。この二種は形態学的に全く区別がつかず，地衣成分のみが異なっています。呈色反応でも区別がつきません。TLC を図 7.26 の右に示しますが，わずかな違いがあるだけで，その区別は熟練を要します。HPLC-PDA の出番です。

27. シラチャウメノキゴケとタナカウメノキゴケの HPLC-PDA

吉村図鑑（1974）では地衣成分が明らかではなかったシラチャウメノキゴケとタナカウメノキゴケについて，山本他（2010）はそれらの HPLC-PDA 分析を行いました。さらに Kawakami *et al.*（2015）は LC-MS を用いて山本他（2010）で明らかにされなかった成分を同定しました。山本他（2010）が行った HPLC-PDA 分析方法を以下に示します。① 地衣体標本から小片を 10 mg 切り取りました。② サンプル瓶に移し，アセトン 1 ml をピペットで注ぎました。③ 1 時間程度室温で放置しました。④ アセトン抽出液をマイクロピペットで 150 μl 採取し，オートサンプラー用バイアルに移しました。⑤ バイアルをオートサンプラーにセットし，分析しました。分析条件は図 7.25 の表に示すとおりです。

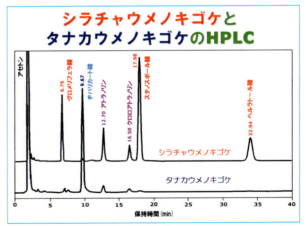

図 7.27A シラチャウメノキゴケとタナカウメノキゴケの HPLC

得られた結果（HPLC のクロマトグラム）を図 7.27A に示します。クロマトグラムでは最初に試料を溶解させるために使用したアセトンが溶出します。それから地衣成分が順に溶出します。溶出した地衣成分は明確なピークで現れます。図 7.27A にそれぞれ同定した地衣成分名と溶出保持時間（Rt, 分）を示しています。シラチャウメノキゴケの地衣成分はグロメリフェラ酸，アトラノリン，クロロアトラノリン，ステノスポール酸，主要な地衣成分のペルラトール酸，一方，タナカウメノキゴケの地衣成分はヂバリカート酸，アトラノリン，クロロアトラノリンであることが明らかになりました。

HPLC による地衣成分の同定は保持時間だけでは困難

です．HPLC-PDA は保持時間（**Rt**）と UV スペクトルの両方のデータを基にして同定を行います．

シラチャウメノキゴケとタナカウメノキゴケの地衣成分の UV スペクトルを図 7.27B に示します．

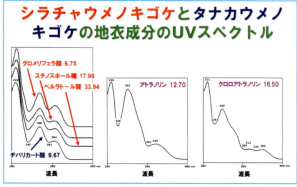

図 7.27B シラチャウメノキゴケとタナカウメノキゴケの地衣成分の UV スペクトル

UV スペクトルの特徴は類似の化学構造を持つ地衣成分は同じような波形を描くことです．図 7.27B の左に示すようにグロメリフェラ酸，ステノスポール酸，ペルラトール酸，ヂバリカート酸の四種の地衣成分は全く同じ波形を有しているので，非常に類似した化学構造を有していることがわかります．UV スペクトルは同じであっても保持時間が違うのでこれら四種の地衣成分は区別ができます．

他方，図 7.27B の中央と右に示すアトラノリンとクロロアトラノリン（アトラノリンの水素が塩素に置換された化合物）は異なる波形であることがよくわかります．とは言え，これらのスペクトルは三つの山を持つという共通性があるので，大きく言えば同じグループであるデプシド類に属します．デプシドーン類やキノイド類は全く違うスペクトルを描くので，これらとは明確に区別できます．

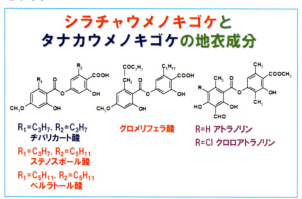

図 7.27C シラチャウメノキゴケとタナカウメノキゴケの地衣成分

図 7.27C にシラチャウメノキゴケから得られた地衣成分（赤字）とタナカウメノキゴケから得られた地衣成分（青字）および両種から得られた地衣成分（紫字）の化学構造を示します．シラチャウメノキゴケの地衣成分のステノスポール酸，ペルラトール酸，タナカウメノキゴケの地衣成分のヂバリカート酸の三種の地衣成分の化学構造の違いはベンゼン環の置換基（C_3H_7 と C_5H_{11}）の組み合わせです．グロメリフェラ酸はペルラトール酸の置換基が酸化された化合物です．シラチャウメノキゴケとタナカウメノキゴケの地衣成分はかなり類似していると考えてよさそうです．

シラチャウメノキゴケとタナカウメノキゴケの共通の地衣成分であるアトラノリンはステノスポール酸とは置換基の種類がかなり違っています．クロロアトラノリンはアトラノリンの水素が塩素に置換された化合物です．

28．シラチャウメノキゴケとタナカウメノキゴケの産地分布

山本他（2010）は採集したシラチャウメノキゴケとタナカウメノキゴケと既存の報告を合わせて産地分布図を作成しました．分布図を図 7.28 に示します．

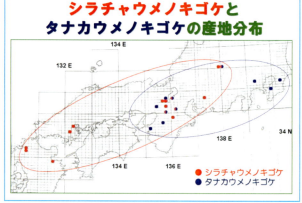

図 7.28 シラチャウメノキゴケとタナカウメノキゴケの産地分布

この図を見るとシラチャウメノキゴケは主に西日本に分布し，一方，タナカウメノキゴケは主に東日本に分布していることがわかります．しかし，近畿地方では両種が分布し，同じ場所で両種が混じって生育している場合や，両種が一体化して一つの地衣体になっている場合も観察されました．

29．形態的類似種における遺伝子解析

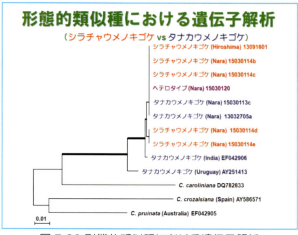

図 7.29 形態的類似種における遺伝子解析

そこで，筆者らは採集したシラチャウメノキゴケとタナカウメノキゴケの標本の分子系統解析を試みました．その結果を図 7.29 に示します．

結果は驚くべきものでした．国内で採集されたシラチャウメノキゴケとタナカウメノキゴケはヘテロ体も含め，同じクレード内に位置することがわかりました．インド産のタナカウメノキゴケも近いクレードにありました．一方，ウルグアイ産のタナカウメノキゴケは別クレード

にありました．シラチャウメノキゴケのタイプ産地はインド，タナカウメノキゴケのタイプ産地は米国です．

これらの結果により，日本産のシラチャウメノキゴケとタナカウメノキゴケは同種である可能性が高く，海外産のタナカウメノキゴケについては再検討されるべきものであることが示唆されます．

30. HPLCの実際 ②－ジョウゴゴケ類－

ハナゴケ科ハナゴケ属に属するジョウゴゴケ類は子柄に大きな盃をつけるグループで，国内では図7.30の表に示す6種を含めた数種が知られています．表に示す6種は形態的に非常に類似し，地衣成分で同定しなければならない種類です．これらの中にはヒメジョウゴゴケモドキ Cladonia subconistea のような化学的変異種もあり，複雑です．図7.30の表にこれらが含有する地衣成分を挙げています．

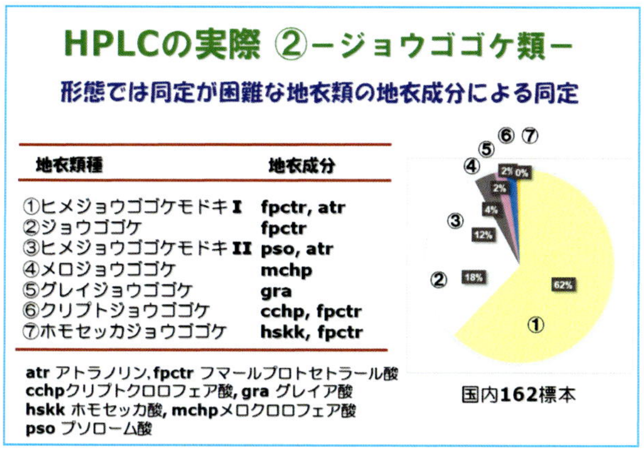

図7.30 HPLCの実際 ②－ジョウゴゴケ類－

筆者らは国内で採集した162標本のHPLC-PDA分析を行い，それらを同定しました．その結果の円グラフを図7.30に示します．最も多かった種はヒメジョウゴゴケモドキⅠ型で101標本（62%），次いでジョウゴゴケ C. chlorophaea で29標本（18%），ヒメジョウゴゴケモドキⅡ型で19標本（12%），メロジョウゴゴケ C. merochlorophaea の6標本（4%），グレイジョウゴゴケ C. grayi の3標本（2%），クリプトジョウゴゴケ C. cryptochlorophaea の3標本（2%），最後，ホモセッカジョウゴゴケ C. homosekikaica の1標本（0%）となりました．なお，ジョウゴゴケモドキと同一の地衣成分を有し，粉芽の形態が異なるヒメジョウゴゴケ C. humilis は皆無でした．

31. 地衣成分の分離・同定－アカウラヤイトゴケ－

地衣類の地衣成分を調べるとき，通常はアセトンのような両親媒性の溶媒で抽出し，その後酢酸エチルやクロロホルムのような油溶性の有機溶媒と水とに分配し，有機溶媒抽出液を得ます．次いで有機溶媒を留去して抽出物を得ます．得られた抽出物をカラムクロマトグラフィーに供し，地衣成分を分離します．得られた地衣成分を再結晶や分取TLCにより精製後，核磁気共鳴スペクトル分析（NMR）や質量分析（MS）のような機器分析に供し，その化学構造を決定します．地衣成分は油溶性成分が多いので酢酸エチルやクロロホルム抽出された残りは廃棄されるのが普通です．油溶性成分だけでなく水溶性成分まで分離・同定された実例としてアカウラヤイトゴケ Solorina crocea を以下に紹介します．

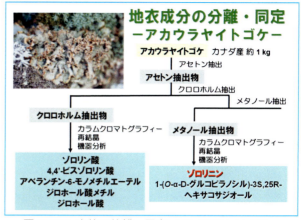

図7.31A 成分の分離・同定－アカウラヤイトゴケ－

アカウラヤイトゴケ（図7.31Aの左上の写真）はツメゴケ科ヤイトゴケ属に属し，北半球の高山帯に生育する葉状地衣類です．緑藻類とシアノバクテリアの両方を共生藻とします．アカウラヤイトゴケの地衣成分の一つであるノルゾロリン酸がモノアミンオキシダーゼ阻害作用を有することを Yamazaki et al.（1988）が報告しました．彼らはさらに動物試験に進むためにノルゾロリン酸を含む多量のアカウラヤイトゴケが必要でした．そこで筆者らは1988年夏，カナダ・ブリティッシュコロンビア州でアカウラヤイトゴケの調査・採集を行い，アカウラヤイトゴケ約1 kgを日本に持ち帰りました．目的とするノルゾロリン酸を得るために筆者の研究室でアカウラヤイトゴケをまずアセトンに浸漬してアセトン抽出を行い，次いでクロロホルムに浸漬してクロロホルム抽出を行いました（図7.31A）．得られたアセトン抽出物とクロロホルム抽出物は共同研究先の千葉大学薬学部山崎研究室に送られました．山崎研究室でカラムクロマトグラフィーや再結晶によって各地衣成分が分離され，機器分析によってそれぞれ同定されました．同定された地衣成分は図7.31Aに示すゾロリン酸，4,4'-ビスゾロリン酸，アベランチン-6-モノメチルエーテル，ジロホール酸メチル，ジロホール酸の5種類でした（Okuyama et al. 1991）．これらの化学構造を図7.31Bの左上と左下および右上に示します．興味あることに含有されていると思われていたノルゾロリン酸は皆無でした．利尻岳産のアカウラヤイトゴケにノルゾロリン酸がエキス当たり1%程度含まれていたので，生育地によって地衣成分が異なる例と言えます（山本1998）．

アセトンとクロロホルムで地衣成分を抽出された地衣体残渣には通常，地衣成分は残っていないだろうと思われていました．しかし，水溶性の成分に新規の地衣成分が見つかる可能性があったので，地衣体残渣は同じく共同研究先の明治薬科大学高橋研究室に送られ，メタノール抽出されました．高橋研究室でメタノール抽出物からカラムクロマトグラフィーや再結晶によって各地衣成分が分離され，それぞれ機器分析によって同定されました．同定された地衣成分は図7.31Aに示すゾロリニン（Matsubara et al. 1994）と 1-(O-α-D-グルコピラ

ノシル)-3S,25R-ヘキサコサジオール（Kinoshita et al. 1993）の２種類です．ゾロリニン（図7.31Bの右下）は珍しい四級アンモニウムイオンで新規天然物質でした．一方，ヘキサコサジオール配糖体（図7.31Bの右中央）は先に自由生活していたシアノバクテリアから分離同定された新規天然化合物です．この化合物が地衣類から分離・同定されたのは初めてでした．アカウラヤイトゴケは頭状体の中にシアノバクテリアを共生藻として含むので，それに関連があると思われました．

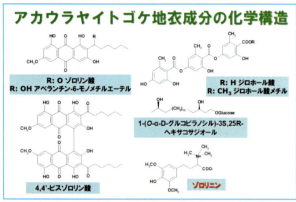

図7.31B アカウラヤイトゴケ地衣成分の化学構造

文 献

朝比奈泰彦・柴田承二. 1949. 地衣成分の化学. 河出書房.【2469】

Cardarelli M., Serino G., Campanella L., Ercole P. & Nardone F.DeC. 1997. Antimitotic effects of usnic acid on different biological systems. Cell Mol. Life Sci. 53: 667-672.【1203】

Endo T., Takahagi T., Kinoshita Y., Yamamoto Y. & Sato F. 1998. Inhibition of photosystem II of spinach by lichen-depsides. Biosci. Biotech. Biochem. 62: 2023-2027.【1298】

Huneck S. & Yoshimura I. 1996. Identification of lichen substances, 493 pp. Springer-Verlag, Berlin, Heiderberg & New York.

加賀谷雅仁. 2006. 地衣類の木材腐朽菌増殖抑制効果. 秋田県立大学生物資源科学部卒業論文.

Kawakami H., Hara K., Komine K., Elix J.A & Yamamoto Y. 2015. New constituents of Canoparmelia aptata. Lichenology 14: 159-161.【3034】

川上寛子・山本好和. 2014. 地衣成分研究におけるHPLCの利用. Lichenology 12: 81-83.【2791】

Kinoshita K., Matsubara H., Koyama K., Takahashi K., Yoshimura I. & Yamamoto Y. 1993. A higher alcohol from Solorina crocea. Bibl. Lichenol. 53: 129-135.【0852】

Lawrey J.D. 1977. Adaptive significance of O-methylated lichen depsides and depsones. Lichenologist 9: 137-142.【1032】

Lundström H & Henningsson B. 1973. The effect of ten lichens on the growth of wood-destroying fungi. Material Orgasmen 5: 233-246.【1437】

Matsubara H., Kinoshita K., Koyama K., Takahashi K., Yoshimura I., Yamamoto Y. & Kawai K. 1994. An amino acid from Solorina crocea. Phytochem. 37: 1209-1210.【0975】

Matsubara H., Kinoshita K., Yamamoto Y., Kurokawa T., Yoshimura I. & Takahashi K. 1999. Distribution of new quaternary ammonium compounds, solorinine and peltigerine, in the Peltigerales. Bryologist 102: 196-199.【1345】

Nishitoba Y., Nishimura H., Nishiyama T. & Mizutani J. 1987. Lichen acids, plant growth inhibitors Usnea longissima. Phytochem. 26: 3181-3185.【0276】

Okuyama E., Hossain C.F. & Yamazaki M. 1991. Monoamine oxidase inhibitors from a lichen, Solorina crocea (L.) Ach. Shoyakugaku Zasshi 45: 159-162.【0398】

Purvis O.W., Elix J.A., Broomhead J.A. & Jones G.C. 1987. The occurrence of copper-norstictic acid in lichens from cupriferous substrata. Lichenologist 19: 193–203.

Purvis O.W., Elix J.A. & Gaul K.L. 1990. The occurrence of copper-psoromic acid in lichens from cupriferous substrata. Lichenologist 22: 345–354.【0498】

Reddy P.D., Rao P.S. & Subramanyam S. 1978. Influence of some lichen substances on mitosis in Allium cepa root tips. Indian J. Exp. Biol. 16: 1019-1021.【1200】

佐藤邦彦. 1984. 地衣類による樹木の被害. 日本林学会東北支部会誌 1984: 242-243.【0365】

山本好和. 1998. アカウラヤイトゴケ地衣類研究の一つの転換点ー. ライケン 11(2): 22-25.【3062】

山本好和. 2000. 地衣類の生物活性と生物活性物質. 植物の化学調節 35: 169-179.【1413】

山本好和・高橋奏恵・原田浩・臼庭雄介・小林寿宣・川又昭徳・吉村庸. 2010. 分布資料 (23). シラチャウメノキゴケ Canoparmelia aptata とタナカウメノキゴケ C. texana. Lichenology 9: 31-36.【2237】

Yamazaki M., Satoh Y., Maebayashi Y. & Horie Y. 1988. Monoamine oxidase inhibitors from a fungus, Emericella navahoensis. Chem. Pharm. Bull. 36: 670-675.【0415】

吉村庸. 1974. 原色日本地衣植物図鑑, 349 pp. 大阪, 保育社.

Yoshimura I., Kinoshita Y., Yamamoto Y., Huneck S. & Yamada Y. 1994. Analysis of lichen secondary metabolites by high performance liquid chromatography with a photodiode array detector. Phytochem. Analysis 5: 197-205.【0932】

第2部 応用地衣学

第8章 地衣類の培養

　培養という手段は生物を周囲の環境から切り離し，人工的な環境の下で育てる一手段であり，生物の化学的あるいは物理的な応答を調べるために重要な基本的手段でもあります．本章では地衣類の培養と題して，はじめに **A** 培養法について説明し，その後，**B** 地衣菌の子嚢胞子培養法と **C** 地衣類の組織培養法について説明し，最後に，**D** 共生藻の培養法について説明します．

A　培養法

　以下，地衣類を構成する地衣菌や共生藻を含む生物細胞を培養する方法の中で基本となる事項，すなわち「培養」と「栽培」，スケールアップ，静置培養（固体培養），攪拌培養（液体培養）について詳しく説明します．

1.　培養（Culture）と栽培（Cultivation）

図 8.1 培養（Culture）と栽培（Cultivation）

　「培養」と「栽培」という言葉は日本語ではあまり混同されることは少ないですが，英語では Culture と Cultivation はよく似た単語なので間違って使われることが多く，本書で使用する場合の意味を説明します．

　「培養」と「栽培」について図 8.1 上段に表で示します．まず言葉として「栽培」は植物に使用が限定されます．動物の場合に対応する言葉は「飼育」です．「培養」は動物，植物，微生物に広く用いられます．

　「培養」と「栽培」ではまず対象となる生物材料が異なります．「培養」では植物や動物，微生物の細胞あるいは植物や動物の分化組織，植物の個体です．他方，「栽培」では植物の個体です．分化組織とは多細胞系生物において細胞が集合して特定の形や構造を有する組織を言います．植物の場合には根や芽，動物の場合には筋肉組織が例に挙げられます．微生物は単細胞系生物なので細胞が集合しても組織化されることは普通ありません．一部，地衣類の地衣体やキノコの子実体の例外もあります．地衣類については後述します．

　「培養」と「栽培」の次の大きな違いはその環境条件です．「培養」は無菌（正確に言えば，実験目的生物以外の存在を許さない）環境で，人工的な環境制御（例えば温度制御）下にあります．他方，「栽培」は有菌（正確に言えば，実験目的生物以外の存在を許す）環境で，人工的な環境制御下あるいは非制御下にあります．植物や動物の細胞を培養する場合，これら細胞の増殖速度は微生物より遅いので，無菌環境下に置かないと栄養獲得競争に負けて死滅してしまいます．また，個体でも培養では栄養充分な培地で育てるので，微生物はよく繁殖します．また，真菌類は細菌類より増殖速度が遅いので，細菌類が混在すると生存競争に負けてしまいます．たとえ培養対象が特定の細菌類であっても目的ではない細菌類が混在すると実験の正確性が失われる恐れがあります．

　「栽培」は室内では環境制御下が普通ですが，自然の野外では環境制御そのものが難しく，温室やビニールハウスで若干制御ができる程度です．環境制御は温度制御が最も普通ですが，光制御，湿度制御も行われます．「培養」は培養室や培養器，「栽培」は栽培室や栽培器と言い方を変えますが，装置や機器に変わりはありません．ただ，栽培室の方が大きく，植物工場もその一例です．

　本書で取り上げている地衣類は微生物である真菌類と定義され，また共生生物でもあるので，ここで示す培養という概念からはずれるのかもしれません．例えば，地衣菌と共生藻を共存させた系を培養することもあります．真菌類で個体という概念を理解することは難しいですが，地衣類では地衣体が存在し普通です．地衣体は組織分化しているので，脱分化あるいは未分化といった概念も当てはまります．

　図 8.1 下段の 3 枚の写真はクリーンベンチと呼ばれる装置です．無菌操作はすべてこの装置内の実験台の上で行われます．クリーンベンチは HEPA フィルタを通過した無塵無菌の空気が実験台の上方または正面から流れ，クリーンベンチ外の汚染された空気がクリーンベンチ内に侵入するのを防ぎます．クリーンベンチ内に器具や機器を持ち込む場合はあらかじめ水性アルコールや逆性石けん液で殺菌します．実験者はあらかじめ素手を水性アルコールや逆性石けん液で殺菌し，クリーンベンチ前の椅子に座り作業します．会話は厳禁です．図 8.1 の左下の写真で示す装置は垂直気流型で実験台の上方から清浄空気を流します．扉があるのでより無菌的に扱えます．中央下の写真で示す装置は水平気流型で実験台の正面から清浄空気を流します．作業台はオープンで作業が効率的に行えます．右下の写真で示す装置は卓上型で実験台の上方から清浄空気を流します．小型で安価です．

2.　スケールアップ

　生体物質の工業生産に関して，基本的な考え方の一つに図 8.2 に示すスケールアップがあります．これは生物細胞の培養に拘りません．細胞を含め物質を多量に生産することが初めての場合は必ず考えなければならないことです．ここでは生物細胞の培養に絞って説明します．

　生物細胞を簡単に多量に培養できるわけではありません．問題となるのはスケールとその器具あるいは装置です．ものごとの最初は最少量から当然始まります．培養

に用いる最初の器具は試験管あるいはシャーレ，小フラスコで容量は5から100 ml になります．培養方法は普通固体培養になります．固化剤を利用して固めた栄養培地の上で生物細胞を増殖させます．通常実験室で行うのでラボスケールと呼びます．

図8.2 スケールアップ

次の段階は大きなフラスコを用いた培養です．容量は20から500 ml になります．培養方法は液体培地を用いた振盪培養（液体培養）です．液体培地は固化剤を含みません．液体培地に細胞を懸濁します．そのままでは酸素不足になるのでフラスコを振盪させて酸素と栄養が不足しないようにします．この段階も通常実験室で行うので，ラボスケールと呼びます．

その次の段階はガラスあるいはステンレス製のジャーを用いた培養です．容量は3から30 L 規模になります．培養方法は液体培地を用いた撹拌培養です．培地を撹拌することで酸素と栄養を細胞に均等に供給します．この段階をベンチスケールと呼びます．

最後の段階はステンレスタンクを用いた培養です．容量は100 L から20 t 規模になります．培養は前の段階と同じ液体培地を用いた撹拌培養です．この段階の初期（少容量）をパイロットスケールと呼び，それ以後を工場（プラント）スケールと呼びます．

この段階を順次失敗や成功を繰り返しながら，課題を見極め解決して初めて生物細胞の多量な生産が可能となります．

3. 固化剤の特徴

固化剤	寒天	ジェランガム
由来	海藻（テングサ）	微生物（細菌）
濃度	0.5～2.0%	1%
不純物の影響	大	少
透明性	濁	透明
培地必須成分	なし	2価カチオン

図8.3 固化剤の特徴

栄養培地を固化させる試薬（固化剤）として2種類あります．一つは寒天，他方はジェランガムです．図8.3の表に両者の特徴を示します．固化剤としてどちらを使用するかは実験の目的により変わります．

寒天は従来から使われている海藻（テングサ）由来の多糖類の一種アガロースからなります．民間では棒寒天として売られ，試薬では寒天末，精製品はアガロースとして売られています．精製度が上がるにつれ不純物は少なくなります．透明性は不純物によります．寒天の不純物が細胞増殖に影響を与える場合があります．使用する濃度は0.5から2.0%ですが，1%で使用することが普通です．培地pHが4以下の場合では，寒天濃度を高めないと固まりにくく，pHが2以下になると固まりません．栄養培地に寒天を所定量入れ，高圧滅菌すれば溶解します．約40℃以下に冷えると固化します．一旦固化した寒天培地100 ml を電子レンジにかければ約2分で溶解します．ただし，二度三度重ねると固まりにくくなります．

ジェランガム（商品名Gelrite）は微生物（細菌類）由来の多糖類です．日本では約40年前から実用化されました．果物をいれた透明ゲルのような食品に添加されています．寒天と異なり，不純物がほとんどないので透明です．そのため培地中の生物細胞の観察が容易です．また，細胞の増殖に与える影響はほとんどありません．濃度は1%程度配合されます．寒天と異なり2価のカチオン（例えばマグネシウムイオンやカルシウムイオン）が存在しないと固化しません．もしも，培地中の2価のカチオン濃度が低ければ増量する必要があります．

4. 静置培養と懸濁培養の違い－培養条件－

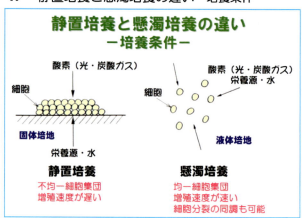

図8.4 静置培養と懸濁培養の違い－培養条件－

固体培地を使用した固体培養は静置培養，液体培地を使用した液体培養は懸濁培養とも呼ばれます．図8.4に細胞増殖に及ぼす両者の細胞周囲の環境条件の違いを示します．

静置培養の細胞は塊状となり，それぞれの細胞が隣の細胞に接触した状態になっています．固体培地では栄養と水は培地から供給され，酸素や光，二酸化炭素は外気から供給されます．培地に接触した細胞，培地に近い細胞ほど栄養や水分に恵まれますが，酸素や光は足らない状態になります．他方，外気に触れている細胞はその逆になります．すなわち，固体培地上の細胞塊は不均一な集団と言えます．

懸濁培養の細胞は1個，多くとも数個の細胞が集団となって液体培地中に浮遊しています．振盪あるいは撹拌

によって細胞は培地中を移動しています．細胞は栄養や水，酸素や光に自由に触れることができます．すなわち，液体培地中の細胞は均一集団と言えます．すべての細胞は同じ培養条件になるので，細胞分裂も同調的になります．

このような条件の違いのために静置培養より懸濁培養の方が速い細胞増殖が得られます．

5. 細胞培養増殖曲線

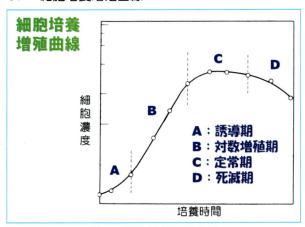

図 8.5 細胞培養増殖曲線

微生物や動植物の細胞を培養すると増殖量と培養時間との関係は図 8.5 のようなシグモイド曲線になります．これを細胞培養増殖曲線（単に増殖曲線とも）と呼びます．図 8.5 の横軸は培養時間，縦軸は細胞濃度の対数を示します．

細胞増殖は図 8.5 に示すように四つのステージ，すなわち，**A** 誘導期，**B** 対数増殖期，**C** 定常期，**D** 死滅期からなります．誘導期は細胞が培養環境に慣れるまでの時間で増殖は緩やかです．次の対数増殖期に細胞は一気に対数的（図 8.5 は対数グラフなので直線になります）に増殖します．その傾きが増殖速度になります．グラフに基づいて平均世代時間（細胞数が倍加する時間）を算出します．定常期では細胞濃度が飽和し，細胞分裂が停止します．培地の栄養がなくなると死滅期に入ります．

6. 種々の培養細胞の増殖速度

種々の培養細胞の増殖速度

細胞	温度 (℃)	比増殖速度 (hr⁻¹)	世代時間
大腸菌	40	2.0	21 min
枯草菌	40	1.6	26
黒麹かび	30	0.35	2 hr
ビール酵母	30	0.35	2
トリコデルマ菌	30	0.14	5
タバコ細胞	25	0.045	17
ハナキリン細胞	23		48
胎児線維芽細胞	37	0.025	28
ヒーラ細胞	37	0.023	30

図 8.6 種々の培養細胞の増殖速度

微生物や動植物細胞の培養適温とその温度における増殖速度を比増殖速度（細胞特異的な増殖活性）と世代時間で表したものを図 8.6 の表に示します．

各種細胞の世代時間（細胞数が倍加する時間）を比較すると，世代時間が最も速いのは大腸菌や枯草菌のような細菌類が分のオーダーで，次いで黒麹カビやビール酵母，トリコデルマ菌のような真菌類が一桁の時間のオーダーです．動植物細胞では真菌類に比べて 1 オーダー遅く，タバコ細胞やハナキリン細胞のような植物細胞，胎児繊維芽細胞や癌細胞のヒーラ細胞のような動物細胞では二桁の時間のオーダーです．動植物細胞が細菌類や真菌類のような雑菌の繁殖を恐れる理由はこの増殖速度の大きな違いにあります．

さて，地衣菌はどの程度の世代時間を示すのでしょうか？

図 8.6 の表のもう一つの注目すべき点に培養温度があります．細菌類や真菌類，動植物細胞でそれぞれ培養する適温が異なります．扱う生物材料によって適切な温度管理が必要です．

7. 振盪培養装置

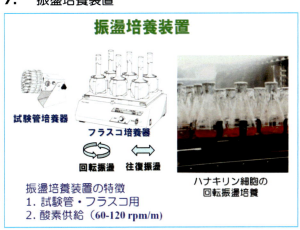

図 8.7 振盪培養装置

ラボスケールの液体培養で最も普通に用いられる装置が振盪培養装置です．図 8.7 に振盪培養装置として試験管培養器とフラスコ培養器を図示します．試験管培養器は試験管専用の回転培養器です．フラスコ培養器は 2 種類あり，左右に往復振盪する往復振盪器と回転振盪する回転振盪器です．往復振盪器は細胞への衝撃が強く，回転振盪器は衝撃が緩やかです．動植物細胞は通常衝撃に弱いので回転培養器を使用します．

フラスコ培養器は盤上の爪やリングで三角フラスコや平底フラスコ容器を保持します．使用するフラスコの大きさは 100 から 500 ml まで変えることができます．振盪速度は対応する生物細胞によって異なり，衝撃に強く，増殖速度の速い微生物に対応する培養器は速い振盪速度（200 rpm/m 以上）に，逆に衝撃に弱く，増殖速度の遅い動植物細胞に対応する培養器では遅い振盪速度（150 rpm/m 以下）に設定されています．

振盪器に特別なセンサーをつけて培地中の酸素濃度を測定できるようになっているものもあります．

8. 撹拌型培養槽

ベンチスケール以上の液体培養装置に図 8.8 に示すような撹拌型培養槽があります．容量は最低 3 L からが普通です．培養槽の中心にモータに取りつけた撹拌羽根が

あります．撹拌羽根としてプロペラ型やパドル型など様々な型があり，対応する細胞によって変えます．

撹拌型培養槽に滅菌空気供給装置や酸・アルカリ供給装置，pH電極，酸素濃度センサー，温度センサーが装着され，培養環境の制御ができるようになっています．

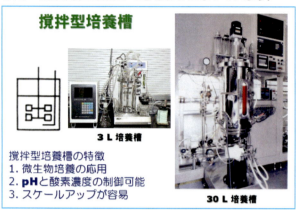

図8.8 撹拌型培養槽

培養槽は15L程度までは取り外して大型の高圧滅菌器で滅菌します．それ以上の大きさの装置，例えば，図8.8の右の写真のような30L培養槽では蒸気を回路と装置に流して滅菌します．

9. 地衣類の培養法

地衣類は真菌類と藻類からなる共生生物であるために単純な生物とは異なる特有の性質を示します．例えば，地衣類固有の成分産生や極限環境への適応などがあり，これらは地衣類固有の機構に基づく可能性があります．その機構が地衣類を構成する真菌類あるいは藻類のどちらに由来するのか，それとも両者の相互作用の結果なのかを解明しなければなりません．そのために地衣類を構成する真菌類と藻類を分離培養することが不可欠です．また，1万種を超える多様性を有する地衣類を研究する上でできるだけ多くの地衣菌と共生藻を培養し，それらの生理学的な，あるいは生化学的な，遺伝学的な性質を比較する必要があります．

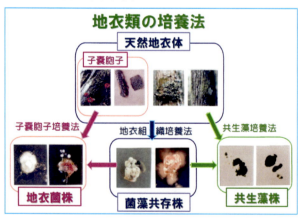

図8.9 地衣類の培養法

Ahmadjian（1973）は地衣類を構成する地衣菌と共生藻の培養方法について初めて集大成しました．

図8.9に地衣類の培養法をまとめます．地衣類は真菌類と藻類の共生生物ですから，真菌類（地衣菌）の培養と藻類（共生藻）の培養に分けられます．

地衣菌は子嚢胞子から培養する方法（子嚢胞子培養法）が一般的です．

他方，共生藻は地衣体に内在している共生藻を取り出して培養します．

ここで地衣菌の培養法でも共生藻の培養法でもない第三の方法も開発されました．第三の方法は地衣体の微小片を利用する培養法です．植物小片を利用する植物組織培養法に類似した培養法なので地衣組織培養法と呼ばれます．植物組織培養で最初に未分化培養組織（カルス）が得られますが，地衣組織培養では普通は地衣菌と共生藻が共存した未分化な培養組織が得られます．その組織から地衣菌あるいは共生藻を人為的にあるいは自然に分離培養することができます．共生藻を人為的に分離培養する方法について8.3.4で詳述します．また，培養組織を継続的に培養し，元の地衣体に戻すことも行われています（第9章）．

さらに，Ahmadjian（1993）は地衣類の培養について，「約100年前から子嚢胞子や粉子，裂芽，粉芽，地衣体小片から地衣菌の培養が試みられたが，地衣体を利用した多くの報告は地衣菌ではなく糸状菌を培養したものだ」と述べています．加えて，「子嚢胞子を利用できない場合は地衣組織培養法（Ahmadjian命名によるYamamoto method）を試みるべき」と述べています．

ここからは子嚢胞子培養法，地衣組織培養法，共生藻培養法についてそれぞれ説明します．

B 子嚢胞子培養法

国内では最初にKomiya & Shibata（1969）が子嚢胞子培養法を試みました．子嚢胞子培養法については以下の総説で詳しく説明されているので参考にしてください．Ahmadjian（1973, 1993），Yoshimura et al.（2002），山本（2002a）．

ここでは子嚢胞子を用いた培養の方法，胞子放出の要件，胞子発芽の要件について以下に説明します．

10. 子嚢胞子培養法

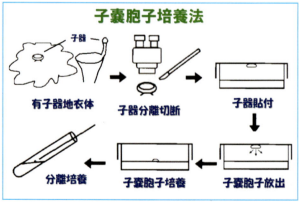

図8.10 子嚢胞子培養法

図8.10は山本（2002a）が紹介した子嚢胞子培養法を修正した模式図です．山本（2002a）を参考にして子嚢胞子培養法の手順を以下に説明します．

① 地衣体から子器を含む小片をメスかナイフで切り取ります．図では葉状地衣類や樹状地衣類をモデルにしています．痂状地衣類でも子器を含む小さな地衣体切片を作れば同じように可能です．② クリーンベンチ内で滅菌

済みシャーレに駒込ピペットで 10 ml 程度滅菌水を加えます．③ 切り取った子器を含む小片を滅菌水に移し，30分間から 1 時間浸漬し，ときおり振盪します．④ シャーレ中の滅菌水を滅菌ピペットで吸い上げて除き，新たにピペットで滅菌水を注ぎ，子器を洗います．この洗浄を二度繰り返します．⑤ あらかじめ作製しておいた寒天平板培地入りシャーレの上蓋の内側にシリコングリースを少量塗布し，子器を含む小片を貼りつけます（図 8.10 の右上の子器貼付のイラストを参照）．⑥ 子器小片を貼りつけたシャーレを 15℃または 20℃，暗所の培養器に移します．⑦ 倒立型顕微鏡または培養顕微鏡で子嚢胞子の放出を毎日 1 週間程度確認します．1 週間後に胞子の放出を確認できないシャーレは捨てても構いません．胞子の放出が多く，培地を埋め尽くすようであれば，クリーンベンチ内で未使用の培地入りシャーレと蓋を取り替えます．⑧ 寒天平板培地上に放出された子嚢胞子を確認できたシャーレの子器を貼付した蓋を貼付していな蓋に取り替え，培養器に戻して培養します．⑨ 倒立型顕微鏡または培養顕微鏡で子嚢胞子の発芽と菌糸の生長を観察します．⑩ 地衣菌のコロニーが肉眼で確認できる程度の大きさになったら，透過型双眼実体顕微鏡下，滅菌済みメスで地衣菌のコロニーを含む寒天培地を切り取って麦芽酵母エキス培地（後述）に移植し，15 または 20℃の暗所条件に設定した培養器で培養します．

ここで，留意しなければならない点は以下の三つです．① 実験に使用する地衣体は予め実体顕微鏡下で細かなごみがついていないか否か，また，子器が汚れていないか否かを確認します．② 子嚢胞子放出後，1 週間で培地上に広がっている菌はほとんど雑菌であると見なしてよいので実験から除きます．③ コロニーを寒天培地から切り取る時，倒立型顕微鏡または培養顕微鏡で雑菌の汚染がないかを充分確認します．ムカデゴケ科の地衣類は雑菌の感染のため全滅することがしばしばあります．

山本（2002a）に子嚢胞子培養法を用いて分離培養された地衣菌の一覧，61 科 135 属 478 種が掲載されています．

11．地衣菌の培養培地

図 8.11 地衣菌の培養培地

微生物の培養に適する栄養培地（通常培地と略されます）は微生物によって異なります．それぞれの微生物にとって必須な栄養成分が昔から研究され，現在，これらを適度に組み合わせた培地が細菌類用，真菌類用，藻類用としてそれぞれ複数用意されています．

培地として天然培地と人工合成培地の二種類があります．前者は内容未知の天然材料から構成され，後者は化学物質として明らかな成分から構成されています．微生物の増殖や成分産生に対する個々の培地成分の影響を調べる場合は人工合成培地を用いる方が好都合です．

地衣菌用の培地として天然培地と人工合成培地の二種類が用意されています．前者として麦芽酵母エキス培地（**MY** 培地と略します．Ahmadjian 1961），後者としてリリーバーネット培地（**LB** 培地と略します．Lilly & Barnett 1951）がよく利用されます．それらの組成を図 8.11 に示します．

麦芽酵母エキス培地は麦芽エキスと酵母エキスの単純な組み合わせです．糖分が少ないので，ショ糖を加える場合もあります．

リリーバーネット培地はブドウ糖とアミノ酸，ミネラル類，ビタミン類からなります．ブドウ糖の代わりにショ糖や糖アルコールであるリビトールを使う場合もあります．糖濃度も変えることがあります．アミノ酸は標準として L-アスパラギンを用いますが，別のアミノ酸を使用することも，また，その濃度を変えて使用することもあります．ミネラル類やビタミン類も必要に応じて省くこともあれば濃度を変えることもあります．この二つの培地以外の真菌類用培地も必要に応じて使用されます．

どちらの培地も普通，寒天を固化剤として使います．その他の固化剤として微生物由来多糖類のジェランガムを使う場合もあります．両者の差異は図 8.3 を参照してください．

Ahmadjian（1993）は子嚢胞子発芽に使用する培地として「純水寒天培地を用いれば充分可能である」と述べています．それは麦芽酵母エキス培地やリリーバーネット培地などの栄養培地を用いると，時折入り込む雑菌に汚染されたとき雑菌の増殖が地衣菌より速く培地全体に広がるからです．

12．子器と子嚢中の胞子

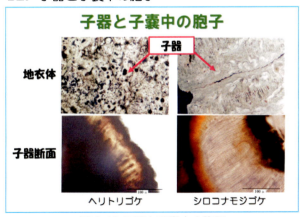

図 8.12 子器と子嚢中の胞子

子嚢胞子培養法で材料となる子器は第 2 章や第 4 章に示したように多様な形をしています．樹状地衣類や葉状地衣類の子器は径 5 mm を超えるほどの大きさで，かつ地衣体から突出しているので，地衣体から子器を切り取ることは容易ですが，図 8.12 に示すように痂状地衣類であるヘリトリゴケ *Porpidia albocaerulescens* var.

albocaerulescens やシロコナモジゴケ *Diorygma soozanum* の子器は径 1 mm 以下の小ささで，かつ地衣体に密着しているので，子器だけを切り取ることは困難です．痂状地衣類の場合は複数の子器を含んだ地衣体小片でも構いません．岩上生の痂状地衣類の場合は岩と一緒に，また，樹皮上生の痂状地衣類の場合は樹皮と一緒に切り取ってシャーレ上蓋の内側に貼りつけます．

図 4.18 に示したように，胞子は子嚢と呼ばれる袋の中に収納されています．胞子の大きさも収納数も種によって多様です．子嚢は図 8.12 に示すように子嚢層と呼ばれる層に柵状に並んでいます．**8.10** の子嚢胞子培養法の手順③のように子器を水に浸すと，子嚢に水が届き，次いで子嚢が膨潤します．その後乾燥して子嚢が収縮する力で胞子が外に放出すると考えられています．

13. 子嚢胞子発芽

培地に放出された子嚢胞子はその大きさが大きい場合は 1 個ですが，普通，数個まとめて放出されます．図 8.13 の写真に示すように，子嚢胞子長が 100 μm を超えるシロコナモジゴケ *Diorygma soozanum* は子嚢胞子を 1 個放出し，その他，子嚢胞子長 50 μm 以下のカワラキゴケ *Stereocaulon commixtum* は 2 個一組，ハマカラタチゴケ *Ramalina siliquosa* は 5 個一組，ヒモウメノキゴケ *Nipponoparmelia laevior* は 6 個一組で子嚢胞子を放出しています．子嚢中の胞子の数は普通最大 8 個なので，8 個一組の場合もあります．

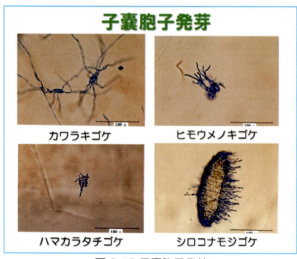

図 8.13 子嚢胞子発芽

従って，生じた地衣菌のコロニーは複数の胞子に由来していると考えるべきでしょう．言い換えれば，分離した地衣菌は複数胞子由来株（polyspore-derived strain）になります．子嚢中の胞子は減数分裂して 8 個を形成するとして 4 個は（＋），残り 4 個は（－）の半数体ですから，複数由来株はヘテロ化していると考えて構いません．遺伝子的に単純な系，すなわち単胞子由来株（monospore-derived strain）が必要な場合もあります．その時は寒天培地上でただ 1 個放出された胞子に注目し，その胞子から由来するコロニーであることを確認し続け，コロニーとして分離することが必要です．

子嚢胞子は栄養源が全く入っていない純水寒天培地（寒天の精製度によっては若干の栄養が残っている場合もあります）で発芽し，ある程度の大きさのコロニーまで自力で増殖します．

普通，子嚢胞子は何室かに分かれています．子嚢胞子から菌糸が発芽する場合，菌糸は室ごとに発芽することが図 8.13 からわかります．しかも，多くの場合，子嚢胞子の両端の室から最初に発芽するようです．

8.10 の子嚢胞子培養法の手順⑩のように地衣菌のコロニーが実体顕微鏡で見える段階になれば，純水寒天平板培地から麦芽酵母エキス培地のような栄養培地にコロニーを移します．これは雑菌汚染のリスクがなくなったので，できるだけ地衣菌の増殖速度を速めるねらいがあります．

14. 子嚢胞子の放出に及ぼす影響－採集時期，保存温度，－25℃保存期間－

子嚢胞子放出に及ぼす種々の要因について今まで多くの報告があります．詳細は山本（2002a）を参照してください．

図 8.14 に地衣類の子嚢胞子放出に及ぼす採集時期，地衣体保存温度，－25℃における地衣体保存期間の影響についてそれぞれ図示します．

採集時期について海外では地衣類の子嚢胞子の放出に季節による差異があることが明らかにされています．日本でも温帯域で四季が明確にあるので，採集する季節が子嚢胞子の放出に及ぼす影響は大きいものと想像されます．図 8.14 の **A** に国内（近畿地方の標高 1000 m 以下）で各季節に採集した 18 種の地衣類について，その子嚢胞子の放出を調べた結果（Yamamoto *et al.* 1998）を示します．

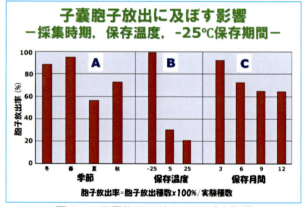

図 8.14 子嚢胞子の放出に及ぼす影響
－採集時期，保存温度，－25℃保存期間－

Yamamoto *et al.*（1998）は春（3～5 月）は実験したほとんどの地衣類が最も子嚢胞子放出に良好な時期であり，次いで冬（12～2 月），秋（9～11 月）の順で，夏（6～8 月）は約半数の種のみ放出することが可能という結果を示しました．しかも，全季節で子嚢胞子の放出が可能な種でも，夏はその数が最低であったり，夏に子器が見つからない種があることも明らかにしました．このような結果は子嚢胞子の放出実験を行う場合に夏から秋の時期を避けた方がよいことを示しています．

地衣類を実験材料に用いる場合，採集した地衣類がいつまで生きているのかは実験によっては大きな問題です．これは植物防疫法上でも問題で，輸入する木材に着生し

ている地衣類が生きているのかをどのように確かめたらよいのかと質問されたことがあります．子嚢胞子の放出能力が地衣体そのものの生存に直接関連があるかどうかは不明ですが，生存指標の一つとして考えることは可能だと思われます．

地衣類を採集後，標本として保存する温度が子嚢胞子の放出に及ぼす影響を調べた既存の報告は少ないようです．図 8.14 の **B** に採集後，−25，5，25℃で 3 箇月間保存した 2 種（ホソモジゴケ Graphis furcata，コフキツメゴケ Peltigera pruinosa）および 6 箇月間保存した 8 種（イシガキチャシブゴケ Lecanora subimmergens，イワニクイボゴケ Ochrolechia parellula，ヒモウメノキゴケ Nipponoparmelia laevior，チヂレツメゴケ Peltigera praetextata，ヘリトリゴケ Porpidia albocaerulescens var. albocaerulescens，ハマカラタチゴケ Ramalina siliquosa，カワラキゴケ Stereocaulon commixtum，アカサルオガセ Usnea rubrotincta），計 10 種の地衣類の子嚢胞子の放出を調べた結果（Yamamoto et al. 1998）を示します．

Yamamoto et al.（1998）によれば，−25℃では実験した全種が子嚢胞子を放出しました．5℃では 3 種，25℃では 2 種，ホソモジゴケ，ヘリトリゴケが胞子を放出しました．痂状地衣類の方がより高温（乾燥）に強そうです．

前の結果から−25℃で保存すれば 3 箇月間あるいは 6 箇月間，子嚢胞子の放出能力を維持できることが示されました．だとすれば，採集した地衣類を−25℃で 6 箇月間以上保存した場合，その子嚢胞子の放出能力はどうなるのでしょうか．図 8.14 の **C** に地衣類 25 種を−25℃で 1 年間保存した時，その子嚢胞子の放出能力を 3 箇月ごとに調べた結果（Yamamoto et al. 1998）を示します．

Yamamoto et al.（1998）は保存期間の経過とともにその子嚢胞子の放出能力は低下するものの，1 年後でも実験した地衣類の約 60％はその能力を維持していることを明らかにしました．

15．子嚢胞子の放出に及ぼす影響−放出周期−

従来，子嚢胞子の放出に昼夜リズムがあるとされていました．

図 8.15 にホソモジゴケ Graphis furcata とウラミゴ

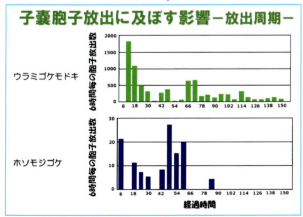

図 8.15 子嚢胞子の放出に及ぼす影響−放出周期−

ケモドキ Nephroma helveticum f. helveticum について暗所で 6 時間おきに子嚢胞子の放出を調べた結果を示します（Yamamoto et al. 1998）．

Yamamoto et al.（1998）では先の 2 種に加えてチヂレツメゴケ Peltigera praetextata の結果も示しています．実験結果は実験した 3 種について昼夜放出周期が確認されない代わりに，昼夜とは無関係のリズムがあることを示唆しています．また，そのリズムは種によって特異なものであることも示唆しています．

16．子嚢胞子の発芽に及ぼす影響−発芽率 50％以上を与える基本培地，固化剤，培養温度，培地初発 pH−

子嚢胞子の発芽に及ぼす種々の要因について今まで多くの報告があります．詳細は山本（2002a）を参照してください．

子嚢胞子の発芽に使用する培地は通常，純水寒天培地を用います．それは寒天平板培地に種々の化合物を添加することでその影響を確認しやすいからです．今までも，糖分，塩分，天然抽出物，地衣成分，大気汚染物質などの影響が調べられています（山本 2002a）．

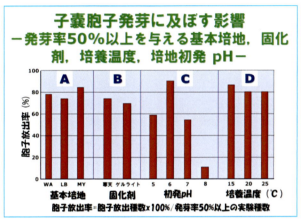

図 8.16 子嚢胞子の発芽に及ぼす影響−発芽率 50％以上を与える基本培地，固化剤，培養温度，培地初発 pH−

図 8.16 の **A** に基本培地である純水寒天平板培地（**WA**），リリーバーネット培地（**LB**），麦芽酵母エキス培地（**MY**）の子嚢胞子の発芽に及ぼす影響を国内産 23 種の緑藻共生地衣類について調べた結果（Yamamoto et al. 1998）を示します．

Yamamoto et al.（1998）によれば，全体として 3 種類の基本培地間に差異はそれほど認められませんでした．しかし，ツブミゴケ Gymnoderma insulare は寒天平板培地でのみ発芽し，また，アカサルオガセ Usnea rubrotincta では麦芽酵母エキス培地でのみ発芽が認められませんでした．このように純水寒天培地を用いても，充分発芽が可能であり，培地に栄養分を加えることは種によって発芽を抑制することが確かめられました．

子嚢胞子の発芽実験では通常寒天を使用した培地を用います．しかし，寒天はテングサの抽出物であり，混在する不純物が胞子の発芽生長を抑制することは充分考えられます．高等植物の培養で寒天を固化剤として用いる場合に，充分な生長が見られないとき，微生物由来多糖類のジェランガムを用いた方がよいことがしばしば認め

られます．

図8.16の**B**にリリーバーネット培地に寒天またはジェランガム（ゲルライト）を固化剤とし，23種の地衣類の子嚢胞子の発芽を調べた結果を示します（Yamamoto et al. 1998）．

Yamamoto et al.（1998）によれば，全体として両固化剤間に大きな差異は認められませんでした．しかし，ヒメセンニンゴケ Dibaeis absoluta やヒメリボンゴケ Hypogymnia vittata f. vittata，ナメラキゾメヤマヒコノリ Letharia columbiana の子嚢胞子の発芽に寒天は抑制的でジェランガムが有効であること，一方，オオコゲボシゴケ Megalospora tuberculosa では逆の効果を示すことがわかりました．

培地初発pHとは作製した培地をあらかじめ高圧滅菌前に0.1Nの水酸化ナトリウムや0.1Nの塩酸で所定に調製したpHの値を意味します．子嚢胞子の発芽に対する培地pHの影響は自然界における子嚢胞子の発芽環境を反映すると考えられます．図8.16の**C**に国内産11種の地衣類の子嚢胞子の発芽を培地pH 5，6，7，8の4点で調べた結果（Yamamoto et al. 1998）を示します．

Yamamoto et al.（1998）によれば，培地pH 5から7の間で試験した全種が発芽することがわかりました．pH 6で最も多くの種が発芽し，一方，pH 8では発芽が抑えられたことがわかりました．

Ahmadjianはその総説（1993）の中で「子嚢胞子の発芽は3℃から27℃の範囲で起きるが，24℃が最適温度である」と述べています．そこで，Yamamoto et al.（1998）は国内産16種の地衣類の子嚢胞子の発芽を培養温度15，20，25℃の3点で調べました．その結果を図8.16の**D**に示します．

Yamamoto et al.（1998）によれば，80％以上の種が15，20，25℃で発芽することがわかりました．しかし，最適温度は種によって異なり，例えばシロコナモジゴケ Diorygma soozanum は15℃，ウチキクロボシゴケ Pyxine endochrysina は25℃，その他の14種は15，20，25℃でほとんど差がありませんでした．

17．子嚢胞子発芽に及ぼす影響－藍藻共生地衣類の培地検討－

ツメゴケ属のような藍藻共生地衣類は緑藻共生地衣類に比べて子嚢胞子が発芽しにくいことが知られています（Yamamoto et al. 1998）．例えば，図8.17の表中のツメゴケ属の7種ではリリーバーネット培地に寒天を固化剤とした培地（**LBA**）または寒天の代わりにジェランガムを固化剤とした培地（**LBG**）で7種すべてが発芽せず，純水寒天平板培地（**AG**）でチヂレツメゴケ Peltigera praetextata のみが発芽しました．子嚢胞子が発芽阻害物質を内蔵していることは他の真菌類の胞子や植物の種子でもよくある現象なので，培地に芳香族化合物の吸収性を示す樹脂（例えば，アンバーライト社製XAD2やXAD7）を添加することによって，発芽抑制物質を吸収できれば，子嚢胞子の発芽の可能性が高まると考えられます．

そこで，純水寒天平板培地にアンバーライトXAD2を添加した培地（**XAD2**）と純水寒天平板培地にアンバーライトXAD7を添加した培地（**XAD7**）およびジェランガムを固化剤としたリリーバーネット培地にXAD2を添加した培地（**LBGXAD2**）を用意して純水寒天平板培地では発芽しなかった6種のツメゴケ属地衣類の子嚢胞子の発芽を調べました．その結果，図8.17に示すようにヒロハツメゴケ P. aphthosa，アカツメゴケ P. rufescens，ヒメツメゴケ P. venosa の3種がアンバーライト添加培地で発芽することがわかりました．しかし，ナガネツメゴケ P. neopolydactyla，コフキツメゴケ P. pruinosa，ヒラミツメゴケ P. horizontalis では効果が認められませんでした（Yamamoto et al. 1998）．このように，種による違いはあるものの吸着樹脂を用いて発芽抑制物質を吸収することにより発芽率を高めることができることが確かめられました．

子嚢胞子発芽に及ぼす影響
－藍藻共生地衣類の培地検討－

	MGR					
	AG	LBA	LBG	XAD2	XAD7	LBGXAD2
ヤマトエビラゴケ	0	56	0	0	0	0
エビラゴケ	7	0	0	0	0	0
ナメラカブトゴケ	NT	3	<1	NT	NT	NT
テリハカブトゴケ	4	<1	1	1	NT	0
ウラミゴケモドキ	31	13	<1	NT	NT	NT
ハガタウラミゴケ	8	0	0	0	0	NT
ヒロハツメゴケ	0	0	0	100	NT	0
ナガネツメゴケ	0	0	0	0	0	0
ヒラミツメゴケ	0	0	0	0	0	0
チヂレツメゴケ	100	0	0	NT	NT	NT
コフキツメゴケ	0	0	0	0	NT	0
アカツメゴケ	0	0	0	6	2	0
ヒメツメゴケ	0	0	0	1	0	5

MGR：最大発芽率　NT：未実験　吸着樹脂：XAD2，XAD7

図8.17 子嚢胞子の発芽に及ぼす影響
－藍藻共生地衣類の培地検討－

C　地衣組織培養法

地衣類を構成する真菌類を培養するにあたり，生殖器官である子器から胞子を放出させ，適当な栄養培地（あるいは，非栄養培地）を用いて無菌的に発芽させ培養する子嚢胞子培養法（本章**B**）は簡便です．しかし，全ての地衣体が子器をつけているわけではありません．子器から必ず胞子が放出されるわけでもありません．また，放出された胞子が必ず発芽し，培養できるわけでもありません．しかし，栄養体である地衣体を利用する方法なら全ての地衣類について，いつでもどこでも利用できる可能性があります．

地衣組織培養法については以下の総説で詳しく説明されているので参考にしてください．Ahmadjian（1993），Yamamoto et al.（2002），山本（2002b）．

ここでは地衣組織培養法と地衣組織培養に及ぼす要因，子嚢胞子培養法との差異について説明します．

18．地衣体を利用した地衣類の培養法の開発

図8.18に植物組織培養法を準用した地衣体を利用した地衣類の培養法について，筆者の開発経過を示します．地衣体を利用した培養法の開発で課題となるのは表面に付着している雑菌の除去です．ここで植物組織培養法を準用したことは，地衣体，特に葉状地衣類の地衣体は葉状で植物の葉と外観的に酷似しているので妥当なことか

と思えます.

植物組織培養法における葉からのカルス誘導は以下の手順で行われます. ① 葉を適当な大きさにメスで切り取ります. ② 葉を70%アルコール溶液に移し,約5分間振盪して表面についた汚れなどを洗い流し,葉表面を親水性にすると同時に殺菌します. ③ 次いで10%アンチホルミン（次亜塩素酸ナトリウム水溶液）溶液に移し,約15分間振盪して殺菌します. ④ 次に,滅菌した蒸留水で2回洗浄し,シャーレに移します. ⑤ 殺菌した葉を約1 cm² に滅菌したメスで切り取ります. ⑥ 葉片を栄養培地に植えつけます. アルコールとアンチホルミンの振盪時間はその都度適宜変えます.

地衣組織培養法の最初の試みは植物組織培養法の手順と全く同じ方法でアルコールとアンチホルミンの振盪時間を変えて行われました. 結果,振盪時間が長ければ植えつけた地衣体小片は褐色化して死滅し,逆に短ければ雑菌（特にカビ）が繁殖しました. 結局,適度な条件を見出すことはできませんでした.

そこで,次に地衣体表面の雑菌を死滅させるために,ガスバーナーであぶることや紫外線を照射することも試みられましたが,雑菌の繁殖を抑えることはできませんでした. また,培地に抗生物質を添加することも試みられました. 細菌類用と真菌類用抗生物質を入手し,培養しましたが,濃度が高いと地衣体は死滅し,低いと雑菌が繁殖するという結果でした.

八方ふさがりの中,筆者の上司が筆者に次の質問を投げかけました.『雑菌はどのように生えてくるのだろう』と. 言い換えれば,『原点に帰ろう』です.

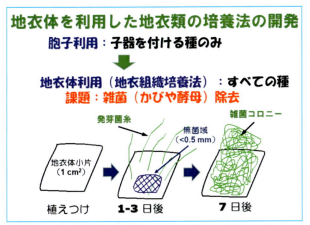

図8.18 地衣体を利用した地衣類の培養法の開発

植えつけ後の小片を実体顕微鏡で毎日確認すると面白いことがわかりました. 植えつけの翌日から3日後ぐらいまで,植えつけた小片から発芽菌糸と思われる白い糸状のものが立ち上がる現象がありました. それがしだいに増えて7日後にいつもの通りに雑菌で覆われました. 幾つかの微小片を観察すると雑菌の発芽菌糸は地衣体全面から出現するのではなくまばらに出現すること,菌糸が出現しない面積が約0.5 mm以下であることに気づきました. このことは,植えつける小片の大きさを0.5 mm以下にすれば雑菌に汚染されずに培養ができることを示しています. 実験に取り掛かってから半年が経過していました.

19. 地衣体を利用した地衣類の培養法－地衣組織培養法 Yamamoto method－

筆者が考案した地衣組織培養法を図8.19に模式的に示します（Yamamoto et al. 1985, 山本・山田 1985）.

地衣組織培養法の手順は以下の通りです（山本 2002b）. ① 地衣体から小片（最大1 cm長または1 cm²）をメスかナイフで切り取ります. ② 切り取った地衣体小片を100 mlビーカに移し,ガーゼで蓋をし,輪ゴムでとめます. 図に示すようにロートを用いても構いません. ③ 水道水で1時間洗浄します. ④ ビーカを流水からはずし,ビーカ中の水道水を除いた後,地衣体小片をクリーンベンチ内の滅菌済み乳鉢に移します. ⑤ 滅菌水（3 ml）とともに乳棒で磨砕します. ⑥ シャーレの蓋上に500 µmのナイロン製一次フィルタを載せ,摩砕液を滅菌済みピペットで吸い上げ,500 µmの一次フィルタで濾過して細胞破片などの残渣を取り除きます. ⑦ 乳鉢内を滅菌水で洗浄し,洗浄液も滅菌済みピペットで吸い上げて500 µmの一次フィルタで濾過します. ⑧ 濾液を150 µmのナイロン製二次フィルタで濾過し,150から500 µmの微小片を二次フィルタ上に集め,滅菌水で二次フィルタ上の微小片を繰り返し洗浄します. ⑨ 実体顕微鏡下に二次フィルタを置き,滅菌済みの竹串の先を実体顕微鏡の視野に入れ,二次フィルタ上の微小片を竹串で拾い上げます. 竹串は試験管ごとに新しいものを使います. ⑩ 竹串の先を試験管内の麦芽酵母エキス寒天斜面培地に触れ,回転させながら微小片を植えつけます. ⑪ 試験管計25本に微小片を植えつけ,15から20℃の暗所条件に設定した培養器内で培養します. ⑫ 実体顕微鏡下で毎週試験管を覗き,雑菌に汚染された試験管を除きながら,地衣菌の菌糸あるいは共生藻の増殖を確認します. 約6箇月間培養を行います. ⑬ 植えつけ6箇月後,残った試験管の中で肉眼確認できる代表的な地衣培養組織のコロニーをピンセットで切り取って麦芽酵母エキス培地に移します.

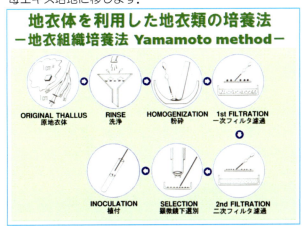

図8.19 地衣体を利用した地衣類の培養法
－地衣組織培養法 Yamamoto method－

留意しなければならない点は以下の通りです. ① 雑菌汚染が高いと想像される地上生地衣類を材料に使う場合は使用する試験管数を増やします. ② 材料となる地衣体は最初にできるだけ水洗します. ③ 乳鉢中で地衣体を磨砕する時,力が強すぎると微小片が細かくなりすぎます. 逆に弱いと,二次フィルタ上に微小片が残りません. 種

によっては組織が強固なものもあれば，軟弱なものもあるので，その場で適宜判断する必要があります．④ 地衣菌と共生藻からなる培養組織を得たい場合，藻類層を含む緑色の微小片を選びます．地衣菌のみの組織を得たい場合，緑色でない微小片を選びます．⑤ 微小片を植えつけてから1週間以内にほとんどの雑菌が発生するので，発生した試験管を取り除き，高圧滅菌して処分します．⑥ 植えつけ後2週間ぐらいを経て，微小片から地衣菌の菌糸あるいは共生藻の増殖が観察されます．

山本（2002b）に地衣組織培養法を用いて分離培養された地衣菌の一覧，49科118属429種が掲載されています．

20．植えつけ地衣体微小片

図8.20にナイロン製二次フィルタ上に残った地衣体微小片（モエギトリハダゴケ Pertusaria flavicans，イワカラタチゴケ Ramalina yasudae，アカサルオガセ Usnea rubrotincta，ニセキンブチゴケ Pseudocyphellaria crocata）の写真を示します．フィルタの一区画の大きさは150 μmです．

図8.20 植えつけ地衣体微小片

岩上生の痂状地衣類であるモエギトリハダゴケは実験前にできるだけ岩から薄く剥がしておきます．モエギトリハダゴケは緑藻共生地衣類で髄層は白色です．左上の写真のようにフィルタ上にモエギトリハダゴケの髄層のみからなる白色の微小片や藻類層も含む淡緑色の微小片が混在しています．

イワカラタチゴケは緑藻共生地衣類で髄層は白色です．左下の写真のようにフィルタ上にイワカラタチゴケの髄層のみからなる白色の微小片や藻類層も含む淡緑色の微小片が混在しています．

アカサルオガセは緑藻共生地衣類で皮層は赤色が混じり，髄層は白色です．右上の写真のようにフィルタ上にアカサルオガセの髄層のみからなる白色の微小片や藻類層も含む淡緑色の微小片が混在しています．皮層を含む赤色の微小片も混在しています．

ニセキンブチゴケは藍藻共生地衣類で髄層は黄色です．藻類層は緑藻共生地衣類とは異なり濃い緑色です．右下の写真のようにフィルタ上にニセキンブチゴケの髄層のみからなる黄色の微小片や藻類層も含む緑色の微小片が混在しています．

アカサルオガセやニセキンブチゴケのように髄層や皮層が着色されていると微小片の選別が容易です．

21．植えつけ地衣体微小片の増殖

図8.21に麦芽酵母エキス寒天斜面培地に植えつけた地衣体微小片（アカサルオガセ Usnea rubrotincta，コフクレサルオガセ U. bismolliuscula，イワカラタチゴケ Ramalina yasudae）の増殖を写真で示します．それぞれ植えつけ後，2週間（上段）と4週間（下段）の写真です．

アカサルオガセの場合，左の写真のように2週間では大きな変化はありませんが，4週間では植えつけた微小片が全体に大きくなって地衣菌と共生藻の両方の増殖が確認できます．写真ではわかりにくいですが，増殖した微小片は地衣菌の短い気菌糸（微小片から空気中に伸びた菌糸）で全体が覆われています．地衣菌の増殖より共生藻の増殖の方が速そうです．

図8.21 植えつけ地衣体微小片の増殖

コフクレサルオガセの場合，中央の写真のように2週間で早くも地衣菌と共生藻の増殖が確認できます．アカサルオガセの地衣菌と同様に短い気菌糸が出現しています．4週間でかなり増殖し，特に共生藻の増殖が顕著です．2週間で現れた気菌糸が共生藻に埋もれています．

イワカラタチゴケの場合，右の写真のように2週間で植えつけた微小片が褐色に変化し大きくなっています．地衣菌が変化したものと思われます．増殖した微小片全体が短い気菌糸で覆われています．共生藻は出現が遅れています．

植えつけた微小片からの地衣菌と共生藻の増殖は三者三様です．

22．地衣組織培養に及ぼす影響—種特異性・産地—

地衣組織培養に及ぼす種々の要因について詳細は山本（2002b）を参照してください．

図8.22の表に種々の地衣類を材料に地衣組織培養を行った結果を成功率と雑菌繁殖率（コンタミ率）で示しています．用いた培地は麦芽酵母エキス培地，培養は暗所，温度は15℃です．

表面が平滑な地衣体を有する種，例えばエイランタイ Cetraria islandica subsp. orientalis，オオゲジゲジゴケ Heterodermia diademata，ヒラサンゴゴケ Bunodophoron melanocarpum，ヨコワサルオガセ

Dolichousnea diffracta やナガサルオガセ D. longissima は低い雑菌繁殖率を示しています．一方，粉芽や粉芽塊をつける種，および地上生の種，例えば，ヤグラゴケ Cladonia krempelhuberi，イワカラタチゴケ Ramalina yasudae，コフキヂリナリア Dirinaria applanata やアカサルオガセ Usnea rubrotincta は高い雑菌繁殖率を示しています．高い雑菌繁殖率を示す種については試験する試験管培地の数を増やすことが必要です．

地衣組織培養に及ぼす影響 －種特異性・産地－

種	Pref.	GR	CR	種	Pref.	GR	CR
アンチゴケ	岐阜	0	56	トゲゲジゲジゴケ	佐賀	0	32
アンチゴケモドキ	北海道	75	36	トゲヒメゲジゲジゴケ	岐阜	0	40
イワカラタチゴケ	京都	86	86	ニセキンブチゴケ	徳島	0	9
エイランタイ	長野	100	0	ヘラガタカブトゴケ	岐阜	0	3
オオゲジゲジゴケ	佐賀	70	8	ヘリトリゴケ	京都	100	16
オガサワラカラタチ	東京	100	41	ヘリトリモジゴケ	京都	100	28
カバイロイワモジゴケ	京都	50	76	ヒラサンゴゴケ	和歌山	86	2
クロアカゴケ	長野	50	76	モエギチャシブゴケ	秋田	100	68
コフキヂリナリア	京都	0	92	モエギトリハダゴケ	大阪	100	68
チヂレツメゴケ	京都	0	30	ヤグラゴケ	佐賀	100	84
ツノマタゴケ	北海道	96	16	ヨコワサルオガセ	栃木	20	7
アカサルオガセ	長野	97	30	ナガサルオガセ	北海道	72	2
	京都	100	80		栃木	100	10
	和歌山	96	48		長野	72	6
	愛媛	100	78				

GR:成功率　CR:雑菌繁殖率

図8.22 地衣組織培養に及ぼす影響－種特異性・産地－

岩上生の種，例えば，カバイロイワモジゴケ Graphis cervina やヘリトリゴケ Porpidia albocaerulescens var. albocaerulescens，モエギトリハダゴケ Pertusaria flavicans，あるいは樹皮上生の種，例えばヘリトリモジゴケ Leiorreuma exaltatum やモエギチャシブゴケ Lecanora sibrica，クロアカゴケモドキ Mycoblastus sanguinarius では高い雑菌繁殖率を示すものもありますが，培養できないわけではありません．

シアノバクテリアを共生藻とする種，例えば，ヘラガタカブトゴケ Lobaria spathulata やニセキンブチゴケ Pseudocyphellaria crocata，チヂレツメゴケ Peltigera praetextata は麦芽酵母エキス培地では培養が難しいことがわかります．緑藻共生地衣類でも属によっては難しい種，例えば，トゲヒメゲジゲジゴケ Anaptychia isidiata やトゲゲジゲジゴケ Heterodermia isidiophora，アンチゴケ Anzia opuntiella もあります．このことは，麦芽酵母エキス培地だけでは地衣類の培養に限界があり，これらの地衣類に適用できる新しい培地開発が求められていることを示しています．

図8.22の表下部に地衣組織培養に及ぼす採集地の影響を調べた結果を成功率と雑菌繁殖率で表にまとめました（Yamamoto et al. 2002）．表を確認すると産地の影響は少ないことがわかります．例えば，北海道産，栃木県産，長野県産のナガサルオガセ Dolichousnea longissima，愛媛県産，京都府産，長野県産，和歌山県産のアカサルオガセ Usnea rubrotincta では明瞭な産地差はありませんでした．

このことは，地衣組織培養において材料の産地を選ぶ必要がないことを示しています．

23. 地衣組織培養に及ぼす影響－採集時期，－5℃保存期間－

図8.14のAに地衣菌の子嚢胞子培養に及ぼす採集時期の影響を示しました．では地衣組織培養に及ぼす影響はどうなのでしょうか．

図8.23の左の棒グラフにコフクレサルオガセ Usnea bismolliuscula とアカサルオガセ U. rubrotincta の組織培養に及ぼす採集時期の影響を調べた結果を成功率で示します（Yamamoto et al. 2002）．培地は麦芽酵母エキス培地，培養は暗所，温度は15℃です．

Yamamoto et al.（2002）によれば，冬，夏，秋にそれぞれ同一産地で採集したコフクレサルオガセとアカサルオガセでは明瞭な採集時期による差はありませんでした．このことは採集時期を気にせず採集できることを示しています．地衣菌の子嚢胞子培養では夏から秋の時期に採集することを避けた方がよいことを示しているので，この点は地衣組織培養が有利です．

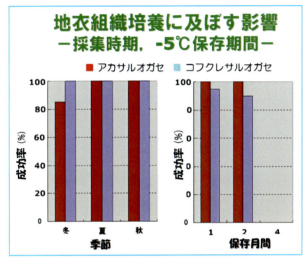

図8.23 地衣組織培養に及ぼす影響
－採集時期，－5℃保存期間－

地衣体が採集後実験室内でいつまで生存しているのか否かを知ることは地衣体を材料に生理学的あるいは生化学的実験を行う上で大変重要です．地衣体の菌細胞が生存していれば地衣組織培養法によりその菌株を誘導できるので，地衣体の生存を確認することが可能です．

山本（2002b）によれば，アカサルオガセとコフクレサルオガセは25℃で1箇月間生存ができませんでした．一方，マツゲゴケ Parmotrema clavuliferum とナミガタウメノキゴケ P. austrosinense では25℃で1箇月間生存が可能でした．自然界でも前者よりは後者の方が乾燥しているところを好むことがこの結果に反映していると考えられます．

図8.23の右の棒グラフに採集したコフクレサルオガセとアカサルオガセの組織培養に及ぼす－5℃保存期間の影響を調べた結果を成功率で示します（Yamamoto et al. 2002）．培地は麦芽酵母エキス培地，培養は暗所，温度は15℃です．

Yamamoto et al.（2002）によれば，コフクレサルオガセとアカサルオガセともに2箇月までは生存していますが，4箇月まで生存できないことが明らかになりました．

また，Yamamoto et al.（2002）は－25℃以下の冷凍庫に保管すれば，培養実験材料として半永久的（5年

以上）に使用可能であると述べています．

　地衣体を材料にした地衣組織培養法は子囊胞子培養法に比べ採集地，あるいは採集時期や保存期間にとらわれない利点を有しています．また，採集後速やかに（できるだけ1週間以内に）冷凍保存すればよいので，海外から郵送された標本や海外で自ら採集した標本でも使用可能です．筆者は今まで何度か海外での調査採集を行い，その都度新鮮標本を日本に持ち帰り，冷凍庫に入れ，その後培養実験に供しましたが，問題なく培養に成功しました．

　すでに誘導された地衣培養組織（地衣菌と共生藻からなる未分化な組織）の増殖に及ぼす培養要因の検討もサルオガセ科（広義）の培養組織を材料に行われています（Yamamoto *et al.* 1987）．

24．地衣組織培養に及ぼす影響―光強度，温度―

　地衣組織培養は通常暗所で行われます．地衣培養組織は地衣菌と共生藻から構成されているので，光に対して何らかの応答を示す可能性があります．Yamamoto *et al.*（1987）は広義サルオガセ科培養組織の増殖に及ぼす光強度の影響を調べました．材料としてオガサワラカラタチゴケ *Ramalina leiodea*，アカサルオガセ *Usnea rubrotincta*，コフクレサルオガセ *U. bismolliuscula* の培養組織を用い，光強度を 0，500，5000 lux に設定し，麦芽酵母エキス培地上，20℃で12週間培養しました．その結果を図 8.24 の左のグラフに示します．

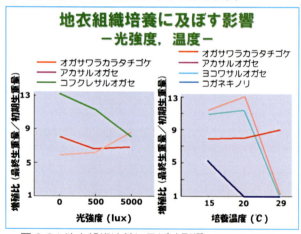

図 8.24 地衣組織培養に及ぼす影響―光強度，温度―

　Yamamoto *et al.*（1987）はアカサルオガセの培養組織は光強度が強くなれば増殖が速まり，一方，コフクレサルオガセの培養組織は強度が強くなるほど増殖が抑えられ，同じサルオガセ属で真逆の結果を得ました．しかし，オガサワラカラタチゴケ培養組織の増殖は強度に関係しないことがわかりました．このように光強度は地衣類の培養組織に対して種特異的な影響を示すことが示唆されました．

　地衣組織培養は通常 15℃から 20℃で行われます．Yamamoto *et al.*（1987）は広義サルオガセ科培養組織の増殖に及ぼす培養温度の影響を調べました．材料としてオガサワラカラタチゴケ *Ramalina leiodea*（亜熱帯性），アカサルオガセ *Usnea rubrotincta*（暖温帯性），ヨコワサルオガセ *Dolichousnea diffracta*（冷温帯性），コガネキノリ *Alectoria ochroleuca*（寒帯性）の培養組織を用い，培養温度を 15，20，29℃に設定して麦芽酵母エキス培地上，暗所で 14 週間培養しました．その結果を図 8.24 の右のグラフに示します．

　Yamamoto *et al.*（1987）によれば，亜熱帯性のオガサワラカラタチゴケ培養組織は高温度域（29℃）で増殖が可能ですが，一方，寒帯性のコガネキノリ培養組織は低温度域（高くても 20℃より低い温度）でしか増殖できません．このように培養組織の増殖に及ぼす培養温度の影響について種固有の特性があり，その増殖できる温度域が決定されることが示唆されました．

25．地衣培養組織

　一般的に地衣菌は通常太く短く梶棒のような気菌糸を持ち，コロニーはコンパクトで硬く，中が空洞になることが多いので，糸状菌と区別は容易です．図 8.25 に代表的な地衣培養組織 4 種の写真を示します．

　図 8.25 の左上の写真に示すアカサルオガセ *Usnea rubrotincta* 培養組織は褐色でコンパクトな硬い組織です．組織内に共生藻が確認でき，組織外に赤色の色素を分泌しています．ただし，この色素が地衣体の色素と同じものであるかについては不明です．

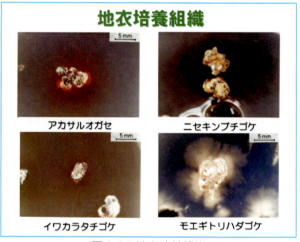

図 8.25 地衣培養組織

　左下の写真に示すイワカラタチゴケ *Ramalina yasudae* 培養組織も褐色でコンパクトな硬い組織です．白色の産毛のような気菌糸に培養組織全体が覆われています．

　右上の写真に示すニセキンブチゴケ *Pseudocyphellaria crocata* 培養組織は黄色でコンパクトな硬い組織です．黄色の色素が地衣体の色素と同じものであるかについては不明です．

　右下の写真に示すモエギトリハダゴケ *Pertusaria flavicans* 培養組織は淡桃色でコンパクトな硬い組織です．培地に菌糸を伸ばしています．これはモエギトリハダゴケが岩上生の痂状地衣類であることに関係しているのかもしれません．

26．アカサルオガセ培養組織断面

　地衣菌と共生藻からなる地衣類の栄養体である地衣体は組織分化をしています．地衣体から誘導される培養組織も地衣菌と共生藻からなりますが，地衣体のような分

化組織ではなく，未分化な組織です．

図 8.26 に培養組織の代表例としてアカサルオガセ *Usnea rubrotincta* 培養組織の断面写真を示します．上段の左の写真は通常見られるアカサルオガセ培養組織の実体顕微鏡で観察した断面です．培養組織の断面は褐色でところどころ緑がかり，内部は空洞で気菌糸が充満しています．その一部を切り取り，スライドグラス上で押しつぶして，生物顕微鏡で観察しました．上段右がその写真です．褐色の粒のように見えるものは共生藻の細胞です．白いレンガのようなものが積み重なった層状構造は地衣菌の菌糸です．共生藻と地衣菌は組織だった構造を示してはいない（すなわち未分化な）ことがわかります．

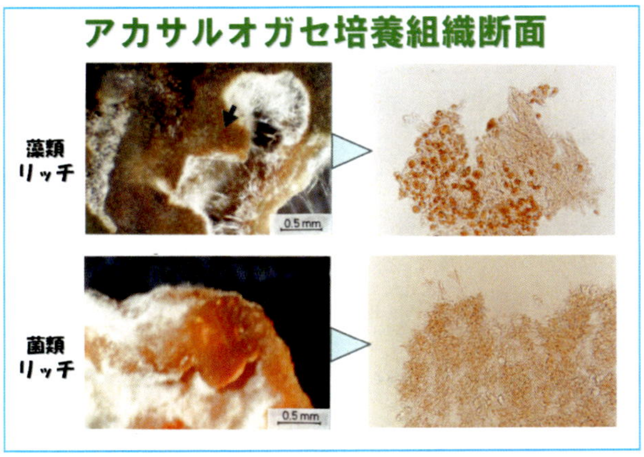

図 8.26 アカサルオガセ培養組織断面

図 8.26 の下段の左の写真は前者とは異なる濃い赤褐色外観のアカサルオガセ培養組織の断面を実体顕微鏡で観察したものです．前者と同様に内部は空洞で気菌糸が充満しています．その一部を切り取り，スライドグラス上で押しつぶして，生物顕微鏡で観察しました．下段右がその写真です．前者とは異なり共生藻の細胞が認められない状態で地衣菌の塊と言ってもよさそうです．

27. 地衣培養組織からの地衣菌の分離方法

地衣培養組織からの地衣菌の分離方法

① 自然分離
継代培養する間に自然に地衣菌と共生藻に分離する培養株は地衣菌部分のみを拾い上げる．

② 人為的分離
継代培養する間に地衣菌と共生藻に分離しない培養株は乳鉢ですり潰し，磨砕液を培地に広げて培養し，増殖する地衣菌のみのコロニーを拾い上げる．

図 8.27 地衣培養組織からの地衣菌の分離方法

地衣体から直接的に地衣菌の培養株を確立する方法として地衣組織培養法で説明したとおり地衣体の髄層部分のような共生藻を含まない地衣体小片を培養する方法があります．具体的には図 8.26 の下段に示すような地衣菌のみの培養組織がそれに当たります．しかし，共生藻を含まない部分を培養したと思ってもそのまま培養し続けると共生藻が出現する場合もあります．

地衣培養組織からの地衣菌の分離方法を図 8.27 に示します．方法は以下の通りです．① 自然分離：継代培養する間に自然に地衣菌と共生藻に分離する培養株は地衣菌部分のみを拾い上げる．② 人為的分離：継代培養する間に地衣菌と共生藻に分離しない培養株は乳鉢ですり潰し，磨砕液を培地に広げて培養し，増殖する地衣菌のみのコロニーを拾い上げる．

筆者が地衣組織培養に携わった長年の経験から言うと，誘導時の地衣培養組織は地衣菌と共生藻からなるものの，その組成は安定なものではなく，培養条件，特に培地の乾燥度（湿潤度）によって，地衣菌あるいは共生藻が増殖し，どちらかの寡占状態になり，最終的にどちらかが消滅することもあります．しかし，いつまでも両者があくまで共存して分離しない培養組織もあります．この理由は定かではありません．この場合，地衣培養組織から強制的に地衣菌のみからなる培養株を確立しなければなりません．その方法は **8.34** に示す地衣培養組織から共生藻株を確立する方法と類似しています．具体的には共生藻が多く増殖している塊のところを地衣菌が多く増殖している塊に変え，また共生藻のコロニーを選抜するところを地衣菌のコロニーに変えて行います．

28. 地衣組織培養法と子嚢胞子培養法の比較

地衣類から地衣菌の培養株を確立する二つの方法，子嚢胞子培養法と地衣組織培養法の長所と短所を図 8.28 にまとめます．

地衣組織培養法と子嚢胞子培養法の比較

子嚢胞子培養法
長所：・簡単
短所：・子器をつける種類のみ適用
・胞子が発芽しないこともある

地衣組織培養法
長所：・理論的に全ての地衣類で可能
・器官や組織ごとの培養が可能
短所：・地上生や微小地衣類に適用困難
・熟練が必要

図 8.28 地衣組織培養法と子嚢胞子培養法の比較

子嚢胞子培養法の長所はまず簡単なことです．筆者が所属していた秋田県立大学生物生産科学科の専門実験の枠に筆者の研究室が担当している実験があります．その実験で子嚢胞子培養を行っていますが，問題なく実行されています．

短所は当然のことですが，子器をつける種にのみ適用されることです．また，たとえ子器があっても，胞子がない場合や放出された胞子が発芽しない場合もあります．野外で採集した地衣類が 100 種あったとしてそのうち培養株が確立できるのは 25 種程度です．

一方，地衣組織培養法の長所は地衣体を使用するので理論的に全ての地衣類に適用できることです．また，特定の器官や組織（例えば子器や粉子器，髄層）の培養が可能です．短所は雑菌汚染が激しい地上生の地衣類や微小な地衣類に適用が困難なことです．また，一連の操作はある程度の熟練が必要です．

最近は遺伝子分析で元の地衣体から分離された地衣菌であるか否かの確認ができるので，どちらの培養法を用

いるにしろ遺伝子分析は必要です.

D 共生藻の培養法

地衣菌の分離培養と同様に共生藻の分離培養ができなければならないのは自明のことです.

共生藻の分離培養法については Yoshimura et al. (2002) の総説で詳しく説明されているので参考にしてください.

ここでは三つの共生藻の分離培養法, マイクロピペット法と噴霧法, 地衣組織培養法についてそれぞれ説明します.

29. 共生藻の分離 ① —マイクロピペット法—

最初にマイクロピペットを用いた方法(マイクロピペット法)について Yoshimura et al. (2002) を参考に説明します.

図 8.29 に実験手順を示します. 実験手順は **A** 地衣菌と共生藻の混濁培養液の作製, **B** 混濁培養液から共生藻の分離培養(マイクロピペット法)に分かれます.

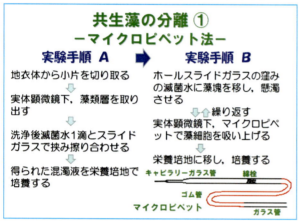

図 8.29 共生藻の分離 ① —マイクロピペット法—

実験手順 **A** を以下に示します. ① 地衣体から小片(約 1 cm² または 1 cm 長)を切り取り, 表面の汚れをブラシで落としながら, 水道水で 5 から 10 分間洗います. 滅菌水で洗浄した後, 小片を滅菌済みスライドガラス上に載せます. ② 小片を載せたスライドガラスをクリーンベンチに移し, 実体顕微鏡下で小片をカミソリまたはメスで共生藻を含む層を切り取り, 新しい滅菌済みスライドガラス上に移します. ③ スライドガラス上の小片に滅菌水を 1 滴落とし, 別のスライドガラスを挟んで軽く擦り, 滅菌水を数滴加えて混濁液を作製します. ④ 得られた混濁液を栄養培地に移し培養します. 培地は寒天平板培地(緑藻類は **BBM** 培地, シアノバクテリアは **MDM** 培地, それぞれの組成は図 8.31 参照)を用います. 培養は 15 から 20℃, 10 から 27 μmolm²s⁻¹ (PPFD) の光強度下で行います. 培養初期は低照度が好適です.

実験手順 **B** は以下の通りです. マイクロピペット(図 8.29 の右下)はパスツールピペットの先端を熱して伸ばしキャピラリーとし, 途中に綿栓, 末端にゴム管をつけたものです. ① ホールスライドグラスの窪みに滅菌水または液体培地を入れ, そこに実験手順 **A** で得られた共生藻の塊の少量を移します. ② 実体顕微鏡下, 5 から 10 細胞程度をマイクロピペットで吸引し, 新しいホールスライドガラスの窪みに移します. ③ この操作を 5 回以上繰り返し, 雑菌の混入を抑えます. ④ 最後に単細胞を吸い上げ, 新しい培地に移し, 培養します.

30. 共生藻の分離 ② —噴霧法—

次に, 噴霧器を用いた方法(噴霧法)を説明します. 本方法は Wiedeman et al. (1964) によって開発された方法です. ここでは Yoshimura et al. (2002) を参考に説明します(図 8.30).

実験手順を以下に示します. ① **8.29** の実験手順 **A** で得られた共生藻の塊の少量を遠心管に入れた滅菌水(1 ml)に界面活性剤(Tween 20)1 滴とともに移します. ② 超音波処理します. ③ 1000 rpm, 5 から 10 分間, 遠心分離します. ④ 上澄み液をピペットで取り除き, 滅菌水(1 ml)と界面活性剤 1 滴を加え, 再度超音波処理後, 遠心分離します. この操作を 10 回繰り返します. ⑤ 遠心管の底にたまった藻塊に滅菌水を注ぎ, 噴霧器に移します. ⑥ ガラス管の他端から除菌加圧空気を流します. ⑦ 噴霧器の藻懸濁液が吹出口に吸い込まれます. ⑧ 吹付口から数 cm 離れたところに, シャーレに入れた寒天平板培地をセットし, 藻懸濁液を噴霧します. ⑨ 寒天平板培地に噴霧した藻懸濁液を培養すると 1 から 2 週間後, 共生藻のコロニーが生育します.

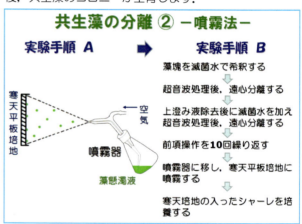

図 8.30 共生藻の分離 ② —噴霧法—

31. 共生藻用培地

図 8.31 共生藻用培地

ほとんどの共生藻は簡単に培養が可能です. しかし, 炭素源や窒素源を要求する少数の共生藻がいます. また,

共生藻（緑藻類）のある種はブドウ糖やペプトンを培地に添加して増殖を速めさせることができます（Yoshimura *et al*. 2002）．

図8.31の表に代表的な共生藻の培養培地の組成を示します．どちらの培地も炭素源は入っていません．無機塩で構成されています．

左の表は **BBM** 培地（Bold の基本培地）の組成です．緑藻類用の培地です（Deason & Bold 1960，Bischoff & Bold 1963）．

右の表は **MDM** 培地の組成です（Watanabe 1960）．シアノバクテリア用の培地です．

32．共生藻の分離 ③ －地衣組織培養法：培養組織から共生藻株の獲得－

地衣組織培養法は本来，地衣体から地衣菌と共生藻からなる未分化な培養組織を誘導し，その培養組織から地衣菌を分離培養する方法として開発されたものです．しかし，地衣培養組織を誘導する過程から，あるいは得られた地衣培養組織から共生藻株を分離培養できることがわかりました．ただし，マニュアル化された方法として確立されていませんでした．

共生藻株を分離培養する第三の方法として，高萩（2014）が確立した地衣培養組織から共生藻株を分離培養する方法を以下に詳しく説明します．

図8.32 共生藻の分離 ③
－地衣組織培養法：地衣培養組織から共生藻株の獲得－

高萩（2014）が実験材料としたのは緑藻共生地衣類であるハマカラタチゴケ *Ramalina siliquosa* とイソカラタチゴケ *R. litoralis* の2種でいずれも和歌山県串本町の海岸で採集されたものです（図8.32）．

33．微小片からの地衣菌と共生藻の出現

高萩（2014）は図8.19に示す地衣組織培養法に従って，ハマカラタチゴケとイソカラタチゴケの地衣体微小片から地衣培養組織の誘導を試みました．

高萩（2014）の得た実験結果を図8.33に示します．高萩（2014）によれば，ハマカラタチゴケとイソカラタチゴケの地衣体微小片からともに地衣菌と共生藻が出現しました．出現率はハマカラタチゴケで地衣菌が100%，共生藻が96%でした．一方，イソカラタチゴケで地衣菌が94%，共生藻も94%でした．地衣菌も共生藻も出現が早かったのはハマカラタチゴケでした．植えつけ後2週間で地衣菌が出現し，3週目で共生藻が出現しました．

イソカラタチゴケは地衣菌，共生藻ともに5週目で出現しました．平均発現週数はハマカラタチゴケの地衣菌で10週，共生藻で6週でした．イソカラタチゴケの地衣菌は12週，共生藻で9.5週でした．このことから，両種の培養では共生藻の方が早く出現することがわかりました．特に出現が早かったのはハマカラタチゴケの共生藻です．3週目に出現がはじまり，9週目で終了しています．ハマカラタチゴケとイソカラタチゴケの地衣菌，共生藻ともに出現率や平均出現週数を比較すると同じような傾向を示しました．

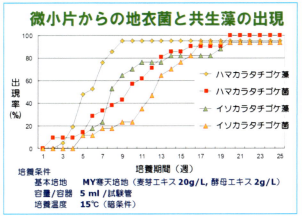

図8.33 微小片からの地衣菌と共生藻の出現

カビや酵母に汚染された試験管の割合はハマカラタチゴケで16%，イソカラタチゴケで28%でした．両者ともに岩上の樹状地衣類で粉芽をつけません．図8.22に照らして，標準的な結果と考えられます．

以上のように，ハマカラタチゴケとイソカラタチゴケの地衣体微小片からともにそれぞれの培養組織を得ることができました．

34．地衣培養組織からの共生藻の分離方法

培養組織から共生藻を分離培養する方法について高萩（2014）を参考に説明します．図8.34に高萩（2014）の実験手順を示します．

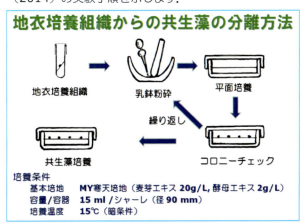

図8.34 地衣培養組織からの共生藻の分離方法

高萩（2014）の実験手順を以下に示します．① 基本培地として麦芽酵母エキス（**MY**）寒天培地を用いました．溶解混合後滅菌し，径90 mm シャーレに15 mlずつ分注しました．② 6箇月間 MY 寒天培地上で培養した地衣培養組織塊の中から，クリーンベンチ内で共生藻が多く増殖している塊を選び，ピンセットで緑色の共生藻

の部分を切り取り，滅菌した乳鉢に移しました．③滅菌水 3 ml を滅菌済み駒込ピペットにより乳鉢に注ぎ，滅菌済み乳棒により培養塊を磨砕しました．④磨砕液 1 ml ずつを滅菌済み駒込ピペットで 3 枚の平面 MY 寒天培地に流し込み，培地に広げ，15℃の暗所培養器で培養しました．これとは別に②で選んだ塊 2 個についても③や④と同様の操作を行い，計 9 枚の培地で培養しました．⑤ 1 週間毎に観察し，雑菌汚染を生じたシャーレは高圧滅菌処理して処分しました．⑥ 3 箇月間培養し，地衣菌の菌糸の増殖したコロニーが見られなかったシャーレを選び，地衣菌の増殖が見られたシャーレは高圧滅菌処理して処分しました．⑦ 共生藻の増殖のみ認められたシャーレについてピンセットで共生藻のコロニーを取り出し，②から⑥の操作を 2 回行い，共生藻を分離しました．

高萩（2014）によれば，ハマカラタチゴケ培養組織を材料とした場合，培養 2 週間ほどで培地全体が淡い緑色に変化し，所々に緑色の濃い部分が観察されました．平面 MY 寒天培地を使用して暗条件で培養したことで，地衣菌の混入があれば，その増殖により早く見分けることができることがわかりました．この操作を 2 回繰り返すと，地衣菌が出現しなくなりました．その後，共生藻を平面 MY 寒天培地に植えつけると 3 箇月ほどで共生藻の塊が見られるようになりました．

また，イソカラタチゴケ培養組織を材料とした場合，共生藻を選抜する培養を 2 回行うことで共生藻を分離することができました．富栄養培地上の培養組織は共生藻と地衣菌との結びつきが弱く，共生藻を容易に分離することができることがわかりました．共生藻は暗所で地衣菌用培地でも増殖可能なので，地衣菌が確認できないコロニーを実体顕微鏡下で丹念に選ぶことで，地衣菌の混入を避けることができます．

35．培養共生藻株の確立

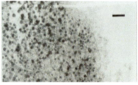

図 8.35 培養共生藻株の確立

図 8.35 の左上の写真は高萩（2014）の得たハマカラタチゴケ培養組織です．高萩（2014）によれば，中央に茶褐色の地衣菌の塊があり，その表面は白色の細く短い気菌糸が地衣菌の塊全体を覆っています．また，その周辺に濃い緑色の共生藻の塊があります．その境目には暗緑色の共生藻があり，さらに注意深く観察するとその表面から菌糸が伸びているのが確認できます．培養組織は共生藻が多く見られるもの，地衣菌が多く見られものなど様々でした．

図 8.35 の右上の写真はハマカラタチゴケ培養組織の断面です．ハマカラタチゴケの地衣体断面を顕微鏡で観察すると，上下に皮層が存在し，皮層の下部に茶色に着色した菌糸層，その下に緑色の藻類層が認められます．このように天然地衣体は明らかに組織構造を有しています．一方，培養組織では，共生藻細胞が組織に一様に分布しています．共生藻が細胞内に自生胞子を多く内蔵して盛んに増殖している様子が観察されます．この様子はイソカラタチゴケ培養組織でも同様でした．

図 8.35 の左下の写真に示す高萩（2014）が分離して得たハマカラタチゴケ培養共生藻株の塊の表面は少し濃い緑色で硬そうな感じですが，ピンセットの先で切り取ると，内部は柔らかく，生クリーム状で，内部も色の変化はありません．最終的に本株は *Trebouxia impressa* とされました．一方，右下の写真に示すイソカラタチゴケ培養共生藻株の塊はハマカラタチゴケの場合に比べると，色は同じように濃い緑色であるものの，少し柔らかい感じです．内部はハマカラタチゴケと同様に色の変化はありません．最終的に本株はトレボキシア属 *Trebouxia* の一種とされました．

36．地衣菌と共生藻の分離－コアカミゴケ－

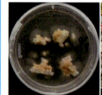

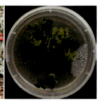

図 8.36 地衣菌と共生藻の分離－コアカミゴケ－

図 8.36 にコアカミゴケ *Cladonia macilenta* 地衣体（中央）と培養地衣菌株（左），培養共生藻株（右）の写真を載せます．

コアカミゴケの培養地衣菌株は淡褐色で硬いコロニーです．培養期間が長くなると，菌糸が培地に潜り込むような状態になります．子器にあるような赤色色素は培養地衣菌株では見つかりません．

コアカミゴケから分離した培養共生藻株はカラタチゴケ属から分離した培養共生藻とよく似ています．暗所でも濃い緑色を呈します．トレボキシア属 *Trebouxia* に属すると思われます．

このように天然体，地衣菌株，共生藻株のセットを数種確立することができました．

37．秋田県立大学地衣類バンク

図 8.37 は筆者が在籍した秋田県立大学植物資源創成システム研究室で保存している地衣類バンクのまとめです．

世界の子嚢菌類は約6万種，そのうち地衣類は約2万種と言われています．秋田県立大学地衣類バンクに冷凍保存した天然地衣体は約3000標本です．世界の博物館で地衣類を保管しているとは言っても室温での保管がほとんどです．冷凍保存すれば，培養も可能ですし，化学成分の変質も抑えられます．遺伝子や蛋白質も安定に保てます．

秋田県立大学地衣類バンク

（世界の子嚢菌類　約 60,000 種）
（世界の地衣類　約 20,000 種）

- 凍結天然物　標本数　　　　約 3,000
- 保存培養物　地衣菌株数　　約　500
　　　　　　　共生藻株数　　約　 50

図 8.37 秋田県立大学地衣類バンク

地衣菌株は約500株，共生藻株は約50株保存されています．地衣菌株については世界最大級のものです．

これらバンクの標本や培養物を材料に第9章から第12章の実験（栽培実験を除く）が行われました．

文 献

Ahmadjian V. 1961. Studies on lichenized fungi. Bryologist 64: 168-179.【0943】

Ahmadjian V. 1964. Further studies on lichenized fungi. Bryologist 67: 87-98.【0013】

Ahmadjian V. 1973. Methods of isolating and culturing lichen symbionts and thalli. In Ahmadjian V. & Hale M. (eds), The Lichens, pp. 653-659. Academic Press, New York, San Francisco & London.

Ahmadjian V. 1993. The lichen symbiosis, 250 pp. John Wiley & Sons Inc., New York.

Bischoff H.V.V. & Bold H.C. 1963. Some soil algae from enhanced rock and related algal species. Phycological Studies IV. Univ. Texas Publ. No. 6318, Texas, 95 pp.

Deason T.R. & Bold H.C. 1960. Phycological studies I. Exploratory studies of Texas soil algae. Univ. of Texas Publication Nr. 60022.

Komiya T. & Shibata S. 1969. Formation of lichen substances by mycobionts of lichens. Isolation of (+)-usnic acid and salazinic acid from mycobionts of *Ramalina* spp. Chem. Pharm. Bull. 17: 1305-1306.【0014】

Lilly V.G. & Barnett H.L. 1951. Physiology of fungi, 464 pp. McGraw-Hill, New York.

高萩敏和. 2014. 地衣共生藻の分離培養法の確立と地衣成分による光合成阻害. 秋田県立大学生物資源科学研究科博士論文.

Watanabe A. 1960. List of algal strains in collection at the Institute of Applied Microbiology, University of Tokyo. J. Gen. Appl. Microbiol. 6: 283-292.

Wiedeman V.E., Walne P.L. & Trainor F.R. 1964. A new technique for obtaining axenic cultures of algae. Can. J. Bot. 42: 958.

山本好和. 2002a. 実験室における地衣子嚢胞子の放出と発芽. Lichenology 1: 11-22.【1435】

山本好和. 2002b. 地衣体を用いた地衣類の培養（地衣組織培養）. Lichenology 1: 57-65.【1443】

Yamamoto Y., Kinoshita Y., Takahhagi T., Kroken S., Kurokawa T. & Yoshimura I. 1998. Factors affecting discharge and germination of lichen ascospores. J. Hattori Bot. Lab. (85): 267-278.【1301】

Yamamoto Y., Kinoshita Y. & Yoshimura I. 2002. Culture of thallus fragments and redifferentiation of lichens. In Kranner I., Beckett R. & Varma A. (eds.), Protocols in Lichenology, pp. 34-46. Springer.【2923】

Yamamoto Y., Mizuguchi R., Takayama S. & Yamada Y. 1987. Effects of culture conditions on the growth of Usneaceae lichen tissue cultures. Plant Cell Physiol. 28: 1421-1426.【0086】

Yamamoto Y., Mizuguchi R. & Yamada Y. 1985. Tissue cultures of *Usnea rubescens* and *Ramalina yasudae* and production of usnic acid in their cultures. Agric. Biol. Chem. 49: 3347-3348.【0001】

山本好和・山田康之. 1985. 地衣類の培養と物質生産. 組織培養 11: 258-262.【0935】

Yoshimura I., Yamamoto Y., Nakano T. & Finnie J. 2002. Isolation and culture of lichen photobionts and mycobionts. In Kranner I., Beckett R. & Varma A. (eds.). Protocols in Lichenology, , pp. 3-33, Springer.【2924】

第 9 章 地衣類の形態形成・人工栽培

地衣類の生理学的あるいは生化学的な研究を進めることが困難な理由の一つに実験室内において地衣類のライフサイクルの再現が難しいことが挙げられます．また，交配実験も行うことができません．実験室内における地衣体の形成と子器の形成へのアプローチは地衣研究者や地衣研究者を目指す者にとって，テーマに取り上げたいことの一つです．本章の前半では **A** 地衣類の形態形成，後半では **B** 地衣類の人工栽培をそれぞれ取り上げて説明します．

A 地衣類の形態形成

ここでは最初に地衣類の形態形成の定義と題して形態形成の分野で用いられる言葉の定義づけを行い，その後，地衣類の形態形成（再合成や再分化）の実例と再形成過程を解析した実例を紹介します．

1. 地衣類の形態形成の定義

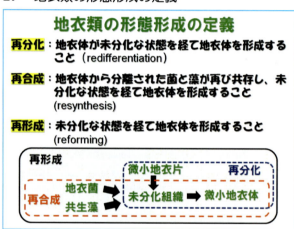

図 9.1 地衣類の形態形成の定義

実験室内で地衣体を形成させることを地衣類の「形態形成」（thallus forming）と呼びますが，実は明確な定義づけがなされていません．この分野でよく使用される言葉の定義と関係を図 9.1 に示します．

「再分化」（redifferentiation）は地衣体が未分化な状態を経て地衣体を形成することを言います．言い換えれば，微小地衣片（分化組織）から未分化な組織を経て微小地衣体になることを意味しています．主に地衣組織培養法を用いた地衣体形成において使われます．地衣菌や共生藻の分離培養が難しい場合や形態形成の初期過程を省いた実験ができる利点があります．

「再合成」（resynthesis）は地衣体から地衣菌と共生藻が分離され，別途に培養された地衣菌と共生藻が再び共存し，未分化な状態を経て地衣体を形成することを言います．Ahmadjian が最初に唱えた概念です．地衣菌と共生藻は必ずしも同じ地衣類種由来でなくても構わないので，異なる地衣類種由来の地衣菌や共生藻と入れ替える試みがなされています．地衣体から地衣菌や共生藻を分離する方法として地衣組織培養法を用いても，地衣菌と共生藻がそれぞれ独立して培養されていれば，「再合成」に当たります．

「再形成」（reforming）は地衣菌と共生藻が混在する未分化な状態を経て地衣体を形成することを言います．「再分化」と「再合成」を含んだ概念です．「再形成」は「形態形成」と同じような意味ではありますが，「形態形成」はより一般的な広い概念として使われます．

2. 地衣体再形成一覧

Lichen species	Source	Medium	Reference
Cladonia cristatella	Spore	Soil	Ahmadjian 1966
Cladonia humilis	Thallus	Agar (None)	Yoshimura et al. 1993
Dermatocarpon miniatum	Spore	Soil	Stocker & Türk 1989
Heppia echinulata	Thallus	Silica	Marton & Galun 1976
Peltigera aphthosa	Thallus	Agar (None)	Yoshimura et al. 1993, 1994
Peltigera canina	Thallus	Agar (None)	Yoshimura et al. 1994
Peltigera didactyla	Spore	Soil	Stocker & Türk 1988
Peltigera malacea	Thallus	Agar (None)	Yoshimura et al. 1994
Peltigera polydactyla	Thallus	Agar (None)	Yoshimura et al. 1994
Peltigera praetextata	Thallus	Agar (None)	Yoshimura & Yamamoto 1991
	Spore	Soil	Stocker & Türk 1991
Peltigera pruinosa	Thallus	Agar (None)	Yoshimura et al. 1993, 1994
Usnea confusa kitamiensis	Thallus	Agar (MY)	Kon et al. 1990
Usnea hirta	Thallus	Agar (MY)	Kinoshita et al. 1994
Usnea orientalis	Thallus	Agar (MY)	Kon et al.
Usnea rubescens	Thallus	Mica	Yoshimura et al. 1990
Usnea strigosa	Spore	Mica	Ahmadjian & Jacobs 1982
Verrucaria macrostroma	Spore	Soil	Stocker & Türk 1987
Xanthoria parietina	Spore	Agar (Soil ex)	Bubrick & Galun 1986

図 9.2 地衣体再形成一覧

1966 年に米国クラーク大学の Ahmadjian がハナゴケ属オオツブラッパゴケ *Cladonia cristatella* の実験室における地衣体再形成（再合成）に成功し，その論文が Science 誌で発表されてからすでに約半世紀が経過しました．現在までに数多くの種についての再形成の報告がなされています．図 9.2 に Ahmadjian 以降 20 世紀における再形成報告を一覧表にまとめました．

Ahamadjian（1966）は子嚢胞子培養から得られた地衣菌を利用しました．図 9.2 の表中の Source の欄に Spore と表示されているものは子嚢胞子培養法由来の地衣菌です．一方，Thallus と表示されているものは地衣組織培養法由来の地衣菌です．また，Medium 欄における Agar は寒天培地，None は純水寒天培地，MY は麦芽酵母エキス寒天培地を意味します．Soil は土壌を，Mica は雲母板を使用しています．

地衣類の培養研究の先駆者的存在である Ahmadjian（1959）はその学位論文題目「The taxonomy and physiology of lichen algae and problems of lichen synthesis.」にあるように，藻類学者としてスタートとしたようです．Ahmadjian（1961, 1964）は地衣菌の培養にも造詣が深く，多分当時では共生藻の培養はもちろん，その他の分野の培養でも最高の権威者だったと思われます．

Ahmadjian（1966）は地衣体形成に興味を持ち続け，終に実験室の培土上におけるオオツブラッパゴケの再合成に成功しました．

さらに，Ahmadjian & Heikkilä（1970）は緑藻共生地衣類であるミドリゴケ属ミドリゴケ *Endocarpon* pusillum とミドリサネゴケ属 Straurothele clopima の寒天培地上における再合成に成功しました．ミドリゴケでは地衣体形成から子器形成，子嚢胞子形成まで確認しました．子器や子嚢胞子のような生殖器官の形成についての初めての報告となりました．S. clopima では粉芽塊が形成されました．しかし，両者の共生藻交換による再合成の試みは失敗しました．

Ahmadjian et al.（1980）は寒天培地上におけるオオツブラッパゴケの子柄と子器，粉子器の形成にも成功しました．また，オオツブラッパゴケの地衣菌とチャシブゴケ属 Rhizoplaca chrysoleuca（← Lecanora chrysoleuca）の共生藻との再合成も成功しました．これは異種間再合成の初めての報告となりました．

Ahmadjian & Jacobs（1981）は電子顕微鏡によりオオツブラッパゴケの地衣菌と共生藻の細胞接触から地衣体形成までを詳細に追跡して見せました．

Ahmadjian & Jacobs（1981）は雲母板上で Usnea strigosa の再合成も成功し，ハナゴケ属だけでなくサルオガセ属でも再合成ができることを示しました．さらに，Ahmadjian & Jacobs（1985）は再形成体と天然地衣体の組織構造を電子顕微鏡で詳細に調べて，両者を比較しています．

1986 年にドイツのミュンスターで開催された第 3 回国際地衣学会で筆者は Mr. Cristatella と呼ばれていた米国クラーク大学教授の Ahmadjian と初めて出会いました．1988 年に彼を日本に招待し，シンポジウムを開催しました．その後，筆者の当時の研究室で保管していた地衣組織培養法由来の地衣菌株をすべて見せ，「すべて地衣菌株だ」と断定されたときの感動が今でも忘れられません．彼はそれまで地衣体から地衣菌を分離することは絶対に不可能と思っていました．

Ahmadjian の研究を実質的に引き継いだのはイスラエルのテルアビブ大学の Galun のグループでした．Marton & Galun（1976）はツブノリ目 Heppia echinulata のシリカゲル上における微小地衣片からの再形成に成功しました．これは藍藻共生地衣類の再形成の初めての報告になりました．また，Burbirick & Galun（1986）は緑藻共生地衣類であるダイダイゴケ科オウシュウオオロウソクゴケ Xanthoria parietina から得られた地衣菌株と共生藻株の再合成を寒天培地上で行い，地衣体形成から子器形成，胞子形成まで確認しました．

オーストリアのザルツブルグ大学の Stocker & Türk はアナイボゴケ属地衣類の再合成（Stocker & Türk 1987）とツメゴケ属地衣類の粉芽からの再分化（Stocker & Türk 1988）にそれぞれ培土上で成功しました．その後，Stocker は筆者の研究室に 3 箇月間所属し，地衣組織培養法を取得して母国に帰り，地衣組織培養法を取り入れて，その後も研究を進めています．

日本では地衣組織培養法を応用した再分化研究が盛んに進められました．吉村・山本を中心としたグループ（Yamamoto 1990, Yoshimura et al. 1990）はサルオガセ属とツメゴケ属を材料に地衣組織培養法による微小地衣体の再分化に成功しました．特にツメゴケ属については藍藻共生地衣類の寒天培地上での初めての再分化報告になりました．筆者の研究室で地衣組織培養法の説明を受けた近はその後，近・柏谷を中心としたグループ（Kon et al. 1990）でサルオガセ属の地衣類を材料に地衣組織培養法による再分化に成功しました．

3. アカサルオガセの再分化

本書では日本における事例として吉村・山本を中心としたグループの成果を中心に説明します．

図 9.3 アカサルオガセの再分化

Yamamoto（1990）と Yoshimura et al.（1990）は地衣培養組織法による地衣体再分化の試みに成功しました．彼らは図 9.3 に示すように雲母板上に置いたアカサルオガセ Usnea rubrotincta の培養組織を材料にしました．

Yoshimura et al.（1990）の行った方法と結果は以下の通りです．培養（図 9.3 中央の模式図）はガラス器具内に斜めに立てた雲母板を用い，ガラス器具内に改変したリリーバーネット寒天培地を入れ，15℃，1000 lux，12 時間／日照明下で行われました．結果，寒天培地よりすこし上部のやや乾燥した雲母片上において，培養組織の表面が乾燥して緑色化し，そこから再分化体が発生しました．また，Yoshimura et al.（1990）は再分化体が最初無色透明の棒状（図 9.3 の右上写真）であるが，やがて，先端部から赤色に着色することも明らかにしました（図 9.3 の右下写真）．

4. ジョウゴゴケの再分化

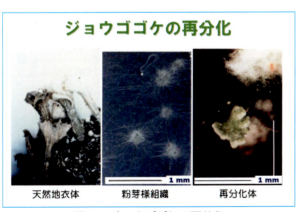

図 9.4 ジョウゴゴケの再分化

図 9.4 は Yoshimura & Yamamoto（1993）が示したハナゴケ属ジョウゴゴケ Cladonia chlorophaea の再分化です．ハナゴケ属は Ahmadjian が再合成に初めて

成功した属です．種は異なりますが，日本でも成功しました．ただし，基本葉体のみで子柄の形成に至っていません．基本葉体は粉芽様態組織を経て形成され，葉縁に粉芽塊をつけています．

Kinoshita et al.（1993）は材料としてフィンランド産のサルオガセ属地衣類 Usnea hirta，培地として麦芽酵母エキス寒天培地を用い，培養を 20℃，約 2000 lux，12 時間／日照明下，あるいは暗所下で行いました．

結果，Kinoshita et al.（1993）は明所下で培養された培養組織から緑色の共生藻塊と長さ数 mm の淡緑色の微小地衣体（microthallus）が形成され，一方暗所下で培養された培養組織から長さ数 mm の白色の微小地衣体が形成されることを確認しました．暗所下の培養組織の表面に共生藻が認められました．

暗所で白色の再分化体が得られたことは共生藻の存在と地衣体形成が無関係であることを示唆する実に興味ある結果と言えます．

さらに，Kinoshita et al.（1993）は天然地衣体と再分化体の内部構造を顕微鏡で観察し，比較しました．

Kinoshita et al.（1993）は天然地衣体の横断面や縦断面でも藻類層が明瞭に確認できること，一方，暗所再分化体の横断面や縦断面に藻細胞が確認できないこと，ただし，縦断面の培養組織側に藻細胞が確認できることを示しました．また，Kinoshita et al.（1993）は地衣菌のみであっても微小地衣体のような菌糸の発達を確認しました．

このように共生藻の存在と地衣体形成が無関係である可能性が高まりました．しかし，培養組織中に藻細胞があるので，共生藻が混入して地衣体形成が起き，その後共生藻が移動脱落するとの仮説も考えられます．再形成の今後の課題の一つです．

5．チヂレツメゴケの再分化

図 9.5 チヂレツメゴケの再分化

藍藻共生地衣類の形態形成については Marton & Galun（1976）による Heppia echinulata のシリカゲル上における微小地衣片からの再形成と Stocker & Türk（1988）によるフイリツメゴケ Peltigera didactyla の培土上における粉芽からの再形成の報告がありました．

Yoshimura et al.（1990）はツメゴケ属を含む藍藻共生地衣類の組織培養が困難であったことから，寒天培地における栄養条件を種々変えて培養組織の誘導を試みました．その際に純水寒天培地上で培養したツメゴケ属の一部の種の微小片から微小地衣体が半年後に形成されたことを確認しました．

成功したチヂレツメゴケ Peltigera praetextata の微小地衣体の再分化の写真を図 9.5 に示します．外観観察する限りにおいて，チヂレツメゴケの植えつけた微小片はいったんその組織が瓦解し，そこから未分化な組織である粉芽に似た白色有毛体を経て地衣体に再分化すると思われました（Yoshimura et al. 1990）．

Yoshimura et al.（1990）が実験に用いた培地は純水寒天培地，**MDM** 寒天培地，麦芽酵母エキス（**MY**）寒天培地の 3 種類です．結果，**MY** 寒天培地ではまったく地衣体の形成がみられず，**MDM** 寒天培地では白色有毛体までの形成は見られましたが，それ以上に進展せず，純水寒天培地で初めて白色有毛体を経て地衣体の再形成（再分化）がみられました（Yoshimura et al. 1990）．

6．チヂレツメゴケの再分化過程－内部構造－

Yoshimura et al.（1990）はさらに再分化過程の詳細な検討を進めるために，凍結ミクロトームによる組織の内部構造の顕微鏡観察を行いました．その結果を図 9.6 の写真 **A**，**B**，**C**，**D** で示します．写真の中で黒い点のようにみえるのは共生藻の細胞です．

Yoshimura et al.（1990）によれば，植えつけた微小片は共生藻と地衣菌の増殖によって元の形を失います．写真 **A** の中で共生藻であるネンジュモ属 Nostoc は自由生活系と同様な直鎖状の形態で寒天培地上に増殖しています．この状態のネンジュモ属はある種の細菌類と共存しています．場所によってネンジュモ属が直鎖状をとらず，環状から塊状になっているものもあります．

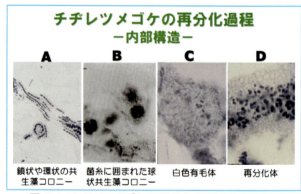

図 9.6 チヂレツメゴケの再分化過程－内部構造－

さらに，ネンジュモ属細胞が不規則に集まった球形の集合体を形成するようになり，写真 **B** のように地衣菌の菌糸に取り囲まれます．ここで，ネンジュモ属細胞が集合体形成にいたるまで地衣菌の菌糸がネンジュモ属細胞へ直に接触している様子は観察できません．

次に，この集合体は大きくなり，白色の菌糸が放射状に射出して有毛状にみえる塊状の未分化組織（写真 **C**，白色有毛体）となります．

白色有毛体は次第に背腹性を持つ再分化体へと変わっていきます．再分化体（写真 **D**）は背面と腹面の両方に皮層を持ち，その間にネンジュモ属細胞を含んだ髄層があります．背面の皮層は異形菌糸組織で 2 から 3 層の細胞層からなります．腹面の皮層は不規則に配列した丸い

細胞からなる未分化の同形菌糸組織よりなります．髄層はネンジュモ属細胞を取り囲んだ不規則に交錯した菌糸からなります．再分化体の腹面は長い糸状の菌糸で寒天培地に埋没していますが，約1年間培養すると，再分化体は径約3 mmに生長し，幾つかの不規則な裂片が形成され，寒天培地に接していない再分化体の腹面がよく分化します．

さらに，Yoshimura et al.（1994）はチヂレツメゴケに加えて新たにツメゴケ属に属するフィンランド産4種（イヌツメゴケ Peltigera canina，アツバツメゴケ P. malacea，モミジツメゴケ P. polydactylon，コフキツメゴケ P. pruinosa）についても地衣組織培養法による地衣体再分化に成功しました．

Yoshimura et al.（1994）によれば，コフキツメゴケの再分化過程はチヂレツメゴケで観察された過程とほとんど同じでしたが，再分化体の発達が比較的優れていました．再分化体の上皮層は多層菌細胞からなる異形菌糸組織でした．一方，下皮層は認められませんでした．ネンジュモ属細胞は天然地衣体と同様に上皮層の直下に局在していました．

イヌツメゴケやモミジツメゴケでも同様な結果でしたが，アツバツメゴケは再分化体を形成したものの，安定化せず未分化組織に戻りました．

7. ツメゴケ属の再分化

図9.7 ツメゴケ属の再分化

嵯峨（2004）は Yoshimura et al.（1994）に引き続いて日本産のツメゴケ属5種（ヘリトリツメゴケ Peltigera collina，フイリツメゴケ P. didactyla，コモチモミジツメゴケ P. elizabethae，チヂレツメゴケ P. praetextata，コフキツメゴケ P. pruinosa）の地衣組織培養法による地衣体再分化に成功しました（図9.7）．

図9.7の左下の写真のフイリツメゴケ再分化体は6箇月間培養したもので，大きさ4.5 mmに生育し，フイリツメゴケの特徴的な粉芽塊をつけていました．図9.7の右下の写真のコモチモミジツメゴケ再分化体は6箇月培養したもので大きさ4.7 mmに生育しました．ただし，コモチモミジツメゴケの特徴的な小裂片は確認できませんでした．これら再分化体は培養を続けてもこれ以上大きくなりませんでした．

8. ツメゴケ属の再分化－遺伝子レベルの確認－

嵯峨（2004）は得られた再分化体が真に天然地衣体の地衣菌と共生藻から成っているのかどうかについて遺伝子分析手法を用いて検討しました．材料としたフイリツメゴケとコモチモミジツメゴケについて，得られた再分化体と天然地衣体から DNeasy Plant Mini Kit（QIAGEN社）を用いてそれぞれ DNA の抽出を行ないました．次いで PCR により，地衣菌は ITS 領域，共生藻は SSU 領域を増幅し，電気泳動により増幅されたそれぞれのバンドを確認しました．

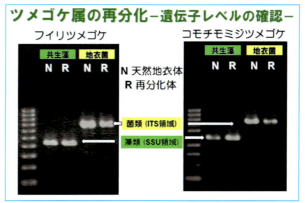

図9.8 ツメゴケ属の再分化－遺伝子レベルの確認－

その結果を図9.8に示します．フイリツメゴケとコモチモミジツメゴケの再分化体の地衣菌と共生藻に由来するバンドは材料としたそれぞれの天然地衣体の地衣菌と共生藻に由来するバンドと一致しました．

9. ツメゴケ属の再分化結果

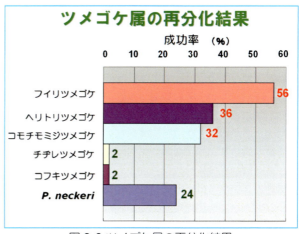

図9.9 ツメゴケ属の再分化結果

地衣組織培養法は熟練が必要で，個人間の誤差も大きくまた実験条件の同一性も結果に影響を与えます．実験を比較することがなかなか難しいのです．

嵯峨（2004）が行ったツメゴケ属5種の再分化成功率を図9.9にまとめています．参考としてフィンランド産の Peltigera neckeri も合わせて載せています．

嵯峨（2004）は図9.9に示すように，最も高い成功率はフイリツメゴケの56%，次いでヘリトリツメゴケの36%，コモチモミジツメゴケの32%，P. neckeri の24%で，コフキツメゴケとチヂレツメゴケは2%と低い値であることを明らかにしました．

上位2種は粉芽塊をつけます．無性生殖器官をつける

種は概して地衣体を構成する細胞の活性が高いと思われるので，妥当な結果と推察します．

10. ヒロハツメゴケの再分化

これまでツメゴケ属地衣類の再分化について説明してきましたが，説明したツメゴケ属はシアノバクテリアを共生藻とする藍色ツメゴケ類でした．それでは，シアノバクテリアと緑藻類を共生藻とする緑色ツメゴケ類の再分化はできるのでしょうか．その答えを図9.10に示します．

図9.10 ヒロハツメゴケの再分化

Yoshimura *et al.*（1994）はフィンランド産緑色ツメゴケ類のヒロハツメゴケ *Peltigera aphthosa* の再分化を他の藍色ツメゴケ類と同様の方法で行いました．材料はヒロハツメゴケの頭状体を含む微小地衣片です．

Yoshimura *et al.*（1994）によれば，植えつけて1年後に暗色の微小再分化体（藍藻型再分化体）の形成が確認されました．藍藻型再分化体の細い枝分かれした裂片は濡れた寒天培地の表面に接触していました．一方，緑藻類（*Coccomyxa* sp.）は菌塊から離れて生育していました．藍藻型再分化体はネンジュモ属 *Nostoc* 細胞を含み，再分化体の上下に単層の皮層を有していました．この形態はモミジツメゴケとよく似ていました．しかし，天然のヒロハツメゴケは下皮層を有していません．

培養を継続する間，次第に先端が培地から離れて，裂片が丸く広がる現象が観察されました．それとともに裂片基部を除いて，裂片は色を失いました．

色を失った裂片に徐々に緑藻細胞が侵入して新しい再分化体（緑藻型再分化体）が1年後に形成されました．しかし，依然基部ではネンジュモ属細胞が留まり，全体ではキメラな再分化体となりました．緑藻型再分化体の上皮層は厚くなり，逆に下皮層は消失しました．上皮層に小さな藻細胞が認められ，さらに培養を進めると，緑藻型再分化体に黒点が現れ，内部頭状体へと発達しました．

ネンジュモ属細胞の塊となった内部頭状体は菌糸に取り囲まれ，再分化体中に存在し，小さな緑藻細胞は上皮層の下に広がっていました．緑藻型再分化体と天然地衣体は違いが二つあります．一つは藻類層の発達が抑えられていること，もう一つは頭状体が地衣体内部に留まっていることです．

Yoshimura *et al.*（1994）はこの原因は培養実験の湿度環境が自然環境より高いレベルにあったためと推察しています．

11. 再形成過程の解析－アカサルオガセ－

緑藻共生地衣類の地衣体再形成過程については，Ahmadjian をはじめとする研究グループが報告しています．

ここでは吉谷（2013）の地衣体再形成研究を紹介します．吉谷（2013）の報告は，① 地衣菌の地衣体再形成，② 地衣菌と共生藻の再合成，③ 培養組織の再分化の三つの実験から成っています．用いた材料はアカサルオガセ *Usnea rubrotincta* とアカヒゲゴケ *U. rubicunda*，培地は純水寒天培地，麦芽酵母エキス（**MY**）培地，リリーバーネット（**LB**）培地，培養は光照明下，18℃，観察には実体顕微鏡，生物顕微鏡，走査電子顕微鏡を用い，さらに液体クロマトグラフィー（HPLC-PDA）による地衣成分同定を行っています．

図9.11 再形成過程の解析－アカサルオガセ－

図9.11に吉谷（2013）のアカサルオガセを用いた実験②の流れを示します．

12. 再形成実験条件

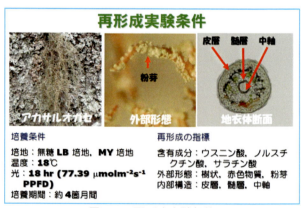

図9.12 再形成実験条件

図9.12に示すように，吉谷（2013）の行った実験②では，材料としてアカサルオガセから分離した地衣菌と共生藻（トレボキシア属 *Trebouxia* sp.），培地として寒天2%を含むブドウ糖無添加リリーバーネット培地（無糖 **LB** 培地）と寒天2%を含む麦芽酵母エキス培地（**MY**培地）を用い，培養は 77.39 µmolm^{-2}s^{-1}（PPFD）の1日18時間照明下，18℃で行われました．再形成の指標として含有地衣成分（ウスニン酸，ノルス

チクチン酸，サラチン酸），外部形態（樹状，赤色物質，粉芽），および内部構造（皮層，髄層，中軸）を用い，それぞれについて HPLC-PDA 分析，実体顕微鏡，生物顕微鏡，走査電子顕微鏡による観察に基づいて確認しました．

吉谷（2013）の実験方法を以下に示します．① 予め分離培養しておいた地衣菌を MY 液体培地で，また，予め分離培養しておいた共生藻を液体 BBM 培地で，それぞれ約 2 箇月間培養しました．② 培養した地衣菌塊を滅菌したメスで約 5 mm 角の小片に裁断しました．③ 裁断した培養地衣菌の 9 から 12 小片を無糖 LB または MY 培地に静置しました．④ 培養した共生藻を培地ごと 50 ml 遠心管に移し，1000 rpm で遠心して共生藻だけを沈殿させました．⑤ 共生藻約 2 ml を植え替えた地衣菌小片の上に偏りのないように広げ，約 4 箇月間培養しました．

13．再形成過程－アカサルオガセ－

吉谷（2013）によるアカサルオガセ地衣菌と共生藻の無糖 LB 培地上における再形成過程を図 9.13 に示します．

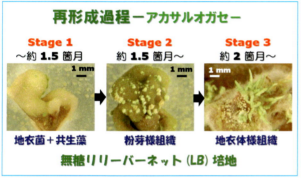

図 9.13 再形成過程－アカサルオガセ－

吉谷（2013）によれば，アカサルオガセの再形成は，図 9.13 のような三つの形態を示す段階からなることが確認できました．

まず，培養開始から約 1.5 箇月後まで，地衣菌と共生藻が共存しているだけの形態，これを Stage 1 とします．次に，約 1.5 箇月後から培養物表面に粉芽のような顆粒を作る形態，これを Stage 2 とします．Stage 2 の顆粒の形態は粉芽（soredium）によく似ていることから，粉芽様態組織（soredium-like body，SLB）と呼びます．粉芽様態組織は菌糸と藻が絡み合った形態をしています．さらに，約 2 箇月後から天然地衣体のような棘状組織を作る形態，これを Stage 3 とします．また，Stage 3 の棘状組織の形態は天然地衣体に似ていることから，微小地衣体（microthallus，Kinoshita et al.（1993）で提唱された呼び方と同じ）と呼びます．微小地衣体は内部に藻をもった棘状組織の形態をしています．Stage 3 における微小地衣体について，Kon et al.（1990）が材料としたツブコナサルオガセ Usnea cornuta subsp. cornuta，Kinoshita et al.（1993）が材料とした U. hirta でも同様の形態が観察されているので，サルオガセ属地衣類の再形成に普遍的な段階と推定されます．

一方，Stage 2 の粉芽様態組織について，ツブコナサルオガセ（Kon et al. 1990）や Usnea hirta（Kinoshita et al. 1993）では同様の形態は観察されていません．おそらく，早期のことなので同様の形態があったことを見逃している可能性が高いと思われます．

吉谷は産地別のアカサルオガセについてその再形成能を比較し，差があることを確認しています．

14．Stage 2 の評価－外部形態－

吉谷（2013）は凍結ミクロトームを用いて Stage 2 にある無糖 LB 培地上の小片と天然地衣体の断面切片を作製し，生物顕微鏡観察に供しました．結果を図 9.14 に示します．

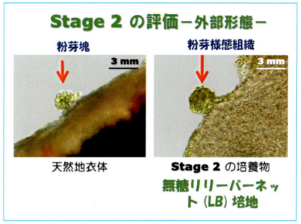

図 9.14 Stage 2 の評価－外部形態－

吉谷（2013）によれば，天然地衣体の粉芽塊と粉芽様態組織を比較したところ，外観上はほとんど同じ形態で明瞭な差は認められませんでした．

実験に用いた MY 培地と無糖 LB 培地での差についても，粉芽様態組織に大きな差異は確認されませんでした．

吉谷（2013）の行った実験 ① はアカサルオガセとアカヒゲゴケの地衣菌のみを用いた実験です．どちらも糖アルコール添加培地でのみ植えつけた小菌塊の表面に粉芽様態組織に類似した顆粒が観察され，無添加培地では観察されませんでした．当然ですが，糖アルコール添加培地上の小菌塊に形成された顆粒に共生藻は存在しませんでした．このことは Stage 2 までの段階の達成に共生藻の存在が必要ではなく，栄養源があれば可能であるということを示唆しています．

15．Stage 3 の評価－内部構造－

さらに，吉谷（2013）は凍結ミクロトームを用いて Stage 3 にある無糖 LB 培地上の小片と天然地衣体の横断面あるいは縦断面切片を作製し，生物顕微鏡観察に供しました．結果を図 9.15 に示します．

吉谷（2013）によれば，Stage 3 の微小地衣体の横断面を観察すると微小地衣体は皮層，中軸，髄層の 3 構造をもち，天然の地衣体に類似していることがわかりました．天然地衣体と異なる点としては，① 天然地衣体の髄層は菌糸が海綿状の構造で少数の共生藻が存在しますが，微小地衣体は髄層全体に多くの共生藻が存在しました．② 天然地衣体の中軸は菌糸が癒着して硬く，地衣体を支える軸となっていますが，微小地衣体は中軸が未熟で中軸と髄層を隔てる組織が明瞭に観察できませんでし

た．③ 天然地衣体に赤色色素が認められますが，**MY** 培地上の微小地衣体に赤色色素が認められず，無糖 **LB** 培地上の微小地衣体の半数のみに赤色色素が認められました．

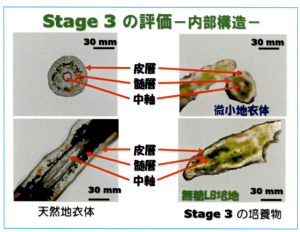

図 9.15 Stage **3** の評価－内部構造－

縦断面を観察すると，微小地衣体の中軸は未熟でありながらも，先端から根元にかけて軸状の組織が確認できました．

吉谷（2013）は天然地衣体と無糖 **LB** 培地上あるいは **MY** 培地上の微小地衣体を実体顕微鏡で観察し，形態を比較しました．**MY** 培地上の微小地衣体は未分化組織の集まった不定形態が多く観察されました．一方，無糖 **LB** 培地上の微小地衣体がより天然地衣体の形態に似ていました．類似点として，① 微小地衣体の表面が乾燥していたこと，② 微小地衣体のところどころに赤色色素が存在していたことが挙げられました．

16. Stage 1～3 の評価－地衣成分－

天然地衣体と再形成地衣体の含有地衣成分を比較した既報告（Kon *et al*. 1993）は知られていますが，再形成段階における含有地衣成分比率を分析した報告はありませんでした．そこで，吉谷（2013）は形態段階によって産生する地衣成分が異なるのかを調べました．また，再形成培地の地衣成分産生への影響を比較しました．図 9.16 に各段階における **MY** 培地上の微小片の地衣成分生産を示します．

地衣成分	Stage 1	Stage 2	Stage 3
ウスニン酸	-	0.67	24
ノルスチクチン酸	0.33	0.65	11
サラチン酸	0.13	-	1.3

（サンプルの成分含有濃度／天然地衣体の成分含有濃度）×100 (%)

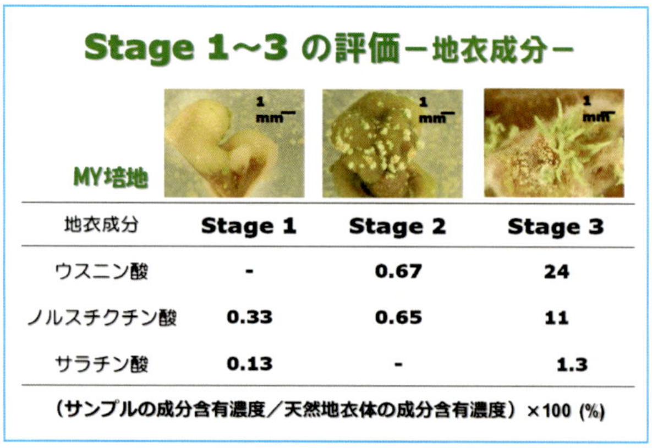

図 9.16 Stage **1**～**3** の評価－地衣成分－

吉谷（2013）によれば，**MY** 培地において Stage **1** では微量検出されていたサラチン酸が Stage **2** では検出されませんでした．一方，Stage **1** では検出されていなかったウスニン酸が Stage **2** で微量検出されました．Stage **3** ではウスニン酸，サラチン酸，ノルスチクチン酸のすべての成分が検出され，その生産は他の Stage に比して飛躍的に増大しました．

一方，**LB** 培地において Stage **1**，Stage **2** では地衣成分を産生していませんでした．Stage **3** でのみウスニン酸，サラチン酸，ノルスチクチン酸のすべての地衣成分が検出されました．

Stage **3** の培養物について，微小地衣体と培養組織に分けて地衣成分を分析したところ，地衣成分の多くは微小地衣体で産生されていることがわかりました．これは微小地衣体が形態だけでなく，地衣成分産生も天然地衣体に近づきつつあると考えられました．しかし，形態も地衣成分産生も完全ではありませんでした．

17. 再形成要因の影響－培地糖類－

Yamamoto *et al.*（1987）はアカサルオガセ培養組織の増殖に最適な培地糖類を検討し，**LB** 培地にブドウ糖もしくはショ糖を 4 から 16%添加した培地で最も速い増殖が得られると報告しました．

	糖類無添加	4% ブドウ糖	4% ショ糖	4% 果糖
Stage 1	22.2 %	87.5 %	90.9 %	75.0 %
Stage 2	0 %	12.5 %	9.1 %	25.0 %
Stage 3	77.8 %	0 %	0 %	0 %
	n=9	n=8	n=11	n=12

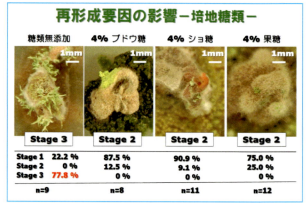

図 9.17 再形成要因の影響－培地糖類－

吉谷（1993）はアカサルオガセ培養組織の地衣体再形成に最適な培地糖類について調べました．培地として，無糖 **LB** 培地と無糖 **LB** 培地にブドウ糖，ショ糖，果糖をそれぞれ 4%加えた培地，さらに **MY** 培地と **MY** 培地にショ糖もしくは果糖をそれぞれ 4%加えた培地を用いました．図 9.17 に各 **LB** 培地における Stage **1**，**2**，**3** の割合を示します．Stage **2** の比率は粉芽様態組織，Stage **3** の比率は微小地衣体の比率と見なしています．

吉谷（1993）によれば，**LB** 培地では無糖 **LB** 培地でのみ 4 箇月後に Stage **3** の微小地衣体を形成しました．その他の培地では Stage **2** の粉芽様態組織までしか形成しませんでした．

次に，吉谷（1993）は形成率（全株数における再形成体数の割合）を%で算出しました．無糖 **LB** 培地では微小地衣体形成率は毎月 10 から 40%ずつ増加し，培養開始 4 箇月後に全体の 77.8%に達しました．ブドウ糖を添加した **LB** 培地では培養開始 1 箇月後に 33.3%の粉芽様態組織が確認されましたが，2 箇月後に共生藻に覆われ減少し，4 箇月経過しても形成率は 0%でした．ショ糖を添加した **LB** 培地では 1 箇月後に 58.3%の粉芽様態組織が確認され，そのうちの 8.3%が 2 箇月後に微

小地衣体まで発達しました．しかし，3箇月後に共生藻が増殖し，地衣体構造を内側から破壊したため，地衣体形成率は0％になりました．果糖を添加したLB培地では，1箇月後に41.6％の粉芽様態組織が確認され，そのうちの8.3％が微小地衣体まで発達しました．しかし，3箇月後にショ糖を添加したLB培地同様共生藻が地衣体構造を破壊したため，形成率は0％になりました．

MY培地では，糖類無添加培地でのみ培養開始4箇月後にStage 3の微小地衣体を形成しました．その他培地ではStage 1に留まりました．形成率では，糖類無添加培地で，1箇月後に形成した粉芽様態組織が2箇月後に全て微小地衣体に発達しました．また，培養開始2箇月以降も毎月10から20％ずつ微小地衣体が増加し，4箇月後に形成率は87.5％を示しました．一方，糖類添加培地では地衣菌と共生藻がそれぞれで生育するだけで共生関係を構築するような傾向は観察されませんでした．

18．再形成要因の影響－寒天濃度－

Kon et al.（1997）はツブコナサルオガセ Usnea cornuta subsp. cornuta 培養組織を用いて，培地寒天濃度の再形成への影響を調べ，寒天濃度5％の方が1％より形成能力が高いことを示しました．しかし，形態段階における寒天濃度の再形成への影響を調べた報告はありませんでした．

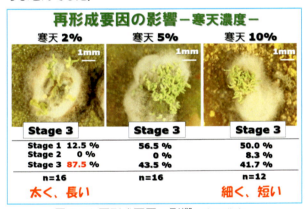

図9.18 再形成要因の影響－寒天濃度－

吉谷（1993）はアカサルオガセ培養組織と分離地衣菌の地衣体再形成に最適な寒天濃度について調べました．培地として，MY培地に寒天を2％，5％，10％，それぞれ添加した培地を用いました．図9.18にアカサルオガセ培養組織の各培地におけるStage 1，2，3の割合を示します．Stage 2の比率は粉芽様態組織，Stage 3の比率は微小地衣体の比率と見なしています．

吉谷（1993）によれば，分離地衣菌ではどの寒天濃度でも粉芽様態組織も微小地衣体もできませんでした．一方，培養組織ではどの寒天濃度でもStage 3の微小地衣体が確認されました．しかし，微小地衣体の形状に違いが見られました．寒天濃度2％（湿潤環境とみなせる）の微小地衣体は太く，長くなったのに対し，寒天濃度10％（乾燥環境とみなせる）の微小地衣体は細く，短くなりました．また，微小地衣体を形成するのに必要な期間と形成率に違いが出ました．寒天2％培地では，培養開始1箇月後に形成した粉芽様態組織が2箇月後に全て微小地衣体に発達していました．また，2箇月以降も毎月10から20％ずつ微小地衣体が増加し，4箇月後に微小地衣体形成率は87.5％になりました．寒天5％培地では，1箇月後に形成した粉芽様態組織が3箇月後に微小地衣体になり始め，4箇月後に全ての粉芽様態組織が微小地衣体に発達しました．寒天10％培地では，1箇月後に形成した粉芽様態組織が3箇月後に微小地衣体になり，4箇月後に再び粉芽様態組織が増殖していました．これにより寒天2％培地（湿潤環境）では粉芽様態組織が微小地衣体に発達する期間が短く，微小地衣体形成率が高いことがわかりました．一方，寒天10％培地（乾燥環境）では粉芽様態組織が微小地衣体に発達するのに時間を要することがわかりました．

B　地衣類の人工栽培

地衣類を人工栽培する目的は二つあります．一つは学術研究の視点です．地衣類の再形成が一部の種でできるようになりましたが，まだ野外での大きさに比べて小さなものです．再形成体を野外と類似した人工栽培環境で育てることでライフサイクルの完結を目指します．

他方は経済的視点です．地衣類を多量に生産できれば，種々の分野で工業原料として扱うことができます．

ここではまず栽培，特に人工栽培と野外栽培について説明後，地衣類の人工栽培の報告例を説明し，その後，地衣類の人工栽培への二つのアプローチ，チャンバー法とポリエチレン袋法（坂東法）を紹介します．

19．栽培（人工栽培と野外栽培）

図9.19 栽培（人工栽培と野外栽培）

前章8.1で「培養」と「栽培」について説明しました．図9.19に示すように，ここでは「栽培」をさらに二つに分けて定義します．「人工栽培」と「野外栽培」です．大きな違いは環境制御ができているかどうかです．環境制御は温度制御が最も普通ですが，光制御，湿度制御も含まれます．

「人工栽培」は建物の室内で栽培器や栽培室，栽培工場（植物工場）での栽培を普通は意味しています．そこでは温度ばかりでなく，光や湿度も制御されているからです．「人工栽培」の装置として人工気象器（図9.19 右の写真）や人工気象室（ファイトトロン）が市販されています．これら装置は高価で，環境条件を変えた実験を組むとなると何台も必要となります．本章では安価に人工栽培実験ができる方法に絞って説明します．

「野外栽培」は露地栽培を念頭においています．温室やビニールハウスも温度制御ができるぐらいのことで野外栽培と言っていいでしょう．しかし，最近，温室と言っても温度制御ばかりでなく光や湿度も制御できる本格的な建物であることも珍しくなくなってきました．境界がわかりにくくなったことは確かです．

20．地衣類の人工栽培の報告例

地衣類の人工栽培の報告例を図 9.20 の表にまとめました．

Dibben（1971）はファイトトロンを用いて 6 種の地衣類，*Baeomyces roseus*，オオツブラッパゴケ *Cladonia cristatella*，*C. mateocyatha*，ネジレバハナゴケ *C. strepsilis*，*C. subtenuis*，*Pycnothelia papillaria* の人工栽培を試み，成功しました．

Dibben（1971）の実験方法を以下に示します．地衣体は採取後，蒸留水に浸した後に粉砕機で粉砕し，その上澄み液を除いて用いました．培土は採取後自然乾燥させ，高圧滅菌した後，さらに高温乾燥後，孔径 2 mm のガーゼを通したものを用いました．径 7 cm のポリスチレンカップに半量のバーミキュライトを入れ，その上に半量培土を入れ実験容器としました．予め培土の入った実験容器を蒸留水で湿らせ，その上に地衣体懸濁液を径 3 cm 程度に広げ，種々の照度と温度のチャンバーに移し，それぞれ 18 箇月間栽培しました．

地衣類の人工栽培の報告例

栽培装置	報告	地衣類
ファイトトロン	Dibben 1971	*Baeomyces roseus*，オオツブラッパゴケ，*Cladonia mateocyatha*，ネジレバハナゴケ，*C. subtenuis*，*Pycnothelia papillaria*
ポリエチレン袋	Bando & Sugino 1995a	ウメノキゴケ
	Bando & Sugino 1995b	ウメノキゴケ
	Bando *et al.* 1997	ウメノキゴケ
	坂東 2004	葉状7種，樹状3種
	坂東 2006a	ナミガタウメノキゴケ，ウメノキゴケ，マツゲゴケ
	坂東 2006b	ウメノキゴケ
	坂東 2009	ウメノキゴケ
自作チャンバー	岩崎 2003	ササクレマタゴケ
	佐藤 2005	ササクレマタゴケ，コアカミゴケ，ヤグラゴケ，チヂレツメゴケ

図 9.20 地衣類の人工栽培の報告例

秋田県立大学は自作チャンバーを用いた人工栽培方法（チャンバー法）を確立しました．その詳細について岩崎（2003）および佐藤（2005）の実験で説明します．

一方，近畿大学では坂東を中心にポリエチレン袋を用いた栽培法（ポリエチレン袋法）を開発しました（Bando & Sugino 1995ab，Bando *et al*. 1997，坂東 2004，2006ab，2009）．本書では坂東（2004）の報告を基に後述します．

21．地衣類の人工栽培－チャンバー法－

チャンバー法は図 9.21 に示す自作チャンバーで地衣類を人工栽培する方法です．本方法は筆者が所属した秋田県立大学生物資源科学部植物創成システム研究室で開発されました．

チャンバーに LED 自動照明装置と自動噴霧装置が取りつけられ，光制御と湿度制御が可能です．栽培条件は以下の通りです．光強度 45 μmolm^{-2}s^{-1} PPFD，16 時間/日照明，気温 25℃，加湿時間 24 時間/日，灌水量 800 ml/2 日，栽培期間 103 日間．

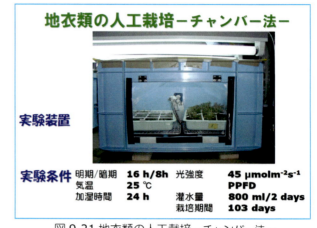

図 9.21 地衣類の人工栽培－チャンバー法－

このチャンバーを用いて，以下の岩崎（2003）および佐藤（2005）の実験が実施されました．

22．チャンバー法による人工栽培Ⅰ－材料・培土－

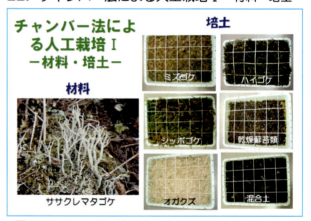

図 9.22 チャンバー法による人工栽培Ⅰ－材料・培土－

岩崎（2003）は実験材料としてハナゴケ属のササクレマタゴケ *Cladonia scabriuscula*，培土としてロックウールと供試材と共に自生していた蘚苔類を用い，図 9.21 で示した自作チャンバーの中で照明時間（明暗周期）を変えて栽培実験を行いました．結果，明期が長い場合は地衣体が黄化し，短い場合は雑菌汚染が多く認められました．これは，栽培の光環境が不適切であったこと，栽培環境が高湿度条件になっていたことが原因と考えられ，適切な明暗周期の選択および除湿の促進が必要であると思われました．培土については，蘚苔類を用いた場合，新しい地衣体の発生と地衣体の伸長が認められ，自然界の条件に近い蘚苔類がロックウールより適していると考えられました．

岩崎（2003）の報告を基に，佐藤（2005）は図 9.22 に示すようにハナゴケ属のササクレマタゴケを実験材料に，培土として蘚苔類 4 種（ミズゴケ，ハイゴケ，シッポゴケ，乾燥蘚苔類），オガクズ，混合土を用い，それぞれ栽培実験Ⅰに供しました．実験条件は図 9.21 に示す通りです．生長の評価は実験開始時と終了時に地衣体最長部分を測定して得た生長量（＝終了長－初期長）と生存率（＝生存地衣体数 x 100%／植えつけ地衣体数）で

行いました．

23. チャンバー法による人工栽培Ⅰ－生存率・平均生長量－

佐藤（2005）の栽培実験Ⅰの結果を図9.23に示します．下部は用いた培土の種類，左に生存率を黄色で，右に平均生長量を赤色の棒グラフで示しています．

図9.23において，培土として乾燥蘚苔類，ミズゴケ，混合土を用いた場合，生存率は0%となりました．ハイゴケ，シッポゴケ，オガクズの生存率はいずれも50%を超えていますが，平均生長量や最大生長量では大きな差が見られました．オガクズは平均生長量が2.8 mmで最大生長量10 mm，シッポゴケは平均0.7 mm，最大7 mm，ハイゴケは平均0.3 mm，最大8 mmの値を示しました．オガクズは平均生長量も最大生長量も最も高い値を示したので，採用した栽培実験条件下ではササクレマタゴケの生長にとってオガクズが最も優れた培土であることが確認できました．

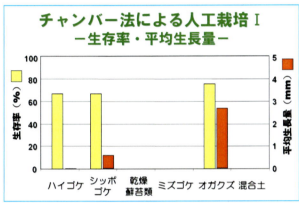

図9.23 チャンバー法による人工栽培Ⅰ
－生存率・平均生長量－

24. チャンバー法による人工栽培Ⅱ－種の影響－

図9.24 チャンバー法による人工栽培Ⅱ－種の影響－

続いて，佐藤（2005）は実験Ⅰの結果を基に，培土としてシッポゴケとオガクズを選び，地衣材料として実験Ⅰで用いたササクレマタゴケ *Cladonia scabriuscula* と新たに同じハナゴケ属のコアカミゴケ *C. macilenta*，ヤグラゴケ *C. krempelhuberi*，ツメゴケ属のチヂレツメゴケ *Peltigera praetextata* を選んでそれぞれの実験Ⅰと同様の栽培実験Ⅱに供しました．栽培環境条件や生長評価は実験Ⅰと同じに設定しました．ただし，灌水量を800 ml/2日から200 ml/2日に変更しました（図9.24）．

25. チャンバー法による人工栽培Ⅱ－生存率・平均生長量－

佐藤（2005）の栽培実験Ⅱの結果を図9.25に示します．下部は用いた地衣材料の種類と培土の種類，左に生存率を黄色で，右に平均生長量を赤色の棒グラフで示しています．

図9.25において，ササクレマタゴケは生存率と平均生長量のどちらも4種の中では最高値を示し，実験Ⅰの結果を再現しました．ただし，実験Ⅰではオガクズの方が蘚苔類よりは高い平均生長量を示したのに比べ，実験Ⅱでは逆の結果を得ました．これは灌水量を減らした影響と考えられました．

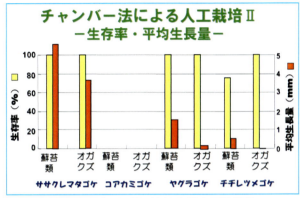

図9.25 チャンバー法による人工栽培Ⅱ
－生存率・平均生長量－

ヤグラゴケはササクレマタゴケに次いでよい成績でしたが，個体の一部に腐敗が見られました．このことはヤグラゴケにとって現行の湿潤度が高すぎることを示しているのではないかと思われました．

チヂレツメゴケは蘚苔類培土で若干の生長が見られるものの一部は枯死し，オガクズでは生長せず，一部枯死しました．このことはチヂレツメゴケにとって現行の湿潤度が低すぎることを示しているのではないかと思われました．

コアカミゴケは培土として蘚苔類とオガクズの両方で生存率は0%を示しました．個体はすべて腐敗しました．このことはコアカミゴケにとって現行の湿潤度が極度に高すぎることを示しているのではないかと思われました．

このように人工栽培は個々の種に合わせて培土の選択や湿度環境を整えることが重要だと言えます．

26. 地衣類の人工栽培－ポリエチレン袋法－

坂東（2004）は地衣類の生理生態的特性の研究に役立つ簡便な人工栽培法（ポリエチレン袋法，坂東法）を開発しました．実験方法の概略を図9.26に示します．

坂東（2004）による実験手順をまとめると以下のようになります．① 地衣体に付着している異物を事前に極力除いた後，地衣体から小片を切り出します．特に小片に樹皮が付着していると，材料が腐敗しやすくなります．② 無蓋シャーレに培土を置き，その上に地衣体小片を置きます．培土としては，濾紙，石材，土のように様々な

ものが使用可能です．表面が常時湿っているものは材料が腐敗しやすくなります．また，材料の成分や分泌物などが培土に染み込み，小片の生長に悪影響を及ぼす可能性があるので，培土は定期的に新しいものと交換します．③ 小片を置いた無蓋シャーレを，調湿剤（相対湿度を100％に保つ場合は純水）を入れたビーカとともに，開閉口がファスナーになっているポリエチレン製透明密閉袋に入れ，袋を膨らませて密閉します．調湿剤として密閉袋内の目標湿度にあわせて各種飽和水溶液またはグリセリン水溶液などを使用します．また，密閉袋内を低湿条件（乾燥条件）に調節したい場合，調湿剤としてシリカゲルを使用します．密閉袋内を相対湿度100％に調節したい場合，あらかじめ噴霧器を用いて密閉袋の内面に純水を噴霧し，さらに調湿剤の代わりに純水を入れたビーカをシャーレとともに袋に入れて密閉します．袋をドーム状にすることで，袋上部内面に付着した水滴がシャーレ内の小片に直接落ちないように，内面を伝って下部（底部）に流れるようにします．材料に直接水滴が落ちると，材料が腐敗しやすくなります．密閉袋内の換気は適時袋を開けて行います．④ シャーレとビーカを入れた密閉袋を温度および光条件を調節できる培養器内に入れます．温度条件および光条件（光強度，照明時間）は培養器を操作して調節します．⑤ 定期的に地衣体小片を取り出し，培養液に浸漬した後，元に戻します．培養液として **BBM** の 100 倍希釈液や，改変 Czapek 液のような様々な培養液が使用できます．ただし，培養液に糖類が含まれていると，材料が腐敗しやすくなるので糖類は除きます．また，培養液の濃度を一般的に用いる標準濃度より薄くしないと，材料の生長が抑制されます．

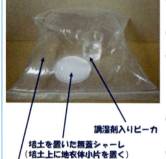

図 9.26 地衣類の人工栽培−ポリエチレン袋法−

以上の栽培方法は培土，湿度，温度，光，養分供給のような環境条件を任意に調節できるので，種々の地衣類の生長に最適な環境条件を調べたり，生長促進物質を検索したりするのに大変有効であると考えられます．

27．ポリエチレン袋法による人工栽培−地衣類の生長−

図 9.27 の表は坂東（2004）による各種地衣類の栽培実験結果をまとめたものです．

坂東（2004）は材料として表に示すような葉状地衣類7種（カワホリゴケ Collema complanatum，キウメノキゴケ Flavoparmelia caperata，ヘラガタカブトゴケ Lobaria spathulata，センシゴケ Menegazzia terebrata，ナミガタウメノキゴケ Parmotrema austrosinense，ウメノキゴケ P. tinctorum，マツゲゴケ P. clavuliferum）および樹状地衣類3種（トゲシバリ Cladia aggregata，コフクレサルオガセ Usnea bismolliuscula，アカサルオガセ U. rubrotincta）の地衣体周辺部または先端部の小片，培土として濾紙を用い，栽培条件として相対湿度100％，温度20℃，光強度70 µmolm^{-2}s^{-1} PPFD，16 時間/日照明を設定し，栽培実験を行いました．密閉袋内（内容積約 3.5 dm^3）の換気と濾紙の交換は4日毎に行い，養分供給は4日毎に90分間，各小片を **BBM** 100 倍希釈液に浸漬して行いました．生長評価は葉状地衣類の場合，24 日後における地衣体面積増大率，樹状地衣類の場合，24 日後における地衣体伸長量（cm）で行いました．

ポリエチレン袋法による人工栽培
−地衣類の生長−

樹状地衣類	24日後地衣体伸長量 (cm)		平均値 ±標準偏差
トゲシバリ	0.2	±	0.1
コフクレサルオガセ	0.2	±	0.1
アカサルオガセ	0.3	±	0.1
葉状地衣類	24日後地衣体面積増大率 (%)		
カワホリゴケ	47	±	7
キウメノキゴケ	27	±	4
ヘラガタカブトゴケ	31	±	6
センシゴケ	45	±	11
ナミガタウメノキゴケ	50	±	17
ウメノキゴケ	35	±	7
マツゲゴケ	32	±	9

栽培条件：温度20℃，相対湿度100％，PPFD 70µmol/m²/s，1日16時間照明，4日毎に90分間 BBM 100倍希釈液に浸漬

図 9.27 ポリエチレン袋法による人工栽培
−地衣類の生長−

坂東（2004）によれば，葉状地衣類7種の24日後地衣体面積増大率平均値は27％から50％でした．一方，樹状地衣類3種の24日後地衣体伸長量平均値は0.2から0.3 cm でした．以上の結果は本栽培法が少なくとも本栽培実験で使用した10種の地衣類の栽培に有効であることを示しています．他の地衣類についても適用できる可能性を示唆しています．地衣類の種類によっては，生長に最適な環境条件が異なる可能性がありますが，環境条件を調節することによって，多くの種類の地衣類の栽培が可能になることが期待されます．

28．ポリエチレン袋法による人工栽培−水分の影響−

図 9.28 は坂東（2004）が次に行った人工栽培実験，すなわちウメノキゴケ Parmotrema tinctorum の生長に及ぼす水分の影響を調べた結果をまとめたものです．

坂東（2004）は材料としてウメノキゴケの地衣体周辺部の小片を2連準備し，培土として濾紙を用い，栽培条件として相対湿度100％，温度20℃，光強度70 µmolm^{-2}s^{-1} PPFD，16 時間/日照明を設定し，栽培実験を行いました．密閉袋内（内容積約 3.5 dm^3）の換気と濾紙の交換を4日毎に行い，養分供給は4日毎に90分間，各小片を **BBM** 100 倍希釈液に浸漬して行いました．さらに，一連は16日おきに4日間，（湿度以外の条件を変えずに）相対湿度35％未満の低湿条件に置き（低湿処

理区），他連はこの処理を行いませんでした（対照区）．

坂東（2004）によれば，低湿処理区の156日後の地衣体面積増大率平均値は63％に達しました．その一方，対照区では栽培開始116日目以降，地衣体面積の増大が止まり，156日後の地衣体面積増大率平均値は41％に留まりました．

以上の結果は本栽培法に定期的な低湿処理を併用することによってウメノキゴケの長期栽培（少なくとも156日間の栽培）が可能であることを示唆します．また，本栽培法の環境条件をさらに改善することで，より長期間の栽培が可能と思われます．

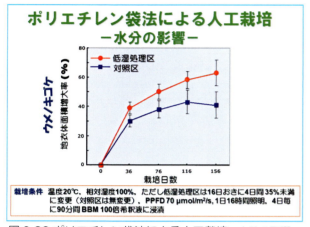

図9.28 ポリエチレン袋法による人工栽培－水分の影響－

坂東はこの他に人工栽培でナミガタウメノキゴケ，ウメノキゴケおよびマツゲゴケの生長に及ぼす塩化ナトリウムの影響（坂東2006a）やウメノキゴケの生長に及ぼす地衣抽出液の影響（坂東2006b），また，別の人工栽培法を用いてウメノキゴケの地衣体面積およびクロロフィル含量に及ぼす硫酸，硝酸，Cu^{2+}，Zn^{2+}およびFe^{3+}の影響（坂東2009）を調べています．

文献

Ahmadjian V. 1959. The taxonomy and physiology of lichen algae and problems of lichen synthesis. Ph. D. dissertation, Harvard University. Cambridge, Mass.

Ahmadjian V. 1961. Studies on lichenized fungi. Bryologist 64: 168-179.【0943】

Ahmadjian V. 1964. Further studies on lichenized fungi. Bryologist 67: 87-98.【0016】

Ahmadjian V. 1966. Artificial reestablishment of the lichen *Cladonia cristatella*. Science 151: 199-201.【0430】

Ahmadjian V. & Heikkilä H. 1970. The culture and synthesis of *Endocarpon pusillum* and *Straurothele clopima*. Lichenologist 4: 259-267.【0113】

Ahmadjian V. & Jacobs J.B. 1981. Relationship between fungus and alga in the lichen *Cladonia cristatella* Tuck. Nature 289: 169-172.【0038】

Ahmadjian V. & Jacobs J.B. 1982. Artificial reestablishment of lichens. III. Synthetic development of *Usnea strigosa*. J. Hattori Bot. Lab. (52): 393-399.【0114】

Ahmadjian V. & Jacobs J.B. 1985. Artificial reestablishment of lichens IV. Comparison between natural and synthetic thalli of *Usnea strigosa*. Lichenologist 17: 149-165.【0115】

Ahmadjian V., Russell L.A. & Hildreth K.C. 1980. Artificial reestablishment of lichens. I. Morphological interactions between the phycobionts of different lichens and the mycobionts *Cladonia cristatella* and *Lecanora chrysoleuca*. Mycologia 72: 73-89.【0036】

坂東誠. 2004. 実験条件下における地衣類の栽培方法. Lichenology 2: 167-172.【2507】

坂東誠. 2006a. 人工栽培条件下に置かれたナミガタウメノキゴケ，ウメノキゴケおよびマツゲゴケの成長に及ぼすNaClの影響. Lichenology 5: 45-48.【3768】

坂東誠. 2006b. 人工栽培条件下に置かれたウメノキゴケ *Parmotrema tinctorum* (Nyl.) Hale の成長に及ぼす地衣抽出液の影響. Lichenology 5: 49-52.【3769】

坂東誠. 2009. グロースキャビネット内に置かれたウメノキゴケ *Parmotrema tinctorum* (Nyl.) Hale の葉状体面積およびクロロフィル含量に及ぼすH_2SO_4，HNO_3，Cu^{2+}，Zn^{2+}およびFe^{3+}の影響. Lichenology 8: 73-77.【3767】

Bando M. & Sugino M. 1995a. Cultivation of the lichen *Parmotrema tinctorum* in growth cabinets. Plant Res. 108: 53-57.【1028】

Bando M. & Sugino M. 1995b. Effect of low-humidity treatment on growth of the lichen *Parmotrema tinctorum* in a growth cabinet. Plant Res. 108: 527-529.【1161】

Bando M., Sugimoto Y. & Sugino M. 1997. Effects of nutrients and chemicals on the growth of the lichen *Parmotrema tinctorum* cultivated in a growth cabinet. Hattori Bot. Lab. (81): 273-279.【1178】

Burbirick P. & Galun M. 1986. Spore to spore resynthesis of *Xanthoria parietina*. Lichenologist 18: 47-49.【0304】

Dibben M.J. 1971. Whole-lichen culture in a phytotron. Lichenologist 5: 1-10.【0311】

岩崎友仁子. 2003. 地衣類ハナゴケ（*Cladonia*）の形態形成と人工栽培. 秋田県立大学生物資源科学部卒業論文.

Kinoshita Y., Hayase S., Yamamoto Y., Yoshimura I., Kurokawa T., Ahti T. & Yamada Y. 1993. Morphogenetic capacity of the mycobiont in *Usnea* (Lichenized Ascomycete). Proc. Japan Acad. 69B: 18-21.【0934】

Kon Y., Iwashita T. & Kashiwadani H. 1997. The effects of water content on the resynthesis, growth of mycobiont and photobiont and lichen substances production. Bull. Natn. Mus. Nat. Sci.

23B: 137-142.【1214】

Kon Y., Kashiwadani H. & Kurokawa S. 1990. Induction of lichen thalli of *Usnea confuse* Asah. ssp. *kitamiensis* (Asah.) Asah. *in vitro*. J. Jap. Bot. 65: 26-32.【0089】

Kon Y., Kashiwadani H., Masada M. & Tamura G. 1993. Artificial syntheses of mycobionts of *Usnea confusa* spp. *kitamiensis* and *Usnea orientalis* with their natural and non-natural phycobiont. J. Jap. Bot. 68: 129-137.【0809】

Marton K. & Galun M. 1976. *In vitro* dissociation and reassociation of the symbionts of the lichen *Heppia echinulata*. Protoplasma 87: 135-143.【0052】

嵯峨優美子. 2004. 地衣類の組織培養法による形態形成. 秋田県立大学生物資源科学部卒業論文.

佐藤千秋. 2005. 地衣類の促成栽培技術の開発に関する研究. 秋田県立大学生物資源科学部卒業論文.

Stocker-Wörgötter E. & Türk R. 1987. Die Resynthese der Flechten *Verrucaria macrostroma* unter laborbedingen. Nova Hedw. 44: 55-68.【0308】

Stocker-Wörgötter E. & Türk R. 1988. Culture of the cyanobacterial lichen *Peltigera didactyla* from soredia under laboratory conditions. Lichenologist 20: 369-375.【0314】

Yamamoto Y. 1990. Studies of cell aggregates and the production of natural pigments in plant cell culture. Ph. D. dissertation, Kyoto University, Kyoto.

Yoshimura I., Kurokawa T., Yamamoto Y. & Kinoshita Y. 1990. Thallus-formation of *Usnea rubescens* and *Peltigera praetextata in vitro*. Bull. Kochi Gakuen College 21: 565-576.【0198】

Yoshimura I., Kurokawa T., Yamamoto Y. & Kinoshita Y. 1994. *In vitro* development of the lichen thallus of some species of *Peltigera*. Crypt. Bot. 4: 314-319.【0633】

Yoshimura I. & Yamamoto Y. 1993. Development of lichen thalli *in vitro*. Bryologist 96: 412-421.【0830】

吉谷梓. 2013. サルオガセ属地衣の地衣体再形成に関する研究. 秋田県立大学生物資源科学研究科修士論文.

第 10 章 地衣類の生物活性

本章は第 7 章の「地衣成分・二次代謝」と関連付けられます．第 7 章では地衣成分そのものを話題に取り上げました．本章では地衣成分を人が薬として利用するという視点からまとめています．地衣類や地衣成分を医薬品原料あるいは医薬品として利用できるというのは地衣類を研究する者たちの願望の一つです．

1. 地衣成分の役割・有用性

図 10.1 地衣成分の役割・有用性

第 7 章 7.3 で述べたように地衣成分は 1000 種類以上が知られています．地衣成分は主として芳香族化合物からなり，地衣菌が産生します．地衣成分は地衣類以外の真菌類や植物にほとんど含まれていないので，地衣類固有とみなされます（図 10.1）．

また，7.4 で述べたように地衣類は地衣成分という他の生物群にない化学兵器を利用して地衣成分バリアーを構築し，外敵（昆虫や蘚苔類，微生物）や環境変動（紫外線や乾燥，凍結）から身を守っています．つまり地衣成分の役割は外敵防御と環境変動防御の二つと言えます．

古来，人はこの地衣成分の二つの役割を利用して薬や香料，染料として利用してきました．本章では地衣類の生物活性と題して，地衣成分の薬への応用についてその事例を紹介します．以下，はじめに古来知られていた **A** 民間伝承薬的な利用について，次に，**B** 地衣類の生物活性探索研究について説明します．

A 民間伝承薬的利用

西洋医学の発達以前から植物や地衣類のような天然資源は薬として利用されてきた歴史があります．その歴史から生まれたものに漢方薬や民間伝承薬があり，現在でも継続して利用されています（Vartia 1973, 山本 1998）．

2. 過去民間伝承薬に利用された地衣類

Vartia（1973）はその総説の中で地衣類の薬への応用は世界各地で長い歴史があると述べています．例えば，エジプトでは紀元前 17, 18 世紀から現代まで *Pseud-*

過去民間伝承薬に利用された地衣類

ウスバカブトゴケ　　　　ヒロハツメゴケ
盛り上がったり陥没したりしている網目模様が肺とよく似ているので肺病の薬として用いられた　　多数の暗緑色頭状体がかさぶたによく似ているので幼児のかさぶたの治療薬として用いられた

図 10.2 過去民間伝承薬に利用された地衣類

evernia furfuracea が欧州の外来薬である *Cetraria islandica* subsp. *islandica* とともに利用され，また，ギリシャの医者ヒポクラテスが *Usnea barbata* を子宮の病気に対して使用を勧めたと述べています．さらに中国人もナガサルオガセ *Dolichousnea longissima* を去痰薬や潰瘍治療薬として使用し，同じくサルオガセの類をマレー人も風邪薬として使用したと述べています．

特に欧州では 15 世紀に地衣類は民間伝承薬として重要な商品であったようです．しかし，頭蓋骨に生える地衣類がその重さの金と等価に扱われたり，黄色地衣類が黄疸の治療，カブトゴケの類が肺病の治療，ヒロハツメゴケ *Peltigera aphthosa* が幼児のかさぶた治療にと，その地衣体の外観から判断して薬として用いられたもので，ほとんど効果の疑わしいものばかりでした（図 10.2）．それでも，過去欧州各地で多くの地衣類が水虫や皮膚炎の経皮治療，咽頭炎，歯痛，肺結核，風邪，便秘，痛風，浮腫，てんかん，痙攣などの経口治療などに用いられ，現在でもこれらの地衣類の中で鎮咳薬，健康増進薬，健胃薬，風邪薬，咽喉薬として用いられている種類もあります（Vartia 1973）．

3. 地衣類の民間伝承薬的利用

図 10.3 に地衣類の民間伝承薬的な利用について表にまとめます（山本 1998）．

地衣類の民間伝承薬的利用

	地衣生薬	地衣類	生物活性
和漢	依蘭苔	エイランタイ	健胃
	松蘿	サルオガセ類	抗菌，利尿，強心，鎮咳，月経不順
	地茶	ムシゴケ属	降圧，鎮静，鎮咳，解熱
	石耳	イワタケ属	腹痛，消化不良，回虫症
	石芯	ハナゴケ属	健胃，止血，降圧，目疾
		ナヨナヨサガリゴケ属	鎮静，消炎，精神分裂，神経衰弱
	石花	カラクサゴケ属	利尿，解毒，解熱
	肺衣	カブトゴケ属	消化不良，腎炎，回虫症
	皮果衣	カワイワタケ属	降圧，消化不良
マラヤ	Kaju Angin	サルオガセ類	鎮咳
欧州	Isla-Moss	エイランタイ	健胃，風邪，咽喉
スーダン	Sheiba	*Usnea molliuscula*	健胃，鎮咳，鎮痛
南米		*Protousnea* spp.	皮膚改善

図 10.3 地衣類の民間伝承薬的利用

刈米・木村（1928）は和漢薬として，多々ある植物に

加えて二つの地衣類，依蘭苔（エイランタイ）と松羅（サルオガセ類）を紹介しました．前者は粘滑性健胃苦味薬，後者は利尿，鎮咳薬などとして用いられました．

一方，「中国薬用地衣」（魏 1982）には 70 種に及ぶ地衣類が掲載されています．個々に掲載された地衣類は健胃，回虫症，高血圧，鎮痛（頭痛，腹痛），鎮静，生理不順，利尿，止血，解熱，下痢，神経衰弱などに処方されています．図 10.3 の表にそれらの中で代表的なものを示します．

その他，筆者が調べたところ，東南アジアやアフリカではサルオガセの仲間が強壮剤，風邪薬，鎮痛薬，鎮咳薬として用いられ，南米では *Protousnea* の水抽出物に皮膚改善（しわとり）効果があることが知られています．

4. 地衣類を利用した民間薬の実例

欧州では現在も地衣類が民間伝承薬として利用されています．その実例を図 10.4 に示します．

図 10.4 地衣類を利用した民間薬の実例

図 10.4 に写真で示すのは筆者が 1986 年に初めて欧州に出張した時にスイスのチューリッヒで購入したものです．欧州への出張は第 3 回国際地衣学会議に参加するためでした．

スイス行きはチューリッヒ大学の Honegger 教授を訪問するためでしたが，筆者が地衣類の民間薬への応用に興味があると知り，薬局に連れて行って頂きました．実例の一つは図 10.4 の左の写真に示したナガサルオガセ *Dolichousnea longissima* から抽出されたウスニン酸を主要な成分とする軟膏 "Usneasan" です．皮膚病薬と聞いています．図 10.4 の右の写真はいずれも *Cetraria islandica* subsp. *islandica* が材料の咽喉薬で右上の写真はエキスのタブレット "Esla-Moos"，右下の写真は乾燥地衣体で煮出してお茶代わりにします．

B 地衣類の生物活性探索研究

最近，特に地衣類の生物活性に興味がもたれ，種々の地衣成分の薬理作用が明らかになりつつあります（Vartia 1973，山本 1998，2000）．ここからはまず「生物活性とは？」と題してこの分野で用いられる言葉の定義づけを行い，その後，医薬品開発研究の流れ，次いで従来の地衣類の生物活性探索研究を紹介し，最後に地衣類の最新生物活性探索研究の代表例として筆者が在籍していた日本ペイント株式会社と秋田県立大学において行われていた研究を紹介します．

5. 生物活性とは？

図 10.5 生物活性とは？

生物活性探索研究の話題に入る前に「生物活性」という言葉の定義を考えてみましょう．「生物活性」とよく似た言葉に「生理活性」という言葉もあります．どう違うのでしょう．

図 10.5 に「生物活性」と「生理活性」の本書における定義をまとめます．「生物活性」とは対象とする生物とは種の異なる生物に影響する生理・生化学的な作用のことを言います．用途別では人体（場合によっては家畜も含まれます）に作用する医薬理活性（例えば，抗癌活性や抗炎症，抗ウイルス，抗細菌）や人体特に化粧に関する作用である化粧薬理活性（例えば，美白作用や抗老化，抗酸化），昆虫や植物に作用する農薬理活性（例えば，光合成阻害や脱皮阻害，摂食阻害）があります．ただし，抗細菌や抗ウイルスは医薬理活性ばかりでなく農薬理活性でもあります．

「生理活性」とは対象とする生物や同種の生物に影響する生理・生化学的な作用を言います．個体内作用であるホルモン活性（例えば，男性ホルモンや昆虫幼若ホルモン）や個体間作用であるフェロモン活性（例えば，警報フェロモンや集合フェロモン）があります．

6. 天然物由来の医薬品開発研究の流れ

次に地衣類の応用の一つである医薬品開発の話題に入りますが，その前に医薬品はどのような過程を経て商品化されるのかを考えてみましょう．

図 10.6 に地衣類も含めた天然物由来の医薬品開発研究の流れを示します．① まず材料となる天然物（地衣類の場合は天然地衣体）や培養物（地衣類の場合は培養地衣菌）を集めます．集めたものをバンクと言います．多ければ多いほど好都合です．昔は製薬会社に必ずバンクがありましたが，今は外注もしくは外部子会社化している場合が多いように思います．② 集めた材料から有機溶媒で成分を抽出します．有機溶媒はアセトンあるいはエタノールを使います．抽出物そのものを販売する場合は毒性も考えればエタノールが適正です．抽出物は冷凍庫に保存して，適宜利用します．③ 目的とする生物活性試験に供して高活性の抽出物を探索（スクリーニング）します．生物活性試験は酵素・蛋白質を用いた活性試験と

細胞を用いた活性試験が行われます．どちらかの試験が採用されることもありますし，併用されることもあります．④見つかった高活性抽出物からクロマトグラフィー法を用いて高活性物質を単離し，分析機器によりその化学構造を決定します．高活性抽出物の量が少ない場合は必要量の材料確保が重要です．もしも確保できない場合はそこで諦めます．⑤高活性物質を設計図に類似物質を化学合成，あるいは高活性物質を修飾した物質を合成します．合成物質の中から最も高活性な物質をスクリーニングします．⑥医薬原料と決めた最高活性物質を多量に生産し，フェーズ効果試験，安全性試験に供します．⑦効果や安全性が認められ，厚生労働省に申請し安全審査され，合格して初めて医薬品となります．

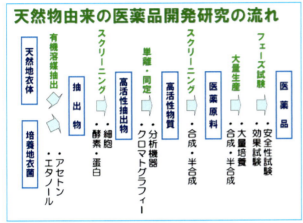

図10.6 天然物由来の医薬品開発研究の流れ

化粧品や農薬も同じような流れになりますが，過程が単純であったり，所管が異なったりします．基本的に準じると考えた方がわかりやすいと思います．

7. 従来の生物活性探索研究報告

ペニシリンの発見以降，特に第二次大戦以後，天然資源に生物活性物質を求める研究が盛んに行われました．民間伝承薬に利用されていた地衣類も例外ではありませんでした．

生物活性	地衣成分	報告年
抗細菌	リケステリン酸	1945
	ウスニン酸	1946
	ブルピン酸	1949
	デプシド類	1949
抗癌	GE-3 (多糖類)	1968
	ウスニン酸	1975
プロスタグランヂン合成阻害	メタデプシド類	1982
トリプシン阻害	アトラノリン	1994
抗コレステロール合成	ジロホール酸類	1982
抗炎症	ウスニン酸，ヂフラクタ酸	1972
昆虫成育阻害	アトラノリン，ブルピン酸	1979
殺回虫	オルセリン酸類	1991
植物生育阻害	デプシド類	1987
蘚苔類胞子発芽抑制	エベルン酸，スカマート酸	1972
抗HIV	GE-3S (多糖類)	1989

図10.7 従来の生物活性探索研究報告

図10.7の表に地衣類の生物活性の探索研究について従来の報告をまとめます．

最初に抗細菌活性が1940年代から東京大学薬学部の朝比奈のグループを中心に世界中で研究されました．特に，ウスニン酸が属するヂベンゾフラン類や地衣脂肪酸類縁体であるリケステリン酸類は顕著な効果を示しました．また，デプシド類やデプシドーン類でも抗細菌活性が認められています（Vartia 1973）．1990年以降ピロリ菌に対してプロトリケステリン酸，*Enterococcus* に対してブルピン酸やウスニン酸，*Mycobacterium* に対してデプシド類やウスニン酸，黄色ブドウ球菌に対して種々の地衣成分がそれぞれ抗細菌作用のあることが確かめられています（山本 2000）．

抗癌活性についても検討が加えられ，地衣多糖類（Fukuoka *et al.* 1968）やウスニン酸（Kupchan & Kopperman 1975）に抗癌活性が認められました．

プロスタグランヂンは動物生体中に微量に存在し，血管や筋肉，臓器で種々の生理的役割を担っていることが知られています．プロスタグランヂン合成阻害剤は抗炎症剤として利用されます．地衣成分であるメタデプシド類がプロスタグランヂンの最初の合成酵素である脂肪酸シクロゲナーゼの阻害作用を有すること，さらにそれがプロスタグランヂンとの構造的類似性に基づくことが確かめられました（Sankawa *et al.* 1982）．

蛋白質分解酵素阻害剤をスクリーニングし，アオカビから活性物質としてキサントン類やホモデプシドーン類が単離されました．この結果から地衣成分が着目され，*Pseudevernia furfuracea* の地衣成分であるアトラノリンに非常に強いトリプシン阻害作用があることが明らかにされました（Proksa *et al.* 1994）．

大塚他（1972）は受精卵法による地衣生薬の抗炎症活性を検索し，中でも松羅に最も強い作用を認め，原植物の一つであるヨコワサルオガセ *Dolichousnea diffracta* から活性物質として地衣成分のウスニン酸とヂフラクタ酸を単離しました．それらは肉芽形成も阻害することがわかりました．

植物に対する生物活性については第**7**章**7.10**で述べたのでここでは省きます．

地衣類を摂食する昆虫は非常に少ないことが知られています．節足動物に対する作用では，昆虫成育阻害作用が確認されています．アブラナ科害虫の蛾の幼虫にキゾメヤマヒコノリ *Letharia vulpina* の主要な地衣成分であるアトラノリンやブルピン酸を塗布したブロッコリーの葉を摂食させると成育阻害を起こすことがわかりました（Slansky 1979）．また，犬回虫に対する殺活性を生薬などで検索した結果，香料原料であるオークモス油に強い活性が認められ，その活性物質がオルセリン酸誘導体であることが明らかにされました（Ahad *et al.* 1991）．

地衣多糖類誘導体は**HIV**に対して抗ウイルス作用を示しました（Hirabayashi *et al.* 1989）．

8. 最新生物活性探索研究の代表例

図10.7に地衣類の生物活性探索研究について従来の報告をまとめましたが，残念ながらいずれも商品化に至っていません．

図10.8Aに最新生物活性探索研究の代表例と題して，1990年頃から現在まで筆者を中心とする研究グループ（1998年までは日本ペイント，1999年から秋田県立大学）の研究を表として紹介します（Yamamoto *et al.* 1998，山本 2000）．これらの研究の多くは国内の大学

最新生物活性探索研究の代表例

生物活性	対象	生物活性	対象
医薬理活性			
ラジカル補足（SOD様活性）	C・N	キサンチンオキシダーゼ阻害	C・N
モノアミンオキシダーゼ阻害	C・N	EB ウィルス活性化抑制	C・N
細菌増殖抑制	C・N	メラノーマ増殖抑制	C・N
血管内皮細胞増殖抑制	C	抗酸化	C・N
癌細胞 HL60 増殖阻害	N	鎮痛	N
農薬理活性			
光合成阻害	S	木材腐朽菌増殖抑制	C・N
真菌増殖抑制	C・N		
化粧薬理活性			
チロシナーゼ阻害	C・N	メラニン生成阻害	C
幹細胞走化促進	N	コラーゲナーゼ阻害	N
エラスターゼ阻害	N		

C:培養地衣菌または地衣培養物組織，N:天然地衣体，S:地衣成分

図 10.8A 最新生物活性探索研究の代表例

の研究室と共同で行われました．この表で対象の欄の **C** は培養地衣菌または地衣培養組織，**N** は天然地衣体のアセトンまたはエタノール抽出物を意味します．抽出物の作製方法は後述します．**S** は地衣成分を意味します．**S** は地衣体から予め単離精製したものです．また，黄色の背景で示した活性については詳しく後述します．これらの探索研究の材料となったものは日本ペイントおよび秋田県立大学植物資源創成システム研究室で保存している地衣類バンクです．すなわち，図 8.37 で示すように凍結保存した天然地衣体約 3000 標本，培養地衣菌株約 500 株です．

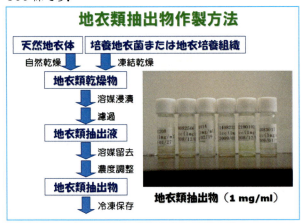

図 10.8B 地衣類抽出物作製方法

これらを材料に以下の方法により実験試料となる地衣類抽出物を作製しました（図 10.8B）．① 自然乾燥し，冷凍保存した天然地衣体（200 mg）または凍結乾燥し，冷凍保存した培養地衣菌または地衣培養組織（200 g）を 30 ml のスクリュー管瓶に移しました．② アセトン（10 ml）またはエタノール（10 ml）をスクリュー管瓶に入れ，試料を浸漬して一晩放置しました．③ 濾過後，濾液をナシ型フラスコに移し，エバポレーターで溶媒を留去しました．抽出物の重量を算出しました．④ 抽出物濃度が 1 mg/ml となるように，抽出物重量の 1000 倍容量のアセトンまたはエタノールをマイクロピペットで採取し，ナシ型フラスコに注入しました．⑤ マイクロピペットで 1 ml ずつ 3 ml スクリュー管瓶に移し，ドラフトで風乾しました．⑥ スクリュー管瓶にラベルを貼り，データベースに入力しました．⑦ まとめて袋に移し，冷凍庫に保存しました．

医薬理活性として，主として発癌や老化に関係する探索研究を以下のように行いました．

発癌や老化に関係すると言われているスーパーオキシドアニオンはスーパーオキシドジスムターゼ（**SOD**）に捕捉され，解消されます．筆者らは天然地衣体と培養地衣菌の抽出物の **SOD** 様活性を調べました．その結果，コフキイバラキノリ *Bryoria furcellata* 培養菌とナガサルオガセ *Dolichousnea longissima* 天然地衣体は高い活性を示すことが明らかになりました．**SOD** 様活性は試験によりキサンチンオキシダーゼ阻害活性とスーパーオキシドアニオン捕捉活性に分離できるので，それぞれどちらの活性を示すか調べたところナガサルオガセ天然地衣体はキサンチンオキシダーゼ阻害活性を示し，コフキイバラキノリ培養菌は高いスーパーオキシドアニオン捕捉活性を示しました（Yamamoto *et al*. 1998）．

環境因子に由来するほとんどの癌は環境化学物質やストレスによって誘発され，二段階で発症します．すなわち，イニシエーション（正常細胞から潜在的癌細胞へ）とプロモーション（潜在的癌細胞から癌細胞へ）です．それぞれの過程に働く化学物質はイニシエータ，プロモータと呼ばれます．潜在的癌細胞から癌細胞への変化をいかに抑えるか，また細胞の変化をどう検出するかが問題でしたが，エプスタイン・バーウイルス（**EBV**）の活性化阻害の程度を測定することによってプロモーションの抑制を調べる方法が確立されました．筆者の研究室と京都大学農学部小清水研究室と共同で培養地衣菌と天然地衣体のアセトン抽出物の **EBV** 活性化抑制作用を試験しました．結果，ウチキアワビゴケ *Nephromopsis ornata* 培養菌とナガサルオガセ天然地衣体が強力な抑制作用を示しました．そこでナガサルオガセ天然地衣体のアセトン抽出物から分離した地衣成分と既知地衣成分の **EBV** 活性化抑制効果を調べました．その結果，(+)-ウスニン酸は顕著な阻害活性（IC_{50}=1.0 μM）を示しましたが，インビトロでの発癌プロモーション抑制では効果が認められませんでした．試験したリケステリン酸（IC_{50}=22 μM）とエベルン酸（IC_{50}=42 μM）が抗発癌プロモータとして知られている植物成分のフラボノイド類の一つであるケルセチン（IC_{50}=23 μM）やトリテルペノイド類の一つであるオレアノール酸（IC_{50} 20 μM）と同等の阻害活性を示すことがわかりました（Yamamoto *et al*. 1995）．

通常細胞と同様に癌細胞にも血管が分布するので，血管内皮細胞の増殖を阻害する物質は抗癌剤としての可能性があります．そこで 257 種類の培養地衣菌のメタノール抽出物についてヒト血管内皮細胞増殖抑制試験とマウス B-16 メラノーマ細胞増殖抑制試験を行ったところ，約 20 種類の抽出物に強い活性が見つかりました．そのうち数種類は血管内皮細胞の増殖を完全に抑えることが確かめられました（Yamamoto *et al*. 1998）．

サルオガセ類は中国や日本のみならずアジアの他の国，欧州，アフリカで鎮痛剤や解熱剤として使用されてきました．筆者の研究室と千葉大学薬学部山崎研究室と共同でヨコワサルオガセ *Dolichousnea diffracta* 天然地衣体のマウスに対する鎮痛効果，解熱効果を試験しました．そのメタノール抽出物からヂフラクタ酸とウスニン酸を鎮痛・解熱物質として単離・同定しました（Okuyama et al. 1993).

農薬理活性として，筆者の研究室と神戸大学農学部真山研究室と共同で天然地衣体と培養地衣菌の抽出物について植物病原真菌増殖抑制活性を調べました．結果，PenicilliumとTrichotheciumに強い活性を示したヤマヒコノリEvernia esorediosa天然地衣体を除いて効果はほとんど認められませんでした（Yamamoto et al. 1998）．

また，筆者の研究室と京都大学農学部佐藤研究室と共同で地衣成分の光合成阻害活性に及ぼす影響を調べました．Endo et al.（1998）はホウレンソウ由来のチラコイドを用いて，各種の地衣成分の光化学系IIに対する作用を蛍光分析で調べたところ，中でもバルバチン酸に強い活性があることが確かめられました．

化粧薬理活性として，皮膚のシワや再生に関係する探索を以下のように行いました．

シワの発生原因は肌の真皮を構成するエラスチンやコラーゲンが，肌に紫外線を受けることで発生した分解酵素によって破壊されることにあります．エラスチンやコラーゲンの分解酵素の活性を阻害すれば，シワを予防することができます．そこでエラスチンの分解酵素であるエラスターゼやコラーゲンの分解酵素であるコラーゲナーゼを阻害する物質を天然地衣体に求めました（明嵐 2015，舟木 2015）．

9. 天然地衣体の抗酸化スクリーニング―DPPH法―

さて，ここから天然地衣体や培養地衣菌の生物活性について調べた具体的な実例を紹介します．

皮膚は常に紫外線を浴びています．従って，紫外線や紫外線により発生した活性酸素がシワやタルミのような皮膚の老化の主要な因子といえます．本来，生体は活性酸素による害から身を守るため，抗酸化能（スーパーオキシドジスムターゼ（SOD）やカタラーゼ）が備わっています．しかし，その機能は老化やストレスにより低下します．

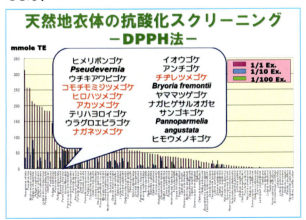

図10.9 天然地衣体の抗酸化スクリーニング
―DPPH法―

Yamamoto et al.（1998）は地衣類抽出物にSOD様活性を認めていることから，地衣成分は活性酸素の除去に寄与していると考えられます．そこで，遠藤（2010）は天然地衣体の抗酸化活性を調べました

（Hara et al. 2011）．図10.9にスクリーニングした結果を示します．抗酸化活性の検出はDPPH法を用いました．DPPH法は試薬DPPH（1,1-diphenyl-2-picrylhydrazyl）ラジカルが抗酸化物質と反応し，紫色が黄色に変化することを利用した方法です．

材料として42属90種107検体の天然地衣体が試験に供され，ほとんどの検体に抗酸化活性が認められました．抗酸化活性の高い上位17種20検体の中でツメゴケ属は5種7検体を占めました．活性の高い5種は以下の通りです．ヒロハツメゴケPeltigera aphthosa，コモチモミジツメゴケP. elizabethae，ナガネツメゴケP. neopolydactyla，アカツメゴケP. rufescens，チヂレツメゴケP. praetextata．試験にツメゴケ属を6種用いたので，6種中5種と言う非常に高い確率でした．

10. TLC-DPPH法による抗酸化成分の検出

抗酸化活性の高かったツメゴケ属のヒロハツメゴケとアカツメゴケのアセトン抽出物中の抗酸化活性成分をTLC-DPPH法により検出することを試みました．図10.10の左の写真の左のTLCはDPPH未噴霧で硫酸噴霧後加熱，右のTLCはDPPH噴霧したものです．抗酸化成分が存在すると紫色が抜けて黄色に変化します．試験したヒロハツメゴケとアカツメゴケのアセトン抽出物のどちらも右のTLCの原点付近に黄色のスポットが確認されました．原点付近に活性成分が存在することを意味します．

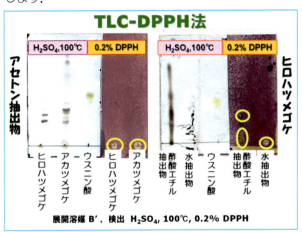

図10.10 TLC-DPPH法による抗酸化成分の検出

次に，ヒロハツメゴケのアセトン抽出物を酢酸エチル抽出物と水抽出物に分けました．図10.10の右の写真の左のTLCはDPPH未噴霧で硫酸噴霧後加熱，右のTLCはDPPH噴霧したものです．試験した酢酸エチル抽出物と水抽出物の双方に黄色く抜けたスポットが確認されました．水抽出物は原点付近の1箇所でしたが，酢酸エチル抽出物のスポット2箇所に比べ，水抽出物のスポットは明瞭でした．従って，水抽出物の原点付近に抗酸化成分が存在していると結論されました．

11. ヒロハツメゴケ中の抗酸化物質

先にMatsubara et al.（1999）はヒロハツメゴケを含むツメゴケ目に広く分布している地衣成分としてアミノ酸類似化合物のゾロリニンとペルチゲリンを報告して

います．そこで，標品ゾロリニンとヒロハツメゴケ水抽出物の抗酸化活性を比較することを試みました．図10.11の左の写真のTLCは**DPPH**未噴霧で硫酸噴霧後加熱，右のTLCは**DPPH**噴霧したものです．前項の**TLC-DPPH**法試験とは展開溶媒を変えて試験しています．

試験した水抽出物に2箇所，黄色に抜けたスポットが確認されました．上のスポットは淡く，下のスポットは明瞭でした．一方，ゾロリニンは明瞭なスポットでした．このことは，ヒロハツメゴケ水抽出物のTLCに生じた下のスポットはゾロリニン，上のスポットはペルチゲリンであることを示しています．ヒロハツメゴケの抗酸化成分はゾロリニンであることが明らかになりました．

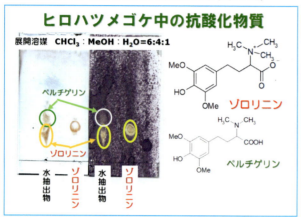

図10.11 ヒロハツメゴケ中の抗酸化物質

12．地衣成分の抗酸化活性

図10.12にゾロリニンも含めた地衣成分と既知の天然抗酸化物質との抗酸化能の比較を行いました．

地衣成分		化合物	EC_{50} (mM)
デプシド類		アトラノリン	3<
		バルバチン	3<
		ヂフラクタ酸	3<
		ホモセッカ酸	0.7
		レカノール酸	43
		ジロフォール酸メチル	3<
		セッカ酸	0.21
デプシドーン類		サラチン酸	3<
四級アンモニウムイオン		ゾロリニン	0.12
天然抗酸化物質		アスコルビン酸	0.09
		BHA	0.43
		没食子酸	0.24

図10.12 地衣成分の抗酸化活性

地衣成分の中では四級アンモニウムイオンのゾロリニンが最も強く，EC_{50} 0.12 mM，次いでデプシド類のセッカ酸の EC_{50} 0.21 mM，ホモセッカ酸の EC_{50} 0.7 mMでした．ゾロリニンは最強と言われているアスコルビン酸（EC_{50} 0.09 mM）と同程度，セッカ酸は没食子酸（EC_{50} 0.24 mM）と同程度の抗酸化能を有していることがそれぞれわかりました．

13．メラニン生合成経路

メラニンの沈着によって生じるしみやそばかす，ほくろは老化に伴って増大します．また，メラニンは老化とは無関係ですが日焼けにも関係しています．メラニンは図10.13に示すようにフェノールオキシダーゼの一種であるチロシナーゼの触媒作用によってアミノ酸の一種であるチロシンからドーパを経てドーパキノンへ生合成され，その後数段階を経て最終的に生合成されます．メラニン生合成の最初の工程を担うチロシナーゼを阻害するアスコルビン酸やアルブチンのようなチロシナーゼ阻害剤が基礎化粧品に美白剤として配合されています．しかし，自然界からより強力で安全な物質を探索することは重要です．

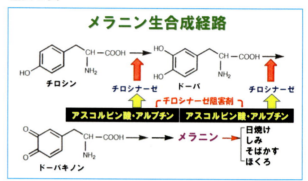

図10.13 メラニン生合成経路

14．地衣類抽出物のチロシナーゼ阻害活性

地衣類	培養物	天然物	地衣類	培養物	天然物
ホネキノリ	8.7	13.9	ウチキアワビゴケモドキ	12.6	15.0
ヒロハセンニンゴケ	9.9		ウチキアワビゴケ		21.7
エイランタイ	13.8	5.5	*Protousnea* sp.		84.0
トゲシバリ	26.3	7.5	ニセコフキカラタチゴケ	13.8	20.0
ミヤマハナゴケ		17.9	オガサワラカラタチゴケ		22.5
ハナゴケ	7.0	17.3	ムシゴケ		10.5
ナギナタゴケ		11.2	サンゴキゴケ	14.7	18.1
ヒメレンゲゴケ	7.0		シワイワタケ	20.3	
ウグイスゴケ	9.9	24.2	コフクレサルオガセ	0.0	22.3
ヤマヒコノリ	25.0	26.2	ヨコワサルオガセ	6.5	16.7
ツノマタゴケ	9.9	28.4	ナガサルオガセ	27.2	27.2
コガネエイランタイ	16.0	12.7	フジサルオガセ	12.1	12.1
モジゴケ	28.6		アカサビゴケ	12.6	
フクロゴケ	47.0	24.0	ハイマツゴケ	39.1	10.7
クズレウチキウメノキゴケ	15.7	31.7	コナハイマツゴケ	14.3	

図10.14 地衣類抽出物のチロシナーゼ阻害活性

Higuchi *et al*.（1993）は天然物（天然地衣体）と培養物（地衣培養組織）を試料としてマッシュルームから得られた市販のチロシナーゼに対する阻害活性をスクリーニングしました．それらのメタノール抽出物（1 mg/ml）のチロシナーゼ阻害活性（阻害率）を図10.14の表に示します．ほとんどの阻害率は0から50%に分布し，種特異的でした．地衣培養組織の中ではフクロゴケ *Hypogymnia physodes* のメタノール抽出物が最も高い阻害率（47.0%）を示しました．さらにその培養組織から地衣菌と共生藻を分離し，どちらがチロシナーゼ阻害に寄与しているのかを調べたところ，地衣菌と共生藻の阻害率はそれぞれ55.3%，22.4%となり，地衣菌の寄与が大きいことが確かめられました．一方，天然地衣体では *Protousnea* sp. が最も高い阻害活性（阻害率84.0%）を示しました．図10.3に示すように南米フエゴ島では現地の人たちがサルオガセ科に属する *Protousnea* の熱水抽出物をシワとりやニキビ痕改善のような皮膚改善剤として用いています．

15. 天然地衣体から単離されたチロシナーゼ阻害活性物質

Higuchi et al.（1993）がチロシナーゼ阻害活性を確認した Protousnea sp. 抽出物は明治薬科大学高橋研究室に渡され，Kinoshita et al.（1994）が活性成分の単離同定を進めました．クロマトグラフィーにより二つの活性物質と一つの不活性物質を単離しました．活性物質はヂバリカチノール（1 mg/ml で阻害率 59.0%）とプロピルレゾシノール二量体（PRD，1 mg/ml で阻害率 83.9%）の 2 物質（図 10.15 の左），不活性物質はメチルヂバリカチノールでした．また，Protousnea dusenii と P. malacea の天然地衣体の混合物のクロロホルム抽出物からデプシド類であるセッカ酸（1 mg/ml で阻害率 30.4%）とヂバリカート酸（1 mg/ml で阻害率 15.9%）が単離され，ヂバリカチノールとプロピルレゾシノール二量体は単離されませんでした．このことからヂバリカチノールとプロピルレゾシノール二量体は抽出処理の過程で人為的に生成されたと考えられました．

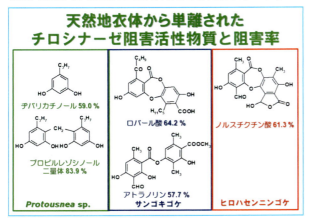

図 10.15 天然地衣体から単離されたチロシナーゼ阻害活性物質と阻害率

Matsubara et al.（1997）はチロシナーゼを阻害する高活性物質（ヂバリカチノールとプロピルレゾシノール二量体）がレゾシノール類縁体と判明したことから，より高活性な物質を得るために一連のアルキルレゾシノール類縁体（4-アルキルレゾシノール類および 5-アルキルレゾシノール類）を合成し，チロシナーゼ阻害活性を調べて化学構造と活性との相関を調べました．結果，アルキル鎖のメチルからノニルへの延長は活性を増大させること，アルキル基の長さと位置は活性に強い影響を与えることがわかりました．

渡部（2011）は Higuchi et al.（1993）に引き続き，天然地衣体 91 種 81 検体のエタノール抽出物のチロシナーゼ阻害活性をスクリーニングしました．結果，ヒロハセンニンゴケ Baeomyces placophyllus（1 mg/ml で阻害率 82.3%）とサンゴキゴケ Stereocaulon intermedium（阻害率 68.9%）の抽出物に最も強い阻害活性を見出しました．前者からノルスチクチン酸（阻害率 61.3%），後者からアトラノリン（阻害率 57.7%）とロバール酸（阻害率 64.2%）がそれぞれ阻害活性成分として単離されました（図 10.15 の右と中央）．

16. メラニン生成阻害活性スクリーニング方法

Higuchi et al.（1993）は地衣培養組織のチロシナーゼ阻害活性を調べましたが，細越（2012）は秋田県総合食品研究所畠博士の指導を受け，動物培養細胞を用い，培養地衣菌抽出物（培養菌体アセトン抽出物 34 検体および菌培養液酢酸エチル抽出物 28 検体）のメラニン生成阻害活性をスクリーニングしました．

細越（2012）が行ったメラニン生成阻害活性のスクリーニング方法を図 10.16 に模式的に説明します．実験手順を以下に示します．① 冷凍保存したメラニン高産生のマウスメラノーマ細胞株 B16 10F7 を解凍しました．② 動物培養細胞用培地である DMEM 培地で 2 日間前培養後，遠心分離して細胞を回収しました．③ 2×10^4 cells/ml に調製した細胞懸濁液に培養地衣菌の抽出物液（0.01 または 0.001 mg/ml）を投与しました．④ さらに 4 日間培養しました．⑤ 培養細胞のメラニン産生を目視で評価しました．

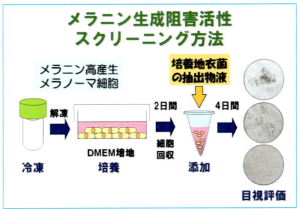

図 10.16 メラニン生成阻害活性スクリーニング方法

17. メラニン生成阻害活性スクリーニング

細越（2012）の行ったスクリーニングの結果，活性の高かった抽出物の効果を図 10.17 に写真で示します．

図 10.17 メラニン生成阻害活性スクリーニング

図 10.17 の左上の写真はコントロールです．細胞に黒いメラニンが蓄積していることがよくわかります．右上の写真はサネゴケ属-2 の菌培養液抽出物，左下の写真はエダウチホソピンゴケ Chaenotheca brunneola の培養菌体抽出物，右下の写真はコナウチキウメノキゴケ Myelochroa aurulenta の培養菌体抽出物を添加した場合です．それぞれの細胞は透明でメラニンの蓄積が全く

見られません．このことは細胞レベルにおける各抽出物の強いメラニン生成阻害活性を示しています．

18．メラニン生成阻害活性作用メカニズム

図 10.18 のイラストは最近明らかにされたメラニン合成に関わる酵素蛋白質をコードする遺伝子配列を示しています．上流から，チロシンから DOPA を触媒するチロシナーゼ，DOPA クロムから DHICA を触媒する **TRP-2**，DHICA からメラニンまでの一部を触媒する **TRP-1** のそれぞれの遺伝子が並んでいます．

細越（2012）はメラニン生成阻害活性を有する三つの抽出物（サネゴケ属-2 菌培養液抽出物，エダウチホソピンゴケ菌体抽出物，コナウチキウメノキゴケ菌体抽出物）がどのような作用メカニズムを持つのかを解明するために，チロシナーゼの阻害活性試験とメラニン産生に関する酵素群（**TRP-1** と **TRP-2**）における遺伝子発現の解析を行いました．

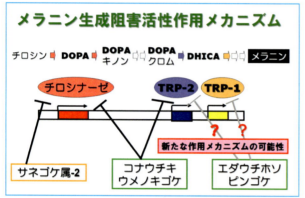

図 10.18 メラニン生成阻害活性作用メカニズム

細越（2012）によるチロシナーゼ阻害活性試験の結果，サネゴケ属-2 菌培養液抽出物が高いチロシナーゼ阻害率を示しました．一方，エダウチホソピンゴケ培養菌体抽出物はほとんど阻害せず，コナウチキウメノキゴケ培養菌体抽出物は低い阻害率を示しました．このことからエダウチホソピンゴケ菌体抽出物とコナウチキウメノキゴケ菌体抽出物はチロシナーゼの阻害活性以外のほかの作用メカニズムを持つのではないかと考えられました．

次に，細越（2012）はリアルタイム PCR を用いてメラニン合成に関する酵素群（**TRP-1** と **TRP-2**）の遺伝子発現を解析しました．結果，サネゴケ属-2 菌培養液抽出物試験区の細胞を用いて遺伝子の発現を解析しましたが，全体的に顕著な発現の抑制は見られませんでした．コナウチキウメノキゴケ培養菌体抽出物で 3 割程度の **TRP-2** 遺伝子の発現抑制がみられ，メラニン産生を抑制していると考えられました．エダウチホソピンゴケ培養菌体抽出物は全体的に顕著な発現の抑制は見られませんでした．エダウチホソピンゴケ菌体抽出物はここで示すメカニズム以外の新たな作用メカニズムをもっている可能性があります．

19．メラニン生成阻害活性物質単離精製

細越（2012）がメラニン生成阻害活性を確認した三つの抽出物（サネゴケ属-2 菌培養液抽出物，エダウチホソピンゴケ培養菌体抽出物，コナウチキウメノキゴケ培養菌体抽出物）について，さらに，伊藤（2014）は活性成分の単離同定を進めました．

活性を有する抽出物の中で最も抽出物量の多かったコナウチキウメノキゴケ *Myelochroa aurulenta* 培養菌を用いて TLC を行ったところ，菌体抽出物と菌培養液抽出物で成分の違いはなかったため抽出物（685 mg）を一つにまとめ，メラニン生成阻害活性試験を行いつつ，活性成分の分画を行いました．分画と活性試験の結果を図 10.19 に示します．2 回のシリカゲルクロマトグラフィーにより活性のある画分 Fr. 3-3（5.1 mg）を得ました．

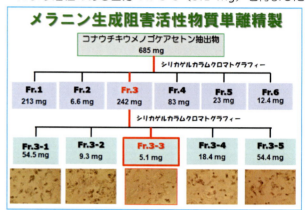

図 10.19 メラニン生成阻害活性物質単離精製

20．メラニン生成阻害活性物質

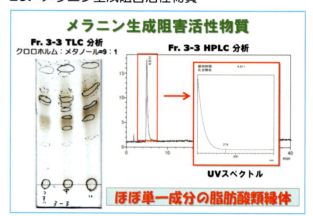

図 10.20 メラニン生成阻害活性物質

メラニン生成阻害活性のある画分 Fr. 3-3 の TLC と HPLC-PDA の結果を図 10.20 に示します．TLC 分析（溶媒クロロホルム：メタノール=9:1）では，UV 254 nm の吸収のある成分を線で囲んでいます．左のレーン（低濃度）の主要な成分は褐色に発色していますが，線で囲まれていません．主要な成分は芳香族地衣成分ではない可能性があります．一方，HPLC-PDA 分析ではほとんど単一のピークを示し，200 nm が最大吸収波長となっています．このような UV スペクトルを示す成分は脂肪酸類縁体であることが知られています．従って，コナウチキウメノキゴケ培養菌のメラニン生成阻害物質は脂肪酸類縁体と結論されました．

21．培養地衣菌の木材腐朽菌増殖阻害－試験方法－

先に第 7 章 7.7 で述べたように加賀谷（2006）は 54 種の国内産天然地衣体を用いて木材腐朽菌増殖阻害活性スクリーニングを行いました．ここでは Yamamoto *et al*.（2002）と堀米（2004）が行った培養地衣菌の木材腐朽菌増殖阻害活性スクリーニングについて説明します．

試験に用いた培養地衣菌は 63 種 67 検体，被験真菌として加賀谷（2006）と同じ，タコウキン科カワラタケ属のカワラタケ（**CV**，*Trametes versicolor*）とタコウキン科ツガサルノコシカケ属のオオウズラタケ（**TP**，*Fomitopsis palustris*）を用いました．両株は秋田県立大学木材高度加工研究所土居教授より分与されたものです．培地は麦芽酵母エキス（**MY**）培地，グルコースペプトン（**GP**）培地，ポテトデキストロース（**PD**）培地の 3 種類を用いました．

図 10.21 に堀米（2004）の行った試験方法を示します．

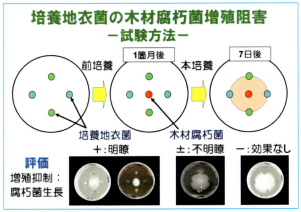

図 10.21 培養地衣菌の木材腐朽菌増殖阻害
－試験方法－

実験の手順は以下の通りです．① 地衣菌を培養しているシャーレをクリーンベンチに持ち込み，蓋を開けて滅菌済みピンセットで約 5 mm の培養地衣菌塊を取り出しました．用意した 3 種類の培地の 12 時と 6 時の位置に地衣菌塊を植えつけました．② 別の滅菌済みピンセットで，同じように別の培養地衣菌塊をそれぞれの培地の 3 時と 9 時の位置に植えつけました．③ シャーレの培地に植えつけた培養地衣菌塊を 20℃，暗所下で 1 箇月間培養しました．④ 木材腐朽菌を培養したシャーレをクリーンベンチに持ち込み，滅菌した径 7 mm のコルクボーラーを用いて広がった菌糸を打ち抜きました．⑤ 前培養した地衣菌塊を植えつけたシャーレをクリーンベンチに持ち込み，滅菌したピンセットで打ち抜いた木材腐朽菌をシャーレの中心に植えつけました．⑥ シャーレの培地に植えつけた木材腐朽菌を 20℃，暗所下で 7 日間培養しました．⑦ 培養後，木材腐朽菌の菌糸の生長を観察し，増殖抑制の明瞭なものを＋，不明瞭なものを±，効果がないものを－と評価しました．

22. 培養地衣菌の木材腐朽菌増殖阻害

図 10.22 に堀米（2004）による木材腐朽菌増殖阻害活性を示した 3 種の培養地衣菌（アカボシゴケ *Coniocarpon cinnabarinum*，ホウネンゴケ *Acarospora fuscata*，トゲシバリ *Cladia aggregata*）と阻害活性を示さなかったオオキゴケ *Stereocaulon sorediiferum* 培養菌の実験結果を写真で示します．

阻害活性を示した培養地衣菌でも木材腐朽菌増殖活性の程度に差のあることがわかります．

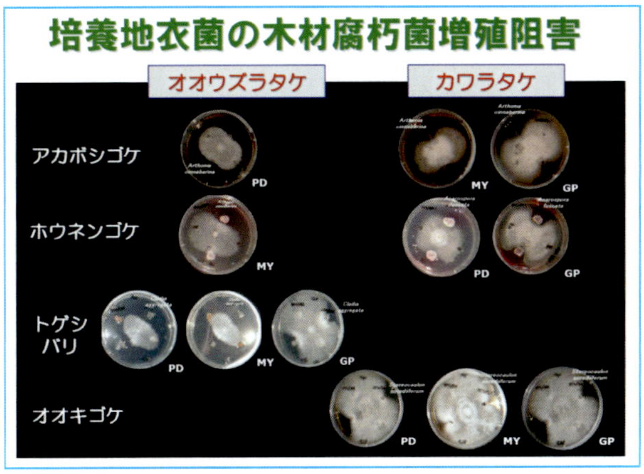

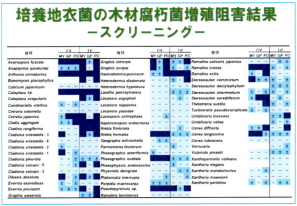

図 10.22 培養地衣菌の木材腐朽菌増殖阻害

23. 培養地衣菌の木材腐朽菌増殖阻害結果

培養地衣菌の木材腐朽菌増殖阻害結果
－スクリーニング－

種類	CV MY	CV GP	CV PD	TP MY	TP GP	TP PD
Acarospora fuscata	+	+	+	+	±	+
Anaptychia pandurata	±	±	±	+	－	+
Arthonia cinnabarina	+	+	+	+	+	+
Baeomyces placophyllus				+	－	+
Calicium japonicum	－	－	－	－	－	－
Caloplaca sp.	+	+	+	+	+	+
Caloplaca scopularis				+	±	+
Candelariella vitellina	±	－	±	－	－	－
Cetraria odontella	－	－	－	－	－	－
Cetrelia japonica	±	+	+	+	－	+
Cladia aggregate	±	±	+	+	+	+
Cladina rangiferina	－	－	－	+	+	+
Cladonia cristatella－3	+	－	－	+	±	+
Cladonia cristatella－6	－	－	－	－	－	－
Cladonia cristatella－2	±	－	－	－	－	－
Cladonia cristatella－1	+	－	±	－	－	－
Cladonia pleurota	－	－	±	±	±	±
Cladonia vulcani－5	－	－	±	+	－	+
Cladonia vulcani－2	－	－	－	－	－	－
Dibaeis absoluta	+	－	±	+	±	+
Evernia esorediosa	±	－	±	－	－	－
Evernia prunastri	±	±	±	+	－	+
Graphis awaensis				±	±	+

種類	CV MY	CV GP	CV PD	TP MY	TP GP	TP PD
Graphis intricate	+	±	+	±	±	+
Graphis scripta	+	±	+	±	－	±
Haematomma puniceum	±	±	+	+	+	+
Heterodermia diademata	－	－	－	±	－	+
Heterodermia hypoleuca	－	－	－	－	－	－
Lasallia pennsylvanica	－	－	－	±	±	±
Lecanora argopholi	－	－	－	－	±	－
Lecanora nipponica	－	－	－	－	－	－
Lecanora yasudae	－	－	－	－	－	－
Loxospora ochrophaea	－	－	±	－	－	－
Nephromopsis endocrocea	－	－	－	－	－	－
Niebla fimbriata	－	－	－	－	±	－
Niebla homalea	+	+	+	±	±	±
Opegrapha ochrocheila	－	±	±	－	－	－
Parmotrema tinctorum	－	－	－	±	－	－
Phaeographis asteriformis	±	－	－	－	－	－
Phaeographis exaltata	+	+	+	±	±	±
Phaeophyscia endococcina	－	－	－	±	－	－
Physciella denigrate	－	－	－	－	±	±
Platismatia interrupta	－	－	±	－	－	±
Porpidia macrocarpa	±	±	±	－	－	－
Pseudopyrenula sp.	+	+	+	+	±	+
Ramalina boninensis	－	－	－	－	－	－

種類	CV MY	CV GP	CV PD	TP MY	TP GP	TP PD
Ramalina calicaris japonica	－	－	－	－	±	±
Ramalina crassa	+	+	+	±	－	±
Ramalina exilis	±	－	+	－	－	－
Stereocaulon commixtum	+	±	±	±	－	±
Stereocaulon dactylophyllium				±	±	±
Stereocaulon intermedium	±	－	±	±	－	±
Stereocaulon sorediiferum	±	+	+	－	±	－
Thelotrema subtile	－	－	+	±	－	±
Tuckneraria pseudocomplicata	±	－	±	－	－	－
Umbilicaria kisovana				±	±	+
Umbilicaria vellea				±	－	±
Usnea diffracta	±	±	+	－	－	+
Usnea longissima	+	+	±	±	±	±
Usnea rubescens	－	－	－	－	－	－
Verrucaria				－	－	±
Vulpicida pinastri	－	－	－	±	±	±
Xanthoparmelia colleana	－	－	－	－	－	－
Xanthoria elegans				－	－	－
Xanthoria mandschurica	－	－	±	－	－	－
Xanthoria mawsonii	－	－	－	－	－	－
Xanthoria parietina	±	－	±	－	±	±

図 10.23A 培養地衣菌の木材腐朽菌増殖阻害結果
－スクリーニング－

堀米（2004）の行ったスクリーニングの結果を図 10.23A の表に示します．中でも高活性な培養地衣菌について別途に図 10.23B の表にまとめます．

培養地衣菌の木材腐朽菌増殖阻害
結果－高活性培養地衣菌－

高活性培養地衣菌	カワラタケ MY	カワラタケ GP	カワラタケ PD	オオウズラタケ MY	オオウズラタケ GP	オオウズラタケ PD
＊カワラタケとオオウズラタケの両方に高活性を示す						
ホウネンゴケ	±	+	+	+	±	±
アカボシゴケ	+	+	±	±	±	+
ホソカラタチゴケ	-	±	+	±	+	-
＊カワラタケにのみ高活性を示す						
オオキゴケ	+	+	+	-	-	-
ヒメセンニンゴケ	+	-	+	±	-	±
＊オオウズラタケにのみ高活性を示す						
トゲシバリ	-	-	-	+	+	+
ザクロゴケ	-	-	±	+	-	-
タカネアカサビゴケ	-	-	-	-	-	+

図 10.23B 培養地衣菌の木材腐朽菌増殖阻害結果
－高活性培養地衣菌－

堀米（2004）によれば，カワラタケとオオウズラタケ両方に増殖抑制作用がある培養地衣菌は 10 種あり，中でも高活性を示したのはホウネンゴケ *Acarospora fuscata*，アカボシゴケ *Coniocarpon cinnabarinum*，ホソカラタチゴケ *Ramalina exilis* でした．次にカワラタケのみに効果ある培養地衣菌は 10 種，中でも高活性を示したのはオオキゴケ *Stereocaulon sorediiferum* とヒメセンニンゴケ *Dibaeis absoluta* でした．最後にオオウズラタケのみに効果がある培養地衣菌は 9 種，中

でも高活性をしめしたのはトゲシバリ Cladia aggregata とザクロゴケ Haematomma collatum, タカネアカサビゴケ Rusavskia elegans でした．

上述の阻害活性を示した地衣菌は属に特異的なものでもなく，また，もととなった地衣類は生育基物のような生育環境に特異的なものでもないことがわかりました．また，培地によって培養地衣菌の増殖抑制作用に違いがあり，**GP** 培地は増殖抑制作用が現れにくいことがわかりました．

さらに，堀米（2004）は地衣菌を液体培養後，液体培地を濾過し，得られた濾液を麦芽酵母エキス（**MY**）培地に配合して木材腐朽菌の増殖への影響を調べました．材料としてアカボシゴケ培養菌，ホウネンゴケ培養菌，ヘリトリモジゴケ Leiorreuma exaltatum 培養菌を用いました．結果，アカボシゴケ培養菌は 10%配合でカワラタケの増殖を 60%抑制し，オオウズラタケの増殖を 60%抑制しました．ホウネンゴケ培養菌は 10%配合でカワラタケの増殖を 60%抑制し，オオウズラタケの増殖を 90%抑制しました．ヘリトリモジゴケ培養菌は 10%配合でカワラタケの増殖を 30%抑制し，オオウズラタケの増殖を 10%抑制しました．

24. 抗細菌活性試験－ペーパーディスク法－

10.7 で述べたように地衣類の生物活性で最初に注目されたのは抗細菌活性でした．1940 年代以降多くの研究が遂行されましたが，実用化に至りませんでした．1990 年代以降も散発的に研究が行われています（山本 2000）．

筆者の研究室では天然地衣体と培養地衣菌の抗細菌活性を検討しました．天然地衣体および培養地衣菌のメタノール抽出物の多くは 3 種類のグラム陽性細菌類（大腸菌，ニキビ菌，黄色ブドウ球菌）の増殖を阻害しました．エイランタイ属とサルオガセ属の天然地衣体は中でもニキビ菌に対して高い阻害活性を示しました．これら天然地衣体は既に枯草菌や抗酸菌，黄色ブドウ球菌に対する抗細菌活性物質として知られているリケステリン酸やウスニン酸を含んでいます．これら化合物がニキビ菌に対しても強い抗細菌活性を示すことを認めました．ホネキノリ Alectoria lata 培養菌とヒメイワタケ Umbilicaria kisovana 培養菌は強い抗細菌活性を示しましたが，これら培養地衣菌にリケステリン酸やウスニン酸は含まれていませんでした．従って，これらに未知の抗細菌成分が含まれていることを示しています（山本 2000）．

2000 年以前の抗細菌活性研究はどちらかというとすべての細菌類に活性を示す成分の探索を目的にしていましたが，2000 年代以降はピンポイントで効果のある活性成分の探索研究に重点が置かれ始めました．

そこで，筆者の研究室と秋田県立大学生物資源科学部稲元研究室と共同で多様な被験細菌類を用意し，多くの検体をスクリーニングすることを試みました（武田 2004，Yamamoto et al. 2010）．

武田（2004）は地衣類材料として天然地衣体 13 種 16 検体，培養地衣菌 34 種 36 検体，被験細菌類として 16 種の多様な動物病原性細菌を用い，ペーパーディスク法によるスクリーニングを行いました．

一般的な抗細菌活性スクリーニングにペーパーディスク法がよく用いられます．武田（2004）が行ったペーパーディスク法の実験手順を以下に説明します．① 冷凍保存した各地衣類材料のアセトン抽出物を 1 ml のアセトンに溶解しました．② 径 8 mm の厚手の濾紙に 50 μl ずつ抽出液を浸透させました．③ ドラフト内で濾紙内のアセトンを蒸発させました．④ 被験細菌類 16 種を別々に塗布した寒天培地に乾燥させた検体濾紙を置きました．⑤ 18 から 20 時間，37℃で培養しました．⑥ 形成された阻止円の直径をノギスで計測しました．

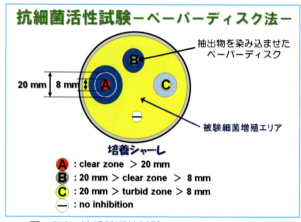

図 10.24 抗細菌活性試験－ペーパーディスク法－

阻止円による評価は図 10.24 に示すように直径が 20 mm 以上のものは **A**，8 mm から 20 mm までのものは **B**，同じく 8 mm から 20 mm までのものでも，耐性菌などにより混濁したものは **C**，全く阻止円が形成されなかったものは－としました．

25. 培養地衣菌の抗細菌活性結果

武田（2004）による培養地衣菌の抽出物の抗細菌活性スクリーニング結果を図 10.25A の表に示します．中でも高活性な培養地衣菌の抽出物について別途に図 10.25B の表にまとめます．

図 10.25A 培養地衣菌の抗細菌活性結果
－ペーパーディスク法スクリーニング－

培養地衣菌の菌体抽出物ではザクロゴケ Haematomma collatum 培養菌が 7 種，Cladonia boryi 培養菌が 7 種，オオツブラッパゴケ C. cristatella-3 培養菌が 6 種の細菌類に対して **B** 判定以上

の高い抗細菌活性を示しました．サンゴエイランタイ *Cetraria aculeata*-1 培養菌は 15 種の細菌類中，非病原性のグラム陽性球菌である表皮ブドウ球菌（**SE**，*Staphylococcus epidermids*）にのみ **A** 判定の活性を示しました．ホソフジゴケ *Thelotrema subtile* 培養菌はニキビ菌（**PA**，*Propionibacterium acnes*）にのみ，また，ヒメセンニンゴケ *Dibaeis absoluta* 培養菌は化膿連鎖球菌（**SP**，*Streptococcus pyogenes*）にのみそれぞれ **B** 判定の活性を示しました．これら 3 種の菌体抽出物は選択的な抗細菌活性を示す化合物を含む可能性を示唆しています．一方，残念ながら菌体抽出物の中でグラム陽性菌である多発性化膿性漿膜炎菌（**AP**，*Arcanobacterium pyogenes*），ビフィズス菌（**BI**，*Bifidobacterium pseudolongum*），豚丹毒菌（**ER**，*Erysipelothrix rhusiopathiae*）やアシドフィルス菌（**LA**，*Labacillus acidophilus*），フェカーリス連鎖球菌（**SF**，*Streptococcus fecalis*），虫歯菌（**SM**，*S. mutans*），グラム陰性菌である大腸菌（**EC**，*Escherichia coli*）やパスツレラ症菌（**PM**，*Pasturela multocida*）に活性を示すものはありませんでした．

培養地衣菌の抗細菌活性結果
－高活性培養地衣菌－

高活性地衣菌	動物病原性細菌 SE	SA	ML	BS	PA	CP	SP
アカボシゴケ	-	—	—	C	—	—	—
クリイロホシゴケ	B	C	—	C	B	—	—
サンゴエイランタイ	A	—	—	—	—	—	—
Cladonia boryi	B	B	B	B	B	B	B
オオツブラッパゴケ	B	B	B	B	B	B	B
アカミゴケ	C	C	—	—	—	—	—
イオウゴケ	—	—	—	C	—	—	—
ヒメセンニンゴケ	—	—	—	—	C	—	B
セスジモジゴケ	—	C	—	—	—	—	—
ザクロゴケ	B	B	B	B	B	B	B
ホソフジゴケ	—	—	—	—	B	—	—

SE: 表皮ブドウ球菌，**SA:** 黄色ブドウ球菌，**ML:** ルテウス菌，**BS:** 枯草菌，**PA:** ニキビ菌，**CP:** ウェルシュ菌，**SP:** 化膿連鎖球菌

図 10.25B 培養地衣菌の抗細菌活性結果
－高活性培養地衣菌－

天然地衣体抽出物では多数の検体に強い抗細菌活性が認められました．これはこれらの検体にウスニン酸のような既に抗細菌活性物質と認められている成分を含んでいるためと推察されます．

26. 抗細菌活性－ザクロゴケ培養菌抽出物－

さらに，武田（2004）はザクロゴケ菌培養液抽出物も培養菌体抽出物と同様の活性を示し，培養菌体抽出物と比較するとより大きな阻止円を形成することを明らかにしました．特に以下の被験細菌類で強い活性を見出しました．図 10.26 に抗細菌活性の結果を写真で示します．図 10.26 中に示す細菌類は以下の通りです．表皮ブドウ球菌（**SE**），黄色ブドウ球菌（**SA** および **SA2**，*Staphylococcus aureus*），ルテウス菌（**ML**，*Micrococcus luteus*），枯草菌（**BS**，*Bacillus subtilis*）．

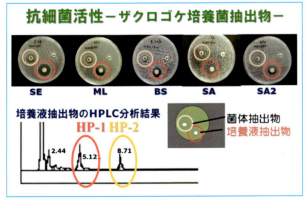

図 10.26 抗細菌活性－ザクロゴケ培養菌抽出物－

この結果から，抗細菌活性を示したザクロゴケ菌培養液抽出物に注目し，成分分析を試みました．ザクロゴケ菌培養液抽出物の HPLC 分析結果を図 10.26 に示します．

HPLC 分析の結果 Rt 2.44，5.12，8.71 にピークが認められました．培養菌体アセトン抽出物や培養菌体メタノール抽出物に同様のピークが認められましたが，Rt 5.12 と 8.71 のピークはメタノール抽出物で低く，そのためかメタノール抽出物の活性はアセトン抽出物よりは低くなりました．このことから活性物質は Rt 5.12（**HP-1**）および 8.71（**HP-2**）のピークの化合物と推定されました．

27. 抗細菌活性物質－ザクロゴケ菌培養液抽出物－

武田（2004）が見出した抗細菌活性を有するザクロゴケ菌培養液抽出物は共同研究先である京都大学農学部宮川研究室に渡されました．Kawakatsu *et al.*（2006）は **HP-1**，**HP-2** と名付けられた二つの色素の単離精製，同定に取り掛かりました．

抗細菌活性物質
－ザクロゴケ菌培養液抽出物－

抗細菌活性(MIC, μM)

動物病原性細菌	HP-1	HP-2
枯草菌（BS）	10	1000
ルテウス菌 (ML)	10	-
黄色ブドウ球菌 (SA)	500	300
表皮ブドウ球菌 (SE)	100	10

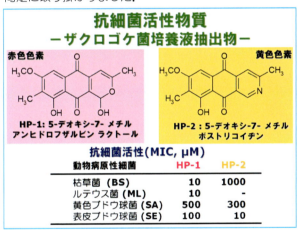

図 10.27 抗細菌活性物質
－ザクロゴケ菌培養液抽出物－

ザクロゴケ菌培養液（450 ml）に酢酸エチルを加え，色素の抽出を行い，酢酸エチルを留去，濃縮後，シリカゲルカラムクロマトグラフィーに供しました．クロロホルム画分をセファデックス LH-20 にさらに供し，メタノールで流出させて赤色色素（62 mg）および黄色色素（18 mg）をそれぞれ得ました．

機器分析によって，それらの化学構造は図 10.27 の上段に示す化合物，すなわち，赤色色素（**HP-1**）は新規化合物である 5-デオキシ-7-メチルアンヒドロフザルビンラクトールであること，また，黄色色素（**HP-2**）はすでに Moriyasu *et al.*（2001）が報告した化合物である 5-デオキシ-7-メチルボストリコイヂンであることがわかりました．

一方，武田（2004）は単離精製された **HP-1** と **HP-2** の MIC 法による抗細菌活性を調べました．細菌類とし

ては4種,枯草菌(**BS**),ルテウス菌(**ML**),黄色ブドウ球菌(**SA**),表皮ブドウ球菌(**SE**)を用いました.その結果を図10.27の下段に示します.

HP-1は4種すべての細菌類に活性を示しました.特に枯草菌とルテウス菌に10 µMの低濃度で活性を示しました.一方,**HP-2**はルテウス菌以外の3種の細菌類に活性を示しました.特に表皮ブドウ球菌に10 µMの低濃度で活性を示しました.しかし,既存抗細菌活性物質のレベルに届きませんでした.

28. 天然地衣体の抗細菌活性スクリーニング

佐藤(2006)は武田(2004)に引き続き,秋田県立大学生物資源科学部稲元研究室と共同で天然地衣体のペーパーディスク法による抗細菌活性スクリーニングを試みました.材料とした天然地衣体は124検体です.被験細菌類ならびに活性評価は武田(2004)と同じです.8種以上の被験細菌類に活性を示した種に絞り,その結果を図10.28Aの表に示します.

図10.28Aの表中の黄色の背景で示した地衣類はウスニン酸を含む地衣類で,武田(2004)の結果と同様に活性の強い種が多く見られました.

図10.28A 天然地衣体の抗細菌活性スクリーニング
ーペーパーディスク法ー

しかし,ウスニン酸を含有しない65検体の地衣類でも強い活性を示す種が幾つか見いだされました.図10.28Bの表にそれらの代表例7種,ヤマゲジゲジゴケ *Heterodermia pseudospeciosa*,ハイイロカブトゴケ *Lobaria scrobiculata*,アワビゴケ *Cetreliopsis asahinae*, *Pannoparmelia angustata*, *Cetraria steppae*, トゲトコブシゴケ *Cetrelia braunsiana*, *Evernia divaricata* を示します.これら7種とも6種以上の細菌類に増殖阻害作用を示し,特に表皮ブドウ球菌(**SE**)に対して強い効果を示しました.このことはウスニン酸以外に抗細菌活性を示す成分があることを示唆しています.

29. 抗細菌活性成分検定法ーTLC法ー

さらに,佐藤(2006)はウスニン酸を含まない65検体に注目し,その中でもルテウス菌に対して活性のあった19検体に絞って,図10.29に示すようなTLCを用いた抗細菌活性検定法(TLC法)による活性成分検定を行いました.

TLC法の原理を以下に説明します.TLCによって検体成分を分離させることで検体中のどの成分が細菌類の増殖を阻害しているのかを確認することができます.もし,検体の活性成分のRfがウスニン酸のRfと異なる場合,検体がウスニン酸以外の抗細菌活性成分を有しているということがわかります.

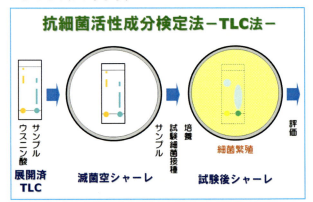

図10.29 抗細菌活性成分検定法ーTLC法ー

実験手順を以下に説明します.①TLC 2枚とシャーレを乾熱滅菌しました.②滅菌TLC 2枚にウスニン酸と検体アセトン液をTLCにスポットしました.③スポットしたTLC 2枚を同時展開させました.④展開が終わったTLCの1枚を,展開面を上にしてシャーレに入れ,クリーンベンチ内で24時間風乾させました.⑤溶解させた培地をTLCが入ったシャーレに分注し,冷却後菌を培地面上に塗布しました.⑥37℃で20時間培養しました.⑦細菌類が繁殖していないウスニン酸の場所とウスニン酸以外の細菌類が繁殖していない場所,すなわち検体中の活性成分の場所を確認しました.⑧残ったTLCの1枚に硫酸噴霧後加熱しました.⑨加熱したTLC上にあるウスニン酸と検体成分を確認しました.⑩両方のTLCを比較し,検体成分の中の活性成分を確定しました.

30. 抗細菌活性試験結果ーTLC法ー

佐藤(2006)のTLC法による抗細菌活性試験結果を図10.30に示します.

佐藤(2006)によれば,試験した19検体の中の8検体でウスニン酸と異なる地衣成分が抗細菌活性を示しました.図10.30に示す写真は8検体の中の3検体の写真です.左からトゲトコブシゴケ *Cetrelia braunsiana*,トゲシバリ *Cladia aggregata*, トゲヒメゲジゲジゴケ *Anaptychia isidiata* です.黄色の枠で囲まれているの

がウスニン酸，黒い枠で囲まれているのが抗細菌活性成分です．

トゲトコブシゴケにはすでに地衣成分として同定されているデプシドーン類のアレクトーロン酸，α-コラトール酸が含まれているので，それらが抗細菌活性を示したと思われます．

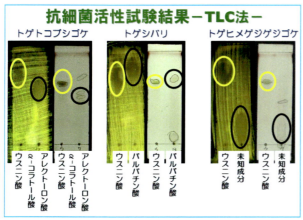

図 10.30 抗細菌活性試験結果－TLC 法－

トゲシバリにもすでに同定されているデプシド類のバルバチン酸が主要な地衣成分として含まれているので，それが抗細菌活性を示したと考えられます．

トゲヒメゲジゲジゴケには本来地衣成分は含まれていないと言われています．しかし，今回黒い枠の部分に活性が現れました．これは抗細菌活性を有する新規の地衣成分である可能性が高いと考えられます．

31. 地衣類由来の抗細菌活性物質

従来の研究でリケステリン酸やウスニン酸は強い抗細菌活性を示すことが見いだされています（図 10.31 の右列）．

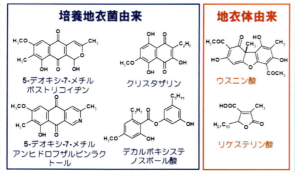

図 10.31 地衣類由来の抗細菌活性物質

本章で新たな抗細菌活性物質として天然地衣体からデプシドーン類のアレクトーロン酸，α-コラトール酸やデプシド類のバルバチン酸が見出され，培養地衣菌からは 5-デオキシ-7-メチルアンヒドロフザルビンラクトールと 5-デオキシ-7-メチルボストリコイヂンが見出されました（図 10.31 の左列）．

さらに筆者の研究室と明治薬科大学高橋研究室との共同研究で次の培養地衣菌からも抗細菌活性物質が見つかりました．北米産のハナゴケ属の地衣類であるオオツブラッパゴケ Cladonia cristatella の培養菌から二つの新規なナフトキノン類であるクリスタザリン（図 10.31 の

中列の上）と 6-メチルクリスタザリンが単離され（Yamamoto et al. 1996），これらは枯草菌（IC_{50}=10 mg/ml）と黄色ブドウ球菌（IC_{50}=20 mg/ml）対して抗細菌活性を示しました．また，ヨコワサルオガセ Dolichousnea diffracta 培養菌から単離された新規なデプシド類であるデカルボキシステノスポール酸（図 10.31 の中列の下）も抗細菌活性を示しました（Yamamoto et al. 1998）．

32. 天然地衣体の抗癌活性スクリーニング－ヒト前骨髄性白血病細胞 HL-60－

地衣類から抗癌剤を創製できれば地衣類が社会からおおきな注目を浴びることになると思われます．過去，地衣多糖類（Fukuoka et al. 1968）やウスニン酸（Kupchan & Kopperman 1975）に抗癌活性が認められましたが，商品化には至りませんでした．

小原（2007）は白血病癌細胞 HL-60 の増殖阻害活性について天然地衣体（127 種 170 検体）と培養地衣菌（26 種 52 検体）をスクリーニングしました．その結果のうち天然地衣体のスクリーニング結果を図 10.32 の表に示します．

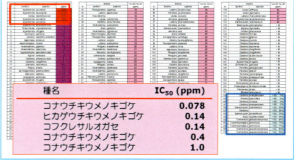

図 10.32 天然地衣体の抗癌活性スクリーニング
－ヒト前骨髄性白血病細胞 HL-60－

これら検体の中で強い抗癌活性を示したもの（表中の赤枠）はコナウチキウメノキゴケ Myelochroa aurulenta 3 検体（それぞれ IC_{50} 値は 0.078 ppm，0.4 ppm，1.0 ppm）とヒカゲウチキウメノキゴケ M. leucotyliza 1 検体（IC_{50}=0.14 ppm），コフクレサルオガセ Usnea bismolliuscula 1 検体（IC_{50}=0.14 ppm）でした．赤枠に入らなかったもののクズレウチキウメノキゴケ M. entotheiochroa も強い活性（IC_{50}=1.2 ppm）を示したので，抗癌活性成分はウチキウメノキゴケ属の地衣類に共通することを示唆します．

一方，癌細胞の増殖を促進させた検体（表中の青枠）もあり，特にヒゲアワビゴケ Tuckermannopsis americana 2 検体とウスカワゴケ Nephromopsis pseudocomplicata 3 検体が顕著でした．この 2 種は近縁なので共通の活性成分を含む可能性があります（Sato et al. 2015）．

33. 天然の抗癌活性テルペノイド－ALA 関連－

スクリーニング結果から，佐藤（2009）は秋田県立大学生物資源科学部吉澤研究室と共同でコナウチキウメノ

キゴケ天然地衣体約 12.5 g から抗癌活性物質の単離精製を試みました．地衣体をアセトン浸漬し，得られたアセトン抽出物（約 800 mg）をシリカゲルカラムクロマトグラフィー（2 回）と薄層クロマトグラフィーにより活性成分を分離しました．機器分析により活性成分として 16-O-アセチルロイコチリン酸（**ALA**，IC_{50}=20.6 μM），ロイコチリン酸（IC_{50}=70.2 μM），ゼオリン（$IC_{50}≧33.5$ μM）を単離同定しました（Tokiwano et al. 2009）．さらに佐藤（2011）はクズレウチキウメノキゴケからも活性成分として 12β-アセトキシ-16β-O-アセチルロイコチリン酸（**AAL**，IC_{50}=43.6 μM）を単離同定しました（Sato et al. 2015）．

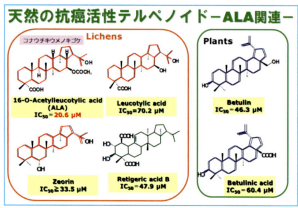

図 10.33 天然の抗癌活性テルペノイド－ALA 関連－

佐藤（2009）はコナウチキウメノキゴケから単離した活性成分と同じゼオリン型トリテルペノイドである地衣成分レチゲラ酸 B および植物由来の市販試薬ベツリンとベツリン酸の HL-60 に対する増殖抑制活性を比較しました．**ALA** はその中で最強の活性物質であることがわかりました（Sato et al. 2015）．

人の生活にとって必要な生物活性物質は時代とともに変わります．地衣類は天然地衣体も培養地衣菌もその探索源として有用であることに変わりはありません．

文　献

Ahad A.M., Goto Y., Kiuchi F., Tsuda Y. & Sato S. 1991. Nematocidal principles in "Oakmoss Absolute" and nematocidal activity of 2,4-dihydoxybenzoates. Chem. Pharm. Bull. 39: 1043-1046.【0362】

遠藤まり恵. 2010. 地衣類の抗酸化活性. 秋田県立大学生物資源科学部卒業論文.

Endo T., Takahagi T., Kinoshita Y., Yamamoto Y. & Sato F. 1998. Inhibition of photosystem II of spinach by lichen-depsides. Biosci. Biotech. Biochem. 62: 2023-2027.【1298】

Fukuoka F., Nakanishi M., Shibata S., Nishikawa Y., Takeda T. & Tanaka M. 1968. Polysaccharides in lichens and fungi. II. Antitumor activities on sarcoma-180 of the polysaccharide preparations from Gyrophora esculenta, Cetraria islandica orientalis. Gann 59: 421-432.【0094】

舟木晴香. 2015. 天然地衣類の抗コラゲナーゼ活性. 秋田県立大学生物資源科学部卒業論文.

Hara K., Endo M., Kawakami H., Komine M. & Yamamoto Y. 2011. Anti-oxidation activity of ethanol extracts from natural thalli of lichens. Mycosystema 30: 950-954.【2417】

Higuchi M., Miura Y., Boohene J., Kinoshita Y. Yamamoto Y., Yoshimura I. & Yamada Y. 1993. Inhibition of tyrosinase activity by cultured lichen tissues and bionts. Plant Med. 59: 253-255.【0933】

Hirabayashi L., Iehata S., Ito M., Shigeta S., Narui T. & Shibata S. 1989. Inhibitory effect of a lichen polysaccharide sulfate, GE-3-S, on the replication of human immunodeficiency virus (HIV) in vitro. Chem. Pharm. Bull. 37: 2410-2412.【0374】

細越美貴子. 2012. 培養地衣菌の美白活性スクリーニング. 秋田県立大学生物資源科学部卒業論文.

堀米希恵. 2004. 地衣類の木材腐朽菌増殖抑制活性. 秋田県立大学生物資源科学部卒業論文.

伊藤菜保子. 2014. 培養地衣菌のメラニン生成阻害物質の単離精製. 秋田県立大学生物資源科学部卒業論文.

加賀谷雅仁. 2006. 地衣類の木材腐朽菌増殖抑制効果. 秋田県立大学生物資源科学部卒業論文.

刈米達夫・木村雄四郎. 1928. 最新和漢薬用植物, 510 pp. 広川書店, 東京.

Kawakatsu M., Yamamoto Y. & Miyagawa H. 2006. Pyranonaphthoquinone pigment from cultured lichen mycobiont of Haematomma sp. Lichenology 5: 31-36.【1913】

Kinoshita K. Matsubara H., Koyama K., Takahashi K., Yoshimura I. & Yamamoto Y. 1994. New phenolics from Protousnea species. J. Hattori Bot. Lab. (75): 359-364.【0931】

Kupchan S.M. & Kopperman H.L. 1975. L-Usnic acid: tumor inhibitor isolated from lichens. Experientia 31: 625-626.【0497】

Matsubara H., Kinoshita K., Yamamoto Y., Kurokawa T., Yoshimura I. & Takahashi K. 1999. Distribution of new quaternary ammonium compounds, solorinine and peltigerine, in the Peltigerales. Bryologist 102: 196-199.【1345】

Matsubara H., Kinoshita K., Koyama K., Ye Y., Takahashi K., Yoshimura I., Yamamoto Y., Miura Y. & Kinoshita Y. 1997. Anti-tyrosinase activity of lichen metabolites and their synthetic analogues. J. Hattori Bot. Lab. (83): 179-185.【1272】

明嵐加央里. 2015. 天然地衣類の抗エラスターゼ活性. 秋田県立大学生物資源科学部卒業論文.

Moriyasu Y., Miyagawa H., Hamada N., Miyawaki H. & Ueno T. 2001. 5-Deoxy-7-methylbostrycoidin from cultured mycobionts from Haematomma sp. Phytochem. 58: 239-241.【1434】

小原知久. 2007. 地衣類の白血病細胞 HL-60 に対する増殖阻害活性. 秋田県立大学生物資源科学部卒業論文.

Okuyama E., Umeyama K., Yamazaki M., Kinoshita Y. & Yamamoto Y. 1993. Usnic acid and diffractaic acid as analgesic and antipyretic components of *Usnea diffracta*. Plant Med. 61: 113-115.【1281】

大塚紘司・小宮威弥・津久井誠・豊里友良・松岡敏郎・藤村一・平松保造. 1972. 抗炎症剤に関する研究 生薬, 植物の抗炎症活性その 2. J. Takeda Res. Lab. 31: 247-251.【0325】

Proksa B., Adamcova J., Sturdikova M. & Fuska J. 1994. Metabolites of *Pseudevernia furfuracea* (L.) Zopf. and their inhibition potential of proteolytic enzymes. Pharmazie 49: 282-283.【0940】

Sankawa U., Shibuya M., Ebizuka Y., Noguchi H., Kinoshita T. & Iitaka Y. 1982. Depside as potent inhibitor of prostagrandin biosynthesis: a new active site model for fatty acid cyclooxygenase. Prostaglandin 24: 21-34.

佐藤ひかり. 2009. 地衣類の白血病細胞 HL-60 に対する増殖阻害活性成分. 秋田県立大学生物資源科学部卒業論文.

佐藤ひかり. 2011. 地衣類由来トリテルペノイドの研究. 秋田県立大学生物資源科学研究科修士論文.

佐藤佳隆. 2006. 地衣類の抗細菌活性. 秋田県立大学生物資源科学部卒業論文.

Sato H., Obara T., Kinoshita K., Hara K., Komine M., Yoshizawa Y. & Yamamoto Y. 2015. Proliferation inhibitory activity against HL-60 cells in natural thalli of lichens. Lichenology 13: 1-8.【2914】

Slansky F.Jr. 1979. Effect of the lichen chemicals atranorin and vulpinic acid upon feeding and growth of larvae of the yellow striped armyworm, *Spodoptera ornithogalli*. Environ. Entomol. 8: 865-868.【0379】

武田瑞紀. 2004. 地衣菌培養物の抗菌活性. 秋田県立大学生物資源科学部卒業論文.

Tokiwano T., Satoh H., Obara T., Hirota H., Yoshizawa Y. & Yamamoto Y. 2009. A lichen substance as an antiproliferative compound against HL-60 human leukemia cells: 16-*O*-acetyl-leucotulic acid isolated from *Myelochroa aurulenta*. Biosci. Biotech. Biochem. 73: 2525-2527.【2920】

渡部貴幸. 2011. 地衣類のチロシナーゼ阻害活性成分の同定. 秋田県立大学生物資源科学部卒業論文.

Vartia K.O. 1973. Antibiotics in lichens. In Ahmadjian V. & Hale M. (eds), The Lichens, pp. 547-561. Academic Press, New York, San Francisco & London.

魏江春. 1982. 中国薬用地衣, 156 pp. 科学出版社, 北京.

山本好和. 1998. 地衣類と人の暮らし. 遺伝 52 (1): 45-48.【1226】

山本好和. 2000. 地衣類の生物活性と生物活性物質. 植物の化学調節 35: 169-179.【1413】

Yamamoto Y., Hara K., Komine M., Doi S. & Takahashi K. 2002. Growth inhibition of two wood decaying fungi by lichen mycobionts. Lichenology 1: 45-49.【1444】

Yamamoto Y., Kinoshita Y., Matsubara H., Kinoshita K., Koyama K., Takahashi K., Kurokawa T. & Yoshimura Y. 1998. Screening of biological activities and isolation of biological-active compounds from lichens. Recent Res. Develop. in Phytochem. 2: 23-33.【1198】

Yamamoto Y., Matsubara H., Kinoshita Y., Kinoshita K., Koyama K., Takahashi K. & Ahmadjian V. 1996. Naphthazarin derivatives from cultures of the lichen *Cladonia cristatella*. Phytochem. 43: 1239-1242.【1277】

Yamamoto Y., Miura Y., Kinoshita Y., Higuchi M., Yamada Y., Murakami A., Ohigashi H. & Koshimizu K. 1995. Screening of Tissue Cultures and thalli of lichens and some of their active constituents for inhibition of tumor promoter-induced Epstein-Barr virus activation. Chem. Pharm. Bull. 43: 1388-1390.【1134】

Yamamoto Y., Takeda M., Sato Y., Hara K., Komine M. & Inamoto T. 2010. Inhibitory effects of the extracts of natural thaili and cultured mycobionts of lichens against 15 bacteria. Lichenology 9: 11-17.【2236】

第 11 章　地衣成分の生産

本章は第 **7** 章の「地衣成分・二次代謝」，第 **8** 章の「地衣類の培養」，第 **10** 章の「地衣類の生物活性」と関連づけられます．これらの章で地衣成分とその有用性について述べてきましたが，本章は地衣成分の生産と題して，最初に **A** 地衣成分を多量に生産する方法の概略を紹介し，次いで，**B** 生産方法の中で重要度の高い地衣成分の培養生産について，最後に **C** 地衣成分の生合成について説明します．

A　地衣成分を多量に生産する方法

地衣成分を工業的に利用するためには地衣成分を多量に生産する方法を考える必要があります．

1.　地衣成分とその特徴・利用

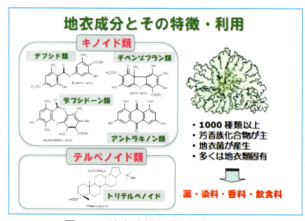

図 11.1 地衣成分とその特徴・利用

地衣成分について再確認します．第 **7** 章 **7.3** で述べたように地衣成分は芳香族化合物であるキノイド類と脂肪族化合物であるテルペノイド類からなります．両者の出発物質は同じ酢酸ですが，生合成的に全く異なる化合物群です．地衣成分は地衣類固有で地衣類以外の真菌類や植物にほとんど含まれていません．地衣成分は主に地衣菌が産生します．古来，人は地衣成分の他に類を見ない特徴を学習し，それを医薬，香料，染料，食料，飲料として利用してきました（図 11.1）．

2.　地衣成分を多量に生産する方法とその問題点

地衣成分または地衣体そのものを多量に利用したいと考えた時にその生産方法はどう考えるべきでしょうか．地衣成分は第 **6** 章 **6.18** で述べたように植物成分や真菌成分と同じ二次代謝産物です．従って現在行われている植物成分や真菌成分を多量に生産する方法が参考になります．図 11.2 に考えられる方法を示します．

地衣成分を多量に生産する方法は図 11.2 に示すように四つあります．

① 天然地衣体から地衣成分を抽出精製する方法です．この方法が自然からの採集に頼るならば自然環境破壊や天然資源の枯渇という問題から逃れることができません．もしも野外や室内での栽培という方法ならば，先の二つの問題からは逃れられます．ただし，その場合はいまだ確立されていない地衣類の効率的な栽培方法を開発しなければなりません．市販されているミヤマハナゴケ *Cladonia stellaris* はフィンランドのとある島で 10 年ほどかけて栽培後，収穫されて世界に輸出されているとの話をフィンランドで聞きました．その栽培方法を改良することで地衣類の効率的な栽培方法を開発できるかもしれません．

地衣成分を多量に生産する方法とその問題点

1. 地衣類の採取・栽培
　天然採取による資源の枯渇
　栽培方法？
2. 多量の地衣菌の培養
　生産の可能性？
　生産条件？
3. 地衣成分を生合成する遺伝子を組み込んだ多量の他生物細胞の培養
　地衣成分を生合成する遺伝子？
　地衣成分を生合成する遺伝子の他生物での発現？
4. 人工全合成

図 11.2 地衣成分を多量に生産する方法とその問題点

② 多量の地衣菌を培養し，その培養物から地衣成分を抽出精製する方法です．しかし，地衣成分を生産する条件が不確かです．本章 **B** でその可能性を追求します．

③ 地衣成分を生合成する遺伝子を組み込んだ多量の他生物細胞を培養し，その培養物から地衣成分を抽出精製する方法です．地衣成分の生合成に関わる遺伝子は解明されているのか，果たして地衣類の遺伝子が他の生物で発現するのかを確かめなければなりません．本章 **C** でその可能性に触れます．

④ 地衣成分を人工全合成する方法です．簡単な化学構造を有する地衣成分なら合成は可能です．しかし，複雑な化学構造なら製造経費が高くなります．この課題については残念ながら本書では取り扱いません．

B　地衣成分の培養生産

植物細胞培養の分野では植物成分を生産することは一部の種，一部の植物成分で可能でも，多くの種では難しいことが知られています．地衣成分を地衣菌の培養物から得ることは同様に難しいのでしょうか．ここでは，固体培養での地衣成分産生，地衣体再形成による地衣成分産生，環境ストレスによる地衣成分産生，色素の培養生産，異常代謝産物について実例を交えて説明します．

3.　地衣培養組織の固体培養での成分産生

HPLC-PDA による地衣成分分析（Yoshimura *et al.* 1994a）が可能になったことから，Yoshimura *et al.*（1994b）は保存培養していた 101 種の地衣培養組織の

固体培養での地衣成分産生能を調べました．その結果を図 11.3 の表に示します．この表の地衣培養組織は地衣菌のみの場合も含んでいます．

地衣培養組織の固体培養での成分産生

芳香族代謝産物		地衣類
アントラキノン類	エモヂン	アカサビゴケ
	パリエチン	タカネアカサビゴケ，オオロウソクゴケ，アカサビゴケ，*Xanthoria mawsoni*
	未同定	タカネアカサビゴケ，オオロウソクゴケ
デプシド類	アトラノリン	*Usnea hirta*
	ベオミケス酸	コガネエイランタイ
	バルバチン酸	コガネエイランタイ
	ヂフラクタ酸	エイランタイ
	スカマート酸	コガネエイランタイ
	未同定	ホネキノリ，コアカミゴケ，キゴヘイゴケ，フクレサルオガセ
ヂベンゾフラン類	イソウスニン酸	*Usnea hirta*
	ウスニン酸	エイランタイ，ツノマタゴケ，タカネキノリ，*Ramalina duriaei*，エゾハマカラタチゴケ，ナガヒゲサルオガセ，ナヨナヨサルオガセ，フジサルオガセ，*Usnea hirta*
	未同定	ホグロハナゴケ
未同定類		約 60 種
未検出		約 20 種

図 11.3 地衣培養組織の固体培養での成分産生

驚くべきことに地衣成分は約 20 の地衣培養組織に全く含まれていませんでした．また，約 60 の地衣培養組織に同定できない地衣成分が含まれていました．そして約 20 の地衣培養組織に地衣成分が確認できました．

興味あることに天然地衣体と同じ地衣成分を有している地衣培養組織はアントラキノン類を含有する 7 種のアカサビゴケ属とウスニン酸を含有するサルオガセ属の 5 種，カラタチゴケ属の 2 種，合わせて 14 種（全体の約 14％）でした．アントラキノンとウスニン酸はデプシド類やデプシドーン類と異なる生合成経路で合成されます．このことが関係しているのかどうかについて筆者はよくわかりません．

10 の地衣培養組織は以下に示すような天然地衣体に含まれない地衣成分，すなわち異常代謝産物を産生しました．デプシド類のアトラノリンを産生する *Usnea hirta*，ベオミケス酸とバルバチン酸，スカマート酸を産生するコガネエイランタイ *Flavocetraria nivalis*，ヂフラクタ酸を産生するエイランタイ *Cetraria islandica* var. *orientalis*，未同定デプシドを産生するホネキノリ *Alectoria lata*，コアカミゴケ *Cladonia macilenta*，キゴヘイゴケ *Parmeliopsis ambigua*，フクレサルオガセ *Usnea nidifica*，未同定ヂベンゾフランを産生するホグロハナゴケ *Cladonia amaurocraea* およびウスニン酸を産生するエイランタイ，ツノマタゴケ *Evernia prunastri*，タカネケゴケ *Pseudephebe pubescens* の培養組織です．

このように地衣培養組織は植物培養細胞と同様に本来の地衣成分を産生することが難しいことがわかりました．これは地衣培養組織も未分化な組織であることに起因していることを示唆します．

4. 地衣体再形成による地衣成分生産

植物の未分化培養組織（カルス）は再分化すると本来のその植物が含んでいる成分を産生することが知られています．地衣培養組織が再分化すると本来の成分を産生するのか否かについて三つの報告を図 11.4A と図 11.4B に紹介します．

Culberson & Ahmadjian（1980）はオオツブラッパゴケ *Cladonia cristatella* 培養菌から地衣成分を検出できませんでしたが，共生藻と共存させた状態でデプシド類のバルバチン酸，形態形成した状態でさらにヂベンゾフラン類であるヂヂム酸を検出しました．しかし，本来の天然地衣体の主要な地衣成分であるウスニン酸はどちらの状態でも検出できませんでした．さらに，藻類を本来の共生藻から他種の共生藻に変えても同様の産生が起きることを確認しました．

地衣体再形成による地衣成分生産

地衣類 文献	培養地衣菌	地衣培養 組織	再形成体	天然地衣体
オオツブラッパゴケ Culberson & Ahmadjian（1980）	欠	バルバチン酸	バルバチン酸 ヂヂム酸	バルバチン酸 ヂヂム酸 ウスニン酸
Usnea hirta Kinoshita et al.（1993）	未測定	ウスニン酸 （0.25％乾燥重）	ウスニン酸 （0.80％乾燥重）	ウスニン酸 （2.80％乾燥重）

図 11.4A 地衣体再形成による地衣成分生産

Kinoshita et al.（1993）は *Usnea hirta* を材料としました．天然地衣体では 2.80％ 乾燥重であったウスニン酸含量が未分化な培養組織では 0.25％ 乾燥重であったこと，さらに微小再分化体では 0.80％ 乾燥重までウスニン酸含量が高まったことを確認しました．

これらのことは地衣菌にとって共生藻の存在が地衣成分産生に関連していること，また，地衣類も植物と同様に分化と地衣成分産生が関連していることを示唆しています．

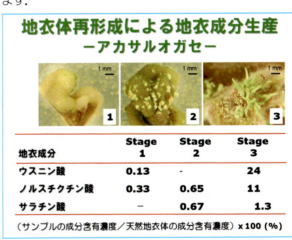

図 11.4B 地衣体再形成による地衣成分生産
ーアカサルオガセー

続いて，吉谷（2013）はアカサルオガセ *Usnea rubrotincta* を材料とし，その再形成における地衣成分生産を検討しました（図 11.4B）．

吉谷（2013）によれば，Stage 1 はアカサルオガセ培養菌に共生藻を振りかけて増殖させた未分化な培養組織に該当します．この段階でウスニン酸含量は天然比 0.13％，ノルスチクチン酸含量は天然比 0.33％でした．未分化な培養組織であってもノルスチクチン酸のようなデプシドーン類を産生することがわかりました．

Stage 2 は粉芽様態組織が形成される段階に該当します．この段階でウスニン酸含量は検出限界以下，ノルスチクチン酸含量は天然比 0.65％，サラチン酸含量は天然

比 0.67%でした．サラチン酸がこの段階で初めて確認されました．

Stage **3** は微小地衣体が形成される段階に該当します．この段階で再びウスニン酸含量は増加し天然比 24%，ノルスチクチン酸含量は天然比 11%，サラチン酸含量は天然比 1.3%でした．

以上のことは再分化段階で地衣成分産生が変わることを示しています．また，地衣成分の生合成は複雑に制御されていることを示唆します．

5.　環境ストレスによる地衣成分産生の誘発あるいは増大

再分化以外に地衣成分生産能を本来の状態に戻すこと，あるいは，そこまで届かなくとも類似の地衣成分を産生させることはできないのでしょうか．

植物細胞培養分野では植物培養細胞に環境ストレスを与えることによって本来の植物成分産生を誘発させる試みが知られています．

環境ストレスによる地衣成分産生の誘発あるいは増大

ストレス条件	培養地衣菌	地衣成分	文献
-5℃ 冷蔵	エイランタイ	ヂフラクタ酸	山本 2003
20%ショ糖	ヤマヒコノリ	ヂベンゾフラン類	Hamada 1993
	ホシスミイボゴケ	アトラノリン	Hamada 1996
		ノルスチクチン酸	ibid
10%ショ糖	サビイボゴケ	アトラノリン	Hamada *et al.* 1996
	ナミチャシブゴケモドキ	アトラノリン	ibid
	ナミチャシブゴケ	アトラノリン	ibid
	ボダイジュイボゴケ	アトラノリン	ibid
	コナチャシブゴケ	ウスニン酸	ibid
	ヘリトリゴケ	スチクチン酸	ibid
	サネゴケ	キサントン類	Tanahashi *et al.* 1991
	シラベノサネゴケ	キサントン類	ibid
	ヤマトキゴケ	ヂベンゾフラン類	Miyagawa *et al.* 1997
	コチャシブゴケ	ヂベンゾフラン類	Tanahashi *et al.* 2001
	イセチャシブゴケ	ヂベンゾフラン類	Takenaka *et al.* 2005

図 11.5 環境ストレスによる地衣成分産生の誘発あるいは増大

地衣菌の通常培養条件下では抑制されていた共生特異的な物質の産生が環境ストレスを与えた培養条件で誘導されることがあります．その例を図 11.5 の表に示します．ストレス培養条件下では，−5℃（低温ストレス）でエイランタイ *Cetraria islandica* var. *orientalis* 培養菌によるデプシド類のヂフラクタ酸（山本 2003），20%ショ糖培地（高浸透圧ストレス）でヤマヒコノリ *Evernia esorediosa* 培養菌によるヂベンゾフラン類（Hamada 1993）やホシスミイボゴケ *Buellia stellulata* 培養菌によるデプシド類のアトラノリンとデプシドーン類のノルスチクチン酸（Hamada 1996），また，10%ショ糖培地（高浸透圧ストレス）でサビイボゴケ *Brigantiaea ferruginea* 培養菌やナミチャシブゴケモドキ *Lecanora imshaugii* 培養菌，ナミチャシブゴケ *L. megalocheila* 培養菌，ボダイジュイボゴケ *Lecidella sendaiensis* 培養菌によるアトラノリン，コナチャシブゴケ *L. pulverulenta* 培養菌によるウスニン酸，ヘリトリゴケ *Porpidia albocaerulescens* var. *albocaerulescens* 培養菌によるスチクチン酸（Hamada *et al.* 1996）が報告されています．

6.　環境ストレスによる地衣成分生産制御

図 11.5 の表に示したように環境ストレスを与えることで地衣成分産生の誘発や増大が起こることが明らかになりました．しかし，数少ない種の培養地衣菌における結果なので，この現象が普遍的なものであるか否かについて臼庭（2008）が検証しました．

臼庭が行った実験方法を図 11.6 に示します．図 11.6 中の MY 区は環境ストレスを与えない基準培地（麦芽酵母エキス培地，**MY** 培地）を意味し，処理区は環境ストレスを与えた培地を意味します．環境ストレスを与えた培地として高浸透圧（20%ショ糖添加麦芽酵母エキス，**S20**）培地，または富栄養（リリーバーネット，**LB**）培地を用いました．材料として 116 種 125 株の培養地衣菌を用いました．培養は 18℃，暗所下で 3 箇月間または 6 箇月間行いました．地衣成分分析は HPLC-PDA を使用しました．

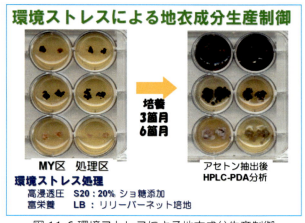

図 11.6 環境ストレスによる地衣成分生産制御

7.　環境ストレスによる地衣成分生産制御－評価方法－

臼庭（2008）が行った評価方法を図 11.7 に模式的に示します．

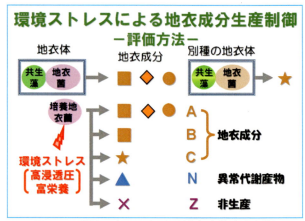

図 11.7 環境ストレスによる地衣成分生産制御
－評価方法－

まず，ある天然地衣体の含む地衣成分が四角■，菱形◈，円●の 3 種類，それとは別種の地衣体の含む地衣成分が星形★であったとします．また，今まで天然地衣体で見つかっていなかった成分（異常代謝産物）を三角▲で表します．また何も成分産生がなかった場合に×で表します．

培養地衣菌に環境ストレスを与えて産生した地衣成分のパターンが以下の五通り生じました．① 本来の地衣成

分すべてを含む四角■，菱形◆，円●の場合，パターンAとします．② 本来の地衣成分の一部を含む四角■のみの場合，パターンBとします．四角■でなくても菱形◆や円●でも同様のパターンBとなります．③ 本来の地衣成分を産生せず，他種の地衣成分である星形★を産生する場合，パターンCとします．A，B，Cは少なくとも地衣成分を産生しているので，地衣成分を産生する培養地衣菌と認定します．④ 異常代謝産物である三角▲を産生する場合，パターンNとし，異常代謝産物を産生する培養地衣菌と認定します．⑤ 全く地衣成分や異常代謝産物を産生しない×の場合，パターンをZとし，二次代謝産物非生産培養地衣菌と認定します．

8. 高浸透圧ストレスによる地衣成分生産－コナチャシブゴケ－

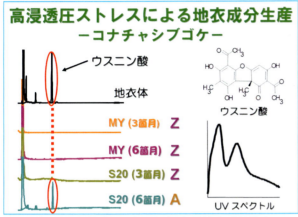

図11.8 高浸透圧ストレスによる地衣成分生産
－コナチャシブゴケ－

高浸透圧ストレスによる地衣成分生産結果の一例としてコナチャシブゴケ *Lecanora pulverulenta* 培養菌のHPLCと地衣成分産生分類を図11.8に示します．

臼庭（2008）の結果ではコナチャシブゴケの天然地衣体のHPLC（最上段）ではウスニン酸のピークが認められました．ウスニン酸の化学構造とUVスペクトルを図11.8の右に示します．

基準培地（MY）ではHPLCデータを確認すると3箇月あるいは6箇月培養でも二次代謝産物を産生せず，両者ともにパターンZと認定されました．

高浸透圧ストレス培地（20%ショ糖添加培地，S20）では3箇月培養のHPLCを確認すると二次代謝産物を産生せず，パターンZと認定されました．6箇月培養では地衣成分であるウスニン酸が認められたので，パターンAと認定されました．このことにより，培養の経過とともに産生する物質が変わることが明らかになりました．

S20においてコナチャシブゴケ菌が6箇月培養でウスニン酸を産生する結果はHamada et al.（1996）の報告と一致しました．

9. 高浸透圧ストレスによる地衣成分生産

高浸透圧ストレス培地での3箇月あるいは6箇月培養で少なくとも一方がパターンZではない培養地衣菌の代表例4種を図11.9の表にまとめます．

臼庭（2008）の結果では，*Lasallia hispanica* 培養菌は3箇月培養でジロフォール酸を産生することからパターンB，6箇月培養でもジロフォール酸を産生するのでパターンBとしました．

培養地衣菌	3箇月培養		6箇月培養	
Lasallia hispanica	ジロフォール酸	B	ジロフォール酸	B
コナチャシブゴケ	欠	Z	ウスニン酸	A
Lecidea confluens	アトラノリン	C	欠	Z
	ヂバリカート酸	C		
タカネサンゴゴケ	アトラノリン	C	欠	Z

図11.9 高浸透圧ストレスによる地衣成分生産

コナチャシブゴケ培養菌は図11.8に示した通りです．

Lecidea confluens 培養菌は3箇月培養でアトラノリンとヂバリカート酸を産生することからパターンC，6箇月培養で二次代謝産物を産生しないのでパターンZとしました．

タカネサンゴゴケ *Sphaerophorus fragilis* 培養菌は3箇月培養でアトラノリンを産生することからパターンC，6箇月培養で二次代謝産物を産生しないのでパターンZとしました．

10. 高浸透圧ストレスの二次代謝制御

臼庭（2008）が実験に供した116種125株の培養地衣菌の結果を図11.10の円グラフにまとめます．基準培地（MY）と高浸透圧ストレス培地（20%ショ糖添加培地，S20）における3箇月あるいは6箇月培養の結果をそれぞれパターン別に表しています．数値は全体に占める割合です．

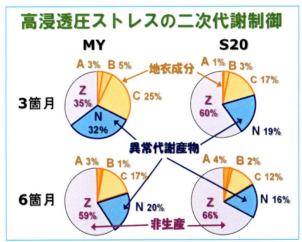

図11.10 高浸透圧ストレスの二次代謝制御

臼庭（2008）によると3箇月培養で既知の地衣成分を産生した株は23株，MY上で地衣成分を産生する株が多く，ショ糖添加培地（S20）に変更すると，地衣成分を産生できなかった株が多く見られました．また，ミナミイソダイダイゴケ *Caloplaca leptopisma* 培養菌のように培地を変更しても産生する地衣成分に変化が見られないものや *Lasallia hispanica* 培養菌，トゲウメノキゴケ *Hypotrachyna minarum* 培養菌のようにS20に変えることで本来の地衣成分を産生した株も一部では見

られました．

3箇月培養の全体の割合を見ると，**S20**において二次代謝産物を産生しない株のパターン**Z**が**MY**よりも多くなっていました．**A**，**B**，**C**，**N**それぞれのパターンは**MY**より少なくなっていました．

6箇月培養では既知の地衣成分が確認できた株数は13株で6箇月を経ると**MY**でもパターン**Z**の株数が増加し，**MY**，**S20**ともにパターン**Z**の割合が同じ程度になりました．また，6箇月培養することで初めて地衣成分を産生した株はヤグラゴケ *Cladonia krempelhuberi* 培養菌とコナチャシブゴケ培養菌の2種でした．*Blastenia crenularia* 培養菌やミナミイソダイダイゴケ培養菌のように6箇月培養でも3箇月培養のときと同様の地衣成分を産生している株も見られました．この結果はYoshimura et al.（1994b）で示したアントラキノン類が産生されやすい結果と同じです．

MYでの6箇月培養の結果（**Z**が59％，**N**が20％，**A**＋**B**＋**C**が21％）はYoshimura et al.（1994b）が示した結果（本章11.3），すなわち，地衣成分を全く含まない培養組織が約60％，また，未同定地衣成分を含む培養組織が約20％，地衣成分を確認できる培養組織が約20％とほとんど同じ結果でした．

11. 富栄養ストレスによる地衣成分生産－タカネサンゴゴケ－

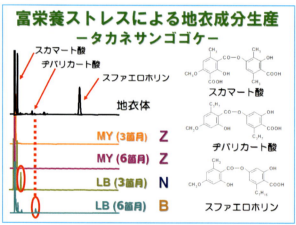

図 11.11 富栄養ストレスによる地衣成分生産
－タカネサンゴゴケ－

富栄養ストレスによる地衣成分生産結果の一例としてタカネサンゴゴケ *Sphaerophorus fragilis* 培養菌のHPLCと産生分類を図 11.11 に示します．

タカネサンゴゴケの天然地衣体のHPLC（最上段）では主要な地衣成分のスカマート酸とスファエロホリン，微量地衣成分のヂバリカート酸のピークが認められました．ヂバリカート酸，スカマート酸，スファエロホリンの化学構造を図 11.11 の右に示します．

臼庭（2008）の結果では基準培地（**MY**）においてHPLC分析によれば3箇月あるいは6箇月培養でも二次代謝産物を産生せず，両者ともにパターン**Z**と認定されました．

富栄養ストレス培地（リリーバーネット培地，**LB**）では3箇月培養のHPLCを確認すると異常代謝産物を産生していたので，パターン**N**と認定されました．6箇月培養では地衣成分であるヂバリカート酸が認められたので，パターン**B**と認定されました．

これらのことから富栄養ストレス培地でも高浸透圧ストレス培地と同様に培養の経過とともに産生される地衣成分が変わることが明らかになりました．

12. 富栄養ストレスによる地衣成分生産

富栄養ストレス培地での3箇月あるいは6箇月培養で少なくとも一方がパターン**Z**ではない培養地衣菌の代表例8種を図 11.12 の表にまとめます．

培養地衣菌	3箇月培養		6箇月培養	
クロダケトコブシゴケ	アトラノリン	B	ノルロバリドン様	C
	ヂバリカート酸	C		
サビイボゴケ	未知成分	N	ヂバリカート酸	C
コガネゴケ	エモヂン	C	エモヂン様	C
Lasallia hispanica	欠	Z	ヂバリカート酸	C
トゲウメノキゴケ	クリソファノール	C	フマールプロトセトラール酸	
	エモヂン	C	ウスニン酸	C
ウメノキゴケ	ヂバリカート酸	C	欠	Z
タカネサンゴゴケ	未知成分	N	ヂバリカート酸	B
ホソフジゴケ	セッカ酸	C	未知成分	N

図 11.12 富栄養ストレスによる地衣成分生産

臼庭（2008）の結果では，クロダケトコブシゴケ *Asahinea scholanderi* 培養菌は3箇月培養でアトラノリンとヂバリカート酸を産生することからそれぞれパターン**B**とパターン**C**，6箇月培養ではノルロバリドン様成分を産生するのでパターン**C**としました．

サビイボゴケ *Brigantiaea ferruginea* 培養菌は3箇月培養で異常代謝産物と思われる未知成分を産生することからパターン**N**，6箇月培養でヂバリカート酸を産生することからパターン**C**としました．

コガネゴケ *Chrysothrix candelaris* 培養菌は3箇月培養でエモヂンを産生することからパターン**C**，6箇月培養でエモヂン様成分を産生することからパターン**C**としました．

Lasallia hispanica 培養菌は3箇月培養で二次代謝産物を産生しないことからパターン**Z**，6箇月培養でヂバリカート酸を産生することからパターン**C**としました．*Lasallia hispanica* 培養菌は高浸透圧ストレス培地では3箇月培養あるいは6箇月培養でもジロフォール酸を産生した（図 11.9）ので高浸透圧ストレスと富栄養ストレスは地衣成分産生に異なる影響を及ぼすことを示唆します．

トゲウメノキゴケ *Hypotrachyna minarum* 培養菌は3箇月培養でアントラキノン類のクリソファノールとエモヂンを産生することからそれぞれパターン**C**，6箇月培養ではフマールプロトセトラール酸とウスニン酸を産生するのでそれぞれパターン**C**としました．

ウメノキゴケ *Parmotrema tinctorum* 培養菌は3箇月培養でヂバリカート酸を産生することからパターン**C**，6箇月培養で二次代謝産物を産生しないことからパターン**Z**としました．

タカネサンゴゴケ培養菌については図 11.11 に示した

通りです．

ホソフジゴケ Thelotrema subtile 培養菌は3箇月培養でセッカ酸を産生することからパターン C，6箇月培養で異常代謝産物と思われる未知成分を産生することからパターン N としました．

13. 富栄養ストレスによる二次代謝制御

臼庭（2008）が実験に供した116種125株の培養地衣菌の結果を図11.13の円グラフにまとめます．基準培地（MY）と富栄養ストレス培地（リリーバーネット培地，LB）における3箇月あるいは6箇月培養の結果をそれぞれパターン別に表しています．数値は全体に占める割合です．

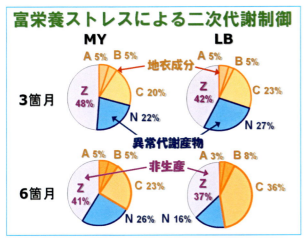

図11.13 富栄養ストレスによる二次代謝制御

臼庭（2008）によると，3箇月培養では，全体で MY よりも LB の方が，パターン Z が少なく，LB に変更しても A，B 判定は変化しませんでした．しかし，パターン C と N は MY よりも増加しました．また，MY では地衣成分を産生していなくても，LB に変更することでクロダケトコブシゴケ培養菌やウメノキゴケ培養菌はヂバリカート酸，ホソフジゴケ培養菌はセッカ酸を産生できるようになりました．

6箇月培養では，全体で MY よりも LB の方がパターン C と B の増加が見られましたが，A の増加は見られませんでした．特に，タカネサンゴゴケ培養菌からはヂバリカート酸が検出されたことで，LB によって一部の地衣菌から地衣成分の産生が確認できることがわかりました．地衣成分もパターン C の地衣成分が増加し，パターン N の異常代謝産物が減少していました．パターン Z の株数も MY に比べて少なくなりました．

以上のことは富栄養ストレスの方が高浸透圧ストレスよりも地衣成分産生に及ぼす影響が強いことを示唆しています．

14. オオツブラッパゴケ培養菌赤色色素高産生細胞選抜

オオツブラッパゴケ Cladonia cristatella（図11.14右上の写真，米国・ニューヨーク州立博物館 Lendemer 博士撮影提供）は北米に産するハナゴケ属の一種で大きな盃と赤い子器が特徴の地衣類です．筆者は米国・クラーク大学 Ahmadjian 教授よりその培養地衣菌株を分与されました．Ahmadjian 教授より分与された株は数株あり，そのうち赤色を呈する株以外に橙色を呈する株があり，その他は色素を作らない株でした．赤色を呈する株は最初，図11.14の左下の写真に示すように赤白モザイクの菌塊でした．

植物細胞培養の分野では植物培養細胞の植物成分生産性を高めるために細胞選抜を行うことが知られています．そこで，Yamamoto et al.（1982）が開発した細胞小集塊選抜法を図11.14の模式図に示すようにオオツブラッパゴケ培養菌に簡略化して適用し，赤色色素高産生株の確立を試みました（Yamamoto et al. 1996）．

Yamamoto et al.（1996）が行った方法は以下の通りです．材料としたオオツブラッパゴケ培養菌塊を小さな細胞塊に分割し，麦芽酵母エキス（MY）培地に植えつけ，15℃，4週間培養しました．培養後，最も赤い細胞塊をさらに小さな細胞塊に分割して同様の条件で再培養しました．この操作を6回，繰り返しました．

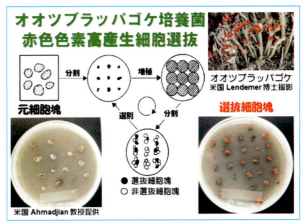

図11.14 オオツブラッパゴケ培養菌赤色色素高産生細胞選抜

約半年経過して確立した赤色色素高産生株を図11.14の右下の写真に示します．どの菌塊も均等に赤く色づいています．確立後30年を経ても，この株は安定な色素産生を示しています．

15. オオツブラッパゴケ菌の液体培養による色素生産

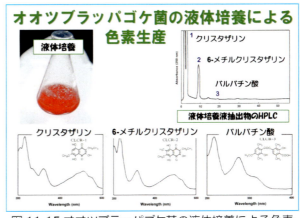

図11.15 オオツブラッパゴケ菌の液体培養による色素生産

さらに，筆者の研究室で確立した赤色色素高産生オオツブラッパゴケ菌の液体培養を試みました．次いで，明治薬科大学高橋研究室で赤色色素の単離精製と構造決定

が以下に示すように進められました．① 麦芽酵母エキス（**MY**）液体培地に菌塊を懸濁させ，4週間液体培養を行いました．培養液が赤く変わり，その後，細かな赤色結晶が培養液表面に浮いている状態になりました（図11.15 の左上の写真）．② 培養液（6 L）を 150 μm のナイロンメッシュで濾過し，菌体を除去しました．③ 培養液に酢酸エチルを添加し，色素を抽出しました．④ 得られた酢酸エチル抽出物（2.6 g）をシリカゲルカラムクロマトグラフィーに供し，二つの赤色結晶を得ました．⑤ 機器分析により，クリスタザリン（1763 mg）と 6-メチルクリスタザリン（62 mg）と同定しました．図11.15 の下段の左と中央にそれらの化学構造を示します．両者ともにナフトキノン類の一種であるナフタザリン系の新規化合物です．天然成分の中では海洋無脊椎動物の色素に化学構造が類似しています．これらクリスタザリン類も従来の地衣成分とは全く構造を異にしているので，培養地衣菌の異常代謝産物と考えられます（Yamamoto et al. 1996）．

酢酸エチル抽出物の HPLC を図 11.15 の右上に示します．Rt 3.12 のピークはクリスタザリン，Rt 9.12 のピークは 6-メチルクリスタザリン，Rt 19.14 のピークは UV スペクトルとその Rt からバルバチン酸と同定されました．バルバチン酸が地衣菌の液体培養で検出されるのは初めてのことでした．

16. オオツブラッパゴケ菌のジャーファーメンター培養による色素生産

土屋（2007）と Komine et al.（2014）はオオツブラッパゴケ培養菌の産生する赤色色素の染料への応用と色素のジャーファーメンターによる培養生産を試み，その最適培養条件を求めました．使用したジャーファーメンターを図 11.16 に示します．ジャーファーメンターは好気性微生物の培養に用いられる培養装置で通気・撹拌・温度調節機構から構成され，工業生産の基礎データを得る目的で利用されています．

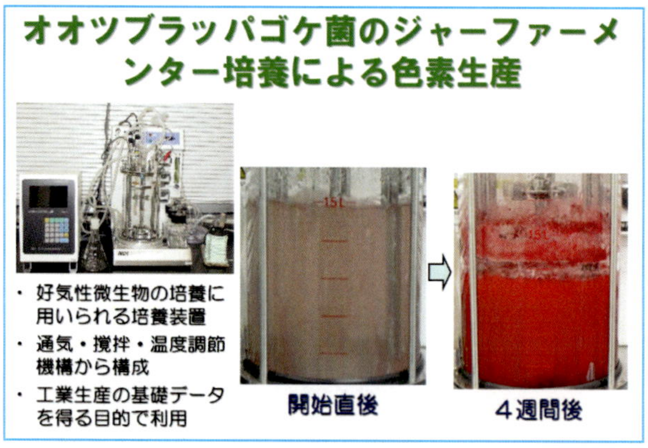

図 11.16 オオツブラッパゴケ菌のジャーファーメンター培養による色素生産

土屋（2007）と Komine et al.（2014）が行った実験手順を以下に示します．① ジャーファーメンターを組み立て，センサーの取りつけや配管，配線を行った後，コントローラーを動かし，駆動部やミニポンプ，温度調整，センサーの事前試験を行いました．② ジャーファーメンターを高圧滅菌器に移し，滅菌しました．冷却後，取り出して再セットし，クリーンベンチに移しました．③ 培地を作製し，ガラス瓶に入れ高圧滅菌しました．冷却後，クリーンベンチに移しました．④ 濾過瓶に 150 μm ナイロンメッシュを敷いたブフナーロートを取りつけ，高圧滅菌しました．冷却後クリーンベンチに移しました．⑤ 4週間前培養した液体培養物の入った三角フラスコをクリーンベンチに持ち込み，ブフナーロートに移し，吸引濾過により，培養菌塊を回収しました．⑥ 回収した培養菌塊の重量を測定後，必要量を取ってガラス瓶内の培地に懸濁しました．⑦ ジャーファーメンターのサンプル口から培養菌塊の入った培地を投入しました．⑧ ジャーファーメンターをクリーンベンチから移動し，装置にセットし，培養しました．

培養条件は以下の通りです．培地として麦芽酵母エキス（**MY**）培地もしくはリリーバーネット（**LB**）培地を用い，培地量としては 1.5 L としました．培養菌の植えつけ量は約 15 g（培地 100 ml につき約 1 g）としました．培養は 20℃，溶存酸素濃度 100 %，通気量 1.0〜2.5 L/min で行いました．培地撹拌は 0〜150 rpm としました．

色素の定量は培養液を濾過して得た濾液に同量のアセトンを加えてサンプル液とし，HPLC-PDA の 232 nm の吸光度（赤色色素の最大吸収波長）を測定し，予め作成した検量線から計算して行いました．濃度の濃いものはさらにアセトンで希釈し，測定しました．

17. オオツブラッパゴケ菌のジャーファーメンター培養による色素生産結果

土屋（2008）と Komine et al.（2014）は色素生産を増殖比（=最終生重量／植えつけ生重量）と色素量（mg），色素含量（=mg 色素量／ml 培養液量），色素生産（mg/日）で評価しました．結果の一部を図 11.17 の表にまとめます．

オオツブラッパゴケ菌のジャーファーメンター培養による色素生産結果

培地	回転数 (rpm)	増殖比	色素量 (mg)	色素含量 (mg/ml)	色素生産 (mg/day)
MY	100	3.8	369	0.29	13.2
MY	150	2.4	241	0.19	8.6
MY	120	5.2	147	0.12	5.3
MY	120	1.2	258	0.20	12.3
LB	120	1.6	962	0.71	34.4
LB	0	1.3	43	0.03	1.5
LB	0	1.7	231	0.23	9.2
LB	0	1.4	274	0.04	11.0

図 11.17 オオツブラッパゴケ菌のジャーファーメンター培養による色素生産結果

無撹拌では，増殖比および色素産生はよい結果を与えませんでした．従って，オオツブラッパゴケ菌のジャーファーメンター培養には撹拌が必要であると考えられました．

増殖の観点からは，**MY** 培地を使用し，撹拌速度 120 rpm の培養条件が最適であることがわかりました．最大増殖比は 5.2 でした．しかし，色素含量は 0.12 mg/ml であり，高濃度ではありませんでした．増殖にエネルギ

ーが費やされた結果，色素生産が最大とならなかったと推定されます．

色素生産性の観点からは，**LB** 培地を使用し，撹拌速度 120 rpm の培養条件で最もよい結果を示しました．色素生産は最大 34.4 mg/日でした．

18. アカボシゴケ培養菌による色素生産

秋田県立大学の地衣菌保存株の中で色素生産に注目して見つかったのはアカボシゴケ Coniocarpon cinnabarinum 培養菌でした．

ホシゴケ科に属するアカボシゴケは樹上生痂状地衣類で子器の周囲に赤色色素を蓄積することで知られています．材料となったアカボシゴケ（図 11.18 の左上の写真）は和歌山県串本町で採集されたものです．スウェーデン農業大学 Thor 教授により日本新産種と同定されました（Yamamoto et al. 2002a）．

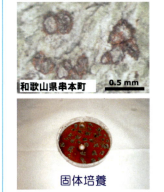

図 11.18 アカボシゴケ培養菌による色素生産

筆者の研究室においてアカボシゴケ培養菌が図 11.18 の左下の写真に示すように固体培養において培地中に赤色色素を漏出することが見出され，さらに液体培養を行うと色素は培養液中に分泌され黒色になりました（図 11.18 の右の写真）．そこで筆者の研究室と明治薬科大学高橋研究室と共同でその色素の構造決定を試みました（Yamamoto et al. 2002a）．

19. アカボシゴケ培養菌の代謝産物

図 11.19 アカボシゴケ培養菌の代謝産物

Yamamoto et al.（2002a）は麦芽酵母エキス（**MY**）固体培地で培養したアカボシゴケ培養菌塊を集め，クロロホルムで色素を抽出し，クロロホルム抽出物を得ました．抽出物をシリカゲルクロマトグラフィー，さらに HPLC によって二つの黄色色素と二つの赤色色素を分離精製しました．

二つの黄色色素はどちらも新規化合物でその化学構造が解明され，それぞれイソフラノナフトキノン系の化合物であるアルソニアフロン **A**，アルソニアフロン **B** と名づけられました（図 11.19 の中列）．また，二つの赤色色素はどちらも既知化合物でボストリコイヂンと 8-O-メチルボストリコイヂンと構造決定されました（図 11.19 の左列）．調べるとこの二つの赤色色素は真菌類の Fusarium に分布することがわかりました．これら四つの色素は従来の地衣成分とは全く構造を異にしているので，培養地衣菌の異常代謝産物と考えられます．このことは培養地衣菌の異常代謝産物は地衣化していない真菌類の代謝産物と関係していることを示唆しています．

培地による色素生産の違いを調べましたが，図 11.19 の右の TLC に示すように各種液体培地の酢酸エチル抽出物について比べてもそれほど大きな差異はありませんでした．

20. コナシアノヘリトリゴケ培養菌による色素生産

図 11.20 コナシアノヘリトリゴケ培養菌による色素生産

筆者の研究室の地衣菌保存株の中で色素生産に注目して次に見つかったのは，図 11.20 に示すように培地に黄色蛍光物質を漏出するコナシアノヘリトリゴケ Amygdalaria panaeola 培養菌でした．固体培地（図 11.20 の中央の写真），液体培地（図 11.20 の右の写真）ともに蛍光を発しています．このように培養地衣菌で蛍光物質を漏出する現象は初めてのことでした．

培養材料となったコナシアノヘリトリゴケ（図 11.20 の左の写真）はヘリトリゴケ科に属する岩上生痂状地衣類で寒帯に生育します．痂状地衣類の中で頭状体を有する珍しい種類です．1990 年，フィンランド・ヘルシンキ大学 Ahti 教授との共同調査の際にフィンランドで採集されました．

21. コナシアノヘリトリゴケ培養菌の二次代謝産物

筆者の研究室でコナシアノヘリトリゴケ菌の液体培養に成功し，確保された培養液は共同研究先の明治薬科大

学高橋研究室に提供されました．

Kinoshita et al.（2003）は麦芽酵母エキス（**MY**）液体培地で培養したコナシアノヘリトリゴケ菌の培養液を濃縮乾燥させた後，メタノールで色素を抽出しました．その後，HP-20樹脂に色素を吸着させ，流出液の組成を変えて三つの粗蛍光色素を得ました．さらにHPLCにより精製しました．蛍光色素はいずれもイソキノリン系の新規化合物で機器分析によりその化学構造が解明され，それぞれパナエフルオロリン**A**，パナエフルオロリン**B**，パナエフルオロリン**C**と名づけられました（図11.21）．

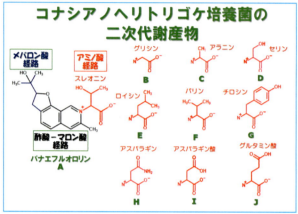

図11.21 コナシアノヘリトリゴケ培養菌の二次代謝産物

さらに，Kinoshita et al.（2005）は新たにコナシアノヘリトリゴケ菌の液体培養から多量の抽出物を得てそれらを分離精製し，新たな蛍光色素7種類を得ました．それらはいずれもパナエフルオロリン**A**と同系の新規化合物で，それぞれパナエフルオロリン**D**から**J**と名づけられました（図11.21）．

これらパナエフルオロリン類はイソキノリン環の窒素がアミノ酸から供給されている興味ある化学構造を示しています．Kinoshita et al.（2015）は同位体を用いたパナエフルオロリン**B**の生合成研究に取り組みました．その結果，イソキノリン環の窒素はアミノ酸であるグリシンから供給されていることがわかったので，パナエフルオロリン類はアミノ酸と酢酸－マロン酸経路およびメバロン酸経路が結合した複合生合成化合物であることがわかりました．パナエフルオロリン**A**から**J**の化学構造の一部（図11.21の各構造式の赤色部）はアミノ酸にそれぞれ対応しています．真菌類の成分でこのように三つの生合成経路が複合した例は大変珍しいことです．

これらパナエフルオロリン類も従来の地衣成分とは全く構造を異にしているので，培養地衣菌の異常代謝産物と考えられます．

22. 培養地衣菌の異常代謝産物

ここまでに，培養地衣菌の異常代謝産物としてオオツブラッパゴケ Cladonia cristatella 培養菌が産生するクリスタザリン類（**11.15**，Yamamoto et al. 1996），アカボシゴケ Coniocarpon cinnabarinum 培養菌が産生するアルソニアフロン類とボストリコイチン類（**11.19**，Yamamoto et al. 2002a），コナシアノヘリトリゴケ Amygdalaria panaeola 培養菌が産生するパナエフルオロリン類（**11.21**，Kinoshita et al. 2003）を紹介しました．

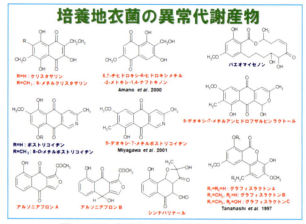

図11.22 培養地衣菌の異常代謝産物

これら以外に多くの培養地衣菌の異常代謝産物が報告されています．その例を図11.22に示します．**第10章 10.27**に報告したザクロゴケ Haematomma collatum 培養菌から分離精製された5-デオキシ-7-メチルアンヒドロフザルビンラクトールと5-デオキシ-7-メチルボストリコイジンも異常代謝産物です（Moriyasu et al. 2001，Kawakatsu et al. 2006）．

その他，図11.22に示すことができなかった異常代謝産物も含めて以下に示します．モジゴケ Graphis scripta 培養菌（Tanahashi et al. 1997）やサクラモジゴケ G. prunicola 培養菌，ツツジノモジゴケ G. cognata 培養菌（Tanahashi et al. 2003）から単離同定されたグラフィスラクトン類，モジゴケ属の一種の培養地衣菌（Tanahashi et al. 2000）やサネゴケ属の一種の培養地衣菌（Takenaka et al. 2004），セスジモジゴケ G. proserpens 培養菌（Takenaka et al. 2011）から単離同定されたイソクマリン類とプロセリン類（Takenaka et al. 2011），サネゴケ属の一種の培養地衣菌（Takenaka et al. 2004）から単離同定されたヂベンゾフラン類，コチャシブゴケ Lecanora leprosa 培養菌（Takenaka et al. 2010）から単離同定されたレカノピラン類，モジゴケ培養菌（Takenaka et al. 2000）やL. rupicola 培養菌（Fox & Huneck 1969）から単離同定されたクロモン類，モジゴケ培養菌（Miyagawa et al. 1994）から単離同定されたグラフェノン，エダマタモジゴケ G. desquamescens 培養菌（Miyagawa et al. 1994）から単離同定されたフラノキノン類，ヒロハセンニンゴケ Baeomyces placophyllus 培養菌によるゼアラレノン類に属するバエオマイセノン（Yamamoto et al. 2002b），キゴウゴケ属の一種の培養地衣菌（Amano et al. 2000）やタカネサンゴゴケ Sphaerophorus fragilis 培養菌（Kinoshita et al. 2009）が産生するナフタザリン類が報告されています．

23. 培養地衣菌の二次代謝変換

地衣菌と共生藻からなる地衣体で生合成される成分をここでは通常の地衣成分と呼びます．通常の地衣成分には図11.23の上の段に示すようにエベルン酸を代表とするデプシド類やウスニン酸を代表とするヂベンゾフラン

類，プルビン酸を代表とするプルビン酸類などがあります．

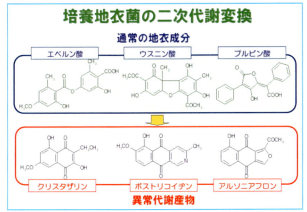

図11.23 培養地衣菌の二次代謝変換

一方，臼庭（2008）の実験や図11.22で明らかなように地衣菌を共生藻のいない状態で培養すると通常の地衣成分ではなく図11.23の下段に示すクリスタザリンやボストリコイヂン，アルソニアフロンのような地衣化していない真菌類の代謝産物に近縁のキノイド類が異常代謝産物として生合成されます．

通常の地衣成分の大部分も培養地衣菌の異常代謝産物もポリケチド類と呼ばれ，同じポリケチド合成酵素（**PKS**）によって合成される化合物群に属しています．地衣菌の中でどのような代謝変換がおきているのかを次項で考察します．

24．地衣成分生産（生合成）制御

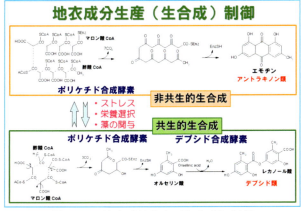

図11.24 地衣成分生産（生合成）制御

地衣類は複数個のポリケチド合成酵素（**PKS**）遺伝子を持っていますが，実際にどの遺伝子が動いて地衣成分を合成しているのかはまだわかっていません．天然の地衣体で合成される地衣成分と培養地衣菌で合成される異常代謝産物では化学構造的に大いに異なります．異常代謝産物は非地衣化真菌類の代謝産物あるいはそれに類似した産物です．このような事実から共生的な生合成と非共生的な生合成でそれぞれで発現する**PKS**が異なると考えた方が理解しやすいと思います．

図11.24の上段に非共生的ポリケチド生合成を示しています．**PKS**により1個の酢酸と7個のマロン酸が結合し，脱炭酸を伴ってアントラキノン類であるエモヂンが合成されます．下段は共生的ポリケチド生合成を示しています．**PKS**により1個の酢酸と3個のマロン酸が結合し，脱炭酸を伴ってオルセリン酸が最初に合成されます．その後，デプシド合成酵素により2分子のオルセリン酸が結合してレカノール酸が合成されます．

二つの**PKS**遺伝子のどちらが発現するのかの選択は共生藻の関与であったり，栄養であったり，またストレスであったりとかで行われるのだと思われます．

C　地衣成分の生合成

地衣成分を合成する遺伝子を組み込んだ他生物を多量に培養し，その培養物から地衣成分を抽出精製する方法を確立するためにまず，地衣成分の生合成に関わる遺伝子の解明が必要です．その次に，その遺伝子が他の生物で発現するのかを確かめなければなりません．ここからは地衣成分の生合成経路とその遺伝子群について明らかになった範囲で説明します．最初に地衣成分の全体にわたる生合成経路について，次に個々の地衣成分，クリスタザリン類，プルビン酸類，地衣トリテルペノイド類の生合成について実例を紹介します．

地衣成分の生合成についてはMosbach（1973）の総説を参考にしてください．

25．地衣成分の生合成経路

まずは，地衣菌が地衣成分をどのように細胞内で生合成しているのかを説明します．

図11.25に地衣菌中で行われる主な地衣成分の化合物群の生合成経路仮説を示します．

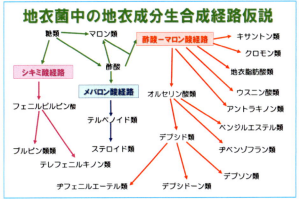

図11.25 地衣菌中の地衣成分生合成経路仮説

第7章7.3で説明したように地衣成分は主にテルペノイド類とキノイド類に分かれます．キノイド類はさらにデプシド類，デプシドーン類，ヂベンゾフラン類，アントラキノン類に主に分かれます．テルペノイド類もキノイド類も出発物質は糖類の分解でできた酢酸です．

酢酸はメバロン酸経路を通り，テルペノイド類になります．テルペノイド類はメバロン酸にC5ユニットが連なった化学構造を有していて，C10（C5x2）はモノテルペノイド類，C20（C5x4）はジテルペノイド類，C30（C5x6）はトリテルペノイド類，C40（C5x8）はカロテノイド類と呼ばれます．地衣成分ではトリテルペノイド類がほとんどですが，その他のものも知られています．トリテルペノイド類から炭素数27前後のステロイド類が派生します．

一方，酢酸－マロン酸経路を利用して酢酸は3分子のマロン酸と結合するとともに脱炭酸され，オルセリン酸

類になり，オルセリン酸類の2分子が縮合してデプシド類やヂベンゾフラン類，ベンジルエステル類になります．デプシド類からデプシドーンやヂフェニルエーテル類が派生します．また，酢酸は数個のマロン酸と結合するとともに脱炭酸してアントラキノン類やキサントン類，ウスニン酸類，クロモン類になります．この経路で生合成される地衣成分を芳香族地衣成分と呼びます．芳香族地衣成分の生合成について次項で詳しく説明します．

26．芳香族地衣成分の生合成

芳香族地衣成分の原料は糖類が代謝されてできた一次代謝産物の一つである酢酸です．

基本的な芳香族地衣成分の生合成を図11.26に示します．芳香族地衣成分の代表であるアントラキノン類とデプシド類はどちらもキノイド類に属します．しかし，その合成経路は異なります．これは要注意です．

アントラキノン類の合成経路は図11.26の(**A**)に示すように，酢酸と7分子のマロン酸が結合して，三環性のアントラキノン類のエモヂンができます．同じく三環性のキサントン類やウスニン酸類も同様に合成されます．この複雑な工程を担う酵素もポリケチド合成酵素(**PKS**)ですが，デプシド類を合成する酵素とは別系統とされています．同じ酵素によって酢酸と5分子のマロン酸からは二環性のナフトキノン類，酢酸と3分子のマロン酸から単環性のベンゾキノン類やクロモン類がそれぞれ生合成されます．

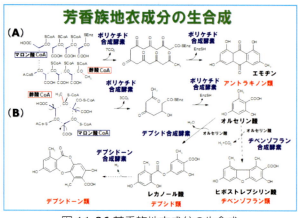

図11.26 芳香族地衣成分の生合成

一方，デプシド類の合成経路は図11.26の(**B**)に示すように，まず酢酸がマロン酸に変り，酢酸と3分子のマロン酸が結合して，単環性のオルセリン酸ができます．この複雑な工程を担う酵素がポリケチド合成酵素(**PKS**)です．続いて，オルセリン酸がデプシド合成酵素により，2分子結合してデプシド類であるレカノール酸ができます．また，ヂベンゾフラン合成酵素によりヂベンゾフラン類ができます．デプシド類からデプシドーン合成酵素によりデプシドーン類ができます．

基本的な生合成経路を図11.26に示しましたが，個々の地衣成分は基本の化合物が修飾されてできています．例えば，水酸基(-OH)がメチル(-OCH$_3$)化，あるいはアシル化(-OCOCH$_3$)されたり，メチルエステル(-OOCCH$_3$)化されたりします．また，環についている一部の水素がメチル基(-CH$_3$)に，メチル基がプロプル基(-C$_3$H$_7$)あるいはペンチル基(-C$_5$H$_{11}$)に置換されています．これらの合成機構の詳細についてはまだわかっていません．

27．クリスタザリン類の生合成経路

地衣成分の生合成遺伝子の単離がこれまで幾つか報告されています．最も報告が多いのはポリケチド合成酵素(**PKS**)遺伝子(**PKS**)です．

北川(2005)はナフトキノン類に属する地衣成分の一群であるクリスタザリン類(クリスタザリンと6-メチルクリスタザリン)の生合成遺伝子の単離を試みました．

クリスタザリン類は米国産オオツブラッパゴケ *Cladonia cristatella* の培養地衣菌が産生する赤色色素です(Yamamoto *et al.* 1996)．本培養地衣菌は液体培地に赤色色素であるクリスタザリン類を漏出させるほど高い産生能を示すので，遺伝子の単離精製などの研究に好都合です．

クリスタザリン類の生産については**11.15**を参照してください．

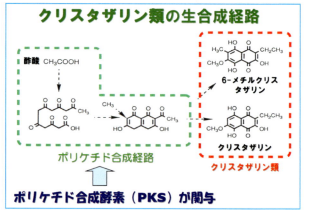

図11.27 クリスタザリン類の生合成経路

ところで，クリスタザリン類の生合成は図11.27に示すとおりだと考えられます．酢酸と5分子のマロン酸が結合し，その後，脱炭酸と環化が同時に起こり，次いで側鎖が還元され，クリスタザリンが合成されます．他方，環化の前か後かは不明ですが，メチル基がA環(左側の環)に導入され，6-メチルクリスタザリンが合成されます．

酢酸から環化まではポリケチド合成酵素(**PKS**)が担い，側鎖の還元はキノン還元酵素，メチル基の導入はメチル基転移酵素がそれぞれ担います．このように一つの地衣成分の生合成に複数の酵素が関わるのが普通です．

28．ポリケチド合成酵素(PKS)遺伝子

図11.28に示すようにポリケチド合成酵素は一つの酵素ではなく，6個の酵素からなる複合酵素です．ポリケチド合成酵素遺伝子(**PKS**)は上流からアシル基転移酵素(**AT**)，アシルキャリアータンパク質(**ACP**)，ケトアシル合成酵素(**KS**)，ケトアシル還元酵素(**KR**)，脱水酵素(**DH**)，エノイル還元酵素(**ER**)とそれぞれの蛋白質をコードした遺伝子が並んでいます．まるでベルトコンベヤーのように反応が進んで最終産物ができあがる効率的なシステムです．

北川（2005）はよく保存された KS 領域を増幅することによって，この配列を基に全長遺伝子のクローニングを定法通りに進めました．

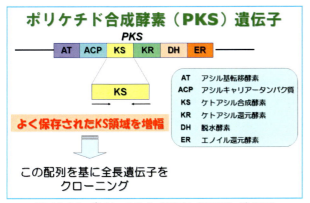

図 11.28 ポリケチド合成酵素（PKS）遺伝子

29. PKS の KS 領域の分類

地衣菌も含めた真菌類は実は複数のポリケチド合成酵素遺伝子を持っていますが，実際に動いているのか，動いているとしてどの化合物群に関与しているのかについて調べることはなかなか困難です．

北川（2005）は得られたポリケチド合成酵素遺伝子（PKS）の KS（ケトアシル合成酵素）領域のアミノ酸配列を他の生物と比較しています．その結果を図 11.29 に示します．

図 11.29 ではデータベースから集めたポリケチド合成酵素遺伝子の KS 領域の系統樹は二つのグループに分かれています．赤字はオオオツブラッパゴケ菌，青字はその他の地衣菌で，黒字は地衣菌以外の真菌類です．

図 11.29 PKS の KS 領域の分類

北川（2005）によれば，オオツブラッパゴケ培養菌から単離された KS 領域は図 11.29 の上側の系統樹のグループに属しています．最も近い種は地衣菌のエゾキクバゴケ Xanthoparmelia tuberculiformis や地衣菌でない真菌類のクロコウジカビ Aspergillus niger でした．分類学的な意味はなさそうでした．地衣菌の KS 領域は全体に広がっていますが，どちらかというと図 11.29 の上側の系統樹のグループに多いようです．しかし，この遺伝子がクリスタザリン類の合成遺伝子に関係しているのかどうかはまだわかりません．

二次代謝に関係する遺伝子の全容はまだ明らかではあ

りませんし，その発現機構もまだ不明です．筆者は地衣成分という地衣類第二の特徴が遺伝子を調べることによって解明される時が必ず来ると信じています．

30. プルビン酸類の生合成

キノイド類に属する地衣成分の中でアントラキノン類のように大きな化合物群ではありませんが，重要な芳香族系黄色成分にプルビン酸類があります．しかも，プルビン酸類は地衣成分に珍しく有毒物質です．

プルビン酸類を含有する地衣類は図 11.30 の表に示すように地衣体もしくは髄が明瞭な黄色を呈します．主な地衣類としてはカリシンを含むニセキンブチゴケ Pseudocyphellaria crocata，ピナストリン酸を含むコナハイマツゴケ Vulpicida pinastri，プルビン酸を含むロウソクゴケモドキ Candelariella vitellina var. vitellina，プルビン酸を含むキゾメヤマヒコノリ Letharia vulpina が挙げられます．

図 11.30 プルビン酸類の生合成

31. プルビン酸類の生合成経路仮説－シキミ酸経路－

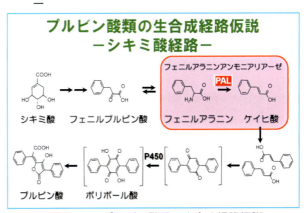

図 11.31 プルビン酸類の生合成経路仮説
－シキミ酸経路－

プルビン酸類の生合成経路はシキミ酸経路で他の芳香族地衣成分の経路とは異なっています．推定されているプルビン酸類の生合成経路を図 11.31 に示します．

出発物質であるシキミ酸はペントースリン酸経路から供給されます．シキミ酸はフェニルピルビン酸に変わり，その後アミノ酸の一種であるフェニルアラニンが合成されます．フェニルアラニンはフェニルアラニンアンモニアリアーゼ（PAL）によりアンモニアが脱離してケイヒ酸となります．PAL はプルビン酸類の生合成経路の鍵酵

素です．その後，2分子のケイヒ酸が縮合し，さらにP450が作用して前駆体のポリポール酸が合成され，そこからブルピン酸類が派生します．

32. キゾメヤマヒコノリ培養菌の PAL 相同性検索の結果

小野（2007）はキゾメヤマヒコノリ *Letharia vulpina* 培養菌から DNA の抽出を行い，次に，ディジェネレートプライマーを用いて PCR を行い，PAL 遺伝子（**PAL**）の断片を増幅しました．その後，さらにプライマーを作成し，RACE-PCR によって，5'-3'末端を増幅した後，全長 cDNA の増幅を行いました．

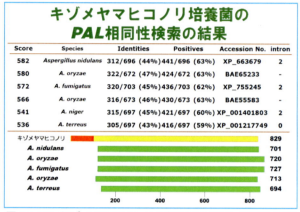

図 11.32 キゾメヤマヒコノリ培養菌の **PAL** 相同性検索の結果

結果，小野（2007）は PAL 遺伝子の全長 cDNA と考えられる増幅産物をクローニングすることができました．このクローンはポリA領域を含む 2864bp の長さを有し，829 のアミノ酸残基からなる蛋白質をコードしていました．しかも，この蛋白質は PAL 活性に必要なアミノ酸が保存され，PAL をコードしていると考えられました．

小野（2007）はさらに得られたキゾメヤマヒコノリ培養菌の PAL 遺伝子（**PAL**）の相同性検索を行いました．今回得られた地衣菌由来の **PAL** は *Aspergillus nidulans* の **PAL** を始めとして，その他の真菌類の **PAL** と高い相同性が認められました．また，アミノ酸配列全体を比較したところ，他の **PAL** と比べ，N 末端側が 100 アミノ酸残基程度長い特徴（赤色部）を有することがわかりました（図 11.32）．本実験は地衣類からの **PAL** 遺伝子の初単離となりました．

33. 地衣トリテペノイド類の生合成

地衣成分の中でキノイド類に次いで大きな化合物群であるテルペノイド類は他の生物群に珍しいトリテルペノイド類を含んでいます．そのためにこれらを地衣トリテルペノイド類と呼ぶこともあります．

地衣トリテルペノイド類はホッパン型と呼ばれる5環性のテルペノイド類です．例えば，ゼオリンやロイコチリン，ロイコチリン酸が挙げられます．ゼオリンは地衣類に広範に含まれています．

テルペノイド類はメバロン酸経路により生合成されます．メバロン酸が6分子縮合し，トリテルペノイド類の出発物質であるスクアレンが合成されます．図 11.33 に示すように一般的に植物や動物，真菌類ではスクアレンはスクアレンエポキシダーゼにより酸化されてオキシドスクアレンになり，その後，オキシドスクアレン環化酵素（**OSC**）により環化してトリテルペノイド類になります．動物ではラノステロール，植物ではシクロアルテノール，真菌類ではエルゴステロールがその代表です．

しかし，細菌類や一部の植物，真菌類ではスクアレンが酸化されないままスクアレン環化酵素（**SC**）により環化してトリテルペノイド類になります．特に，ホッパン型トリテルペノイド類の生合成に関与する酵素をスクアレン ホペン環化酵素（**SHC**）と呼びます．

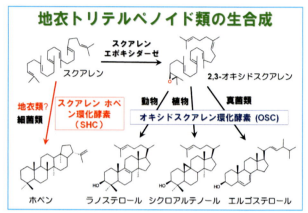

図 11.33 地衣トリテルペノイド類の生合成

34. SHC 遺伝子の分離解析

佐藤（2008）は抗癌活性を有するホッパン型トリテルペノイド類であるアセチルロイコチリン酸（**ALA**）を含むコナウチキウメノキゴケ *Myelochroa aurulenta* の地衣体およびその地衣体とは異なる個体から誘導した培養地衣菌から SHC 遺伝子（**SHC**）の単離を試みました（図 11.34）．

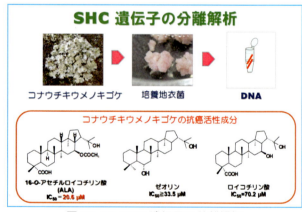

図 11.34 **SHC** 遺伝子の分離解析

佐藤（2008）は既知の **SHC** の塩基配列を基にプライマーを作製し，PCR によってコード領域の増幅を行いました．次いでシーケンス確認をして塩基配列を決定しました．その結果，天然地衣体の cDNA から1種類，培養地衣菌から同じく1種類のクローンが得られました．決定された **SHC** 遺伝子の塩基配列は 667 のアミノ酸をコードする領域であることがわかりました．天然地衣体と培養地衣菌では 287 bp の1塩基を除いて全く同じでした．初めて地衣類から **SHC** 遺伝子を単離することができました．

35. SHC遺伝子の分類

さらに佐藤（2008）はコナウチキウメノキゴケ培養菌のゲノム解析を行いました．その結果，**SHC**は今回単離した**SHC-1**とさらにcDNA断片が得られている**SHC-2**，および**SHC-3**の三つが確認できました．また，**OSC**遺伝子（**OSC**）と思われる塩基配列が一つ確認できました．

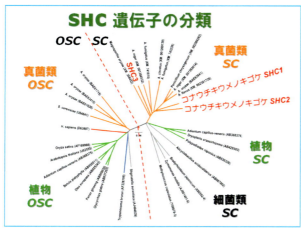

図11.35 **SHC**遺伝子の分類

図11.35にコナウチキウメノキゴケ培養菌で確認できた**SHC**遺伝子と他生物の**OSC**遺伝子および**SC**遺伝子（**SC**）の相同性を遺伝子樹として表します．**OSC**（**OSC**遺伝子）と**SC**（**SC**遺伝子）の間に赤の破線で分けられるように明快に塩基配列に違いがあります．**SC**の領域に真菌類**SC**のクレード，植物**SC**のクレード，細菌類**SC**のクレードがあり，**SHC-1**と**SHC-2**，**SHC-3**は真菌類**SC**のクレード内に存在することがわかりました．クレード内では**SHC-1**と**SHC-2**は近傍に位置し，**SHC-3**は**SHC-1**や**SHC-2**とは異なったところに位置しました．

文献

Amano A., Miyagawa H., Ueno T., & Hamada N. 2000. Production of 5,7-Dihydroxy-6-hydroxymethyl-2-methoxy-l,4-naphthoqiiinone by the cultured lichen mycobiont of *Opegrapha* sp. No. 9771836. Z. Naturforsch. 55B: 667-669. 【1383】

Culberson C.F. & Ahmadjian V. 1980. Artificial reestablishment of lichens. II. Secondary products of resynthesized *Cladonia cristatella* and *Lecanora chrysoleuca*. Mycologia 72: 90-109. 【0035】

Fox C.H. & Huneck S. 1969. The formation of roccellic acid, eugentiol, eugenetin, and rupicolon by the mycobiont *Lecanora rupicola*. Phytochem. 8: 1301-1304. 【0269】

Hamada N. 1993. Effect of osmotic culture conditions on isolated lichen mycobionts. Bryologist 96: 569-572. 【0910】

Hamada H. 1996. Induction of the production of lichen substances by non-metabolites. Bryologist 99: 68-70. 【1056】

Hamada H., Miyagawa H., Miyawaki H. & Inoue M. 1996. Lichen substances in mycobionts of crustose lichens cultured on media with extra sucrose. Bryologist 99: 71-74. 【1057】

Kinoshita Y. Yamamoto Y., Yoshimura I., Kurokawa T. & Yamada Y. 1993. Production of usnic acid in cultured *Usnea hirta*. Bibl. Lichenol. 53: 137-146. 【0830】

Kinoshita K., Fukumaru M., Yamamoto Y., Koyama K. & Takahashi K. 2015. Biosynthesis of panaefluoroine B from cultured mycobiont of *Amygdalaria panaeola*. J. Nat. Prod. 78: 1745-1747. 【2971】

Kinoshita K., Yamamoto Y., Koyama K., Takahashi K. & Yoshimura I. 2003. Novel fluorescent isoquinoline pigments, panaefluorolines A-C from cultured mycobiont of a lichen, *Amygdalaria panaeola*. Tetrahedron Lett. 2003: 8009-8011. 【1555】

Kinoshita K., Yamamoto Y., Takatori K., Koyama K., Takahashi K. & Yoshimura I. 2005. Fluorescent components from the cultured mycobiont of *Amygdalaria panaeola*. J. Nat. Prod. 68: 1723-1727. 【1885】

Kinoshita K., Usuniwa Y., Yamamoto Y. Koyama K. & Takahashi K. 2009. Red pigments from the cultured mycobiont of a lichen, *Sphaerophorus fragilis* (L.) Pers. Lichenology 8: 1-4. 【2171】

北川通孝. 2005. *Cladonia cristatella* 菌による色素生産. 秋田県立大学生物資源科学部卒業論文.

Komine M., Tsuchiya S., Hara K. & Yamamoto Y. 2014. Preliminary study of pigment production by *Cladonia cristatella* mycobiont in a jar-fermenter. Lichenology 12: 61-65. 【2792】

Kon Y., Kashiwadani H., Wardlaw·J.H. & Elix J.A. 1997. Effects of culture conditions on dibenzofuran production by cultures mycobionts of lichens. Symbiosis 23: 97-106. 【1220】

Miyagawa H., Hamada N., Sato M. & Ueno T. 1994. Pigments from the cultured lichen mycobionts of *Graphis scripta* and *G. desquamescens*. Phytochem. 36: 1319-1322. 【0937】

Miyagawa H., Yamashita M., Ueno T. & Hamada N. 1997. Hypostrepsilalic acid from a cultured lichen mycobiont of *Stereocaulon japonicum*. Phytochem. 46: 1289-1291. 【1183】

Moriyasu Y., Miyagawa H., Hamada N., Miyawaki H. & Ueno T. 2001. 5-Deoxy-7-methylbostrycoidin from cultured mycobionts from *Haematomma* sp. Phytochem. 58: 239-241. 【1434】

Mosbach K. 1973. Biosynthesis of lichen substances. In Ahmadjian V. & Hale M. (eds),

The Lichens, pp. 523-546. Academic Press, New York, San Francisco & London.

小野元気. 2007. 地衣類の二次代謝の遺伝子と制御. 秋田県立大学生物資源科学部卒業論文.

佐藤ひかり. 2008. 地衣類由来トリテルペノイドの研究. 秋田県立大学生物資源科学研究科修士論文.

Takenaka Y., Hamada N. & Tanahashi T. 2005. Monomeric and dimeric dibenzofurans from cultured mycobionts of *Lecanora iseana*. Phytochem. 66: 665-668.【2571】

Takenaka Y., Hamada N. & Tanahashi T. 2010. Structure and biosynthesis of lecanopyrone, a naphtho[1,8-cd]pyran-3-one derivative from cultured lichen mycobionts of *Lecanora leprosa*. Z. Naturforsch. 65C: 637-641.【2784】

Takenaka Y., Tanahashi T., Nagakura N. & Hamada N. 2000. 2,3-Dialkylchromones from mycobiont cultures of the lichen *Graphis scripta*. Heterocycles 53: 1589-1593.【1382】

Takenaka Y., Tanahashi T., Nagakura N., Itoh A. & Hamada N. 2004. Three isocoumarins and a benzofuran from the cultured lichen mycobionts of *Pyrenula* sp. Phytochem. 65: 3119-3123.【2783】

Takenaka Y., Morimoto N., Hamada N. & Tanahashi T. 2011. Phenolic compounds from the cultured mycobionts of *Graphis proserpens*. 72: 1431-1435.【2783】

Tanahashi T., Kuroishi M., Kuwahara A., Nagakura N. & Hamada N. 1997. Four phenolics from the cultured lichen mycobiont of *Graphis scripta* var. *pulverulenta*. Chem. Pharm. Bull. 45: 1183-1185.【1184】

Tanahashi T., Takenaka Y., Ikuta Y., Tani K., Nagakura N. & Hamada N. 1999. Xanthones from the cultured lichen mycobionts of *Pyrenula japonica* and *Pyrenula pseudobufonia*. Phytochem. 52: 401-405.【2568】

Tanahashi T., Takenaka Y., Nagakura N. & Hamada N. 2001. Dibenzofurans from the cultured lichen mycobionts of *Lecanora cinereocarnea*. Phytochem. 58: 1129-1134.【2569】

Tanahashi T., Takenaka Y., Nagakura N. & Hamada N. 2003. 6H-Dibenzo[b,d]pyran-6-one derivatives from the cultured lichen mycobionts of *Graphis* spp. and their biosynthetic origin. Phytochem. 62: 71-75.【2786】

Tanahashi T., Takenaka Y., Nagakura N., Hamada N. & Miyawaki H. 2000. Two isocoumarins from the cultured lichen mycobiont of *Graphis* sp. Heterocycles 53: 723-728.【1384】

土屋智美. 2007. *Cladonia cristatella* 地衣菌の色素生産と染色への応用. 秋田県立大学生物資源科学部卒業論文.

臼庭雄介. 2008. 培養地衣菌における二次代謝の環境ストレス応答. 秋田県立大学生物資源科学部卒業論文.

山本好和. 2003. 地衣類の共生特異的，非共生的な物質生産. 日本農芸化学会誌 77: 140-142.【0679】

Yamamoto Y., Kinoshita Y., Kinoshita K., Koyama K. & Takahashi K. 2002b. A zearalenone derivative from the liquid culture of the lichen, *Baeomyces placophyllus*. J. Hattori Bot. Lab. (92): 285-289.【1440】

Yamamoto Y., Kinoshita Y., Thor G., Hasumi M., Kinoshita K., Koyama K., Takahashi K. & Yoshimura I. 2002a. Isofuranonaphthoquinone derivatives from cultures of the lichen *Arthonia cinnabarina* (DC.) Wallr. Phytochem. 60: 741-745.【1439】

Yoshimura I., Kinoshita Y., Yamamoto Y., Huneck S. & Yamada Y. 1994. Analysis of lichen secondary metabolites by high performance liquid chromatography with a photodiode array detector. Phytochemical Analysis 5: 197-205.【0932】

Yamamoto Y., Matsubara H., Kinoshita Y., Kinoshita K., Koyama K., Takahashi K. & Ahmadjian V. 1996. Naphthazarin derivatives from cultures of the lichen *Cladonia cristatella*. Phytochem. 43: 1239-1242.【1277】

Yamamoto Y., Mizuguchi R. & Yamada Y. 1982. Selection of a high and stable pigment-producing strain in cultured *Euphorbia millii* cells. Theor. Appl. Genet. 61: 113-116.

Yoshimura I., Kurokawa T., Kinoshita Y., Yamamoto Y. & Miyawaki M. 1994b. Lichen substances in cultured lichens. J. Hattori Bot. Lab. (76): 249-261.【0967】

吉谷梓. 2013. サルオガセ属地衣の地衣体再形成に関する研究. 秋田県立大学生物資源科学研究科修士論文.

第 12 章　地衣類の環境耐性

本章は第 5 章の「地衣類の生育環境」と関連づけられます．地衣類の環境耐性をテーマに取り上げるわけですが，最初に **A** 地衣類の生理学的研究の意義について説明し，その後 **B** 培養地衣菌の極限環境耐性について説明します．

A　地衣類の生理学的研究の意義

真菌類と藻類の共生生物である地衣類は生理学的にまた生化学的に興味ある研究素材です．

1.　地衣類の生理学的研究の意義

図 12.1 地衣類の生理学的研究の意義

地衣類の生理学的な研究は植物や真菌類に比べて進んでいるというわけではありません．その理由としてはやはり二つの生物が共生し，その生理応答が複雑で解析が難しいことに尽きると思います．生活環を実験室的に再現することも難しく，また，その生長も遅いので応答が速やかではないことも挙げられるでしょう．しかし，やはり一番の理由は二つの生物間の相互作用がブラックボックスの中にあり，生理学的な解析を難しくしていることと思われます．

図 12.1 に示すように地衣類のブラックボックスを解消する一つの手段は地衣類を構成する地衣菌と共生藻に分けて生理応答の解析を行うことです．地衣菌の培養研究が進んだおかげで，種々の培養地衣菌の生理応答研究が可能になりました．個々の共生体の生理応答を解明する研究が進めば，共生生物である地衣類の生理応答と比較することによって，その共生効果も明らかになるに違いありません．

本書では分離した共生藻の生理学的応答について，残念ですが取り扱っていません．別の機会があればそこで触れたいと思います．

2.　地衣類の環境耐性機構仮説

地衣類の生理応答の中で興味ある点の一つは地衣類がなぜ極限環境に生きることができるのかということでしょう．

第 5 章で述べたように地衣類の中には砂漠，極地，高山，海岸，鉱山，硫黄噴気帯のような極限環境に適応して生育している種があります．このような極限環境耐性を分類すると図 12.2 に模式的に示すような関係に整理されます．

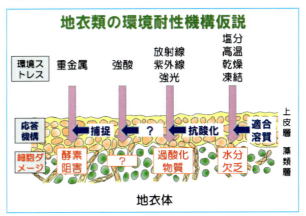

図 12.2 地衣類の環境耐性機構仮説

海岸生の地衣類に塩分ストレス，極地や高山の地衣類に凍結あるいは低温ストレス，砂漠の地衣類に高温あるいは乾燥ストレスが負荷されます．これらストレスは水分欠乏を招きます．植物では水分欠乏ストレスに適合溶質を蓄積することで対抗することが明らかになっています．地衣類でも第 7 章に述べたように糖類やアミノ酸類を蓄積することで対抗していると考えられます．しかし，シグナル伝達機構については明らかになっていません．また，適合溶質説だけで解決できるのかについても答えは出ていません．

次に，高山や極地の地衣類は放射線や紫外線，過剰光量のストレスの負荷がかかります．これらストレスは細胞内に過酸化物質を生ずることで細胞を損傷させます．生体は生ずる過酸化物質を消去する機構を備えていることが知られています．地衣成分の抗酸化性については第 10 章で述べましたが，地衣類には地衣成分以外にも過酸化物質の消去機構があると考えられます．

硫黄雰囲気の強いところで生育する地衣類は強酸ストレスに晒されています．強酸ストレスについては今のところよくわかっていません．

鉱山に生育する地衣類は重金属イオンの影響を受けています．重金属は蛋白質や酵素と結合する性質があるため酵素阻害のような毒性を示します．生体は重金属の体外排出機構が備わっていることが知られています．地衣類もそのような機構が備わっていると考えられます．

B　培養地衣菌の極限環境耐性

天然地衣体については分布調査により，どのような地衣類に極限環境耐性が備わっているのかは明らかですが，分離培養した地衣菌についての報告は今まで知られていませんでした．

ここでは培養地衣菌の耐凍性，耐高温・耐乾燥性，耐

塩性・好塩性，耐酸性・好酸性，銅耐性・好銅性，放射線耐性について論じます．

3. 耐凍性地衣類－南極・高山－

図12.3 耐凍性地衣類－南極・高山－

耐凍性地衣類の代表に挙げられるのは極地や高山に生育する地衣類です．図5.23に示すように南極昭和基地周辺は地衣類の宝庫でもあります．中嶌（2003）は図5.23に示すナンキョクサルオガセ *Neuropogon sphacelatus* とナンキョクイワタケ *Umbilicaria aprina* 以外にネナシイワタケ *U. decussata* を報告しました．図12.3の左上の写真は南極昭和基地周辺，左下の写真はナンキョクイワタケです．

図12.3の右上の写真に示す立山山頂から見えるような高山に生育する地衣類の代表に挙げられるのは地上生のハナゴケ属やエイランタイ属およびチズゴケ属やイワタケ属のような岩上生地衣類（図12.3の右下の写真）です．

極地や高山の地衣類はもちろん耐凍性を有していますが，他方，極地や高山は放射線や紫外線の強度が高い地域でもあるので，それらに対する抵抗性も有している可能性があると思われます．

4. 耐凍性培養地衣菌のスクリーニング方法

培養した地衣菌について耐凍性を調べた報告は従来皆無でした．成田（2008）は世界で初めて耐凍性培養地衣菌のスクリーニングを行いました．成田が報告したスクリーニング方法について図12.4に示します．

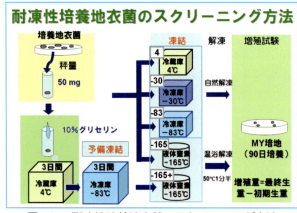

図12.4 耐凍性培養地衣菌のスクリーニング方法

成田（2008）が採用したスクリーニングの条件を以下に示します．材料とした培養地衣菌36属43種45株，凍結期間として1日，180日，365日の3水準，凍結温度として4℃（冷蔵庫），－30℃（冷凍庫），－83℃（冷凍庫），－165℃（液体窒素の気相中）の4水準に予備凍結を行った－165℃を加えました．さらに解凍は4℃，－30℃，－83℃の3試験区は自然解凍で行い，－165℃の液体窒素凍結の2試験区は1分半の50℃温浴解凍で行いました．増殖評価は培養地衣菌の初期生重量を測定し，凍結・解凍後，麦芽酵母エキス（**MY**）寒天培地で90日間培養した後，増殖量（＝最終生重量－初期生重量）を基に耐性能力を比較して行いました．

成田（2008）が採用した実験手順を以下に示します．① 前培養した地衣菌50 mg（初期生重量）をチューブに投入しました．② 所定温度の冷蔵庫や冷凍庫，液体窒素の気相内に入れ，それぞれの温度で冷蔵あるいは凍結させました．③ 予備凍結の場合は，滅菌済み10%グリセリン溶液を0.5 ml添加後，4℃（冷蔵庫）で3日間，次いで－83℃（冷凍庫）で3日間凍結後，液体窒素の気相（－165℃）内へ投入して凍結させました．④ 所定試験期間経過後，4℃，－30℃，－83℃の3試験区は室温で20分間自然解凍し，－165℃の2試験区は50℃で1分半の間，温浴解凍しました．⑤ **MY**寒天培地上に解凍した培養地衣菌を4等分し，植えつけました．⑥ 18℃で90日間培養しました．⑦ 90日後，最終生重量を測定しました．

5. 耐凍性のスクリーニング結果 (1)

図12.5に成田（2008）が行った培養地衣菌41株の耐凍性のスクリーニング（予備凍結なし，－165℃，180日間凍結）結果を示します．図12.5の白色の棒グラフが－165℃凍結，青色の棒グラフが対照区（凍結することなく培養した区）です．

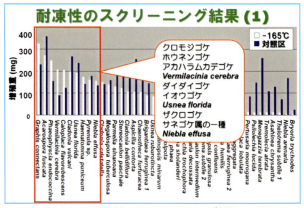

図12.5 耐凍性のスクリーニング結果 (1)

成田（2008）は試験した41株の中で対照区よりも高い増殖量を示した上位10株（赤枠）はクロモジゴケ *Graphis hossei* とホウネンゴケ *Acarospora fuscata*，アカハラムカデゴケ *Phaeophyscia endococcinodes*，*Vermilacinia cerebra*，ダイダイゴケ *Gyalolechia flavorubescens*，イオウゴケ *Cladonia vulcani*，*Usnea florida*，ザクロゴケ *Haematomma collatum*，サネゴケ属 *Pyrenula* の一種，*Niebla effusa* の培養地衣菌であったと報告し，これらの種の培養地衣菌は耐凍性を有していると考えました．以上の10種の地衣類の中

で寒帯性の種はホウネンゴケのみでした．また，*N. effusa* と *V. cerebra* の 2 種は乾燥地域で生育することが知られているので，これら 3 種以外の種は水分ストレスに関係するような極地・高山や乾燥地域，海岸に生育しているわけではありません．このことは，これら 3 種以外の種は本来地衣菌が持っている水分ストレス解消機構を地衣体では発揮できないのかもしれません．あるいは地衣菌が示す耐凍性が水分ストレスの解消機構とは別の機構によるものかもしれないことを示唆します．

一方，41 株の中で増殖が対照区に及ばない株は 30 株（73%），その中の 23 株（56%）は増殖量が 100 mg に足りませんでした．これらは耐凍性に劣る種と考えられました．

また，成田（2008）は凍結 1 日と 365 日の結果から，凍結期間が長くなると増殖が抑えられること，365 日では−83℃凍結が最も影響が少ないことを報告しました．

6. 耐凍性のスクリーニング結果 (2)

図 12.6 に成田（2008）が行った培養地衣菌 41 株の耐凍性のスクリーニング（予備凍結ありとなしで 180 日間凍結）結果を示します．図 12.6 の桃色の棒グラフが予備凍結あり（−165℃+），白色の棒グラフが予備凍結なし（−165℃）です．

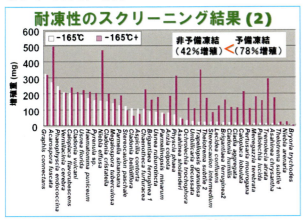

図 12.6 耐凍性のスクリーニング結果 (2)

成田（2008）は試験した 41 株中で 100 mg を基準とし，それ以上増殖した株数を調べました．予備凍結を行うと，41 菌株中 32 株（78%）が基準以上に増殖していましたが，予備凍結しないと，41 菌株中 17 株（42%）が基準以上に増殖していたのに留まり，その割合が下がることを確かめ，予備凍結が有効であると結論づけました．一方で予備凍結を行っても増殖量が少なく，凍結保存に適さないものもあることも明らかにしました．

7. 高温乾燥耐性地衣類−ソノラ砂漠の地衣類−

第 5 章 5.22 で述べたように砂漠は砂砂漠，礫砂漠，岩石砂漠に分類されます．砂漠に生育する地衣類は高温・乾燥に適した種類のみが生き残ることができます．ソノラ砂漠は海岸から内陸までも含み，面積は約 31 万 km^2 におよびます．その環境に適応した多様な生物が生育します．

Nash et al.（2007）は米国とメキシコに跨がるソノラ砂漠で確認された地衣類を書籍 3 分冊にまとめました．

確認された地衣類は約 2000 種です．樹状地衣類や葉状地衣類，痂状地衣類を含みます．図 12.7 にその中で日本にも産する種を載せます．左上の写真は樹状地衣類のコフキカラタチゴケ *Ramalina peruviana*，右上の写真は葉状地衣類のクロアシゲジゲジゴケ *Heterodermia japonica*，左下の写真は痂状地衣類のイシガキチャシブゴケ *Lecanora subimmergens*，右下の写真は同じく痂状地衣類のサトノアナイボゴケ *Verrucaria muralis* です．

図 12.7 高温乾燥耐性地衣類−ソノラ砂漠の地衣類−

8. 耐高温・耐乾燥性培養地衣菌のスクリーニング方法

培養した地衣菌について耐高温性・耐乾燥性を調べた報告は従来皆無でした．成田（2008）は世界で初めて耐高温性・耐乾燥性培養地衣菌のスクリーニングを行いました．成田が報告したスクリーニング方法について図 12.8 に示します．

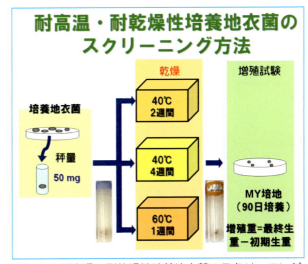

図 12.8 耐高温・耐乾燥性培養地衣菌のスクリーニング方法

成田（2008）が採用したスクリーニングの条件を以下に示します．材料とした培養地衣菌は 32 属 42 種 42 株，乾燥は 40℃ 2 週間，40℃ 4 週間，60℃ 1 週間の 3 試験区で行いました．増殖評価は培養地衣菌の初期生重量を測定し，乾燥後，麦芽酵母エキス（MY）寒天培地で 90 日間培養した後，増殖量（=最終生重量−初期生重量）を基に耐性能力を比較して行いました．

成田（2008）が行ったスクリーニング実験手順を以下

に示します．① 前培養した地衣菌 50 mg（初期生重量）をチューブに投入しました．② 乾熱滅菌したアルミホイルでチューブに蓋をしました．③ インキュベーターで乾燥しました．④ **MY** 寒天培地上に乾燥させた培養地衣菌を 4 等分し，植えつけました．⑤ 18℃の培養室で 90 日間培養しました．⑥ 90 日後，最終生重量を測定しました．

9. 耐高温・耐乾燥性培養地衣菌のスクリーニング結果

図 12.9 に成田（2008）が行った培養地衣菌 38 株の耐高温・耐乾燥性のスクリーニング（40℃，2 週間）結果を示します．図 12.9 の淡緑色の棒グラフが 40℃，2 週間乾燥，青色の棒グラフが対照区（乾燥させることなく培養した区）です．

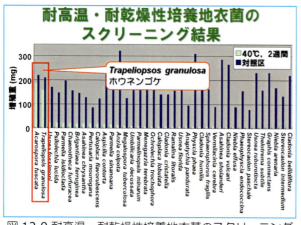

図 12.9 耐高温・耐乾燥性培養地衣菌のスクリーニング結果

成田（2008）によれば，図 12.9 に示すように，40℃，2 週間乾燥の試験区で Trapeliopsis granulosa とホウネンゴケ Acarospora fuscata の培養地衣菌が対照区と同等の増殖を示したので，この 2 種の培養地衣菌が耐高温乾燥性に優れていると確認されました．一方，その他の種は対照区に比べ増殖量の乏しいものばかりでした．

40℃，4 週間乾燥および 60℃，1 週間乾燥の 2 試験区では増殖が確認できた株はなく，試験条件が厳しすぎると判断されました．自然条件下では 40℃や 60℃が何日も続くことは考えられず，必ず日較差を生じ，毎夜 30℃以下になるので，夜間に細胞修復が行われて生存が継続されるものと思われます．将来再実験が行われるとしたら，その点を考慮に入れて実験計画を立てるべきものと考えられます．

10. 耐凍性や耐高温・耐乾燥性を示す培養地衣菌

図 12.10 に示すように，成田（2008）は耐凍性スクリーニングにより，クロモジゴケ Graphis hosssei 培養菌とホウネンゴケ培養菌，耐高温・耐乾燥性スクリーニングにより，ホウネンゴケ培養菌と Trapeliopsos granulosa 培養菌を選抜しました．

上述の 3 種の地衣類の中で Trapeliopsos granulosa とホウネンゴケは寒帯性なのでこれらの水分ストレス耐性機構は高温・乾燥に有効に働いたと考えられます．一方，クロモジゴケについてその自然環境での適応性に関して何ら際立った情報はなく，その耐性機構については今後検討が必要と考えられます．

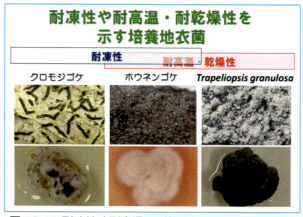

図 12.10 耐凍性や耐高温・耐乾燥性を示す培養地衣菌

11. 耐塩性地衣類－海岸の地衣類ゾーン－

図 12.11 耐塩性地衣類－海岸の地衣類ゾーン－

第 5 章 5.27 で述べたように地衣類にとって過度の塩分は生育に大きな影響を及ぼします．海岸で生きていくために耐塩性機構が必要です．図 12.11 は和歌山県串本町橋杭の海岸の様子を示しています．海岸では地衣類ゾーンと呼ばれる異なる色の帯が現れます．黒色域に地衣体が暗色（黒色）のアナイボゴケ属（例えば，サイゴクハマイボゴケ Verrucaria praeviella），橙色域に地衣体が橙色のダイダイゴケ属，白色域に地衣体が白色のトリハダゴケ属やクチナワゴケ属，ダイダイゴケ属（例えば，シロイソダイダイゴケモドキ Yoshimuria galbina），カラタチゴケ属（例えば，ハマカラタチゴケ Ramalina siliquosa）が生育しています．

12. 耐塩性培養地衣菌のスクリーニング

培養した地衣菌について耐塩性を調べた報告は従来皆無でした．Yamamoto et al.（2001）は世界で初めて 87 種の培養地衣菌の耐塩性スクリーニングを行いました．

Yamamoto et al.（2001）は材料として 87 種の培養地衣菌，耐塩性を調べる塩として塩化ナトリウムを用い，その濃度として 0, 0.6, 1.2 M を設定しました．評価は増殖比（＝最終生重量／初期生重量）と相対増殖比（＝0.6 M または 1.2 M 増殖比 x100％／0 M 増殖比）で行いました．相対増殖比が 10％を超える場合は耐塩性

菌，100%を超える場合は好塩性と認定しました．

Yamamoto *et al.*（2001）が報告したスクリーニング方法の手順を以下に示します．① 前培養した地衣菌約 30 mg（初期生重量）を所定濃度の塩化ナトリウムを添加した麦芽酵母エキス培地に植えつけました．② 15℃の培養器で 3 箇月間培養しました．③ 培養後，生重量（最終生重量）を測定しました．④ 増殖比，相対増殖比を算出しました．

耐塩性培養地衣菌のスクリーニング

試験菌株	増殖比 <2.5	相対増殖比 >10% (0.6M)	相対増殖比 >10% (1.2M)	相対増殖比 >100% (1.2M)
87	9 10%	36 46%	6 8%	1 1%

培養条件：麦芽酵母エキス（MY）培地+NaCl（0M or 0.6M, 1.2M），15℃，3箇月
増殖比=最終生重量／初期生重量
相対増殖比=増殖比（0.6M or 1.2M）x 100%／増殖比（0M）

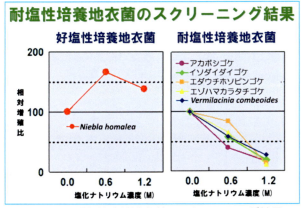

図 12.12 耐塩性培養地衣菌のスクリーニング

結果を図 12.12 に示します．Yamamoto *et al.*（2001）は 87 株の中で増殖比が 2.5 未満だった 9 株について検討対象からはずしました．0.6 M の塩化ナトリウム濃度では 78 株の中で 36 株（46%）が耐塩性を示しました．1.2 M の塩化ナトリウム濃度では 78 株の中で 6 株（8%）が耐塩性を示し，1 種が好塩性を示しました．海岸生の地衣類由来の培養地衣菌 21 種の中では 0.6 M 濃度で 16 株（76%），1.2 M 濃度で 6 株（29%）が耐塩性を示しました．

13. 耐塩性培養地衣菌のスクリーニング結果

図 12.13 耐塩性培養地衣菌のスクリーニング結果

図 12.13 左に好塩性を示した培養地衣菌 *Niebla homalea* のグラフを示します．*Niebla homalea* 培養菌は 0.6 M が好適であることがわかりました．図 12.13 右に耐塩性を示した培養地衣菌 5 種，アカボシゴケ *Coniocarpon cinnabarinum*，エダウチホソピンゴケ *Chaenotheca brunneola*，イソダイダイゴケ *Athallia scopularis*，エゾハマカラタチゴケ *Ramalina subbreviuscula*，*Vermilacinia combeoides* のグラフを示します．いずれの培養地衣菌も塩濃度が高まると増殖が抑えられました．上述の 6 種の地衣類はすべて海岸生です．これら地衣菌が耐塩性を示したことは妥当な結果と思われます．しかし，好塩性と耐塩性の間にどのような機構的差異があるのかはまだわかっていません．

14. 耐塩性培養地衣菌

さらに，Yamamoto *et al.*（2001）は好塩性あるいは耐塩性が認められた 4 種の培養地衣菌，*Niebla homalea*，アカボシゴケ，エダウチホソピンゴケ，*Verrmilacinia combeoides* について，塩化ナトリウム（NaCl），塩化カリウム（KCl），塩化リチウム（LiCl），または浸透圧作用の影響を調べるためのグリセリンをそれぞれ麦芽酵母エキス培地に添加し，増殖への影響を調べました．塩化物の濃度は 0，0.3，0.6，0.9，1.2 M，またグリセリンの濃度は 0，0.6，1.2，1.8，2.4 M としました．NaCl は水溶液ではイオン（Na^+と Cl^-）に完全解離して，浸透圧には 2 粒子として作用し，一方，グリセリンはイオンに解離しないので 1 粒子として作用します．従って，NaCl と同じ浸透圧作用を得るために倍量のグリセリンが必要となります．培養は 15℃，3 箇月間行われ，評価は耐塩性培養地衣菌のスクリーニングと同様に行われました．

Yamamoto *et al.*（2001）が得た結果を図 12.14 に示します．横軸に 3 種の塩化物濃度とグリセリンの半量濃度を示します．

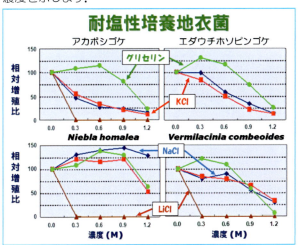

図 12.14 耐塩性培養地衣菌

NaCl 添加培地（青線）では *N. homalea* 培養菌のみが好塩性を示し，0.9 M で相対増殖比 145%，1.2 M で相対増殖比 129% の値を得ました．エダウチホソピンゴケ培養菌は 0.3 M で 100%，*V. combeoides* 培養菌は 0.6 M で約 80% の相対増殖比を示し，それぞれ強い耐塩性を有していました．KCl 添加培地（赤線）ではほぼ NaCl 培地と同様の結果を示しました．一方，LiCl 添加培地（茶線）は強い増殖阻害を示しました．グリセリンは浸透圧を高め，浸透圧作用の影響を調べるつもりで添加しましたが，グリセリン添加培地（緑線）では 4 種ともに増殖が特定の濃度までは促進されました．培養地衣菌はグリセリンを栄養とする能力があるのかもしれません．

15. 耐酸性地衣類－硫黄噴気帯－

第 **5** 章 **5.25** で述べたように火山の硫黄の噴気で覆われているところ（硫黄噴気帯）の多くは地獄と呼ばれます．また，温泉でもあります．図 12.15 に地獄と温泉の

代表的な例を示します．地獄は秋田県川原毛地獄，そこは秋田県と岩手県，宮城県の県境にそびえる栗駒山系の山麓にあります．温泉は秋田県玉川温泉，そこは八幡平山系の山麓で強酸性湯として有名です．地獄と温泉源は硫黄の臭いと二酸化硫黄のガスが漂い，普通そこには植物が生えていないか，生えていても貧弱な植物です．

硫黄噴気帯で群落をなしているのがハナゴケ属イオウゴケ Cladonia vulcani です．図12.15の下段の写真に示すように秋田県川原毛地獄と玉川温泉にイオウゴケの大群落（イオウゴケの花畑）があります．

図12.15 耐酸性地衣類－硫黄噴気帯－

16．耐酸性培養地衣菌のスクリーニング

実験室内における培養地衣菌や地衣培養組織の環境耐性について，吉村他（1987）が世界で初めて報告しました．吉村他は硫黄噴気帯に生育するイオウゴケ Cladonia vulcani 培養組織の耐酸性について明らかにしました．吉村他は地衣菌を主としたイオウゴケ培養組織の生育はpH 4が最適であること，共生藻（Trebouxia excentrica）はpH 4よりpH 9に至るpH範囲で良好に生育することを確認しました．また，吉村他はイオウゴケの生育地の土壌pH 5.5が培養組織の最適pH 4よりも高いこと，また，地衣菌と共生藻の生育率の一致しているpH 5.5付近が天然の生育地の土壌pH 5.5と一致している点は興味深いと述べ，最後にイオウゴケの生育地は共生藻よりも，地衣菌の好酸性に依存していると結論しました．

試験菌株	pH 4.0		pH 2.5		
	増殖比	相対増殖比	相対増殖比	相対増殖比	相対増殖比
	2.25<	80%<	120%<	80%<	120%<
61	41	24	5	9	1
	67%	59%	12%	22%	2%

培養条件：修正リリーバーネット（LB）液体（pH 2.5, 4.0, 5.5），15℃，4週間，暗所，120 rpm
増殖比＝最終生重量／初期生重量
相対増殖比＝増殖比（pH 2.5 or 4.0）x 100%／増殖比（pH 5.5）

図12.16 耐酸性培養地衣菌のスクリーニング

Yamamoto et al.（2002a）は吉村他（1987）に続いて培養地衣菌の耐酸性スクリーニングを行いました．

Yamamoto et al.（2002a）は材料として61種の培養地衣菌，高圧滅菌前にpHを2.5，4.0，5.5に0.1N水酸化ナトリウム水溶液あるいは0.1N塩酸で調製した修正リリーバーネット（LB）液体培地（1%ブドウ糖の代わりに4%ブドウ糖使用）を用いました．回転振盪培養は三角フラスコを用い，15℃，4週間行いました．評価は増殖比（＝最終生重量／初期生重量）と相対増殖比（＝pH 2.5 または 4.0 増殖比 x100%／pH 5.5 増殖比）で行いました．相対増殖比が80%を超えるものを耐酸性培養地衣菌，120%を超えるものを好酸性培養地衣菌と認定しました．

Yamamoto et al.（2002a）が報告したスクリーニング方法の手順を以下に示します．① 修正リリーバーネット液体培地を作製し，高圧滅菌前にpHを2.5，4.0，5.5に0.1N水酸化ナトリウム水溶液あるいは0.1N塩酸で調整しました．② 前培養した地衣菌，約50 mg（初期生重量）を所定pHの修正リリーバーネット液体培地に植えつけました．③ 15℃の培養室内に設置した回転振盪培養器（120 rpm）上で4週間培養しました．④ 培養後，150 μmのナイロンメッシュで培養液を濾過し，菌体を捕集して生重量（最終生重量）を測定しました．⑤ 増殖比，相対増殖比を算出しました．

Yamamoto et al.（2002a）による結果を図12.16に示します．Yamamoto et al.（2002a）は61株の中で増殖比が2.25未満だった20種については検討対象からはずしました．初期設定pH 4.0では41株の中で24株（59%）が耐酸性（相対増殖比80〜120%），5株（12%）が好酸性（相対増殖比120%以上）を示しました．初期設定pH 2.5では41株の中で9株（22%）が耐酸性を示し，1株（2%）が好酸性を示しました．

17．耐酸性培養地衣菌のスクリーニング結果

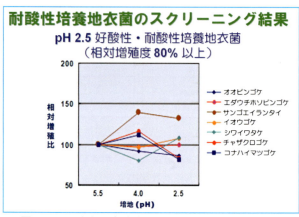

図12.17 耐酸性培養地衣菌のスクリーニング結果

pH 2.5における好酸性を示した培養地衣菌1種と耐酸性を示した培養地衣菌代表6種のグラフを図12.17に示します．サンゴエイランタイ Cetraria aculeata 培養菌のみが初期設定pH 4.0で相対増殖比139%，pH 2.5で132%と好酸性を示しました．培養地衣菌6種（オオピンゴケ Calicium chlorosporum，エダウチホソピンゴケ Chaenotheca brunneola，イオウゴケ Cladonia vulcani，チャザクロゴケ Loxospora ochrophaea，シワイワタケ Lasallia caroliniana，コナハイマツゴケ

Vulpicida pinastri）は pH 2.5 で相対増殖比 80 から 120％の耐酸性を示しました．これら培養地衣菌は pH 4.0 でも同様の耐酸性を示しました．

上述の7種の地衣類は樹皮上生や岩上生，地上生と様々でその自然環境は強酸性ではありません．それなのになぜ，このような耐酸性を示すのか不思議で興味ある生理応答現象です．

18．好酸性培養地衣菌―サンゴエイランタイ―

さらに，Yamamoto *et al*.（2002a）は好酸性が認められたサンゴエイランタイ培養菌について生育に好適な pH を調べました．実験前に高圧滅菌前の pH を 6.0，5.0，4.0，3.0，2.0 に設定した培地を高圧滅菌した後に培地の pH を測定し，それぞれ 5.8，4.8，4.2，3.2，2.2 に変化したことを確かめました．実験方法は耐酸性培養地衣菌のスクリーニングと同様に行いました．培養後に培地 pH 測定を行い，最終 pH としました．

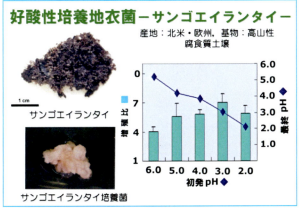

図 12.18 好酸性培養地衣菌―サンゴエイランタイ―

Yamamoto *et al*.（2002a）が得た結果を図 12.18 の右に示します．棒グラフの横軸は培地の初発 pH，縦軸は増殖比（＝最終生重量／初期生重量）を示します．折れ線グラフの縦軸は培地の最終 pH を表します．サンゴエイランタイ菌の生育に最適の培地 pH は 3.0，また，pH 2.0 でも充分な生育を示しました．培養後の培地 pH 変動が見られないことから，培地に塩基性物質を分泌し，培地の pH を上げることによって，耐酸性を発現しているわけではないことが明らかになりました．

19．銅耐性の地衣類―銅鉱山の生物―

第5章 5.29 で挙げた例のように鉱山の中でも銅鉱山は銅の精錬所を併設していることが普通です．そのために精錬時に排出される二酸化硫黄や銅廃石，および鉱山開発のために土壌中に長年蓄積された銅イオンや銅イオン以外の重金属イオンが植物の生育を阻害することが知られています．このことは銅鉱山跡地で生育している生物は銅耐性を示す可能性が高いことを示唆します．

図 12.19 の左上の写真は典型的な銅鉱山跡である秋田県尾去沢鉱山跡地です．廃鉱後数十年が経ちますがまだ植物の生育は元に戻っていませんでした．しかし，尾去沢鉱山跡に銅耐性シダ植物のヘビノネゴザ（右上の写真）が生育していました．また，第5章 5.29 で銅耐性が明らかになったイオウゴケ *Cladonia vulcani* も生育

図 12.19 銅耐性の地衣類―銅鉱山跡の生物―

していました（右下の写真）．

また，鉱山跡地ではありませんが，左下の写真は銅耐性植物として知られているホンモンジゴケ（埼玉県在住の中島啓光氏撮影）です．本門寺の銅葺屋根から雨水が地面届くところに生育しています．

20．銅耐性培養地衣菌のスクリーニング

銅は生体に必須な微量元素です．しかし，低濃度でも高い毒性を示すことが知られています．銅に1価と2価があり，生体内では1価の銅はペプチドや蛋白質と，2価の銅は細胞壁や有機酸と結合することが知られています．

培養した地衣菌について銅耐性を調べた報告は従来皆無でした．そこで，Yamamoto *et al*.（2002b）は銅耐性培養地衣菌のスクリーニングを行いました．Yamamoto *et al*.（2002b）が報告したスクリーニング方法について図 12.20 に示します．

図 12.20 銅耐性培養地衣菌のスクリーニング

Yamamoto *et al*.（2002b）は材料として68種の培養地衣菌を選び，銅濃度として 10，30，100 ppm になるように硫酸銅を添加した麦芽酵母エキス（**MY**）寒天培地（5 ml）を用いました．培養は径 60 mm シャーレを用い，15℃，3箇月間行いました．評価は増殖比（＝最終生重量／初期生重量）と相対増殖比（＝30 または 100 ppm の増殖比 x100％／10 ppm の増殖比）で行いました．相対増殖比が 80 から 120％のものを銅耐性培養地衣菌，120％を超えるものを好銅性培養地衣菌と認定しました．

Yamamoto *et al*.（2002b）が報告したスクリーニング方法の手順を以下に示します．① 所定の濃度の硫酸銅

を含む MY 寒天培地を作製し，高圧滅菌しました．② 前培養した地衣菌，約 30 mg（初期生重量）を滅菌メスで 5 分割後，所定の銅濃度の MY 寒天培地に植えつけました．③ 20℃の培養器内で 3 箇月間培養しました．④ 培養後，生重量（最終生重量）を測定しました．⑤ 増殖比，相対増殖比を算出しました．

Yamamoto et al.（2002b）が行ったスクリーニング結果を図 12.20 に示します．Yamamoto et al.（2002b）は 68 株の中で増殖比が 2 未満だった 3 株について検討対象からはずしました．30 ppm の銅濃度では 65 株の中で 42 株（65%）が銅耐性，11 株（17%）が好銅性を示しました．100 ppm の銅濃度では 65 株の中で 22 株（34%）が銅耐性を示し，6 株（9%）が好銅性を示しました．具体的には 6 種の培養地衣菌，Cladonia boryi，サネゴケ Pyrenula fetivica，Stereocaulon alpinum，オオキゴケ S. sorediiferum，アカサビイボゴケ Tremolecia atrata，Usnea arizonica が 100 ppm の銅濃度で相対増殖比 120%を超える好銅性を示しました．

21．好銅性培養地衣菌

図 12.21 に好銅性を示した 6 種の培養地衣菌，Cladonia boryi，サネゴケ，Stereocaulon alpinum，オオキゴケ，アカサビイボゴケ，Usnea ansonica の増殖に及ぼす銅濃度の影響を示します（Yamamoto et al. 2002b）．最も強い好銅性を示した種はオオキゴケ，次いで，アカサビイボゴケ，Stereocaulon alpinum の順になりました．上位 3 種中にキゴケ属 2 種が入っていました．これは大変興味あることです．

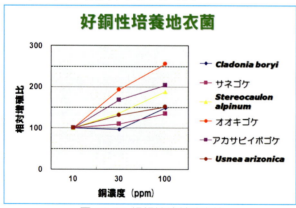

図 12.21 好銅性培養地衣菌

22．培養地衣菌の銅蓄積性

さらに，Yamamoto et al.（2002b）は好銅性が認められた Stereocaulon alpinum 培養菌とアカサビイボゴケ培養菌に加えて，先に阿部・伊東（2004）が銅耐性を示すことを明らかにしたイオウゴケ Cladonia vulcani 培養菌と先に耐塩性を示すことを明らかにした Niebla homalea 培養菌について，硫酸銅添加麦芽酵母エキス（MY）培地で液体培養を行い，銅蓄積性を調べました．スクリーニングとは異なり，液体培養を採用した理由は液体培養の方が銅イオンの影響を受けやすいと考えたからです．実験に銅濃度として 0，10，30，100 ppm になるように硫酸銅を添加した麦芽酵母エキス（MY）液体培地（25 ml）を用いました．培養は 100 ml 三角フラスコを用いました．評価は増殖比（=最終生重量／初期生重量）と相対増殖比（=10 または 30，100 ppm の増殖比 x100%／0 ppm の増殖比）で行いました．

Yamamoto et al.（2002b）が行った実験手順を以下に示します．① 所定濃度の硫酸銅を含む MY 液体培地を作製し，高圧滅菌しました．② 前培養した地衣菌約 100 mg（初期生重量）を乳鉢で粉砕後，2 ml の所定の銅濃度の MY 液体培地に懸濁しました．③ 所定の銅濃度の MY 液体培地（23 ml）に植えつけました．④ 20℃培養室内に設置した回転振盪培養器（120 rpm）上で 1 または 2，3，4 週間培養しました．④ それぞれ培養後，125 µm のナイロンメッシュで培養液を濾過し，培養地衣菌体を捕集して生重量（最終生重量）を測定しました．⑤ 増殖比，相対増殖比を算出しました．⑥ 培養濾液の銅量を分析して算出し，初期銅量から培養濾液の銅量を引いた値を培養地衣菌の銅蓄積量としました．

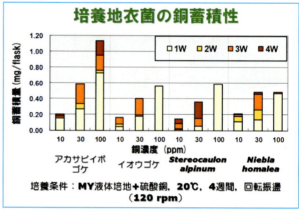

図 12.22 培養地衣菌の銅蓄積性

Yamamoto et al.（2002b）が行った銅蓄積実験の結果を図 12.22 に示します．図は各培養地衣菌の 10，30，100 ppm の銅濃度における週ごとの銅蓄積量の結果です．1W は培養 1 週目，2W は培養 2 週目，3W は培養 3 週目，4W は培養 4 週目を意味します．横軸に銅濃度，縦軸に銅蓄積量を示しています．各培養地衣菌の増殖を比較すると，実験した培養地衣菌は銅濃度 100 ppm でいずれも銅耐性を示し，中でもアカサビイボゴケ培養菌が最も強い銅耐性を示すことを明らかになりました．アカサビイボゴケ培養菌と Stereocaulon alpinum 培養菌は銅濃度 10 および 30 ppm でイオウゴケ培養菌は銅濃度 10 ppm で好銅性を示し，中でもアカサビイボゴケ培養菌は銅濃度 30 ppm で最高の相対増殖比約 200%を示すことが明らかになりました．週ごとの銅蓄積は最初の 1 週間が最も多く，4 週間の培養でアカサビイボゴケ培養菌は銅濃度 10 ppm で約 0.2 mg（80%），銅濃度 100 ppm で約 1.1 mg（40%）の銅を培地から吸収し，菌体中に重量比として 0.35%の銅を蓄積したことが明らかになりました．

このような銅蓄積性は培養地衣菌が金属イオンに汚染された土壌水の浄化に役立つ可能性を示唆します．

23．好銅性培養地衣菌－アカサビイボゴケ－

アカサビイボゴケは図 12.23 の左上の写真に示すよう

な赤さび色の痂状地衣類で亜寒帯から寒帯域で鉄を含有する岩石上に生育します．

筆者の研究室はこれ以後，日本原子力研究所大貫研究室と共同研究を開始しました．Yamamoto et al.（2002b）に続いて，藤井（2003）はアカサビイボゴケ培養菌の銅集積を調べました．藤井（2003）の実験では，銅濃度として 0, 6.25, 25, 50, 75, 100, 125, 250 mg/ml になるように硫酸銅を添加した麦芽酵母エキス（MY）液体培地（25 ml）を用いました．培養は 20℃，回転振盪（120 rpm）で 4 週間行いました．

図 12.23 好銅性培養地衣菌－アカサビイボゴケ－

藤井（2003）の得た結果を図 12.23 に示します．藤井（2003）は銅濃度 25 mg/ml が生育に最適濃度で，6 倍の増殖比を示し，この値は無添加培地の 2 倍の値であること，銅濃度 75 mg/ml（=1.2 mM）まで銅による増殖阻害が見られないことを明らかにしました．また，銅濃度 25 mg/ml の液体培地において菌体乾燥重量 1 g 当たりの銅含量は 2800 から 3900 μg であることも明らかにしました．

24．銅超集積植物との比較

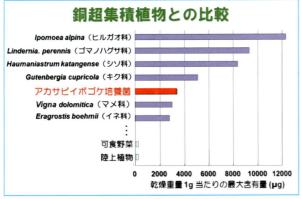

図 12.24 銅超集積植物との比較

図 12.24 に示すように，藤井（2005）はアカサビイボゴケ培養菌と銅を集積する植物とを比較しました．一般に可食野菜や陸上植物の銅含有量は乾燥重量 1 g 当たり 20 μg 以下ですが，銅超集積植物は 2500 から 12000 μg の銅を集積し得るとされているので，アカサビイボゴケ培養菌はこれらの超集積植物と同等の高い銅集積能力をもつことが明らかになりました．

25．アカサビイボゴケ培養菌塊の元素分析－荷電粒子蛍光 X 線分析法（μ-PIXE）－

次いで藤井（2003）はアカサビイボゴケ培養菌塊に集積された銅が培養菌塊内にどのように分布しているかについて荷電粒子蛍光 X 線分析法（μ-PIXE）を用いて調べました．μ-PIXE は加速器により加速されたプロトンを直径 1 μm のビームに絞って被験物に照射し，生じた X 線の波長を分析する方法です．X 線の波長は元素ごとに異なるので，元素の種類を特定することができます．本実験では銅元素（Cu）以外に硫黄元素（S），カリウム元素（K）も調べました．

藤井（2003）が行った元素分析実験の手順を以下に示します．① 前培養したアカサビイボゴケ菌を銅濃度として 75 mg/ml の硫酸銅添加麦芽酵母エキス（MY）液体培地で，20℃，4 週間回転振盪（120 rpm）培養しました．② 培養後，黒色球状で直径 1 から 2 mm に増殖したアカサビイボゴケ培養菌塊（図 12.25 の右上の写真）をメスでスライスしました．③ μ-PIXE で菌塊断面の 750 μm 四方の範囲をスキャンし，銅およびその他の元素の分布を調べました．

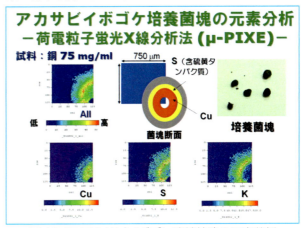

図 12.25 アカサビイボゴケ培養菌塊の元素分析
－荷電粒子蛍光 X 線分析法（μ-PIXE）－

その結果を図 12.25 に示します．各元素の分布濃度の違いを青色（低）から緑色，黄色，赤色（高）で表しています．藤井（2003）は銅が培養菌塊の中心部に多く分布し，硫黄やカリウムはその外側に多く分布したことを報告しました．

26．アカサビイボゴケ培養菌に濃集した銅の価数 － X 線吸収端近傍構造分析：XANES－

藤井（2005）はさらに研究を進め，好銅性アカサビイボゴケ培養菌の銅無毒化機構の解明を試みました．

銅は生体に必須な微量元素で 1 価と 2 価に分かれて生体内に存在しています．まず，藤井はアカサビイボゴケ培養菌内で 1 価あるいは 2 価の銅が存在しているのかどうかを調べました．銅の価数を特定する手段として X 線吸収端近傍構造分析（X-ray absorption near edge structure: XANES）を用いました．X 線吸収スペクトルはその物質の状態に固有であり，スペクトルを比較することで，試料の状態が判定できます．特に XANES は中心元素の電子構造や対称性を強く反映するので，原子の価数などの電子状態に関する情報が得られます．

藤井（2005）が行った元素分析実験の手順を以下に示します．① 前培養した約1gのアカサビイボゴケ菌を1.2 mM 硫酸銅添加麦芽酵母エキス（MY）液体培地で0.5，3，24，336 時間，20℃，暗所下，回転振盪（120 rpm）培養しました．② 約1gの酵母（Saccharomyces cerevisiae）を1.2 mM 硫酸銅添加MY液体培地に0.5，24 時間，30℃，暗所下，回転振盪（100 rpm）培養しました．③ 培養後，それぞれの菌体を回収しました．④ 全ての試料は大気中の酸素による自然酸化を防ぐためにアルゴン雰囲気で酸素吸着剤を入れたポリエチレンバックに三重に密封し，照射試料としました．⑤ 銅 $K\alpha 1$ の XANES スペクトルを測定しました．銅標準物質として，酸化銅（I）と水酸化銅（II）を用い，窒化ホウ素を用いて 10 v/v %に調製したものを銅標準物質照射試料としました．

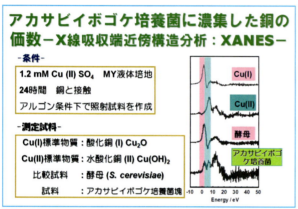

図12.26 アカサビイボゴケ培養菌に濃集した銅の価数
－X線吸収端近傍構造分析：XANES－

藤井（2005）の得た結果を図12.26に示します．アカサビイボゴケ培養菌と酵母に吸着した銅の $K\alpha 1$ 吸収端の XANES スペクトルと1次微分値を右のグラフに示します．藤井（2005）はアカサビイボゴケ培養菌に吸着した銅の XANES スペクトルと酵母のそれとは異なり，アカサビイボゴケ培養菌に吸着した銅の1次微分値は時間，溶液，銅濃度に関わらず2.5（1価のピーク），7.5（2価のピーク），12.5（2価のピーク）eV 付近に三つのピークを示したこと，一方，酵母に吸着した銅の1次微分値は経過時間に関わらず2.5（1価のピーク）eV 付近にピークトップを示したことから，アカサビイボゴケ培養菌に吸着した銅に1価と2価のものがあることを示唆しました．一方，酵母に吸着した銅の大部分は1価として存在することも示唆しました．酵母が細胞内に進入した2価の銅をグルタチオン（GSH）により1価に還元し，1価の銅がグルタチオンやメタロチオネインと複合体を形成することが知られているので，得られた結果は酵母に吸着した銅が1価として存在することを支持しているとしました．

27．1価の銅に対する生理応答－アカサビイボゴケ培養菌の GSH 誘導－

藤井（2005）は前項で酵母が細胞内に進入した2価の銅をグルタチオン（GSH）により1価に還元していること，アカサビイボゴケ培養菌に1価の銅が存在していることを明らかにしました．そこで藤井（2005）は酵母と同様の反応がアカサビイボゴケ培養菌内でも起きているのかを確かめました．

藤井（2005）が行った実験の手順を以下に示します．前培養した約1gのアカサビイボゴケ菌を銅濃度0，12，120 μM の硫酸銅添加 HEPES 溶液で48時間，20℃，暗所下，回転振盪（120 rpm）培養しました．次いで，それぞれの菌体を回収し，破砕後，酵素リサイクリング法により菌体内のグルタチオン（GSH）量を定量分析しました．

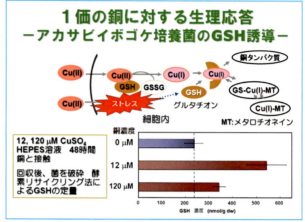

図12.27 1価の銅に対する生理応答
－アカサビイボゴケ培養菌の GSH 誘導－

図12.27にその結果を示します．藤井（2005）は12および120 μM の銅を含む HEPES 溶液で0 μM よりも高いグルタチオン量を検出したことから，グルタチオンが銅ストレスにより誘導されたと判断しました．このことからアカサビイボゴケ培養菌細胞内に進入した Cu（II）はグルタチオンによって Cu（I）に還元され，Cu（I）-グルタチオン，Cu（I）-メタロチオネインの複合体を形成し，無毒化されると考えられました．しかし，アカサビイボゴケ培養菌内での Cu（II）の割合は顕著に高く，グルタチオンによる還元だけでは説明がつかないことから，アカサビイボゴケ培養菌が Cu（II）に対しても濃集するような耐性機構をも有すると考えられました．

28．細胞壁塊と生細胞塊への濃集量比較

前項でアカサビイボゴケ培養菌が Cu（II）に対しても濃集するような機構が存在する可能性が確かめられたことで藤井（2005）はさらにその濃集機構について追及しました．真菌類の細胞壁にメラニンやキチンなどの重金属と親和性の高い化合物が存在することが知られています（Fogarty & Tobin 1996）．藤井（2005）はこのことからアカサビイボゴケ培養菌の細胞壁が2価の銅と結合することによって，銅の無毒化に寄与しているとの仮説を立てました．

藤井（2005）はまずアカサビイボゴケ培養菌の細胞壁に銅が存在していることの証明を試みました．そのために銅を吸収させたアカサビイボゴケ培養菌の細胞内外の銅の分布をエネルギー分散型蛍光X線装置のついた透過型電子顕微鏡（Transmission Electron Microscopes - Energy Dispersive X-ray Spectroscopy: TEM/EDS）を用いて調べました．

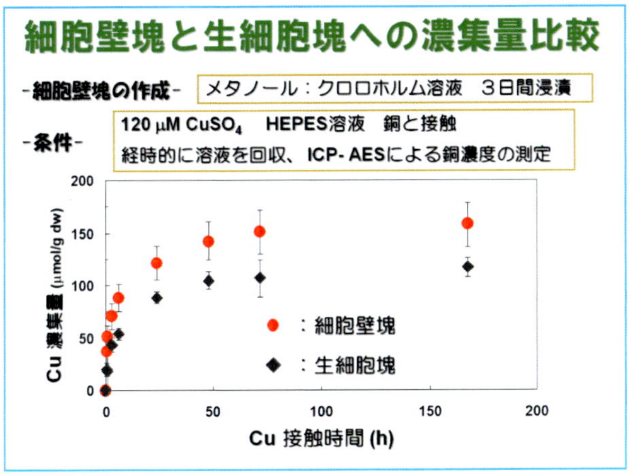

図12.28 細胞壁塊と生細胞塊への濃集量比較

藤井（2005）はアカサビイボゴケ培養菌断面のTEM像から，アカサビイボゴケ培養菌の細胞は直径1から6μmの糸状菌糸を形成して菌糸が縦横に絡まり合っていること，また，一部の細胞壁が隣接した細胞と融合していることを確認しました．一方，EDSによる銅の元素分布分析から細胞壁付近からはリンと硫黄，銅を検出し，細胞壁融合部位から硫黄と銅を検出しました．細胞内付近エリアでも銅を検出したので，培地中に添加した銅は細胞内部まで進入することが確かめられました．これは前項の結果を支持するものでした．藤井（2005）は銅の強度は三つのエリアのうち細胞壁融合部分でもっとも高かったので，吸着した銅の多くは細胞壁に吸着されていると結論づけました．

藤井（2005）はさらに吸着した銅の多くが細胞壁に吸着しているということを確固とするために，細胞内成分を溶脱した細胞壁を作成し，細胞壁のみの菌塊と生細胞菌塊とで銅の吸着量を比較する実験を行いました．

藤井（2005）の実験手順を以下に示します．① 約2gのアカサビイボゴケ培養菌塊をメタノール：クロロホルム溶液（2:1 v/v）に3日間浸し，細胞内成分を溶脱させて細胞壁塊としました．② 吸引濾過後，メタノール洗浄し，0.12 mM硫酸銅を含むHEPES溶液（pH 6.8，25 ml/100 ml三角フラスコ）に細胞壁塊を20℃，暗所下で回転振盪（120 rpm）しながら銅と接触させました．生細胞菌塊100 mgも同様に銅と接触させました．③ 接触開始から，0.5，1，3，6，24，48，72，168時間後に溶液を0.5 ml回収しました．菌塊を洗浄し，凍結乾燥後に重量を測定しました．④ 回収した溶液は10%硝酸で10倍希釈し，0.22 μmのメンブレンフィルタで濾過しました．濾過した希釈溶液の銅濃度を誘導結合プラズマ発光分析装置（ICP-AES）で測定し，菌塊に吸着した銅濃度を定量しました．

図12.28にアカサビイボゴケ培養菌塊の細胞壁塊と生細胞菌塊に吸着した銅の量の経時変化を示しました．藤井（2005）は銅の吸着量が細胞壁塊や生細胞菌塊のどちらとも接触時間とともに増加したこと，接触後3時間以降で両者の吸着量に顕著な差が見られ，細胞壁塊の方が生細胞菌塊よりも3時間で約1.2倍，168時間では約1.4倍の銅を吸着したことを確認しました．これらの結果はアカサビイボゴケ培養菌に吸着した銅の多くが細胞壁に吸着していることを示唆しました．また，最終的な吸着率はこれまでに知られている真菌類の吸着率の2倍である（Cervantes & Corona 1994）ことから，アカサビイボゴケ培養菌の細胞壁は他の真菌類より優れた吸着サイトが存在するか，または多くの吸着サイトを有する可能性が示唆されました．

29. 細胞壁メラニンの合成阻害

真菌類の細胞壁にメラニンやキチンなどの重金属と親和性の高い化合物が存在することが知られています．鉱山地域に生育する地衣類 Trapelia involuta の子器の細胞壁にメラニン様物質が存在し，ウラン，銅，鉄を蓄積します（Kasama et al. 2003）．図12.29に示すように真菌類のメラニンはフェノール化合物が酸化的重合反応により合成される黒茶または黒色の高分子で，細胞壁または細胞外高分子として存在することが知られています．ジヒドロキシナフタレン（E）の重合体で，多くのOH基を有するため，特に金属イオンと親和性が高いとされています（Fogarty & Tobin 1996）．図12.29にメラニンの生合成経路を示します（Kawamura et al. 1997）．藤井（2005）はアカサビイボゴケ培養菌塊が黒色なので，その細胞壁にメラニンが存在する可能性が高く，メラニンが銅無毒化機構に大きく関わっていると考え，メラニン合成阻害剤を用いてアカサビイボゴケ培養菌がメラニン産生能を有しているかどうかを実験しました．

藤井（2005）の実験の手順を以下に示します．メラニン合成阻害剤の一つであるトリシクラゾールを0，0.1，1，10 ppm添加したHEPES溶液培地（pH 6.8，25 ml/100 ml三角フラスコ）と麦芽酵母エキス（MY）液体培地（pH 5.8，25 ml/100 ml三角フラスコ）に細胞塊約140 mgを植えつけました．これらの菌を20℃，暗所下で振盪（120 rpm）培養し，5，10日後の培地の状態を観察しました．

藤井（2005）の得た結果を図12.29の右下に示します．10日間培養後のトリシクラゾール10 ppm添加と無添加の写真です．藤井は5日間培養後では，無添加と0.1 ppm添加の培養液はほぼ無色透明で，1，10 ppm添加培養液の色は淡赤茶色となったこと，10日間培養後の無添加と0.1 ppm添加培養液は無色透明で，1，10 ppm添加培養液は赤色化し，その色は5日後より10日後の方が濃かったことを確認しました．真菌類におけるメラニンの生合成は酢酸からポリケチド合成酵素によるテトラヒドロキシナフタレンの生成とその後のヒドロキシナフタレン還元酵素（HNR）による還元，シロタン脱水酵素（SDH）による脱水が2回ずつ交互に起こることにより行われ，メラニン前駆体のジヒドロキシナフタレン（E）が生成します．メラニン合成阻害剤の一つであるトリシクラゾールの作用は特異性が高く，1,3,6,8-テトラヒドロキシナフタレン（A）からシタロン（B），1,3,8-トリヒドロキシナフタレン（C）からバーメロン（D）の還元を阻害し，副産物として赤色のフラビオリン，赤黄色の2-ヒドロキシジュグロンが生成します（Kawamura et al. 1997）．これらの知見から，藤井

（2005）は培地の赤色化はメラニン合成阻害により生成された色素であり，アカサビイボゴケ培養菌の細胞壁にメラニンが存在することが明白になったと結論づけました．

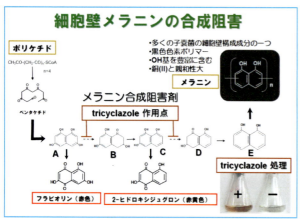

図12.29 細胞壁メラニンの合成阻害

30．アカサビイボゴケ培養菌の銅無毒化機構

銅は1価と2価のイオン価数で安定に存在し，それぞれ異なった化学的性質を示します．

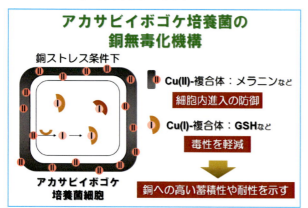

図12.30 アカサビイボゴケ培養菌の銅無毒化機構

最後に藤井（2005）は図12.30に示すようにアカサビイボゴケ培養菌における銅無毒化機構を1価と2価に分けて考え，以下のようにまとめました．
① XANESの結果より，アカサビイボゴケ培養菌内の銅はSH基に高い親和性を示す1価および水酸基やカルボキシル基に高い親和性を示す2価で存在することがわかりました．
② TEM/EDSにより，細胞内に銅が存在すること，また，銅ストレスにともなってグルタチオン（GSH）が誘導されることがわかりました．グルタチオンはSH基を有するため，1価の銅はグルタチオンとの反応により無毒化されたと考えられました．細胞内に取り込まれた過剰量の2価の銅はグルタチオンによって1価に還元され，グルタチオンやメタロチオネインと結合し，その結果，2価で細胞内に取り込まれた銅は複合体を形成することにより，無毒化されたと考えられました．
③ TEM/EDSの結果より，細胞内と比べて細胞壁および細胞壁融合部位により多くの銅が存在することがわかりました．メラニン合成阻害剤を用いた実験でアカサビイボゴケ培養菌の細胞壁にメラニンが存在することが明らかとなり，細胞壁塊と生細胞菌塊との銅の吸着量を比較した実験により，細胞内成分を溶脱した細胞壁塊がより高い銅吸着能を有することが明らかとなりました．アカサビイボゴケ培養菌に吸着した2価の銅の多くは細胞壁のメラニンと結合して細胞侵入が妨げられ，無毒化されたと考えられました．

31．培養地衣菌の銅およびカドミウム耐性の相関

重金属の一種であるカドミウムは全ての生物にとって非常に有害で，多くの生物はカドミウムと親和性の高いペプチドやタンパク質であるグルタチオンやメタロチオネインとの結合を介してカドミウムを無毒化することが知られています．

藤井（2005）は地衣類における銅無毒化機構とカドミウム無毒化機構の関連を調べるため，培養地衣菌のカドミウム耐性をスクリーニングしました．材料として培養地衣菌25株を選びました．培地はカドミウムを0，1，10 mg/mlになるように調製した麦芽酵母エキス（**MY**）寒天培地を用い，培養は18℃，暗所下，3箇月間行いました．

藤井（2005）が行った実験手順を以下に示します．カドミウム添加**MY**寒天培地に地衣菌を約100 mg植えつけ，培養しました．3箇月後，地衣菌を回収し，生重量を測定し，増殖比，相対増殖比を算出しました．

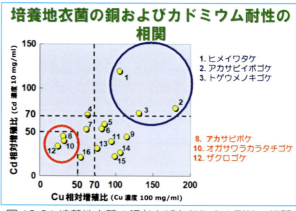

図12.31 培養地衣菌の銅およびカドミウム耐性の相関

藤井（2005）が示した図12.31はカドミウム耐性と銅耐性の相関図です．カドミウム耐性（縦軸）は本実験で得たカドミウム10 mg/ml添加培地上での相対増殖比，銅耐性（横軸）はYamamoto et al.（2002b）が得た100 mg/ml添加培地上での相対増殖比を用いました．その結果，ヒメイワタケ *Umbilicaria kisovana* とトゲウメノキゴケ *Hypotrachyna minarum*，アカサビイボゴケ *Tremolecia atrata* の3種の培養地衣菌は両元素に対して70％以上の相対増殖比を示すことがわかりました．これらの地衣菌を銅およびカドミウム耐性種と定義しました．これら3種の地衣類の生態的に共通する特徴は見出せませんでした．

一方，アカサビゴケ *Zeroviella mandschurica*，オガサワラカラタチゴケ *Ramalina leiodea*，ザクロゴケ *Haematomma collatum* の3種の培養地衣菌は両元素に対して50％未満の相対増殖比を示しました．これらの地衣菌を銅およびカドミウム感受性種と定義しました．これら3種の地衣類の生態的に共通する特徴は見出せま

せんでした．

　これらの種に共通の耐性機構や感受性機構があるのかどうか，今後の研究が待たれます．

32. 放射線（γ線）による細胞損傷・細胞死

　放射線は原子核中の中性子の過不足によって不安定な状態にある放射性物質が放出する粒子や電磁波のことです．放射線の中に粒子線であるα線，β線，中性子線，電磁波線であるγ線やX線などの種類があります．粒子線は原子から飛び出したもので，α線はヘリウム原子，β線は電子，中性子線は中性子です．

　放射線（例えば，γ線）を細胞に照射すると，図12.32に示すように二つの経路によってDNAが損傷します．一つは，直接放射線がDNAを通過する際に損傷させる経路，他方は，照射された放射線が水分子に当たり，電離させることで活性酸素を発生させ，その活性酸素がDNAを損傷させる経路です．細胞はDNAを修復する機能を持っていますが，この損傷が蓄積することによって修復が追いつかなくなり，最終的に細胞死を招きます．

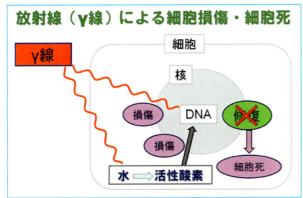

図12.32 放射線（γ線）による細胞損傷・細胞死

　細胞はDNA損傷を修復する機能や活性酸素を除去する機能を保持しています．その能力は生物により多様です．極限環境に適応する地衣類にその能力が備わっているのかどうか，筆者の研究室は大阪府立大学放射線センター古田研究室と共同研究を行い，小林（2013）が地衣菌を材料に調べました．

33. 放射線（γ線）耐性試験方法

　小林（2013）が試した放射線（γ線）耐性試験方法を図12.33に示します．小林（2013）は材料として培養地衣菌39種39株を選びました．培地として麦芽酵母エキス（**MY**）寒天培地を用い，照射は線量率5.19 kGy/hr，0，2，4，8 kGyで行いました．培養は20℃の暗所下で4週間行いました．

　小林（2013）が行った実験手順を以下に示します．①前培養した地衣菌約50 mg（初期生重量）を4分割して培地に植えつけ，1週間培養しました．②大阪府立大学の照射施設に培養した試料を冷蔵便で送りました．③到着後，試料をステンレス製の照射容器に入れ，コバルト60ガンマ線源で所定時間照射しました．④冷蔵便で返送された照射試料を培養しました．⑤培養後，菌体を回収し，生重量（最終生重量）を測定しました．⑥増殖比

{=（最終生重量－初期生重量）／初期生重量}，相対増殖比（=2または4，8 kGy増殖比x100／0 kGy増殖比）を算出しました．

図12.33 放射線（γ線）耐性試験方法

34. γ線耐性培養地衣菌スクリーニング

　小林（2013）が行ったγ線耐性培養地衣菌スクリーニング結果を図12.34に示します．相対増殖比が10を超えるものをγ線耐性としました．

　小林（2013）は培養地衣菌40種の中で2 kGy照射では相対増殖比10を超える種は24種（60%），4 kGy照射では17種（43%），8 kGy照射では12種（30%）であることを確認しました（図12.34上段）．また，8 kGy照射で相対増殖比30を超える3種の培養地衣菌 Lecidea confluens，シロムカデゴケ Physcia phaea，ウスバトコブシゴケ Platismatia interrupta を見出しました．これら3種の地衣類の生態学的な共通性は認められませんでした．また，図12.34の下段に3種の培養地衣菌（シロムカデゴケ，コナゴケ Psilolechia lucida，ハジカミゴケ Circinaria contorta）の結果を示します．2 kGyの照射量では生き抜く培養地衣菌が多いこと，しかし線量が多くなると減少していくことが明らかになりました．

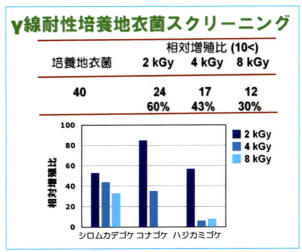

図12.34 γ線耐性培養地衣菌スクリーニング

35. 放射線耐性生物

　図12.35に知られている放射線耐性生物と培養地衣菌（赤字で示した3種）の限界放射線量を比較しました．

試験した培養地衣菌の60%が2 kGyを超えた耐性を示すので，培養地衣菌は比較的放射線に強いことがわかりました．また，8 kGyを超える種もあるので，今後の研究でより放射線耐性の強い種が出てくる可能性もあります．

放射線耐性生物

生物種		限界放射線量 (kGy)
細菌類	Halobacterium NRC-1	18
細菌類	Deinococcus radiodurans	6〜15
地衣類	シロムカデゴケ菌	8
緩歩類	クマムシ	7
地衣類	コナゴケ菌	4
地衣類	ハジカミゴケ菌	2
昆虫類	ネムリユスリカ幼虫	0.2〜2
細菌類	大腸菌	1
哺乳類	ヒト	0.01

図 12.35 放射線耐性生物

文 献

阿部ちひろ・伊東真那実．2004．重金属汚染地帯における地衣類分布．秋田県立大学生物資源科学部自主研究．

Cervantes C. & Corona G.F. 1994. Copper resistance mechanisms in bacteria and fungi. FEMS Microbiol. Rev. 14: 121-138.

藤井洋光．2003．銅耐性地衣菌の生理応答．秋田県立大学生物資源科学部卒業論文．

藤井洋光．2005．銅耐性地衣菌 Tremolecia atrata における銅無毒化機構．秋田県立大学生物資源科学研究科修士論文．

Fujii H., Hara K., Komine T., Ozaki T., Ohnuki T. & Yamamoto Y. 2005. Accumulation of Cu and its oxidation state in Tremolecia atrata (rusty-rock lichen) mycobiont. J. Nuclear Radiochem. Sci. 6: 115-118.【1915】

Kasama T., Murakami T. & Ohnuki T. 2003. Accumulation mechanisms of uranium, copper and iron. In Kobayashi I.& Ozawa H. (eds.). BIOM2001. proceedings of the 8th international symposium on biomineralization, pp. 298-301. Tokai Univ. Press, Kanagawa.

柏谷博之．1978．地衣類．In 週刊朝日百科 世界の植物112，コケ類2，朝日新聞社，東京・大阪．

Kawamura C., Moriwaki J., Kimura N., Fujita Y., Fuji S., Hirano T., Koizumi S. & Tsuge T. 1997 The melanin biosynthesis genes of Alternaria alternata can restore pathogenicity of the melanin deficient mutants of Magnaporthe grisea. Molecular Plant-Microbe Interactions 10: 446-453.

小林優維．2013．培養地衣菌の増殖に対する放射線の影響．秋田県立大学生物資源科学部卒業論文．

黒川逍・柏谷博之．1996．特殊環境に生きる地衣類．In 週刊朝日百科 植物の世界138，朝日新聞社，東京・大阪．

中嶌裕之．2003．南極の地衣類－第42次日本南極地域観測隊に参加して．日本地衣学会ニュースレター (11): 35-36．

成田朱望．2008．地衣類の耐凍性・耐高温乾燥性スクリーニング．秋田県立大学生物資源科学部卒業論文．

Nash III T. H., Gries C. & Bungartz F. (eds). 2007. Lichen Flora of the Greater Sonoran Desert Region. Arizona State University.

Fogarty R.V. & Tobin J.M. 1996. Fungal melanins and their interactions with metals. Enzyme and Mcirobial Technology. 19: 311-317

Yamamoto Y., Hara K., Komine M., Kinoshita Y. & Yoshimura I. 2002a. Screening for acid tolerant lichen mycobionts. Lichenology 1: 3-6.【1436】

Yamamoto Y., Komine M., Hara K. & Hattori H. 2002b. Effect of copper concentration on the growth of cultured mycobionts of lichens. Bibl. Lichenol. 82: 251-255.【2187】

Yamamoto Y. Takahagi T., Sato F., Kinoshita Y., Nakashima H. & Yoshimura I. 2001. Screening of halophilic or salt tolerant lichen mycobionts which can grow sodium chloride enriched medium. J. Hattori Bot. Lab. (90): 307-314.【3538】

吉村庸・黒川禎子・中野武登・山本好和．1987．イオウゴケの組織培養とその生育におよぼす水素イオン濃度の影響（予報）．Bull. Kochi. Gakuen. College 18: 335-343.【0087】

第 13 章 地衣類と人の暮らし

本章は純粋に学問とは言えないかもしれませんが，地衣類を勉強する上でその下地になると思います．地衣類と人との長い歴史をたどりたいと思います．本章ではまず，**A** 芸術・工芸作品の中に地衣類がどのように利用されているのかを紹介し，続いて様々な場面での地衣類の利用（**B** 装飾としての利用，**C** 香料・染料・毒物としての利用，**D** 食料・飲料としての利用，**E** 環境指標としての利用）に加えて **F** 石造文化財の地衣類汚損について紹介します．

薬に関係する部分については第 10 章「地衣類の生物活性」で説明したので本章では省きます．

総説として佐藤（1970），山本（1998，2012）を参照ください．

A　芸術・工芸作品の中の地衣類

地衣類が直接利用されているわけではありませんが，地衣類と人の暮らしの中で目にする芸術・工芸作品の中に地衣類が利用されている場合があります．ここでは絵画や絵柄（デザイン），写真，木工芸品を紹介します．

1.　絵画の中の地衣類－樹皮上の地衣類－

図 13.1 絵画の中の地衣類－樹皮上の地衣類－

図 13.1 に示すように，日本では絵画の中に地衣類が生きています．左上の写真の絵画は狩野派の画家による襖絵の一部です．多分 16 世紀の安土桃山時代の作品と思われます．松と楓の木が写実的に描かれています．絵をよく見れば松の樹皮についている生き物は地衣類です．この時代から地衣類が絵師に認識されていたということなのでしょう．

図 13.1 の左下の写真の東京国立科学博物館で見つけた「高雄観楓図」屏風に地衣類がありました．「高雄観楓図」屏風は狩野秀頼による 16 世紀の作品で，縦 150 cm，横 365 cm の大作です．図 13.1 の左下の写真はその一部を載せています．筆者にとって京都高雄は地衣類を求めて何度も訪ねた懐かしい場所です．図 13.1 の左下の写真に描かれている場所はどうやら高雄橋の手前，バス停から降りて茶屋が続いているところらしいと想像ができます．

「高雄観楓図」屏風の中の地衣類はマツやカエデの樹皮上ばかりでなく岩上にも生育し，大形の葉状地衣類のようです．形はほぼ円形，中央は緑色，周囲は淡緑色で小さな白い円い形で縁取られています．生態学的なまた形態学的な観察からこれらは同種の地衣類でマツゲゴケ *Parmotrema clavuliferum* のように思えます．周縁の白い円い形は粉芽塊を連想させます．

日本では安土桃山時代から江戸時代にかけて狩野派の絵師による襖絵や屏風絵の中の樹皮上に葉状地衣類が描かれていますが，狩野派以外の絵師の作品の中にも地衣類を確認することができます．例えば，尾形光琳（1658-1716）の「紅白梅図」や円山応挙（1733-1795）の「紅梅鶴図」です．近代絵画にも地衣類が描かれています．例えば，神坂雪佳（1866-1942）の「梅」や菱田春草（1874-1911）の「落葉」，五百城文哉（1863-1905）の「晃嶺群芳之図」があります．

狂言や能に使われる舞台の背景によく松が描かれています．よく見れば松の樹皮にマツゲゴケが貼りついています．このように日本では普通であるにも関わらず，筆者はまだ海外の絵画の中に地衣類を見つけたことがありませんでした．ところが，東京都在住の廣津大侃氏が西洋美術館でフランスの画家ポール・ランソン（1861-1909）による画題「ジギタリス」（1899）の樹皮に葉状地衣類（ウメノキゴケらしきもの）が描かれていることを確認しました．より調べれば西洋の絵画作品にも地衣類が描かれているものが見つかるかも知れません．

絵画のような芸術作品に偶然かあるいは必然かわかりませんが，地衣類が 500 年も前から登場しているということは素晴らしいことだと思えます．

2.　苔紋 ①－デザイン化されたマツゲゴケ－

図 13.2 苔紋 ①－デザイン化されたマツゲゴケ－

江戸時代に入り，絵画のマツゲゴケは絵画から離れ，さらにデフォルメされて彫刻の上に移りました．「苔紋」（図 13.2 の右上の写真）と呼ばれています．

図13.2の左下の写真は長野県在住の安斉唯夫氏撮影によるもので，日光東照宮の神厩舎の長押にある「見ざる，言わざる，聞かざる」の三猿が座っている樹の樹皮上に見つかる「苔紋」です．右下の写真は鎌倉鶴岡八幡宮の舞殿にある同じく「苔紋」です．

3. 苔紋 ②－全国分布「コケモンGO!」－

　図13.2の写真のように「苔紋」は探せばあちらこちらの神社で見つかるものと期待しています．そこで2022年2月から「コケモンGO!」と称し，スクールに在籍する方々へ協力を依頼して全国の「苔紋」の分布調査を開始しました．

都道府県市区町村	建造物	観察者（年月）
埼玉県秩父市	三峯神社	池田一雄（2022年6月）
静岡県静岡市	静岡浅間神社	中野 剛（2022年6月）
滋賀県彦根市	彦根城 金扇・絵巻物	上杉 毅（2022年5月）
静岡県静岡市	久能山東照宮	中野 剛（2022年5月）
愛知県新城市	鳳来寺 仁王門・東照宮	上杉 毅（2022年4月）
愛知県名古屋市	名古屋城 本殿	上杉 毅（2022年4月）
東京都八王子市	高尾山薬王院	上田晶子（2022年4月）
福井県勝山市	越前大仏 仁王門	左賀秀機（2022年4月）
群馬県太田市	世良田東照宮	池田一雄（2022年3月）
東京都台東区	上野東照宮 透塀	浪井晴美（2022年3月）
茨城県稲敷市	大杉神社 本殿	福田 孝（2022年3月）
京都府京都市	車折神社 芸能神社神殿	左賀秀機（2022年3月）
栃木県佐野市	佐野厄除け大師 東照宮	池田一雄（2022年2月）
京都府京都市	西本願寺 唐門	左賀秀機（2022年2月）
埼玉県秩父市	秩父神社	武末範子（2019年5月）
群馬県富岡市	妙義神社 旧本社	石原 峻（2012年3月）
山形県酒田市	總光寺 本堂	安斉唯夫（2008年7月）
神奈川県鎌倉市	鶴岡八幡宮 舞殿	山本好和（2007年）
栃木県日光市	日光東照宮 陽明門・神厩	安斉唯夫（2005年）

図13.3 苔紋 ②－全国分布「コケモンGO!」－

　図13.3の表に2022年6月末時点の調査結果を示します．北限は山形県酒田市，茨城県，栃木県，群馬県，埼玉県，東京都，神奈川県，福井県，静岡県，愛知県，滋賀県，南限は京都府京都市の12都府県です．観察できた建築物に前述した日光東照宮以外に久能山東照宮，世良田東照宮，上野東照宮のような東照宮があるのは偶然でしょうか．神社だけでなくお寺でも見つかることがわかりました．

4. 苔紋 ③－こんなところにも－

図13.4 苔紋 ③－こんなところにも－

　「コケモンGO!」は基本的には神社・仏閣の建物の装飾に使用されている実例を探して頂く試みでしたが，参加された方々から建物の装飾以外に「苔紋」の実例が寄せられ，想像した以上に種々の材料に利用されていることがわかりました．特に，松を描いた作品には必ずと言ってよいほど「苔紋」が見つかります．例えば，先に述べたように狂言や能に使われる舞台の背景の松にも「苔紋」があります．

　図13.4の左の写真は宮脇国賣扇庵製作の京扇子です．兵庫県在住の道盛正樹氏より提供頂きました．宮脇国賣扇庵はパンフレットによると創業1823年，伝統工芸品である京扇子を作り続けています．竹製の扇骨に地紙を貼り合わせ，紙の上に箔を置き，その上に上絵が描かれます．絵柄は伝統にふさわしいものが選ばれています．松は長寿の象徴なので，長寿にふさわしく地衣類が着生している絵柄が尊ばれたものと思われます．

　図13.4の右の写真は天麩羅えびのやの丼碗です．写真は大阪府在住の中西有美氏の撮影によるものです．お椀に「苔紋」の組み合わせに驚きました．しかし，和食－松の組み合わせとは言え，これもまた『松に「苔紋」』の定石の通りです．

　「コケモンGO!」を「松にコケモンGO!」と派生して探すのも面白いかもしれません．

5. 写真の中の地衣類

図13.5 写真の中の地衣類

　図13.5の左の写真は冨成忠夫氏による写真集「森のなかの展覧会」(1984)の表紙です．富士山四合目付近の針葉樹林，北八ヶ岳亜高山帯の岩地，谷川岳中腹のブナ林，富士山青木ヶ原の樹林から選ばれた樹皮上や岩上の地衣類の写真65枚にそれぞれユニークなタイトルがつけられています．地衣類の形や印象などとタイトルを関連づけながら鑑賞することができます．

　右の写真は大橋弘氏による写真集「Moss Cosmos 苔の宇宙」の表紙です．地衣類ばかりでなく蘚苔類も同時に撮られています．富士山の自然の中でミクロな世界が写真という芸術手法によって切り取られ，私たちの前に提示されています．これでもかと並ぶ姿は圧巻です．こちらは登場する種が同定されているので，種同定の参考になります．大橋氏は「Moss Cosmos」のCDも出されていますし，さらに「ミクロコスモス　森の地衣類と蘚苔類と」の写真集（2018）も発行されています．

　地衣類が写真という芸術作品の中に取り上げられたこと，また，それを取り上げた写真家の造形に対する美意識に感動します．

6. 工芸作品の中の地衣類 ①

工芸作品の中にも地衣類が見つかります．図13.6の左の写真はペッパーミルです．スイスのチューリッヒ大学 Honegger 教授からお土産として頂いたものです．樹の種類は不明です．生育していたチャシブゴケ属（拡大写真）とモジゴケ属の地衣類が利用され，その跡が残っています．

図13.6の右の写真は秋田県角館市で筆者が買い求めた樺細工小箱です．樺細工は日本の伝統的な木工工芸品です．ヤマザクラの樹皮を利用して作られるもので筒やお盆，小箱，煙草入れに利用されます．ヤマザクラの樹皮に生育したモジゴケ属の地衣類が利用され，その跡（拡大写真）が白く残っています．まれにモジゴケの子器が認められることもあります．

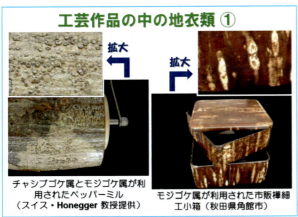

図13.6 工芸作品の中の地衣類 ①

このように地衣類が使われた木工工芸品のような土産物はまだまだ世界各地にありそうです．

7. 工芸作品の中の地衣類 ②

冨成忠夫氏による写真集にあるようにブナの樹皮には多様な痂状地衣類が生育しています．地衣類が生育したブナの樹皮に魅せられた方が新潟県在住で地衣類ネットワークスクールに参加されている宇之津昌則氏です．

図13.7 工芸作品の中の地衣類 ②

図13.7の写真に示すのは木工作家である宇之津氏による作品3点です．左の写真の時計と右の写真の鉛筆とペンケースのいずれの作品も痂状地衣類の着生したブナ樹皮小片と地衣類を剥がした小片とがモザイク状に組み合わされて作られています．右の写真に示す鉛筆の木部分は痂状地衣類が着生したブナ樹皮の6片が組み合わされています．自然感にあふれたとても味わい深い作品です．

B 装飾としての利用

地衣類と人の関係の中で装飾としての地衣類の利用も実は古今東西で多様です．ここでは門松と装飾素材とその利用について紹介します．

8. 装飾への利用 ①－門松（苔松）－

図13.8 装飾への利用 ①－門松（苔松）－

実際に地衣類が装飾に利用されている例として正月の玄関飾りに使われる「門松」があります．門松に使われている松に地衣類がついていて「苔松」と呼ばれ，「苔がつくほど長く生きた松」であり，長寿を象徴する縁起物とみなされています．師走になると各地の花卉市場に出回るようになります．

筆者は年末年始の恒例行事として，デパートやホテル，ファッションビル，大型店舗の「門松巡り」をしています．図13.8の左の写真は2004年に撮影した大阪市大阪駅前の大丸梅田店の門松，右の写真は2018年に撮影した京都市御所近くの虎屋茶寮の門松です．どちらも立派な「苔松」が飾られていました．残念ながら大丸梅田店は不景気のためか門松を飾ることをいつのまにかしなくなりました．東京や大阪の他のデパートでも同じようなことが起きていることに気づきました．また，今までは「苔松」だったのに，単なる「松」になってしまった例もあります．一方，虎屋茶寮は毎年立派な門松を立てて訪れる私たちの目を楽しませてくれます．京都ではまだまだその伝統は廃れていないようです．

大石（2003）は世田谷生花市場を訪ね，「苔松」を以下のようにレポートしました．関東地方，特に東京で消費される松は茨城県の波涛町や千葉県の一宮町を中心とした一帯が生産地となっています．これらの海岸地帯の砂地が松の生育に向いているためです．最近，ウメノキゴケ *Parmotrema tinctorum* のついた松はほとんどないので別の場所で採取したウメノキゴケを接着剤でつけた「苔松」を見かけます．しかも，このウメノキゴケを接着剤でつけるのにはテクニックが必要なようで，実にリアルに幹に貼りつけている生産者もいれば，「こんなつき方はしないはず」という松もあります．言われてみれば，筆者も見たことがあります．

筆者は「苔松」についている地衣類にどんな種類があ

るのかを調べてみました．多く使われている種はやはりウメノキゴケ，マツゲゴケ Parmotrema clavuliferum，コフキヂリナリア Dirinaria applanata，次いでキウメノキゴケ Flavoparmelia caperata やナミガタウメノキゴケ P. austrosinense でした．マツは暖温帯性ですから，暖温帯性の地衣類が多いのは当然のことかもしれません．ただ，今まで一度だけサルオガセに出会ったことがありました．京都市街でサルオガセに会えるとは感動しました．

9. 装飾への利用 ②－装飾素材－

図 13.9 装飾への利用 ②－装飾素材－

図 13.9 の上段の写真に示すのは，1999 年札幌の東急ハンズ（当時）のインテリア植物素材売り場で見つけた乾燥ミヤマハナゴケ Cladonia stellaris です．見つけたものは 2 種類あり，上段の右の写真に示す緑色に着色されたミヤマハナゴケと，上段の左の写真に示す淡いピンク，淡い青色，淡い黄色の三色のパステルカラーに着色されたミヤマハナゴケでした．いずれも輸入品でした．地衣類が市販されているというのが最初の驚き，次いで価格が 500 円程度ということでまた驚きました．採集すれば絶滅するかもしれない地衣類がしかも 500 円という安価で売られていたからです．

筆者は 1986 年の国際学会（第 3 回国際地衣学会議，ドイツ・ミュンスター）で初めて欧州に出張した際，途中のスイス・チューリッヒのデパートで商品陳列ガラスケースの中に地衣類がインテリアとして使われているのを発見しました．地衣類をインテリアとして使うという感性に心を動かされたのを今でも覚えています．

ミヤマハナゴケは日本では高山帯に生育する地衣類です．図 13.9 の下段の写真に群馬県本白根山山頂噴火口で撮影したミヤマハナゴケを示します．そこでは大群落が広がっていました．拡大すると地衣体は均整の取れた樹形で白色から淡黄色，美しい地衣類です．

筆者は 2002 年の国際会議（第 6 回国際地衣学会議，エストニア・タルツー）で再び欧州に出張した際，フィンランドで地衣類の調査を行いました．その時に現地の地衣学者からフィンランドのとある島でミヤマハナゴケの栽培が行われていると聞きました．そこでは 10 年サイクルぐらいで育てて回収し，世界各地に輸出しているとのことでした．なるほど，その製品が日本にまで輸出されているのだと合点がいきました．

10. 装飾への利用 ③－インテリア－

図 13.10 装飾への利用 ③－インテリア－

東急ハンズで装飾素材として市販されていた乾燥ミヤマハナゴケを見つけてからしばらく時間が経過し，大阪空港と大丸梅田店でミヤマハナゴケやオニハナゴケをインテリアに利用しているのを見つけました（図 13.10）．

図 13.10 の左上の写真は観葉植物の鉢植えの根元に敷き詰められた乾燥ミヤマハナゴケです．ミヤマハナゴケは緑色に着色されていました．おそらく水苔の代用品として使われたのでしょう．左下の写真は苔玉と一緒に展示されていた地衣玉です．このミヤマハナゴケも緑色に着色されていました．ただし，苔玉にも地衣玉にも植物は植えつけられていなかったので，どちらも単なる展示と考えてよさそうです．面白い使い方です．右下の写真は空港の輸入雑貨店で販売されていた地衣テラリウムです．ガラスケースに木の皮のようなものと一緒に詰められていました．使用されていた地衣類はオニハナゴケ Cladonia uncialis でした．右上の写真は大阪駅前の大丸梅田店でミヤマハナゴケをディスプレイに使っていた例です．ここに使用されていたミヤマハナゴケは三色に着色されたミヤマハナゴケでした．欧州の感性とは 20 年の差があったということでしょうか．

着色されたミヤマハナゴケは図 13.10 以外にディスプレイやインテリアの一部として使用されているのを見る機会が増えてきました．そればかりでなく，他の地衣類や地衣類が着生した樹々の枝を使ったディスプレイやインテリアも見かけるようになりました．別の機会にこれらを紹介したいと思います．

11. 装飾への利用 ④－鉄道ジオラマ－

地衣類の装飾への利用において東洋の代表が「門松」ならば，西洋の代表は鉄道ジオラマです．鉄道ジオラマに使われているのは前述の緑色に着色されたミヤマハナゴケです．その樹形が樹々のミニチュアとして利用されたものです．確かによく考えたと感心します．

東急ハンズに鉄道ジオラマの素材売り場がありました．そこにもミヤマハナゴケがありました．

筆者はなかなか見る機会のなかった鉄道ジオラマに 2012 年 10 月，偶然にも秋田駅で初めて出会うことができました．図 13.11 に示す写真はそのとき撮影したもの

です．模型の電車が動くその脇に緑の木々に覆われた山があります．その木々がすべてミヤマハナゴケと言う地衣類であることに気づいている観客は私以外いないでしょうね．

図 13.11 装飾への利用 ④－鉄道ジオラマ－

12．装飾への利用 ⑤－その他－

図 13.12 装飾への利用 ⑤－その他－

地衣類はリースにも利用されます．図 13.12 の左上の写真は東京数寄屋橋阪急（当時）で販売されていたミヤマハナゴケのクリスマスリースです．緑色に着色されたミヤマハナゴケをベースに植物の葉が飾られていました．右は拙著『地衣類初級編』の表紙を飾ったリース作品です．「日本の地衣類」三部作に同じ表紙が使われています．

図 13.12 左下の写真は研究室の卒業生吉谷梓氏が見つけたオニハナゴケ Cladonia uncialis を使用した髪飾りです．

おそらく，リースや髪飾り以外に地衣類を装飾に使ったケースは世界各地でもっとあるのではと想像しています．

C 香料・染料・毒物としての利用

第 10 章「地衣類の生物活性」で地衣類や地衣成分の薬への応用について説明しました．ここでは，地衣類の香料，染料，毒物への利用について紹介します．

13．香料への利用－オークモス油－

地衣類を保管した標本庫を開けると何とも言えない匂いがします．この匂いが何なのか今もわかりません．

ただ，地衣類が原料となった香料が知られています

（山本 1998）．図 13.13 の右の写真に示すオークモス油（アブソリュート）です．オークモス油は欧州のカシ・ナラ類の樹皮上に生育する地衣類を採集乾燥させた後発酵させ，それから水蒸気蒸留することによって得られます．原料となる乾燥地衣類は日本でも「マケドニア産オークモス」ツノマタゴケ Evernia prunastri，またその代用品である「アメリカ産オークモス」Pseudoevernia fufuracea として市販されています．図 13.13 の中央の写真に，「マケドニア産オークモス」を示します．この「マケドニア産オークモス」は北海道在住の川崎映氏に提供して頂きました．

佐藤（1970）によるとオークモス油は保留剤として使用され，香水ばかりでなく，高級な石鹸や化粧品にも混和され，フランスの大きな香水製造工場にオークモスが貨車で運び込まれているとありました．しかし，筆者がスイスの Honegger 教授から図 13.13 の右の写真のオークモス油を頂いたときに伺った話によると「保留剤ではなく東洋的香りを付加させる基本香料として使用される」とのことでした．筆者が試しに匂いをかぐと海藻を乾かしたような匂いでした．ヨーロッパの人々はこれが東洋的な香りだと感じたのでしょう．

図 13.13 香料への利用－オークモス油－

図 13.13 の左の写真で示すように，日本でもツノマタゴケは北海道を中心に生育しています．しかし，日本で香料に使われたという記録を筆者は知りません．

Richardson（2003）によるオークモス油の産業データを入手しました．それによると 1986 年のツノマタゴケの世界生産量は約 1 万トンで世界各国に産地が広がっていることがわかりました．本来，原料となったツノマタゴケの産地は欧州アルプスと聞いていましたが，今では欧州アルプスのツノマタゴケは枯渇し，そのために東ヨーロッパや北アフリカ，インドから入手せざるを得なくなったと思われます．生育の遅い地衣類を自然から奪取することはいずれ地衣類の絶滅へと誘うことでしょう．筆者は先に紹介した Honegger 教授ととともにスイスアルプスを訪れたとき，ツノマタゴケを樹皮上にわずかではありますが，確認できました．スイスアルプスでは採集が禁止されているそうです．

大蔵省通関統計で調べたところ，オークモス油の日本での輸入量は 1980 年代後半 200 kg 前後を推移し，その価格は 6 から 7 万円／kg とわかりました．バラ油が 100 万円／kg ですから大変高価というわけではなさそうです．

Huneck & Yoshimura（1996）の書籍で香料成分であるモノテルペン化合物について調べると，大変多くのモノテルペン化合物がツノマタゴケから分離同定されていることがわかりました．おそらくこれらがオークモス油の成分と思われます．

14．染料への利用 ①－世界における地衣染めの歴史

人の暮らしに地衣類を利用した歴史の中で，染料としての利用は最も古いものの一つであると思います．

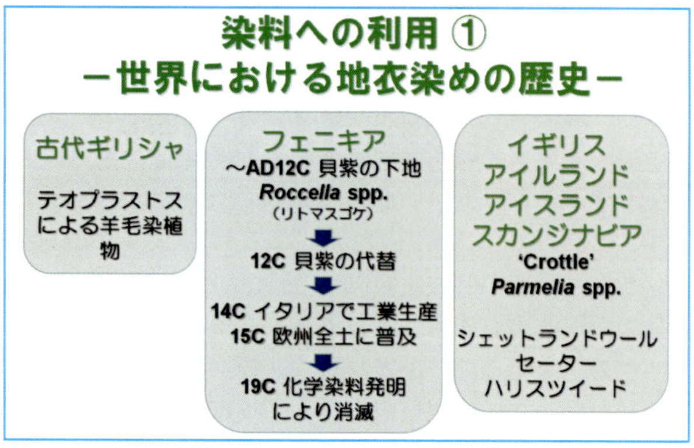

図13.14 染料への利用 ①
－世界における地衣染めの歴史－

黒川はその報告（1970）で地衣染めの歴史を紹介しました．図13.14にまとめます．欧州における地衣染めの歴史は古く，古代ギリシャにまでさかのぼります．古代ギリシャの博物学者テオプラストス（BC 371-BC 287）が書いた植物誌には，羊毛染めに用いたクレタ島産植物として地衣類が数種含まれて記載されていました．その後，地中海東岸のフェニキアやエジプトでは高貴な染料として巻貝から採取された貝紫を用いていたものの，徐々に枯渇し，そのため貝紫の下地としてリトマスゴケ属の地衣類から得た染料が用いられ，12世紀まで続きました．12世紀に貝紫が入手不能となりその代替染料としてリトマスゴケ属の地衣類の染料が用いられるようになりました．14世紀にその製法がイタリアに伝わり，工業生産され，15世紀に欧州全土に広がりました．しかし，19世紀になって安価な化学染料が発明され，工業的な地衣染めは消滅しました．

寺村（1984）は次のように記しています．地衣類による羊毛の染色は地中海地方以外の諸国においても多くの地衣類を用いて自然発生的に利用され，最近までは普通によくみられました．例えば，スコットランドのハリスツィードは地衣類が茶色の染料の一部として使用されています．地衣類で染色した羊毛は独特の香りがあり，この香りは防虫効果を果たしました．

欧州以外の地衣染めの利用例としてBrodo et al.（2001）はダンス衣装（アラスカ），衣装（カナダ），毛糸と毛布（ニューメキシコ）を紹介しました．

15．染料への利用 ②－日本における先駆的地衣染め－

日本において過去，地衣類を染料に用いたという話を筆者は残念ながら聞いたことはありません．日本における地衣染めを初めて知ったのは寺村（1984）の本でした．寺村祐子氏はメレー（2004）著作を読んでから地衣染めを始められたとのことなので，日本での先駆的な地衣染め作家なのかもしれません．

寺村が「ウールの植物染色」（1984，図13.15左）と「続・ウールの植物染色」（1992，図13.15右）の中で紹介した地衣染めで実際に使用した地衣類はイワタケ *Umbilicaria esculenta*，ウメノキゴケ *Parmotrema tinctorum*，ヘラガタカブトゴケ *Lobaria spathulata*，ヨコワサルオガセ *Dolichousnea diffracta*，アカサルオガセ *Usnea rubrotincta*，イワニクイボゴケ *Ochrolechia parellula*，タイワンサンゴゴケ *Bunodophoron formosanum*，パペリージョ，マキバエイランタイ *Cetraria laevigata* です．これらで染色された羊毛布の写真が図13.15の本に掲載されています．

図13.15 染料への利用 ②
－日本における先駆的地衣染め－

16．染料への利用 ③

以下，寺村の著書（1984）から地衣類による羊毛の染色について紹介します．天然染色の工程は，① 植物など天然物から染料を煮出します．② 得られた染料液に絹や羊毛の布あるいは糸を浸します．③ 乾燥後，ミョウバン（アルミ媒染）または硫酸銅（銅媒染）あるいは硫酸第一鉄（鉄媒染）の溶液に浸し，媒染します．天然染料は絹や羊毛のような天然繊維をよく染色しますが，ナイロンやポリエステルのような化学繊維を染色しにくい傾向があります．

地衣染めは草木染めの一種ですが，染料の製造方法が異なる場合があります．例えば，ウメノキゴケやイワタケを材料に用いる場合は以下の通りです（寺村1984）．細かく砕いた地衣類にアンモニア水と過酸化水素水を注ぎ，一日に1回から2回かき混ぜて，1箇月間放置することで染色液を得ることができます．アンモニア水と過酸化水素水の量を変えることや放置の日数を変えることで染色液の色を変えることができます．

図13.16の左にウメノキゴケで染色された毛糸とマツゲゴケ *Parmotrema clavuliferum* で染色された毛糸を示します．ウメノキゴケによる染色はアンモニアの量が少ないと紫色，多くなると赤紫色になります．マツゲゴケで染色した毛糸は茶色になります．

図13.16の右の写真は東京都在住の藤田富二氏によっ

てマツゲゴケで染色されたベトナムシルクの布です．鉄媒染され，茶色に染められています．

図 13.16 染料への利用 ③

17．染料への利用 ④－ウメノキゴケとナミガタウメノキゴケ－

図 13.17 染料への利用 ④
－ウメノキゴケとナミガタウメノキゴケ－

図 13.17 に示すのは東京都在住の寺尾美枝氏によるウメノキゴケ *Parmotrema tinctorum* とナミガタウメノキゴケ *P. austrosinense* の絹の染色とその工程です．寺尾氏は日頃藍染めを研究されていますが，その藍染め技術を活かし，寺村氏の「ウールの植物染色」を参考にされたと聞いています．寺尾氏の染色工程は以下の通りです．

① 染色液の作製（図 13.17 の左上の写真）：アンモニア発酵（90 日間）．② 染色液の濾過（右上の写真）：布で濾します．③ 絹の染色（右下の写真）：60 分間煮染めします．④ 完成（左下の写真）：上の段の 6 点がナミガタウメノキゴケで染色したもので，下の 1 点がウメノキゴケで染色したものです．

18．染料への利用 ⑤－リトマス試験紙－

「リトマス」って何？ 筆者にとってリトマス試験紙（図 13.18 の右上の写真）は小学生から長い間の謎でした．その答えは地衣類の研究を始めてから見つかりました．「リトマス」は地衣類のリトマスゴケ属に由来したものでした．

図 13.18 の左の写真は米国のエッジウッド研究所の Hollinger 博士から提供頂いたリトマスゴケ属に属する *Roccella gracilis* です．米国カリフォルニア州南部からペルーに至る太平洋岸に生育します．本種を含むリトマスゴケ属はリトマスゴケ科に属する樹状地衣類で岩上や樹皮上に生育します．

リトマスゴケ染料は 13.14 で述べたように貝紫の代用品として開発され，欧州で工業生産されましたが，化学染料の発明で消滅しました．それがなぜリトマス試験紙に生まれ変わり，今日に至ったのか筆者はよくわかりません．現在でも，図 13.18 に示すように，天然のリトマスゴケから抽出され，試薬とされたリトマス粒（右下の写真）やそれから作製されたリトマス試験紙（右上の写真）が市販されています．

ウメノキゴケとリトマスゴケは同じ地衣成分を含むのでウメノキゴケを使ってリトマス試験紙を作ることができます．手順を以下に示します．① ウメノキゴケをはさみで細く切り，0.5 g を 30 ml のサンプル瓶に移します．② そこに 3%過酸化水素水を 0.5 ml と 3%アンモニア水を 5 ml 入れ，1 箇月間冷暗所で放置します．③ 得られたリトマス原液をピペットで 10 ml 採取し，50 ml のサンプル瓶に移し，10 ml の蒸留水を入れます．④ この液をシャーレに移し，濾紙を何枚かはさみで適当に切ったものを浸します．⑤ 液から濾紙を取り出して乾かします．⑥ この濾紙をシャーレに入れた 2%酢酸溶液に浸し，乾かすと赤色のアルカリ性用試験紙ができます．⑦ 次いで，この濾紙を 1%水酸化ナトリウム溶液に浸し，乾かすと青色の酸性用試験紙ができます．

図 13.18 染料への利用 ⑤－リトマス試験紙－

筆者が勤務した秋田県立大学のオープンキャンパスで研究室主催事業として「マイリトマス試験紙を作ってみよう」という試みを何度か行ったことがありました．ちょうど NHK の方から頂いた「10 min. ボックス_薬品を調べる_リトマス試験紙」のビデオ上映とリトマス試験紙の作製実験から構成されました．材料にリトマス粒と濾紙を使い，高校生以下の参加者に濾紙をはさみで適当な形，例えばハート形に 2 枚切らせ，それを青染色液と赤染色液に浸して乾かすだけの簡単な作業でしたが，結構皆さん喜んで頂きました．

19．染料への利用 ⑥－現代地衣染め－

第 11 章 11.15 で説明したように，オオツブラッパゴケ *Cladonia cristatella* 培養菌は赤色色素クリスタザ

リン類を産生します．また，第11章11.16で説明したように，土屋（2007）はジャーファーメンターによる色素の生産（図13.19の左の写真）に成功しました．

筆者の研究室は家政学院大学片山研究室と共同でその色素の染料への応用を試みました．図13.19の右に長嶋他（2002）および土屋（2007）が得た赤色色素結晶（右上の写真）と染色絹布（右下の写真）を示します．

土屋（2007）が行った染色の方法は染色工程のみと染色→媒染の二工程の二つでした．媒染はアルミニウム，鉄，銅の三種類があります．材料は絹と羊毛，木綿を使用しました．結果は絹と羊毛がよく染色され，木綿はあまり染色されませんでした．絹や羊毛の染色後の媒染ではアルミ媒染，鉄媒染，銅媒染ともによく色変化し，定着しました．

図13.19 染料への利用 ⑥－現代地衣染め－

地衣菌を培養して得た色素を染料に用いる試みが成功したので，筆者らはこれを「現代地衣染め」と名づけました．

20．染料への利用 ⑦－蝋燭の着色－

街中の街路樹の樹幹を鮮やかに染めている地衣類はロウソクゴケ Candelaria asiatica（図13.20の上段の写真，大阪府寝屋川市ケヤキ樹皮上）です．鱗状の小さな地衣体が集まり群落を作っています．ロウソクゴケの名前（和名）の由来は欧州でロウソクゴケの近縁種である C. concolor（数年前まで日本産ロウソクゴケは欧州産と同一種と思われていました）が蝋燭の着色に用いられたからと伝えられています．

図13.20 染料への利用 ⑦－蝋燭の着色－

そこで，採集したロウソクゴケによる蝋燭の着色を奈良県在住の丸山健一郎氏が再現されました．図13.20の下段の写真に示すように未着色の蝋燭とロウソクゴケを混合し，加熱融解させ，容器に流し込み，冷却すると右下の写真のように蝋燭は鮮やかな淡黄色に着色されました．

21．毒物への利用

図13.21に示すように地衣類は毒物としても利用された歴史がありました．

Brodo et al.（2001）は欧州のスカンジナビア諸国ではキゾメヤマヒコノリ属の地衣類がトナカイの肉に混ぜられてオオカミの駆除に用いられ，また，キゾメヤマヒコノリ属地衣類の抽出液が北米の米国・カリフォルニア州北部やカナダ・ブリティッシュコロンビア州南部で矢じりに塗られ，同じくオオカミに対して用いられたと述べています．

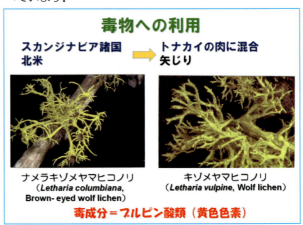

図13.21 毒物への利用

Richardson（2003）は"Wolf lichen"と呼ばれているキゾメヤマヒコノリ Letharia vulpina（図13.21の右の写真）が古代からオオカミやキツネの伝統的な駆除毒として利用されてきたことを明らかにしました．また，Richardson（2003）は"Brown-eyed wolf lichen"と呼ばれているナメラキゾメヤマヒコノリ L. columbiana（図13.21の左の写真）にも含まれる毒物であるブルビン酸類は肉捕食者にのみ有効でネズミやウサギのような草食動物に無効であると述べ，ネコに対しては急性毒性として呼吸困難や血圧上昇，嘔吐を招き，慢性毒性として腎臓障害や内臓出血を引き起こすと述べています．さらに，昆虫や軟体動物に対しても毒性を示すとも述べています．

D　食料・飲料としての利用

地衣類を食料や飲料に利用したという話は意外と古くからあります．佐藤（1970）はうまくまとめています．ここではマンナゴケとイワタケ，KALPASI，ムシゴケについて紹介します．

22．食料への利用 ①－マンナ－

地衣類を食料にした記録で最も古いのは旧約聖書でしょう．旧約聖書『出エジプト記』にモーセが虐げられていたユダヤ人を率いてエジプトから脱出する物語「シナイ山への40年にわたる旅（16章）」において民は天か

ら与えられた食物であるマンナを食べたとあります（図13.22の左上の欄）．佐藤（1970）はマンナがマンナゴケ Circinaria esculenta (= Lichen esculenta) とよばれる地衣類であるというのが今日の定説であると述べています．図13.22の右に示すマンナゴケの写真はイランのイラン科学技術研究機構のSohrabi博士により撮影され，提供されたものです．

図13.22 食料への利用 ①－マンナ－

Richardson（2003）はこのマンナゴケが北アフリカから西アジア，中央アジアに至る半乾燥地帯（図13.22の左下の地図全体）に分布し，最初は岩上に皮のように貼りついているが，古くなると岩から剥がれ，強風や雨風で吹きとばされて遠くから運ばれ，多量に積もることがあると述べています．人間ばかりでなく，飼料として食べさせることもあるようです．

23. 食料への利用 ②

図13.23の表に地衣類の食料への応用を報告した例をまとめます．

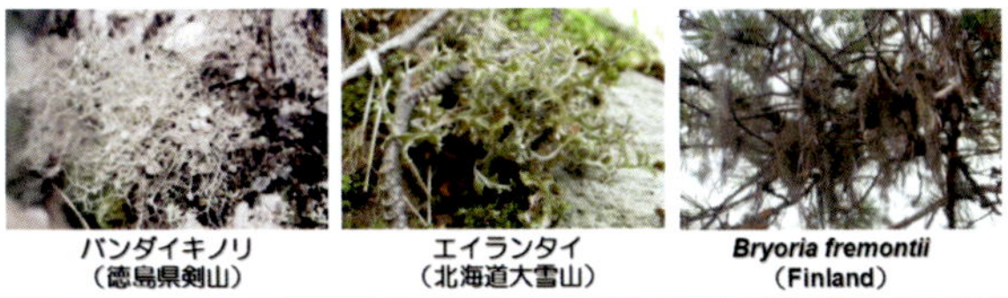

図13.23 食料への利用 ②

佐藤（1970）は後述するイワタケ Umbilicaria esculenta 以外の食用とされた地衣類の話も綴っています．Cetraria islandica subsp. islandica は北欧のアイスランドやスカンジナビア諸国に多産しますが，これを採取して製粉したものが小麦粉の代用品，または増量物として市場で売買されています．この件は筆者も欧州で確認しました．日本産は亜種（エイランタイ C. islandica subsp. orientalis）で本州中部以北の高山の地上に生育します．山形県ではダケノリ（岳海苔）のような方言で呼ばれ，山小屋などで料理して食べさせてくれることがあるとのことでした．

日本では食用とされたその他の地衣類としてバンダイキノリ Sulcaria sulcata があります．これはブナのような広葉樹によく着生する樹状地衣類です．商品化はされていないようですが，月山（山形県）の山小屋などで常時客膳に供しているそうです．吉田（1986）は青森県ではバンダイキノリを「パンジャム」として三杯酢で食べている話を詳述しています．

Richardson（2003）は北米ではオオウラヒダイワタケ Umbilicaria muehlenbergii をスープの具として，またBryoria fremontii を栄養食としていると報告しています．

図13.23の表に載せた以外に地衣類を食料として使用した例は幾つか知られているので，それについては後ほど紹介します．

24. 食料への利用 ③－イワタケの採取－

食料への利用 ③－イワタケの採取－

図13.24 食料への利用 ③－イワタケの採取－

世界的に有名な食用の地衣類は東アジア特産のイワタケ（岩茸，図13.24の中央の写真）です．佐藤（1970）によると，日本ではかなり古くから食用とされていたらしく，1664年出版の「料理物語」という本のキノコの部に入れてあるとのことでした．また，1799年出版の木邨孔恭著「日本山海名産図会」（図13.24の右）をはじめとして，岩茸採取の様子を図説したものがいくつかあるそうです．中でも特筆なのは歌川広重作の「諸国名所百景 紀州熊野岩茸取」（図13.24の左）でしょう．絶壁に生するイワタケを縄にすがったり，籠に乗って吊り下がったり，梯子をかけて登ったりして苦労し，危険を冒して採取するところがよくわかります．

25. 食料への利用 ④－市販イワタケ－

佐藤（1970）はイワタケが北海道から九州まで，海外では朝鮮半島各地に分布し，秩父地方（埼玉）や面河（愛媛），奥多摩（東京），沼田（群馬）などの山の土産物店にイワタケの袋入りが売られているのを見かけたと述べています．筆者も秋田県田沢湖畔の売店で袋に入ったイワタケ（図13.25の左の写真）を購入しました．また，JR奥多摩駅のそばの売店でも岩茸の佃煮を売っていました．

佐藤（1970）はイワタケを食用にする風習は日本だけでなく朝鮮にもあったらしいとし，東京大学の腊葉館に明治時代の古い標本として朝鮮の山中の寺で「客膳に供

せしもの」と注が書かれた草野俊助博士の標本が保存されていると記しています．筆者は韓国・ソウル市の南大門市場でイワタケ（図 13.25 の右の写真）を購入しました．

図 13.25 食料への利用 ④－市販イワタケ－

26. 食料への利用 ⑤－イワタケ料理－

筆者がイワタケ料理に初めて出会ったのは 1999 年京料理の前菜の中でした．それ以後，残念ながらイワタケ料理にまだ出会ったことがありません．京都の錦市場でイワタケの袋入りが乾物屋で売られていましたが，それは当たり前のことだったというわけです．

図 13.26 食料への利用 ⑤－イワタケ料理－

図 13.26 に東京都在住の仲田晶子氏によるイワタケ料理を紹介します．仲田氏は採集したイワタケを水に 1 日漬けて柔らかくしました（図 13.26 の中央の写真）．「ワカメのように膨らます．ペラペラのまま．表は緑色で裏は真っ黒になりました」と述べています．次に味噌汁の具と天ぷら（図 13.26 の右の写真）にし，食しました．「味噌汁に入れたのは歯触りの悪いワカメのようで今ひとつでしたが，天ぷらはなかなかいけました！海苔よりも不思議な風味があってパリッとしていて美味しかった」との仲田氏の感想でした．

日本のイワタケを使った料理が世界で有名になっていると佐藤（1970）は書いていましたが，世界でも地衣類を使った料理がないわけではありません．

27. 食料への利用 ⑥－KALPASI 料理－

図 13.27 に紹介するのはインド料理の KALPASI 料理です．東京都在住の三橋こずえ氏が KALPASI を用いたカレーを調理し，撮影した写真や情報を提供頂きました．

KALPASI は南インド料理で用いられる香辛料の一種です．材料となっているのはマツゲゴケの仲間と思われますが種は不明です．三橋氏によると KALPASI 自体は無味だけど，添加すると料理に穏やかな香りとスープにとろみをつけ，味に深みが出るとのことでした．

インドの地衣学者で国立植物学研究所の Nayaka 博士によれば幾つかの地衣類が香辛料として利用されているとのことでした（Upreti et al. 2005）．

図 13.27 食料への利用 ⑥－KALPASI 料理－

その他，二つの国の地衣類料理を紹介します．一つは TV 番組で紹介されたラトビア料理です．魚料理のつけあわせに野菜と一緒に使われたのはどうやらハナゴケ属の地衣類のようです．他方は Wang（2012）による「中国雲南地衣」で紹介された中国・雲南省の料理です．バンダイキノリ Sulcaria sulcata の炒め物やその他幾つかの料理の写真が掲載されています．バンダイキノリは日本でも東北地方で食されています．

多分，調べればもっと地衣類が料理に使われているのかもしれません．

28. 地衣類を利用した飲料 ①

飲料	材料	地域	文献
石蕊	ハナゴケ	中国	中薬大辞典 1985
雪茶	ムシゴケ科	中国	中薬大辞典 1985
紅雪茶	Lethariella sernanderi	中国	Wang et al. 2001
清涼飲料水	ウメノキゴケ属	西アジア	Richardson 2003
イスランド苔茶	エイランタイ	欧州	山本 1998

図 13.28 地衣類を利用した飲料 ①

図 13.28 の表に地衣類を利用した飲料についてまとめています．中国では中薬大辞典（1985）によると石蕊と雪茶が知られており，Wang et al.（2001）では紅雪茶を紹介しています．石蕊はハナゴケ Cladonia rangiferina，雪茶はムシゴケ Thamnolia vermicularis，紅雪茶は Lethariella sernanderi が材料です．雪茶と紅雪茶については次項で詳述します．Richardson（2003）によると西アジアでウメノキゴケ属地衣類が清涼飲料水の材料に用いられているとしています．また，欧州では Cetraria islandica subsp. islandica をイスランド苔茶として飲用しています（山本 1998）．

29. 地衣類を利用した飲料 ②

図13.29に雪茶（左上の写真）と紅雪茶（右上の写真）の写真を掲載します．

図13.29 地衣類を利用した飲料 ②

雪茶は中薬大辞典によれば地茶とも呼ばれ，ムシゴケ科の地衣類が材料です．中国の雲南省や四川省，陝西省の高山の地上に自生します．筆者は雪茶の販売業者と以前面談したことがあります．販売する雪茶の材料であるムシゴケ科地衣類は中国・雲南省で採集されるとのことでした．現地では毎年高山に登って熊手でかき集めると聞きました．なくなることはないと現地の人は言っているそうですがどうでしょうか．雪茶は脂肪分解などの効果が知られていますが，厚生労働省が雪茶について多量に飲むと肝臓障害を起こす可能性があるとして「注意すべき食品」に挙げたという話も聞いたことがあります．含まれている地衣成分は肝臓で分解しにくいからだと思われます．ムシゴケ科地衣類は日本でも高山帯でよく見かける地衣類（図13.29の左下の写真）です．

図13.29の右上の写真の紅雪茶は明治薬科大学高橋教授より提供頂きました．Wang et al.（2001）によれば紅雪茶は Lethariella cashmeriana と L. sernanderi，L. sinensis の混合物で大部分は L. sernanderi（図13.29の右下の写真）が占めています．これらの地衣類は中国・雲南省に自生します．紅雪茶には血圧低下や脂肪分解効果があるので中国で健康茶として利用されています．しかし，こちらも雪茶同様に多量に飲むと肝臓障害を起こす可能性があります．

E 環境指標としての利用

第5章「地衣類の生育環境」で述べたように地衣類はマクロな環境やミクロな環境に鋭敏に反応する生き物です．その性質を利用して環境指標としての利用が進められてきました．

本書では大気汚染指標に絞って説明しますが，その他乾燥環境指標としての利用や，重金属汚染や放射能汚染を調べるための材料となっていることを付記します．

世界中で地衣類を用いた環境調査が積極的に行われています．中でもイギリスは特に積極的な国だと思います．1986年の国際会議の後，イギリス・ロンドンの大英自然史博物館を訪問しました．その時にポスターを購入しました．博物館で地衣類のポスターが売られていることにまず驚き，しかもそれが地衣類と大気汚染との関係を示したポスターだったのでまた驚きました．

30. 大気汚染調査において地衣類を材料とする利点

地衣類を環境汚染指標として用いる多くの例としては大気汚染指標があります．

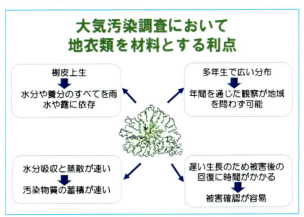

図13.30 大気汚染調査において地衣類を材料とする利点

樹皮上に生育する地衣類が大気汚染指標生物として他の生物より優れている点を，坿田（1974）は次のようにまとめました．図13.30にその概略を図示します．①樹皮上に生育しているので，水分や養分のすべてを雨水または露に依存します．②表皮組織や通導組織が発達していないので，水分吸収速度と蒸散速度が速く，そのため，汚染物質の蓄積速度が速くなります．③地衣類は多年生で広く分布し，年間を通じた観察が地域を問わず可能です．④地衣類は生長速度が遅く，被害後の回復に時間がかかるので，被害確認が容易です．

31. 日本国内における地衣類を利用した大気汚染調査例

日本国内における地衣類を利用した大気汚染調査例

地域	文献
静岡県清水市	Sugiyama 1973
山口県宇部市	梅津 1978
大阪府	杉野他 1983
兵庫県	中川・小林 1995
岡山県岡山市	西平・平尾 1996
大阪府・奈良県	高萩 1996
大阪府	Hamada et al. 2005

図13.31 日本国内における地衣類を利用した大気汚染調査例

日本国内でも1970年代頃から大気汚染の調査が始められるようになり，それに伴い地衣類を材料にした大気汚染調査が進められるようになりました．図13.31の表にその実例をまとめています．調査の主体となったのは主に各地の環境研究所でした．

この表の中で注目すべき研究は西平・平尾の報告（1996）です．岡山市の二人の中学生によってまとめられたこの報告は実によくできています．データの収集と

解析，仮説立て，考察とさらなる解析が行われていました．最終的にウメノキゴケ Parmotrema tinctorum の分布に標高と道路密度が大きく関連していること，またその他の要因も介在していることが明らかにされました．

このような調査結果は報告書としてまとめられていますが，論文化されていない場合が多々あります．筆者が捕捉できていない報告がまだ数多くあると思っています．

32．大阪府と奈良県に跨る大気汚染調査

高萩（1996）が行った実際の調査方法を図 13.32 に示します．高萩は大阪府と奈良県に跨る 4 地点に含まれる公園について，7 種の地衣類のサクラとケヤキの着生率とそれら地点の二酸化硫黄濃度状況から大気汚染の進行度を調査しました．

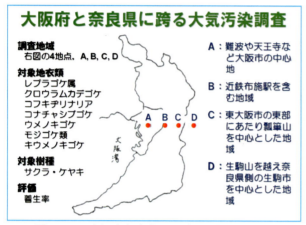

図 13.32 大阪府と奈良県に跨る大気汚染調査

地点 A は難波や天王寺など大阪市の中心地で，人口密度が高く，交通量も多く，大気の汚れが最もひどい地域です．地点 B は近鉄布施駅を含む地域です．商店街，中小の工場，住宅が混在する地域で大阪市内と山手の中間地点に当たり，交通量も多く住宅地が密集した地域です．地点 C は東大阪市の東部にあたり瓢箪山を中心とした地域で，生駒山の西麓に当たります．地点 D は生駒山を越え奈良県側の生駒市を中心とした地域で，樹々の多い静かな住宅街です．

調査の対象とした地衣類は 7 種，レプラゴケ属，クロウラムカデゴケ Phaeophyscia limbata，コフキヂリナリア Dirinaria applanata，コナチャシブゴケ Lecanora pulverulenta，ウメノキゴケ Parmotrema tinctorum，モジゴケ類，キウメノキゴケ Flavoparmelia caperata です．調査の対象とした樹種はサクラとケヤキです．評価は着生率で行いました．

33．地衣類分布と大気汚染

高萩（1996）の得た結果を図 13.33 に示します．高萩は以下のように説明しました．

レプラゴケ属は地点が A から D に進むにつれ，着生率が高くなっていました．また，各地点で必ず見つけることができました．このことからレプラゴケ属が分布範囲の広い大気汚染に強い種類であることがわかりました．

クロウラムカデゴケは B から D の各地点で見つけられ，広い範囲に分布していました．しかし，レプラゴケ属とは異なり，着生率が地点 C で極端に高くその前後の地点

B と D ではかなり低かったことからクロウラムカデゴケの分布のピークは地点 C にあると言えました．つまり，クロウラムカデゴケが大気汚染の中間地帯でよく生育する種であることが明らかになりました．

コフキヂリナリアはサクラでは分布の中心が地点 C でしたが，ケヤキでは地点 D になりました．これはケヤキでは地点 C でクロウラムカデゴケが異様に多く，そのためコフキヂリナリアの着生を抑えているのではないかと考え，コフキヂリナリアの分布の中心は地点 C と D と結論しました．

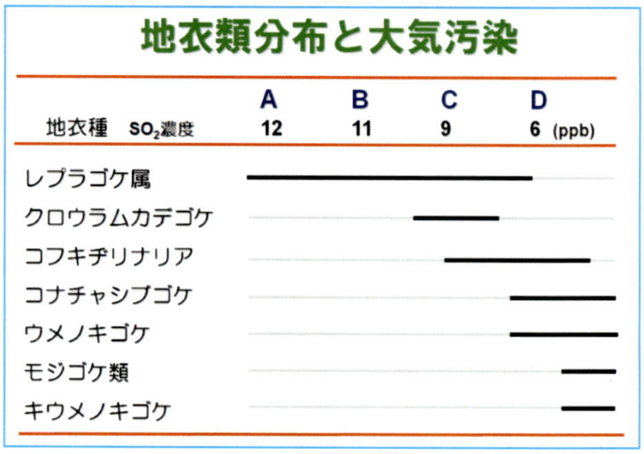

図 13.33 地衣類分布と大気汚染

コナチャシブゴケは分布の中心が地点 D にあることがわかりました．

ウメノキゴケは地点 C から D にかけて低い着生率で分布していることがわかりました．

モジゴケ類とキウメノキゴケは地点 C では見つからず，地点 D ではじめて現れました．しかし，着生率は低いので分布の中心は地点 D よりもさらに東方にあることがわかりました．

このように地衣類の分布は大気汚染環境，特に二酸化硫黄（SO_2）の濃度とよく相関していると考えられました．

F　石造文化財の地衣類汚損

最後に，地衣類の利用というよりは地衣類が人の暮らしにダメージを与えている状況について説明します．それは文化財の汚損です．ここでは石造文化財の汚損について説明します．

34．地衣類による石造文化財への影響

田邊（2006）は日本において石造文化財の生物劣化に着目し，地衣類による影響を明確に示したのは東京国立文化財研究所の新井であると述べています．

新井（1985）は『石造文化財の保存修復』の中で地衣類が見過ごせない生物的劣化要因であるとし，地衣類による石造物の劣化機構として以下の 4 点の可能性を指摘しました．① 石造溶解性の地衣体が石造物内部で増殖するときに劣化します．② ある種の固着地衣類（痂状地衣類）で岩石中に穿入するものがあります．③ 地衣類特有の代謝生成物である地衣酸（地衣成分）によって石材が溶解します．④ 地衣類の増殖に伴う土壌微生物の繁殖により石材の生物学的風化が促進されます．

図13.34に田邊（2006）がまとめた地衣類による石造文化財への影響について示します．田邊は形状および表面情報の二つに分類し，それぞれ長所と短所に分けて説明しました．

まず，形状における長所は被覆による表面保護が挙げられます．石材の表面は日光や風雨のような外部刺激や小気候の変化を常に受けているので，地衣類に覆われることで外部刺激や急激な小気候変化が緩和されます．また，地衣類の菌糸が石材に侵入することにより外部刺激などで傷んだ石片の剥落が防止されます．一方，短所としては形状の破壊があります．直接的な物理的・化学的破壊があり，その次に間接的な二次的破壊があります．また，被覆により温湿度が一定に保持されるため，他の劣化や生物汚損を誘うことに繋がります．

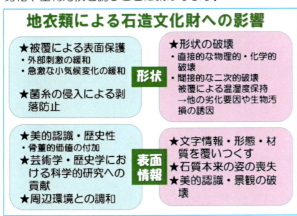

図13.34 地衣類による石造文化財への影響

次に，表面情報における長所は美的認識や歴史性の観点から骨董的価値が付加されることが挙げられます．まさに「こけのむすまで」です．また，芸術学・歴史学における科学的研究への貢献があります．周辺環境との調和もあります．一方，短所は地衣類が文字情報や形態，材質を覆いつくすために必要な情報の入手が困難になることが挙げられます．また，石質本来の姿が喪失することもあります．そこに住む人々の美的認識や地域の景観を破壊することもあります．

地衣類が与える影響は単純ではなく，生育している地衣類やその生育状況により功罪が変わるということだと思います．

35．石造文化財を汚損する地衣類－山形市鳥居ケ丘元木の石鳥居－

石造文化財を汚損する地衣類の例としてここでは田邊（2006）が調査した山形市鳥居ケ丘元木の石鳥居を図13.35に紹介します．

山形市鳥居ケ丘元木にある石鳥居は龍山を背景に西に面して立っています．昭和27年に重要文化財として国の指定を受けました．造立されたのは龍山仏教文化全盛の平安時代後期と推定され，現存するものとしては日本最古の石鳥居といわれています．

田邊（2006）の調査結果を以下に示します．鳥居正面である西面の右柱は白く地衣類に覆われており，大変目立つ状況でした．さらに笠木の上部は投げられた石が積まれており，高等植物や蘚苔類，地衣類，昆虫などの多くの生物が生育していました．地衣類着生種（筆者が写真で判断した属や種）はハナゴケ属，ウメノキゴケ属（またはキクバゴケ属），チャシブゴケ属（イシガキチャシブゴケ Lecanora subimmergens），トリハダゴケ属，ダイダイゴケ属，イボゴケ属（ハコネイボゴケ Bacidia hakonensis），ニクイボゴケ属，レプラゴケ属と多様でした．一方，裏面（東面）における地衣類の着生は基部のみでした．

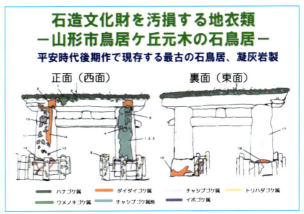

図13.35 石造文化財を汚損する地衣類
－山形市鳥居ケ丘元木の石鳥居－

田邊（2006）は山形市鳥居ケ丘元木石鳥居以外の山形県内の数箇所の石造文化財についても地衣類の着生状況を調べています．また，痂状地衣体下の石材劣化状況についても明らかにしました．

田邊の研究は河崎（2007，2013）へと引き継がれています．

36．石造文化財への地衣類の着生

河崎の研究の一つを紹介します．河崎（2013）は石造文化財への地衣類の着生を三つのタイプに分類しました．① ヘリトリゴケ Porpidia albocaerulescens var. albocaerulescens のように全面で付着し，穿入するタイプ，② レプラゴケ Lepraria cupressicola のように全面で着生し，穿入しないタイプ，③ ウメノキゴケ Parmotrema tinctorum のように点（偽根）で着生し，穿入しないタイプです．

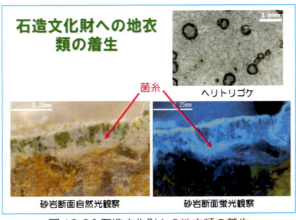

図13.36 石造文化財への地衣類の着生

図13.36に河崎（2013）で明らかにされた①のタイプであるヘリトリゴケの砂岩における菌糸侵入を示します．左下の写真は光学顕微鏡観察画像，右下の写真はDNA染色試薬であるDAPIを用いた蛍光観察画像です．

両画像を比較し，ヘリトリゴケの菌糸（図 13.36 の右下写真の白色蛍光部分）は鉱物粒子の周囲を巡りながら砂岩に穿入していることが明らかになりました．

37．石造文化財を汚損する地衣類

筆者が地衣類調査のかたわら見つけた地衣類が生育した石造文化財の実例を図 13.37 に 4 枚の写真で示します．生育している地衣類の多くは痂状地衣類です．

図 13.37 石造文化財を汚損する地衣類

図 13.37 の左上の写真は京都市大原三千院の境内で見つけた仏像に生育する地衣類です．仏像の上部にウメノキゴケ *Parmotrema tinctorum* とマツゲゴケ *P. clavuliferum*、コフキヂリナリア *Dirinaria applanata*、下部にヘリトリゴケ *Porpidia albocaerulescens* var. *albocaerulescens* のような痂状地衣類が生育していました．右上の写真は長崎市大浦天主堂で見つけたキリスト像に生育する地衣類です．この地衣類はモエギトリハダゴケ *Pertusaria flavicans* でした．左下の写真は京都市大原野神社の狛犬ならぬ狛鹿に生育する痂状地衣類です．右下の写真は鎌倉市鶴岡八幡宮の狛犬に生育する地衣類です．この地衣類もモエギトリハダゴケでした．

これ以外にも神社や仏閣の多くの石造文化財に地衣類が生育している状況が認められています．

文　献

新井英夫．1985．石造文化財の生物劣化とその対策．In 東京国立文化財研究所(編), 石造文化財の保存修復, p. 84-95, 東京国立文化財研究所, 東京

Brodo I.M., Sharnoff S.D. & Sharnoff S. 2001. Lichens of America, 795 pp. Yale Univ. Press, New Haven & London.

Hamada N., Miyawaki M. & Yamada A. 1995. Distribution pattern of air pollution and epiphytic lichens in the Osaka Plain (Japan). J. Plant Res. 108: 483-491.【1054】

Huneck S. & Yoshimura I. 1996. Identification of lichen substances, 493 pp. Springer-Verlag, Berlin, Heiderberg & New York.

河崎衣美．2007．凝灰岩製石造文化財の劣化に及ぼす地衣類の影響．東北芸術工科大学卒業論文．

河崎衣美．2013．石造文化遺産の着生地衣類に関する保存科学的研究．筑波大学大学院人間総合科学研究科世界文化遺産学専攻博士論文．

木邨孔恭．1799．日本山海名産図会．

黒川逍．1970．地衣染め―地衣類の利用法の一つ―．自然科学と博物館 37: 14-18.

メレー エセル・寺村佑子（訳）．2004. Vegetable dyes, 植物染色, 108 pp. 慶応義塾大学出版会, 東京．

長嶋直子・山本好和・木下靖浩・小笠原真次・片山明．2002．新しいナフタザリン色素による絹の染色．日蚕雑 71: 141-146.【2560】

中川吉弘・小林禧樹．1995．着生地衣植物による大気環境評価．兵庫県立公害研究所研究報告 27: 1-7.【1101】

西平亮生・平尾太亮．1996．ウメノキゴケの研究．岡山県自然保護センター研究報告 (4): 19-27.【1750】

大橋弘．1995. Moss Cosmos. ダイヤモンド社, 東京．

大橋弘．2018．ミクロコスモス　森の地衣類と蘚苔類と, 111 pp. つかだま書房, 東京．

大石英子．2003．苔松と松市. Lichenology 2: 35-36.【3684】

Richardson D.H.S. 2003. Medicinal and other economic aspects of lichens. In Galun M. (ed.). CRC Handbook of Lichenology III, pp. 93-108. CRC Press, Boca Raton, Florida.

佐藤正己．1970．地衣類の利用．遺伝 24 (2): 4-7.【1248】

上海科学技術出版社・小学館（編）1985．中薬大辞典．小学館, 東京．

杉野守・芦田馨・尾垣光治．1983．大阪府都市周辺部におけるウメノキゴケ(類)の分布と大気汚染との関係．近畿大学環境科学研究所研究報告 11: 85-95.【0998】

Sugiyama K. 1978. Distribution of *Parmelia tinctorum* in urban area in Japan. Misc. Bryol. Lichenol. 6: 93-95.【1888】

高萩敏和．1996．地衣類の生育に及ぼす環境要因に関する研究及びその教材化．兵庫教育大学大学院学校教育研究科修士論文．

田邊優子．2006．凝灰岩製石造文化財の劣化に及ぼす地衣類の影響．東北芸術工科大学大学院芸術工学研究科修士論文．

埣田宏．1974．環境汚染と指標植物, 198 pp. 共立出版, 東京．

寺村佑子．1984．ウールの植物染色, 215 pp. 文化出版局, 東京．

寺村佑子．1992．続・ウールの植物染色, 215 pp. 文化出版局, 東京．

冨成忠夫．1984．森のなかの展覧会, 65 pp. 山と渓谷社, 東京．

土屋智美．2007. *Cladonia cristatella* 地衣菌の色素生産と染色への応用．秋田県立大学生物資源科学部卒業論文．

梅津幸雄．1978．着生こけ植物・地衣類植生による重工業都市の大気汚染図示．日生態会誌 28: 143-154.

【2824】
Upreti D.P., Divakar P.K. & Nayaka S. 2005. Commercial and ethnic use of lichens in India. Economic Botany 59: 269-273.【2562】

歌川広重. 1860. 諸国名所百景 紀州熊野岩茸取.

Wang L. 2012. Lichens of Yunnan in China, 220 pp. 上海科学技術出版社, 上海.

Wang L., Narui T., Harada H., Culberson C.F. & Culberson L.W. 2001. Ethnic uses of lichens in Yunnan, China. Bryologist 104: 345-349.【4103】

山本好和. 1998. 地衣類と人の暮らし. 遺伝 52 (1): 45-48.【1226】

山本好和. 2012.「木毛」ウォッチングの手引き 地衣類初級編, 82 pp. 三恵社, 名古屋.

吉田考造. 1986. バンダイキノリは食べられている. ライケン 6 (2): 3-4.【3685】

第 14 章 地衣類と動物の暮らし

前章では「地衣類と人の暮らし」と題して地衣類と人の関係を見つめてみました．本章では人以外の動物との関係を取り上げたいと思います．植物との関係については第 5 章の「地衣類の生育環境」で説明しています．

本章では地衣類を動物がどのように利用しているのかについて説明します．具体的には **A** 食料としての利用，**B** 擬態としての利用，**C** 巣材としての利用について説明します．

A 食料としての利用

地衣類を食べる生き物はそれほど多くはありません．それは地衣成分が食料としての障壁になっているからだと思います．その障壁を越えて地衣類を食べている動物がいます．ここでは地衣類を食べる昆虫（蛾類，双翅類，甲虫類，直翅類），トビムシ類，軟体動物，哺乳類（霊長類，偶蹄類）を紹介します．

1. 地衣類を食べる昆虫―蛾類一覧―

地衣類を食べる動物で最も有名なものは昆虫，特に蛾類です．

図 14.1 地衣類を食べる昆虫―蛾類一覧―

図 14.1 に山下・大石（2004）がまとめた地衣類を食べる蛾類一覧表に筆者が調べた種も加えて作成した表を示します．山下・大石（2004）は次のように述べています．地衣類を食べる蛾類は 3 科 5 亜科に広がっています．特に目立つのはコヤガ亜科とコケガ亜科です．日本産のヤガ科は 1000 種を超える巨大なグループで 17 の亜科に分けられるにもかかわらず，地衣類を食草とする種はコヤガ亜科，シタバガ亜科，カラスヨトウ亜科の 3 亜科に限られています．また，シャクガ科は 300 種を超え，6 つの亜科に分けられます．

シャクガ科のエダシャク亜科に属するコケエダシャクの食草がバンダイキノリ *Sulcaria sulcata* であるということが阿部（1979）によって報告されました．

また，河合（2011）でも地衣類好きな昆虫が紹介されました．その紹介によると図 14.1 の表に追加してミノガ科にも地衣類食があるようです．また，チャタテムシの仲間も地衣類に集まると述べていました．ムカデゴケ *Physciella melanchra* を食べるキノコヨトウ類の写真も紹介されていました．

Sakai & Saigusa（1999）によれば，ヒロズコガ科ヒメヒロズコガ亜科に属するコケヒロズコガは淡緑色の粉状の地衣類を食します．

地衣類を食草とする蛾類の種はあくまで確認できたものに留まっているので，実際はもっと多いと想像できます．

2. 地衣類を食べる昆虫―蛾類①―

山下・大石（2004）は地衣類を食草とする 29 頭の蛾の幼虫を野外で採集し，実験室で飼育しました．その結果，6 頭が成虫まで生育し，ヤガ科のシラホシコヤガであることを確認しました．また，これらの幼虫がマツゲゴケ *Parmotrema clavuliferum* の粉芽塊や上皮層，藻類層ならびにレプラゴケ属地衣類を摂食し，地衣類に擬態するという習性も確認しました．

図 14.2 地衣類を食べる昆虫―蛾類①―

筆者も野外で採集したコヤガ類の幼虫（図 14.2 の左上の写真）を飼育しました．野外ではレプラゴケ *Lepraria cupressicola* を食草としていたので，レプラゴケも一緒に持ち帰り，最初はそれを食べさせていましたが，レプラゴケがなくなったので近所で採集したミナミレプラゴケモドキ *L. leuckertiana* を与えたところ（図 14.2 の右上の写真），無事に繭（図 14.2 の中央下の写真）を作りました．数日間の後，成虫（右下の写真）となり，図鑑で調べるとシロスジシマコヤガと判明しました．途中で試しにしばらく何も与えないでいるといつのまにか素裸になっていたので，身に纏っていたレプラゴケを食べてしまったのでしょう．擬態のための材料というばかりでなく，地衣類は非常食だったのです．生態録画と摂食録画が地衣類ネットワーク HP の「虫と地衣類」のコーナーにあります．

図 14.2 の左下の写真は別の場所で見つけた金色のコガネゴケ *Chrysothrix candelaris* を纏ったコヤガの繭です．持ち帰りましたが，残念ながら羽化しなかったので，種を同定することはできませんでした．

3. 地衣類を食べる昆虫 －蛾類 ②－

地衣類食の蛾類の中でコヤガに次いで多く知られているのはヒトリガ科コケガ亜科の仲間です．

図 14.3 地衣類を食べる昆虫－蛾類 ②－

図 14.3 の左の写真に示すように大阪府在住の中西有美氏は大阪市真田山公園でコケガ亜科に属するゴマダラキコケガの幼虫を発見しました．周囲にムカデコゴケ *Physciella melanchra* がたくさん生育していたので，地衣類とととも幼虫を自宅に持ち帰り，飼育しました．幼虫はムカデコゴケを食べて，蛹化し，その後羽化しました（図 14.3 の右の写真）．図 14.3 の中央の写真はゴマダラキコケガが排泄した糞です．中西氏の観察によると糞は消化不良の地衣類が混ざり，緑色を呈しています．

Chialvo et al.（2018）はコケガ亜科に属する 37 種の分子系統解析と 17 種の成虫の代謝産物分析を行いました．興味あることに成虫に含まれる芳香族地衣成分の化合物分類と系統解析との間に関連が認められました．幼虫はもとより成虫においても芳香族地衣成分は天敵の忌避物質として作用している可能性が示唆されます．

4. 地衣類を食べる昆虫 －蛾類 ③－

矢野（2004）は千葉市郊外で蛾の幼虫である毛虫を見つけ，その模様から地衣類を食草とするコケガ亜科ヨツボシホソバではないかと見当をつけ，持ち帰り飼育したところまさしくヨツボシホソバが羽化しました．

図 14.4 地衣類を食べる昆虫 －蛾類 ③－

矢野（2004）は幼虫を採取したあたりの地衣類も一緒に持ち帰り，何を食べるのか確かめました．食べたのはダイダイサラゴケ属の一種，レプラゴケ属の一種，および正体不明の痂状地衣類で，さらに自宅付近で採集した

ムカデコゴケ *Physciella melanchra* も食べたがウメノキゴケ *Parmotrema tinctorum* は食べなかったと報告しました．図 14.4 の右の写真 2 枚にヨツボシホソバの幼虫（大阪府在住の河合正人氏撮影）と成虫雌を示します．河合（2011）はヨツボシホソバの幼虫がウメノキゴケ類をばりばりと食べていると報告しているので，食べないわけではない（忌避物質があるわけではない）と思います．

図 14.4 の左の写真 2 枚は同じく地衣類を食草とするコケガ亜科のホシオビコケガの幼虫（兵庫県妙見山）と成虫（京都市高雄）です．ただし，どの地衣類を食べていたのかは不明です．

5. 地衣類を食べる昆虫 －蛾類 ④－

地衣類食の蛾類の中でミノガ科についても触れておかなければなりません．ミノガ科の幼虫は蓑を作り，その中に隠れて植物や真菌類を摂食します．

ミノガ科に属する蛾類の地衣類食について三枝（1972）は *Bacotia* に属する種では幼虫は粉状地衣類，成長すれば葉状地衣類を食し，*Paranarychia* に属する種の幼虫は岩石上の粉状地衣類を食すると記述しています．また，杉本（2009ab）は地衣類食のミノガ科蛾類として以下（食された地衣類の種類も併記）を挙げ，それら蛾類は通常食草である地衣類を蓑に貼りつけていると述べています．ヒモミノガ（樹皮上地衣類），ヒロズミノガ属の二種（岩上生地衣類），ミドリチイヒロズミノガ（岩上生粉状地衣類），シロテンチビミノガ（岩上生粉状地衣類），ウスシロテンチビミノガ（キゴケ属地衣類），アキノヒメミノガ（粉状または葉状地衣類），トゲクロミノガ（樹皮上地衣類）．

図 14.5 地衣類を食べる昆虫 －蛾類 ④－

杉本（2010）はヒモミノガの生態について詳しく報告していますが，樹皮上生の地衣類を食すると記すのみで地衣類の種類を明らかにしていません．図 14.5 の写真 2 枚（東京都在住の浪本晴美氏撮影）に示すように食草である地衣類を蓑に貼りつけています．

6. 地衣類を食べる昆虫 －双翅類－

双翅類昆虫にも地衣類を食べる種が見つかりました．河合・大石（2015）は大阪府東大阪市枚岡公園のとある沢の近辺の岩盤で地衣類を食べている幼虫を見つけ，持ち帰って飼育し，成虫を羽化させた結果，ハキナガミズアブ（図 14.6 の右上の写真）と同定しました．河合・大石（2015）によるとハキナガミズアブは一属一種の非

図14.6 地衣類を食べる昆虫－双翅類－

常に特異なミズアブで中国および日本に分布します．分類学的位置も明確ではありません．また，正確な幼生期の記録がなく，幼虫の食餌についても不明です．現地で食されていた地衣類（図14.6の左の写真）については後日，アナイボゴケ属のサトノアナイボゴケ *Verrucaria muralis* と同定されました．河合・大石（2015）は飼育中の餌として近所の公園などで樹木に付着するムカデコゴケ *Physciella melanchra* やコフキヂリナリア *Dirinaria applanata*，ウメノキゴケ *Parmotrema tinctorum*，シラチャウメノキゴケ *Canoparmelia aptata* を採取して与えたところ，ムカデコゴケが着生していた樹皮からは確実な食痕が見られたことで，以後はムカデコゴケを与えました（図14.6の右下の写真）．

7. 地衣類を食べる昆虫－甲虫類 ①－

キノコを食草とする甲虫類は知られていますが，地衣類を食草とする甲虫類の報告は珍しいと思います．

図14.7 地衣類を食べる昆虫－甲虫類 ①－

楠井（2017）は沖縄県那覇市において日本新産のゴミムシダマシ科アカアシナガキマワリ（図14.7の左下の写真）の分布と生態調査を進めていたところ，市街公園の2箇所の樹上で本種の生息を確認しました．その生息樹種を調べると最も多かったのがモクマオウ（図14.7の左上の写真）であったと報告しました．

アカアシナガキマワリの成虫が何を食べているのかについて，楠井（2017）は以下のように述べています．後食（成虫の摂食）と思われる行動はすべてモクマオウの樹皮の表面を覆う緑色を帯びた灰白色の真菌類？が付着した部分で行われていました（図14.7の右の写真）．真菌類だけを食べているのか，あるいは真菌類が付着している部分のコルク質の樹皮とともに食べているのかは確認できませんでした．

筆者は楠井から送られた樹皮上の真菌類を確認したところ，これは地衣類でヒメスミイボゴケ属の日本新産種コフキヒメスミイボゴケ *Amandinea efflorescens* と同定しました．調べてみるとアカアシナガキマワリが見つかった那覇市街の二つの公園以外の公園のモクマオウの樹皮にコフキヒメスミイボゴケが着生しているのが見つかりました．このことはアカアシナガキマワリが分布を広げる可能性があることを示唆しています．

興味あることに，楠井（2017）はサツマゴキブリがモクマオウ上に多く見られ，枯死部のない樹皮上でアカアシナガキマワリと同じ地衣類であるコフキヒメスミイボゴケを食べているのを観察しました．筆者にとって，ゴキブリが地衣類を食べるのは初耳です．

8. 地衣類を食べる昆虫－甲虫類 ②－

アカアシナガキマワリ以外のキマワリの仲間で地衣類を食べる種類があることが広島県在住の中西花奈氏の観察により明らかになりました．

図14.8に示すようにキマワリの成虫はモジゴケ科地衣類を食します．

図14.8 地衣類を食べる昆虫－甲虫類 ②－

キマワリの仲間の多くは朽木を食べることが知られています．地衣類を食べるのは珍しいのかもしれません．

地衣類ネットワークきっての昆虫愛好家である河合氏はキノコ食の昆虫の中に地衣類食もあってよいのではという意見をお持ちです．

9. 地衣類を食べる昆虫－直翅類－

図14.9 地衣類を食べる昆虫－直翅類－

地衣類に擬態する昆虫として世界的に有名な種に，キ

リギリス科ツユムシ亜科に属するサルオガセツユムシがいます．擬態については後述しますが，中米コスタリカ在住の昆虫研究者であり昆虫写真家の西田賢司氏からサルオガセツユムシ（別名サルオガセギス，*Markia hystrix*）の写真をご提供頂くにあたり興味あるお話を伺うことができました．

西田氏は最初，サルオガセツユムシは擬態の相手であるサルオガセ類を食べていると思っていたそうです（図14.9の左の写真）．しかし，注意深く観察するとサルオガセ類ではなくどうやら近くにあるウメノキゴケ類（図14.9の右の写真）を食べているようだったので，持ち帰り飼育するとやはりサルオガセ類を与えてもかじるだけで食べず，ウメノキゴケ類を食べたとのことでした．また，同じくキリギリス科ツユムシ亜科に属する *Lichenomorphus* もウメノキゴケ類を食べることが確認されているとのことでした．

本件の詳細は以下の URL を参照頂ければと思います．
https://natgeo.nikkeibp.co.jp/atcl/web/15/269653/071500033/

10．地衣類を食べる昆虫近縁のトビムシ類

トビムシ類は有機物なら何でも食物とします．例えば，腐敗した動植物，落葉，藻類，真菌類，地衣類，花粉のように広範囲です．しかし，筆者は今までトビムシ類を飼育して地衣類食であると実証した報告を残念ながら知りませんし，地衣類をトビムシ類が食べている写真や動画を見たことがありません．

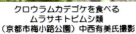

図 14.10 地衣類を食べる昆虫近縁のトビムシ類

図14.10に地衣類を食べるトビムシ類に関する二つの証拠写真を掲載します．一つは京都市梅小路公園で大阪府在住の中西有美氏が撮影したクロウラムカデゴケ *Phaeophyscia limbata* を食べるムラサキトビムシ類の一種（図14.10の左の写真），他方は長野県八ヶ岳編笠山で静岡県在住の中野剛氏が撮影したチヂレウラジロゲジゲジゴケ *Heterodermia microphylla* を食べるイボトビムシ科アオイボトビムシ属の一種（右の写真）です．実はこのチヂレウラジロゲジゲジゴケに地衣上生真菌のものと思われる子器が観察できます．このアオイボトビムシ属の一種は地衣上生真菌あるいは地衣類と地衣上生真菌の両方を食べている可能性があります．

11．地衣類を食べる軟体動物 ①

筆者はナメクジやカタツムリのような軟体動物が地衣類を食べるという話を今まで聞いたことがありますが，国内で軟体動物を飼育して地衣類を食べさせたという報告や，軟体動物が地衣類を食べているところの写真や動画を見たことがありませんでした．しかし，本書を出版するにあたり，スクールの在籍者の方々から軟体動物が地衣類を食べている写真や動画を送って頂きました．この後，紹介します．

Asplund（2011）は陸生カタツムリの一種がハイイロカブトゴケ *Lobaria scrobiculata* とコナカブトゴケ *L. pulmonaria* の皮層と藻類層の一部を食べ，髄層を忌避している現象を認めました．そこでアセトンで地衣成分を取り除いた地衣体をカタツムリに与えたところ，地衣体全体を食することを確認し，この陸生カタツムリが地衣成分を忌避していると示唆しました．

図14.11に静岡県在住の中野剛氏が静岡県富士山で撮影したヤマナメクジの写真を示します．地衣類はトリハダゴケ属の一種のようですが食み痕が激しいのでその名前を決めることができません．糞（図14.11の右下の写真）は淡緑色なので，葉緑素は分解されないようです．ナメクジやカタツムリは痂状地衣類（中でもモジゴケ属やトリハダゴケ属の地衣類）を特に好んで食べているようで歯形の食み痕が地衣体上によく見られます．図14.11の右上の写真に示すように食み痕は樹皮まで裸出しているわけではなく，上皮層と藻類層が食べられて白い髄層が裸出しているように見えます．

図 14.11 地衣類を食べる軟体動物 ①

筆者は沖縄県山原地域の地衣類を調査した折，ナメクジの糞を集め，アセトンで抽出した後，抽出液を HPLC で分析したことがありますが，抽出液中に地衣成分を検出できませんでした．このナメクジは，①地衣成分が含まれていなかった上皮層のみを食べていたのか，②地衣成分を食べても体内で分解したのか，③地衣類を食べてはいなかったのかのいずれかだと思われます．地衣成分がもしも生体内で分解したのならその分解過程に興味が持たれます．

12．地衣類を食べる軟体動物 ②

図14.11に示したヤマナメクジは痂状地衣類のトリハダゴケ属の一種を食していました．ではトリハダゴケ属以外の地衣類も食することができるのでしょうか．その答えを図14.12の写真に示します．

図 14.12 の右の 2 枚の写真は痂状地衣類のカムリゴケ *Pilophorus clavatus* とブリコゴケ *Myriospora smaragdula* を食するナメクジ類です．どちらも岩手県在住の佐藤幸子氏撮影です．

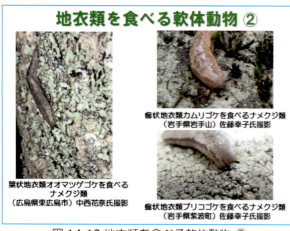

図 14.12 地衣類を食べる軟体動物 ②

図 14.12 の左の写真は広島県東広島市で広島県在住の中西花奈氏が撮影したナメクジ類です．葉状地衣類のオオマツゲゴケ *Parmotrema reticulatum* を食しています．ナメクジ類は痂状地衣類ばかりでなく，葉状地衣類も食することができるとわかりました．

13. ヒメジョウゴゴケモドキを食べる－軟体動物の競宴－

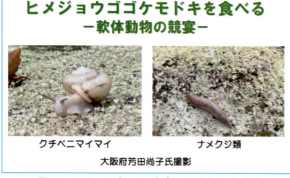

図 14.13 ヒメジョウゴゴケモドキを食べる
－軟体動物の競宴－

図 14.13 は大阪府在住の芳田尚子氏が撮影したハナゴケ属ヒメジョウゴゴケモドキ *Cladonia subconistea* を食べる軟体動物 2 種，クチベニマイマイとナメクジ類の写真です．動画から抽出されました．

両方ともに同じ場所でヒメジョウゴゴケモドキの基本葉体ばかりでなく子柄も食べている様子が動画に記録されていました．

おそらく多くの場所でナメクジ類やカタツムリ類はヒメジョウゴゴケモドキ以外の地衣類も食していると思いますが，夜間に摂食していることが多いので，視認することが難しいのではと考えられます．

14. 地衣類を食べる哺乳類

地衣類を食べる哺乳類はそれほど多く知られてはいません．図 14.14 の表に地衣類を食べる哺乳類をまとめます．

表に霊長類 3 種と偶蹄類 2 種が挙げられています．

バーバリーマカクは北アフリカのモロッコやアルジェリアに跨るアトラス山脈に生息するオナガザル科マカク属の霊長類です．主に標高 2600 メートル以下の針葉樹林帯で生活しています．NHK の番組「ワイルドライフ」の中で，バーバリーマカクは冬場に葉が落ちて食べるものが少なくなったときに地衣類（よくみるとツノマタゴケ *Evernia prunastri*）を食べると紹介されました．

地衣類を食べる哺乳類

① 霊長類		
キンシコウ	中国	ナガサルオガセ
ウンナンシシバナザル	中国	ナガサルオガセ
バーバリーマカク	モロッコ	ツノマタゴケ
② 偶蹄類		
トナカイ	北極圏	トナカイゴケ
エゾシカ	北海道	カブトゴケ属， ナガサルオガセ属， ハリガネキノリ属， カラクサゴケ属

図 14.14 地衣類を食べる哺乳類

NHK BS の番組「ワイルドライフ」でキンシコウの特集を放送したときに，キンシコウが地衣類を食べているところがありました．やはり，冬場の植物の葉が落ちたときの非常食として地衣類を食べていると思われます．キンシコウはオナガザル科に属する霊長類で中国中西部の標高 1200 から 3000 m の森林に生息しています．

一方，キンシコウと同じ仲間で中国・雲南省にのみ生息するウンナンシシバナザルはナガサルオガセ *Dolichousnea longissima* やハリガネキノリ類を食します（Wang 2012）．

霊長類の中でチンパンジーは食べ物となる植物以外に薬となる植物を選んで食べるとの話もあるので，バーバリーマカクやキンシコウの他にも地衣類を食べる霊長類がいてもおかしくはない気がします．

15. 地衣類を食べる偶蹄類 ①－トナカイ－

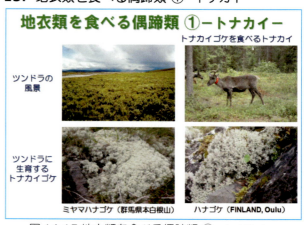

図 14.15 地衣類を食べる偶蹄類 ①－トナカイ－

地衣類を食べる哺乳類の中で最も有名なものはトナカイです．トナカイは北極圏に生息する偶蹄類，ウシの仲間ですが，ウシと同じようにツンドラで場所を移動しながら放牧されています．放牧地は数年で一巡りするように計画されています．トナカイが食べるのはトナカイゴケと呼ばれる地衣類です．図 14.15 の左上の写真に示す

ように，世界の陸地面積の1/6を占めるツンドラで豊富な植物と言えば地衣類ですが，全部が地衣類ではありません．季節によって変動しますが，維管束植物が半分，地衣類が半分といった感じです．

トナカイが食べるのはトナカイゴケだけではなく，牧草のような植物も食べます．ということは，トナカイゴケはトナカイにとって冬の非常食なのでしょうか．どうやらそうではなさそうです．NHKのトナカイを扱っている番組の中でトナカイの放牧地にトナカイゴケを蒔いてトナカイを呼び寄せているところがありました．トナカイは牧草に目もくれず，トナカイゴケに呼び寄せられて集まっています．集まったトナカイはトナカイゴケをもりもりと食べていましたから，トナカイゴケが大変好きなのでしょう．

トナカイゴケはトナカイが食べるハナゴケ類の総称で大部分は図14.15の下段の写真で示すミヤマハナゴケ *Cladonia stellaris*（下段左の写真）やハナゴケ *C. rangiferina*（下段右の写真）からなります．これら地衣類は大群落をつくることで知られています．

筆者は群馬県本白根山の噴火口でミヤマハナゴケの大群落を見ました．また，北海道の日高海岸ではハナゴケの大群落を見ました．確かにトナカイの餌になるレベルの大群落と思います．ただこれら地衣類はせいぜい大きさが数cm程度で，そこまで大きくなるのに数年かかります．放牧地を数年かけて巡るのは妥当な対策だと思います．

ハナゴケ属地衣類が含む炭水化物はリケナンと呼ばれています．それほど分解性の高いものとは思われませんが，トナカイに分解酵素があるのでしょう．

トナカイの肉はスカンジナビア諸国では重要な蛋白源となっています．1986年ウクライナのチェルノービリ原発事故の際に放射性物質が北極圏まで広がり，トナカイゴケに蓄積され，それを食べたトナカイの肉が汚染され，廃棄されたという悲しい話も残っています．

16．地衣類を食べる偶蹄類 ②－エゾシカ－

国内で哺乳類が地衣類を食べているという実例を2件紹介します．

図14.16A 地衣類を食べる偶蹄類 ②－エゾシカ(1)－

最初の実例は北海道在住の泉田健一氏撮影によるエゾシカの広葉樹樹皮の食害写真からわかるエゾシカによるトゲナシカラクサゴケ *Parmelia fertilis* の摂食です．写真は北海道苫小牧市の北大研究林で撮影されました．図14.16Aの右上の写真にくっきりとエゾシカの食痕が残っています．拡大した写真（右下）でも明瞭です．拡大した写真では左にトゲナシカラクサゴケが写っています．広葉樹の樹皮上のトゲナシカラクサゴケも一緒にエゾシカに食べられているので，地衣類を忌避しているわけではなさそうですし，好んで食べているわけでもなさそうです．

図14.16B 地衣類を食べる偶蹄類 ②－エゾシカ(2)－

次の実例は北海道の道東地方が舞台です．平川（2009）は北海道根室半島と厚岸半島においてエゾシカが地衣類を採食している現場を目撃しました．そこでシカが通る道周辺の樹幹上に着生する地衣類についてエゾシカによる採食線の上下で生育状況を調査しました．その結果，根室半島のトドマツやダケカンバではサルオガセ属，ハリガネキノリ属，カブトゴケ属の地衣類に関しては採食線が認められ，採食線の上側より下側で地衣類の生育量が明らかに少ないことが確認されました．ただし，どちらかというとサルオガセ属の地衣類が残っていることが多いので，カブトゴケ属の地衣類が好みなのでしょう．また，プルビン酸を地衣成分とするニセキンブチゴケ *Pseudocyphellaria crocata* は食されていませんでした（図14.16B）．ここでは樹皮は樹害を受けていません．一方，厚岸半島では樹皮とともに地衣類が食べられていました．

根室半島では明らかにエゾシカは地衣類だけを食べていますが，厚岸半島や苫小牧では樹皮とともに食べています．この差異はなぜでしょうか．

17．「地衣類を食べる」こととは？

ここまで，「動物が地衣類を食べる」という現象を幾つか提示してきました．

ここで大きな疑問が湧きました．「なぜ，ここに挙げた動物たちは地衣類を食べることになったのか」と言う疑問です．そこに二つのタイプがあることに気づきます（図14.17）．

一つは特定の地衣類のみを食べる昆虫類が挙げられます．昆虫類が植物を食草とする場合は明確に介在する物質の存在があり，一部はその物質（例えば，摂食刺激物質あるいは摂食忌避物質）が明らかにされています．昆虫と地衣類との間にも摂食刺激物質と同じような介在物質があるのかどうか興味が持たれます．介在物質がある

とすると，それを感じる蛋白質受容体があり，その受容体をコードする DNA が進化とともに，その昆虫の遺伝子に組み込まれた可能性があることになります．

図 14.17「地衣類を食べる」こととは？

他方は不特定の地衣類や地衣類以外も食べる動物，例えば哺乳類や軟体動物のマイマイ類，節足動物のトビムシ類が挙げられます．これら動物は地衣類以外の生物，例えば植物全般を食べているわけですから，それら植物すべてと同様に地衣類に摂食刺激物質が存在していると結論することに無理があります．摂食刺激物質があることよりも摂食忌避物質がないことの方に可能性があると思います．だとすると単に地衣類を食べられるかどうかを学習したと考える方が無難です．

18．「地衣類を食べる」の疑問点

図 14.18 に「地衣類を食べる」に関して疑問点をまとめます．今後，この分野の研究を進めようとする方々の指針にして頂ければ幸いです．

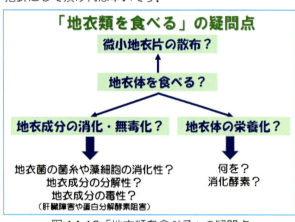

図 14.18「地衣類を食べる」の疑問点

最初の疑問は「地衣類は食べられるばかりで何も得るものはないのか」と言うことです．昆虫類や軟体動物，哺乳類が食料とするときに踏みつぶすあるいは食い散らかした地衣体小片が動物に付着し，それが別の場所でこぼれ，それが新たな地衣体の元になるという可能性はどうでしょう．ドングリはリスに食べられますが一部は別の場所で貯蔵され，それが新たなドングリを育むことになります．地衣類にとって動物の食料になるという犠牲を払っても，新天地を開拓することができればプラスです．特にレプラゴケ *Lepraria cupressicola* のような粉芽塊で地衣体ができあがっている地衣類にとって，昆虫は得難いパートナーかもしれません．

次の疑問は食べられた地衣体がすべて消化されているのかどうかです．細かく砕かれた菌糸や藻細胞の一部が未消化で別の場所で排泄されるとすると，それが新たな地衣体の元になるという可能性を生じます．食べられても不死鳥のごとくよみがえる地衣類，証明できれば楽しいかもしれません．

本来，地衣類に地衣成分があってそれは動物を忌避させ，食餌から逃れる手段であったはずです．植物でも動物にとって有毒成分であったものが誘引成分に変わった例もあります．

第 3 の疑問は地衣類を食べる動物の体内で地衣成分の消化あるいは無毒化が行われたのかです．あるいは地衣成分が分解されるのか，また分解されて毒性が発揮されるのか，毒性が現れるとして，その毒性が現れるのは肝臓あるいはそれ以外の臓器なのか，分解されるとしたらどのような物質に変るのか，それらの機構がどのように遺伝子に組み込まれて後代に伝えられていくのか．これらの疑問の解明も今後の楽しみです．

また，第 4 の疑問として，地衣体を消化して栄養としているのなら，何をどんな酵素で分解して栄養としているのか．こちらも解明できれば面白いと思います．

B　擬態としての利用

擬態は生物と生物が互いにその形によって情報を授受しているという重要な例となっています．その情報は一時的なものだったり，子孫まで伝播するものだったりと長い歴史の中で積み重ねられたものです．ここでは地衣類に擬態する動物たち，昆虫（蛾類，脈翅類，半翅類，直翅類），クモ類，両生類，爬虫類を紹介します．

19．擬態の意味

動物が地衣類を利用する方法に擬態があります．擬態をすることに二つの理由があります．① 身を隠して天敵から逃れるためです．② 身を隠して獲物を狩るためです．そのために動物が利用するのは地衣類だけではありません．植物や他の動物，周囲の景色であることもあります．

図 14.19 擬態の意味

例えば，① としては，図 14.19 の左の写真に示すように，愛知県瀬戸市岩屋堂公園で観察されたレプラゴケ *Lepraria cupressicola* に擬態するシロスジシマコヤガの幼虫があります．地衣類に擬態して天敵である鳥から逃れているのでしょう．擬態する材料が地衣類だけとは限らず，自然界に多くの例が知られています．葉に擬態

するオオコノハムシのような例は数多くありますし，蛾類ジャコウアゲハモドキはジャコウアゲハに擬態します．このように昆虫が昆虫に擬態する例もあり，多様です．

また，②としては，図14.19の右の写真に示すように，兵庫県在住の井内由美氏により兵庫県姫路市で撮影されたレプラゴケに擬態するコマダラウスバカゲロウの幼虫があります．昆虫のこのような例として，花に擬態して虫を狩るハナカマキリがあります．昆虫以外では，ヒョウの柄は周囲の景色に溶け込んで餌となる草食動物にその存在をわかりにくくさせると言われています．

以下，地衣類に擬態して天敵から逃れる動物と擬態して獲物を狩る動物を紹介していきます．

20．地衣類に擬態する昆虫－日本産蛾類 ① 幼虫－

昆虫は天敵から逃れるために周囲の景色に溶け込もうとします．特に幼虫の時には飛んで逃げるという明快な手段をとれません．そこでできることと言えば潜んで天敵の目から逃れるだけです．

図14.20の写真は地衣類に擬態した昆虫，日本産蛾類2種の幼虫です．蛾類には地衣類を食する種も多くいます．食事中に鳥のような天敵に襲われないように餌に擬態することは極自然なことのように思えます．

図14.20 地衣類に擬態する昆虫－日本産蛾類 ① 幼虫－

図14.20の左の写真は愛知県瀬戸市岩屋堂公園で愛知県在住の上杉毅氏により撮影されたカレハガ科ツガカレハの幼虫，右の写真は愛知県瀬戸市岩屋堂公園で筆者により撮影されたシロスジシマコヤガの幼虫です．どちらも捕食者から逃れるための擬態です．しかし，その擬態方法は異なっています．

ツガカレハの幼虫は地模様が地衣類を模したものです．この方法を採用している種類はあまり多くはありません．カレハガ科ツガカレハはマツ科の植物の葉を食害することで知られています．幼虫に毒針があります．そのために擬態をすることに大して意味がないのかもしれません．

シロスジシマコヤガの幼虫は食草であるレプラゴケの粉芽塊を纏っています．コヤガの仲間にこの方法を採用しているものが数多くいます．

21．地衣類に擬態する昆虫－日本産蛾類 ② 幼虫－

図14.21に地衣類に擬態した昆虫，日本産蛾類2種の幼虫の写真を載せます．幼虫の写真と書きましたが，実は幼虫が収まっている蓑の写真です．蓑を地衣類に擬態させていると言うわけです．

図14.21の左の写真は京都府京都市梅小路公園で大阪府在住の中西有美氏により撮影されたミノガ科オオヒロズミノガ（未記載種）の幼虫が収まった蓑です．材料となった地衣類はすぐそばの葉状地衣類でハイイロウメノキゴケ属の一種です．写真の種がハイイロウメノキゴケ属の地衣類を食するかどうかは不明です．ただ，杉本（2009a）はヒロズミノガ属に属する未記載種の二種が岩上生の地衣類を食し，かつ蓑の材料としている場合が多いとあるので，その可能性は高いと思われます．

図14.21 地衣類に擬態する昆虫－日本産蛾類 ② 幼虫－

図14.21の右の写真は神奈川県三浦市小網代の森で浪本晴美氏により撮影されたミノガ科ヒモミノガの幼虫が収まった蓑です．材料となった地衣類は痂状地衣類で名前は不明です．

筆者も地衣類を纏っている蓑を見たことがあります．これも多分ミノガ科の一種の蓑だと思います．単に蓑の材料というよりは擬態の意味が強い利用法です．

22．地衣類に擬態する昆虫－日本産蛾類 ③ 成虫－

図14.22 地衣類に擬態する昆虫－日本産蛾類 ③ 成虫－

幼虫と違い飛び回ることができる成虫であっても天敵である鳥からの攻撃を避けるのは難しいものと思います．図14.22に地衣類に擬態した昆虫，日本産蛾類2種の成虫の写真を載せます．

図14.22の左の写真は沖縄県嘉津宇岳で撮影された痂状地衣類に擬態するシャクガ科オオトビスジエダシャクです．観察会の途上で同行した昆虫の専門家である沖縄県在住の杉本雅志氏に教えて頂きました．

図14.22の右の写真は京都府八幡市石清水八幡宮で撮影されたウメノキゴケ *Parmotrema tinctorum* に擬態するコブガ科キノカワガです．

どちらも捕食者から逃れるための擬態です．色や模様が地衣類にそっくりです．蛾類図鑑を見るとその他の蛾類の成虫にも地衣模様の種が多くあります．筆者が調べてみたい課題の一つです．

23．地衣類に擬態する昆虫－タイ産蛾類成虫－

日本産蛾類ばかりでなくタイ産の蛾類にも地衣類に擬態する種類があることがわかりました．

図 14.23 にタイ在住の山東智紀氏が撮影した地衣類に擬態するタイ産蛾類の写真 3 枚を掲載します．残念ながら蛾や地衣類の種まではわかりません．

図 14.23 地衣類に擬態する昆虫－タイ産蛾類成虫－

24．地衣類に擬態する昆虫－脈翅類幼虫－

図 14.24 は兵庫県在住の為後智康氏により兵庫県淡路市で撮影されたレプラゴケ属の地衣類に擬態して小動物を狩るコマダラウスバカゲロウの幼虫（左）と成虫（右）の写真です．

コマダラウスバカゲロウは脈翅類ウスバカゲロウ科の一種で一般的にウスバカゲロウの幼虫は地表面にすり鉢状の巣を作りますが，本種は石造構造物や岩，樹皮上に生育する地衣類の上で生活し，通りがかりの昆虫のような小動物を捕食します．幼虫は背中に地衣類を載せて擬態します．「地衣類に身を潜めて獲物を狩る」の典型的な昆虫例です．コマダラウスバカゲロウの形態や生態は馬場・枝重（1954）に詳述されています．

図 14.24 地衣類に擬態する昆虫－脈翅類幼虫 ①－

朝比奈（1947）はコマダラウスバカゲロウの幼虫が地衣類に擬態していることを初めて発表しました．朝比奈（1947）は本種の幼虫を神奈川県の神武寺や鎌倉，大磯，相模大山の岩上や樹皮上の葉状地衣類あるいは不完全地衣類の上で採集したと記しています．また，幼虫が利用した葉状地衣類がトゲハクテンゴケ Punctelia rudecta（岩上），クロウラムカデゴケ Phaeophyscia limbata（岩上），ワタゴケ属の一種（コンクリート上），ゴフンゴケ Herpothallon japonicum（杉樹皮上）としています．ただし，ワタゴケ属の一種はレプラゴケ Lepraria cupressicola と思われます．筆者はコマダラウスバカゲロウの幼虫が利用する地衣類は図 14.24 に示すようなレプラゴケ属の地衣類が一般的なように思えます．

25．地衣類に擬態する昆虫－脈翅類幼虫 ②－

図 14.25 の左右の 2 枚の写真は兵庫県在住の井内由美氏により兵庫県姫路市で撮影されたレプラゴケに擬態したコマダラウスバカゲロウの幼虫です．さて，読者の皆さんは幼虫がどこにいるかわかりますか？

図 14.25 地衣類に擬態する昆虫－脈翅類幼虫 ②－

筆者はコマダラウスバカゲロウの幼虫がアリのような小動物を狩る様子を見たことがありません．一度見てみたいものです．

26．地衣類に擬態する昆虫－半翅類成虫－

図 14.26 に地衣類に擬態する半翅類のカメムシ類とニイニイゼミの成虫の写真を示します．どちらも地衣紋様をつけています．

図 14.26 地衣類に擬態する昆虫－半翅類成虫－

図 14.26 の右の写真はオーストラリア・ケアンズで撮影された痂状地衣類に擬態する半翅類のカメムシ類です．国内のカメムシ類の中にも地衣類に擬態していると思われるものが幾つか思い浮かびますが，適切な写真が見つかりません．

図 14.26 の中央と左の写真はニイニイゼミの写真です．中央の写真は広島県在住の中西花奈氏により広島県東広島市で撮影された羽化直後の写真です．

27. 地衣類に擬態する昆虫—直翅類成虫—

図 14.27 の写真はサルオガセに擬態する直翅類キリギリス科ツユムシ亜科のサルオガセツユムシ（別名サルオガセギス, *Markia hystrix*）を撮影したものです．この写真も図 14.9 の写真と同じく中米コスタリカ在住の西田賢司氏から提供いただきました（下記 URL）．

https://www.facebook.com/photo/?fbid=10158916279956923&set=a.10150203099301923

図 14.27 地衣類に擬態する昆虫—直翅類成虫—

サルオガセツユムシは地衣類に擬態する昆虫として世界的に有名な種だと思います．ナショナル ジオグラフィック誌に掲載された西田氏の著作が下記 URL にあるので参考にしてください．

https://natgeo.nikkeibp.co.jp/atcl/web/15/269653/071500033/

カメムシ類は多分獲物を狩るための擬態です．一方，ニイニイゼミやサルオガセツユムシは天敵から逃れるための擬態だと思います．

28. 地衣類に擬態するクモ類

クモ類の中にも地衣類に擬態するものがいます．コガネグモ科に属するコケオニグモです．樹々の間に網を張る種類で，樹皮の上を好んで生活します．コケオニグモは日本各地に生息していますが，稀少種のようです．

図 14.28 地衣類に擬態するクモ類

図 14.28 の写真は岩手県岩手山と岩洞湖畔で佐藤幸子氏により撮影された葉状地衣類に擬態するコケオニグモです．左の写真はチョロギウメノキゴケ *Myelochroa galbina* 上に潜んで獲物を待つコケオニグモ，右の写真は同心円状の網を張り，掛かった獲物を狩っているコケオニグモです．

インターネットのコケオニグモの写真の中に面白い写真を見つけました．樹皮上のウメノキゴケ科地衣類のセンシゴケ *Menegazzia terebrata* とヒモウメノキゴケ *Nipponoparmelia laevior* の中に潜んでいました．

筆者が思うに，コケオニグモは多分通常は樹皮上の地衣類上に潜んで天敵から逃れ，網に獲物がかかったときだけ，網に向かうのでしょう．もし網に居たとしても，天敵は地衣類が網に絡んでいるように見えるだけかもしれません．

29. 地衣類に擬態する両生類

「地衣類に潜んで獲物を狩る」の代表的な動物はやはり両生類と爬虫類です．特に，昆虫を狙う生き物と擬態をして逃れようとする昆虫との対決は見ものです．また，両生類の擬態には天敵の鳥から逃れる意味もあるのでしょう．

図 14.29 に地衣類に擬態する両生類 2 種の写真を示します．

図 14.29 地衣類に擬態する両生類

図 14.29 の左の写真は北部ベトナムで兵庫県在住の秋山弘之氏により撮影された痂状地衣類に擬態するアオガエル科ベトナムコケガエルです．

図 14.29 の右下の写真はアカガエル科オキナワイシカワガエルです．沖縄本島だけに分布する大型の美しいカエルです．同属のアマミイシカワガエルも同じような紋様のカエルです．

どちらのカエルも亜熱帯から熱帯の森林に生息しています．両者のいぼ模様はちょうど雨に濡れて緑色から黄緑色を呈するマルゴケ属地衣類（例えば，図 14.29 の右上の写真に示すオオマルゴケ *Porina internigrans*）のぶつぶつとした子器を想起させます．しかも，中央に黒い点があるのが秀逸です．マルゴケ属地衣類は亜熱帯から熱帯樹林の樹皮上に豊富に生育する地衣類で樹幹基部上や地上根上でも見つかるので，マルゴケ属地衣類に擬態していることに納得できます．

30. 地衣類に擬態する爬虫類

爬虫類の中にも地衣類に擬態するものがいます．インターネットでは地衣類に擬態するオーストラリア産のヤモリやトゲヘラオヤモリが見つかります．

図 14.30 の写真はタイ在住の山東智紀氏撮影によるタ

イ産のナキヤモリです．樹皮の色合いをベースに地衣類模様を散らしています．天敵の鳥類から逃れるととともに餌になる昆虫にも気づかれずに忍び寄っているのでしょう．

図 14.30 地衣類に擬態する爬虫類

爬虫類のヘビでも地衣類模様かと思われるものを TV で見たこともあります．多くの方は気がつかないのかもしれません．

31．「地衣類に擬態する」こととは？

ここまで，「動物が地衣類に擬態する」という現象を幾つか提示してきました．

図 14.31「地衣類に擬態する」こととは？

さて，なぜ，ここに挙げた動物たちは地衣類に擬態することになったのでしょう．今まで述べたことをまとめると二つに分けることができます（図 14.31）．

一つは特定の地衣類を身に纏って擬態するグループです．身に纏う地衣類を食べる動物もいれば食べない動物もいます．食べる動物は摂食刺激を受けることで地衣類を認識している可能性もありますが，「食べる」と「身に纏う」の一連の行動が遺伝子に組み込まれていると考えてもおかしくはないでしょう．食べない動物は自ら潜み，身に纏う場所をなぜ見つけることができるのでしょうか．特定の地衣類の何を認識しているのでしょうか．そこに環境情報を処理する仕組みがあるのでしょうか．そこに摂食刺激（忌避）物質のような化学物質が介在しているように思います．

他方は特定の地衣類が地模様となったグループです．

こちらも地衣類を食べないグループと同じ考えができると思います．特定の地衣類の何を認識しているのでしょうか．そこに特定の地衣類の形態情報を処理する仕組みがあり，それが後代に伝わっているように思います．

C　巣材としての利用

地衣類はクッション性もあり，抗菌性もあるので，動物の巣材にぴったりと思います．ここでは地衣類を巣材とする昆虫（蛾類）と鳥類，哺乳類を紹介します．

32．巣材に利用する昆虫－蛾類－

蛾類の巣といっても幼虫が入っている蓑になるわけですが，ここではあえて巣と呼ばせて頂きます．

図 14.32 巣材に利用する昆虫－蛾類－

図 14.32 に地衣類に擬態する日本産蛾類 2 種の巣（蓑）の写真を示します．

図 14.32 の左の写真は東京都在住の浪本晴美氏により神奈川県三浦市小網代の森で撮影されたヒモミノガの幼虫の巣（蓑）です．マツに着生した痂状地衣類を巣（蓑）に貼りつけています．

図 14.32 の右下の写真は東京都在住の藤田富二氏により東京都調布市で撮影されたミノガ科の幼虫の巣（蓑）です．巣材に使われている地衣類は近くにあったナミガタウメノキゴケ Parmotrema austrosinense（図 14.32 の右上の写真）です．ナミガタウメノキゴケを適当な大きさに揃えて食いちぎり，貼りつけているようです．

33．巣材に利用する鳥類 ①

図 14.33 巣材に利用する鳥類 ①

鳥類は巣材に植物材料と一緒に地衣類をしばしば利用

しています．図 14.33 に地衣類を鳥の巣材に利用している例を示します．

図 14.33 の右下の写真は兵庫県在住の枡岡望氏により京都府立植物園で撮影された鳥の巣の写真です．営巣した鳥の種類は不明です．写真をよく調べてみると，鳥の巣は蘚苔類が主ですが，ところどころマツゲゴケ *Parmotrema clavuliferum*（図 14.33 の右上の写真）やウメノキゴケ *P. tinctorum* が利用されています．

図 14.33 の左の写真は筆者が秋田県田沢湖畔で見つけた地衣類など植物材料でできた鳥の巣です．こちらも残念ながらどの鳥の巣なのかはわかりません．写真の中の地衣類はマツゲゴケではないかと思われます．

34．巣材に利用する鳥類 ②

図 14.34 は佐賀県在住の松尾優氏により撮影されたサンコウチョウ雌雄とサンコウチョウの巣の写真です．右と左の写真に示すサンコウチョウはスズメ目カササギヒタキ科に属し，夏鳥として本州以南に渡来します．樹上に巣を作り，繁殖します．右の写真が雌，左の写真が雄です．

サンコウチョウの巣に葉状地衣類が貼りつけられていることは鳥類観察されている方々によく知られたことらしく，インターネットを調べると葉状地衣類が貼りつけられたサンコウチョウの巣がよく出てきます．

図 14.34 巣材に利用する鳥類 ②

図 14.34 の中央の写真に示すサンコウチョウの巣にも葉状地衣類が貼りつけられています．葉状地衣類の中でもウメノキゴケ科の地衣類のようです．

35．巣材に利用する鳥類 ③ －大阪市立自然史博物館　鳥の巣と卵の特別展 2022－

2022 年 4 月から 6 月まで大阪市立自然博物館で開催された特別展「日本の鳥の巣と卵 427 ～小海途銀次郎鳥の巣コレクションのすべて～」に展示された鳥の巣の中で，地衣類が貼りつけられている鳥の巣の写真を大阪市立自然博物館の佐久間大輔氏から提供頂きました．

図 14.35 に示すようにサンショウクイの鳥の巣（右の写真）にはサンコウチョウと同様の葉状地衣類が貼りつけられ，サメビタキの巣（左の写真）には樹状地衣類であるサルオガセ類が利用されています．サンショウクイはスズメ目サンショウクイ科に属し，夏鳥として日本へ渡来します．インターネットで調べると巣の多くに葉状地衣類が貼りつけられていることがわかります．一方，サメビタキはスズメ目ヒタキ科に属し，夏鳥として日本の亜高山帯に渡来します．サメビタキは巣材としてサルオガセ類を利用しますが，同属のコサメビタキはウメノキゴケ *Parmotrema tinctorum* のような葉状地衣類を利用することが知られています．

図 14.35 巣材に利用する鳥類 ③ －大阪市立自然史博物館鳥の巣と卵の特別展 2022－

上記の鳥以外日本ではスズメ目エナガ科に属するエナガが葉状地衣類を巣材に利用していることが知られています．

北米や中南米ではハチドリの巣に地衣類が利用されていることがよく知られています．米国ソノラ砂漠やキューバで撮影されたハチドリの巣を NHK の自然番組で見たことがあります．ハチドリの巣は小さいので，もしかすると他の鳥から巣の中の卵やひなを隠す意味もあるかもしれません．

36．巣材に利用する哺乳類 ① －モモンガ－

哺乳類では齧歯類に属するムササビやモモンガの仲間が巣材として地衣類を利用します（Rosentreter & Eslick 1993，Hayward & Rosentreter 1994）．Rosentreter を中心としたグループが北米でその巣材を研究しています．図 14.36 の左の写真に北米産のオオアメリカモモンガが巣材として使用する樹状地衣類のハリガネキノリ属 *Bryoria*（巣として代表的な *Bryoria fremontii*）を示します．ハリガネキノリ属地衣類は北米や欧州，日本の亜寒帯に生育します．

図 14.36 巣材に利用する哺乳類 ① －モモンガ－

日本の北海道からサハリン島，ユーラシア大陸北部から中部にかけて広く分布するタイリクモモンガの中でロシア北西部の針広混交林に生息する種ではサルオガセ類を主な巣材として利用します（Airapetyants & Fokin

2003).図 14.36 の中央の写真にユーラシア大陸産のタイリクモモンガが巣材として使用するサルオガセ類（巣材として代表的なナガサルオガセ *Dolichousnea longissima*）を示します．ナガサルオガセは北米や欧州，日本の亜寒帯に生育します．ちなみに，タイリクモモンガの亜種で北海道に生息するエゾモモンガは巣材として地衣類ではなく蘚苔類を利用します（山口他 2020）．また，東北地方以南に生息するニホンモモンガ（図 14.36 右の写真）は巣材に地衣類を利用するかどうかは知られていません．

37．巣材に利用する哺乳類 ②－ニホンヤマネ－

日本でも地衣類を巣材に利用する哺乳類がいます．それはニホンヤマネです．ニホンヤマネもモモンガ同様に齧歯類に属し，一属一種の天然記念物です．本州・四国・九州に至る低山地から亜高山にかけての森林の樹上に生息します．食性は雑食性です．

高槻他（2020）はカラマツが優占している図 14.37 の左の写真に示すような八ヶ岳南東斜面（標高 1700 m 前後）においてニホンヤマネの巣材を調査しました．図 14.37 の三つの写真は調査された麻布大学高槻成紀教授から提供されました．高槻他（2020）は調査の結果，巣材が蘚苔類である型（右上の写真），樹状地衣類である型（右下の写真），樹皮である型の三つに分類されたこと，どの型も単一の巣材が大半を占めていたことを明らかにしました．高槻他（2020）は利用された地衣類の種を同定していませんが，提供された写真を拡大して観察すると，地衣類はヨコワサルオガセ *Dolichousnea diffracta* と二三のサルオガセ属に属する種が混合しているように見受けられました．ヨコワサルオガセが当該地域で豊富にあったのかもしれませんが，調査の地域を広げれば，その他の地衣類の利用例もあるかもしれません．

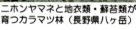

図 14.37 巣材に利用する哺乳類 ②－ニホンヤマネ－

一方，饗場他（2016）は山梨県北杜市清里と栃木県那須町那須に生息するニホンヤマネの巣材を調査し，地衣類は全く利用されず，蘚苔類が利用されていることを明らかにしました．このことは巣材利用の地域特異性を示唆しています．

利用されている蘚苔類や地衣類の形状からするとそれら材料のクッション性が重視されて巣材に利用されていると想像できます．

38．「地衣類を巣材にする」こととは？

ここまで，「動物が地衣類を巣材に利用する」という現象を幾つか提示してきました．

さて，なぜ，ここに挙げた動物たちは地衣類を利用することになったのでしょう．そこに二つの見方ができます（図 14.38）．

一つは動物が地衣類を巣材として用いるとともに地衣類が擬態の道具となっている場合です．蛾類の場合はさらに食料となっています．蛾類の場合は食料や擬態として利用されるので，物質情報が介在していると思われます．鳥類の場合にも地衣類でなければならない必然性が認められます．鳥類が地衣類の形態を認識している可能性は高いと思われます．その認識が遺伝子に組み込まれている可能性もあると思われます．

図 14.38「地衣類を巣材にする」こととは？

他方は地衣類が単に素材として利用されている場合です．この場合には地衣類が使用されなければならない必然性はなさそうです．タイリクモモンガもニホンヤマネも地衣類を巣材に使うことに地域性が認められました（図 14.38 のニホンヤマネの写真は兵庫県在住の枡岡望氏撮影）．このことはエゾシカの地衣類食性と同様に親から子への知識伝達と考えられます．

39．巣材利用の要因

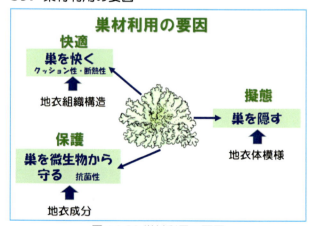

図 14.39 巣材利用の要因

動物が地衣類を巣材として利用する要因を図 14.39 にまとめます．大きく分けると三つで，快適，保護，擬態です．

地衣類，特に樹状地衣類はその組織構造がクッション性や断熱性に富むので巣を快く利用することにつながり

ます．

　地衣類は抗菌性を有する地衣成分を含むので，地衣類を巣に敷き詰めることでひなが病気になることを防ぎます．

　鳥の巣は普通樹上に作られます．地衣類で巣を覆えば巣と判断が難しくなるので，天敵の目から逃れることができます．

文　献

阿部東. 1979. コケエダシャク（*Alcia jubata melanonota* Prout）の食草. 昆虫と自然 14 (14): 20.【3751】

饗場葉留果・湊秋作・岩渕真奈美・湊ちせ・小山泰弘・若林千賀子・森田哲夫. 2022. ニホンヤマネにおける繁殖巣の巣材・構造および繁殖事例の報告. 環動昆 27: 1-7.【3806】

Airapetyants A.E. & Forkin I.M. 2003. Biology of European flying squirrel *Pteromys volans* L. (Rodentia: Pteromyidae) in the North-West of Russia. Rus. J. Theriol. 2: 105-113.

朝比奈正二郎. 1947. 地衣上に生活する蟻地獄に就いて. 動物学雑誌 57 (3): 35.【3690】

Asplund J. 2011. Snails avoid the medulla of *Lobaria pulmonaria* and *L. scrobiculata* due to presence of secondary compounds. Fungal Ecology 4: 356-358.【3804】

馬揚金太郎・枝重忠夫. 1954. コマダラウスバカゲロウの形態及び生態学的知見. 昆蟲 24: 51-59.【3689】

Brodo I.M., Sharnoff S.D. & Sharnoff S. 2001. Lichens of America, 795 pp. Yale Univ. Press, New Haven & London.

Chialvo C.H.S., Chialvo P., Holland J.D., Anderson T.J., Breinholt J.W., Kawahara A.Y., Zhou X., Liu S. & Zaspel J.W. 2018. A phylogenomic analysis of lichen-feeding tiger moths uncovers evolutionary origins of host chemical sequestration. Mol. Phylogen. & Evol. 121: 23-34.【3803】

Hayward G.D. & Rosentreter R. 1994. Lichens as nesting material for northern flying squirrels in the Northern Rocky Mountains. J. Mammalogy 75: 663-673.

平川昌. 2009. エゾシカはサルオガセ属・カブトゴケ属等地衣類を食べている. Lichenology 8: 139-143.【2249】

河合正人. 2011. 観察会で見られる幼虫たち (2) 〜地衣類を食べる虫たち〜. 南大阪の昆虫 13: 26-28.【2368】

河合正人・大石久志. 2015. 地衣類を食べていたハキナガミズアブの幼虫. 双翅目談話会「はなあぶ」(40): 30-32.【3020】

楠井善久. 2017. アカアシナガキマワリ（改称）の沖縄島における分布記録と若干の生態. Gekkan-Mushi (561): 20-23.【3286】

Rosentreter R. & Eslick L. 1993. Notes on the *Bryoria* used by flying squirrels for nest construction. Evansia 10: 61-63.

三枝豊平. 1972. ミノガ類の生活史. 植物防疫 26: 147-152.【4110】

Sakai M. & Saigusa T. 1999. A new species of *Obesoceras* Petersen, 1957 from Japan (Lepidoptera: Tineidae). Entomological Science 2: 405-412.【4109】

杉本美華. 2009a. 日本産ミノガ科のミノの形態（1）. 昆蟲（ニューシリーズ）12: 1-15.【4111】

杉本美華. 2009b. 日本産ミノガ科のミノの形態（2）. 昆蟲（ニューシリーズ）12: 17-29.【4102】

杉本美華. 2010. 木に潜るガ，ヒモミノガ（ミノガ科）. 昆虫と自然 45(14): 13-15.【3724】

高槻成紀・大貫彩絵・加古菜甫子・鈴木詩織・南正人. 2022. 八ヶ岳におけるヤマネの巣箱利用―高さ選択に注目して―. 哺乳類科学 62: 61-67.【3807】

Wang L.-S. 2012. Lichens of Yunnan in China, 220 pp. 上海科学技術出版社, 上海.

山口翠・鈴木野々花・高瀬かえで・地引佳江・菊池隼人・内海泰弘・山内康平・押田龍夫. 2020. 北海道の天然生広葉樹林に生息するタイリクモモンガ *Pteromys volans* の資源利用性. 帯広畜産大学学術研究報告 41: 40-53.【3805】

山下由佳・大石英子. 2004. 地衣類を食草とする鱗翅目ヤガ科シラホシコヤガについて. Lichenology 3: 67.【3686】

矢野幸夫. 2004. 地衣を食う毛虫. ライケン 7(1): 6-7.【3026】

第 15 章 地衣類コンソーシアム

1. 地衣類コンソーシアム

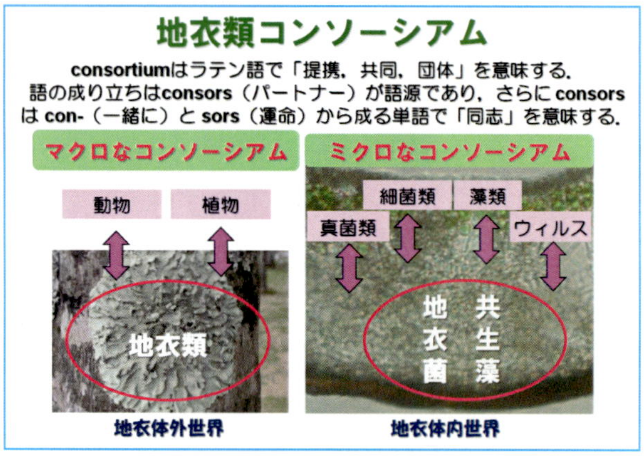

図 15.1 地衣類コンソーシアム

Wikipedia に『コンソーシアム consortium はラテン語で「提携，共同，団体」を意味する．語の成り立ちは consors（パートナー）が語源であり，さらに consors は con-（一緒に）と sors（運命）から成る単語で「同志」を意味する．』とあります．

本章では地衣類を取り巻くあるいは地衣類に潜む生き物と地衣類とが作り上げる共同体を地衣類コンソーシアム（図 15.1）と呼ぶこととします．

地衣類コンソーシアムは瞬間的なものではありません．コンソーシアムを構成する生物は地衣類と物質的なあるいは情報的なつながりが存在し，そのつながりが遺伝子に組み込まれた進化の歴史があります．

地衣類は真菌類と藻類からなる共生生物なので，それだけでもコンソーシアムと呼んでも差し支えないわけですが，本書では地衣類を中心として地衣類を取り巻く生物共同体を「地衣類のマクロなコンソーシアム」と定義し，一方，地衣体内部あるいは表面に潜む微生物と地衣類（地衣菌および共生藻）との共同体を「地衣類のミクロなコンソーシアム」と定義します．以下に地衣類コンソーシアムを **A** 地衣類のマクロなコンソーシアムと **B** 地衣類のミクロなコンソーシアムに分けて説明します．

A 地衣類のマクロなコンソーシアム

「地衣類のマクロなコンソーシアム」は第 14 章と関連しています．第 14 章は動物側からの視点でしたが，本章では視点を変えて地衣類側から説明します．

2. 地衣類のマクロなコンソーシアム

図 15.2 に地衣類と地衣体を取り巻く生物（地衣類のマクロなコンソーシアム）を示します．これは地衣類と他生物とが物質や情報を授受する世界（地衣体外世界）と言えるでしょう．ここで言う生物とは無脊椎動物（例えば，軟体動物や昆虫類，クモ・ダニ類，クマムシ類，線虫類）や脊椎動物（例えば，哺乳類や爬虫類，両生類，鳥類），植物（例えば，種子植物や蘚苔類），アメーバー動物（例えば，変形菌）を指します．

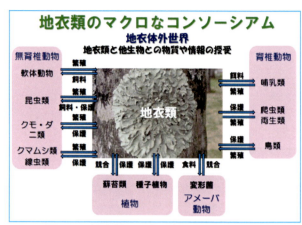

図 15.2 地衣類のマクロなコンソーシアム

クマムシ類や線虫類については詳しく述べません．これら動物は地衣類を洗うとよく見つかる生き物です．地衣類を住みかとしているので，広く言えば，地衣類のマクロなコンソーシアムの一員と言ってよいでしょう．また，植物（種子植物や蘚苔類）については第 **7** 章で述べているのでそちらを参照してください．

これら地衣体の外の世界に生きている生物は地衣類から物質や情報を授受しつつ進化してきました．物質としては食料として重要性が高く，情報としては擬態のための形態情報が重要です．

B 地衣類のミクロなコンソーシアム

地衣類のミクロなコンソーシアムとは地衣体内部あるいは表面に潜む微生物と地衣菌および共生藻とが物質を授受する世界と言えます．ここでは，まず地衣類のミクロなコンソーシアムを解説し，以降，地衣生真菌，地衣生細菌，地衣生ウイルス，非共生藻を個別に説明します．

3. 地衣類のミクロなコンソーシアム

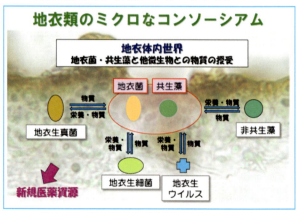

図 15.3 地衣類のミクロなコンソーシアム

図 15.3 に地衣体内における地衣菌と共生藻を取り巻く生物（地衣類のミクロなコンソーシアム，地衣生微生物）を示します．これは地衣菌や共生藻が他微生物と物質を授受する世界（地衣体内世界）と言えるでしょう．ここで言う他微生物とは地衣生真菌や地衣生細菌，地衣

生ウイルス，非共生藻を指します．ここでは地衣上生（lichenicolous）微生物と地衣内生（endolichenic）微生物を合わせて地衣生微生物として紹介します．

地衣類のミクロなコンソーシアムを構成する地衣生微生物に関する実質的な研究は地衣上生真菌あるいは地衣上生地衣類を除いて 2008 年の国際地衣学会議以降に始まりました．まだ，研究が始まって日が浅いため地衣類のミクロなコンソーシアムの実態は明らかになっていません．まさしく最先端の研究分野と言っても差し支えないと思います．

4. 地衣上生真菌の発見

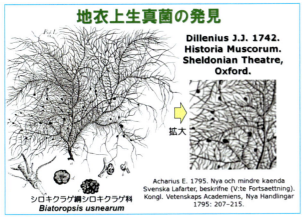

図 15.4 地衣上生真菌の発見

Lawrey & Diederich（2003）は以下のように記しています．Dillenius（1742）はサルオガセ属 Usnea の一種を描きましたが，その地衣体に明白に担子菌によって生じた虫こぶのような球状物を示しました．図 15.4 に Acharius（1795）が描いた Biatoropsis usnearum に感染したサルオガセ属の一種を示します．右の拡大図に虫こぶ状の突起物が描かれています．

Biatoropsis usnearum はシロキクラゲ綱シロキクラゲ科に属する担子菌でサルオガセ属や Protousnea の地衣類に広く感染していることが明らかになりました．また，本種は汎世界種で日本でも確認されました（Diederich & Christiansen 1994）．

5. 地衣共生体系の分類－共生体の組み合わせ－

Hawksworth（1988）は共生体の組み合わせによる共生体系を以下のように分類しました．① 二共生体系（真菌類一種＋藻類一種．これは緑藻・藍藻共生地衣類（緑藻共生あるいは藍藻共生地衣類）を意味します），②

三共生体系（真菌類一種＋藻類二種，これは頭状体を有する地衣類，真菌類二種＋藻類一種，これは地衣生真菌＋二共生体系の地衣類を意味します．地衣生真菌には主に殺性と片利共生があります），③ 四共生体系（真菌類二種＋藻類二種，これは二共生体系の地衣生地衣類＋二共生体系の地衣類，真菌類三種＋藻類一種，これは地衣生真菌とそれに寄生する真菌類＋二共生体系の地衣類を意味します）．Hawksworth（1988）は地衣類が真菌類一種＋藻類一種と藻類二種＋真菌類一種で表されるものであるとし，二共生体系の地衣類と組み合わさって真菌類二種＋藻類一種を成す真菌類を地衣生真菌，二共生体系の地衣類と組み合わさって真菌類二種＋藻類二種を成す地衣類を（二共生体系の）地衣生地衣類と定義しました．

Hawksworth（1988）は地衣生真菌が 300 属 1000 種に及び，相利共生している共生体（地衣菌と共生藻）と多様な生物的関係を示すと認識し，その関係を以下のように示しました．この関係は寄生から片利共生，相利共生，腐生までも含みます．地衣寄生真菌（例えば，ハラタケ綱に属する Athelia arachnoidea やクロイボタケ綱に属する Lichenoconium erodens）は明らかに宿主の地衣類にダメージを及ぼし，最終的に個体死に至らしめます．またはパッチ状に黒化した細胞死（例えば，フンタマカビ綱に属する Pronectria tincta による）もあります．片利共生真菌（例えば，ユーロチウム菌綱に属するイチジクゴケ属の真菌類）は地衣類から栄養を収奪しますが，直接的にあるいは間接的に地衣類の共生関係に影響を及ぼすことはありません．また，この場合，表面にゴール（虫こぶ）のような形態で生存する場合もあります．地衣生の修正されたものとして，発生初期は寄生的ではあったが，徐々に地衣菌を追い出し，共生藻を取り込んで地衣体を形成するといった場合（例えば，チャシブゴケ綱に属するレモンイボゴケ Arthrorhaphis citrinella やオオキッコウゴケ Diploschistes caesio-plumbeus）も認められます．

6. 地衣類のミクロなコンソーシアム－地衣上生真菌－

Hawksworth（1988）が定義した地衣上生真菌を Poelt & Dopplebaur（1956）は 100 種挙げています．Lawrey & Diederich（2003）は地衣寄生性を

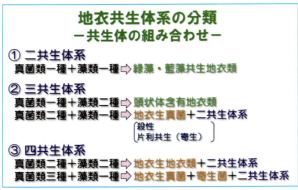

図 15.5 地衣共生体系の分類－共生体の組み合わせ－

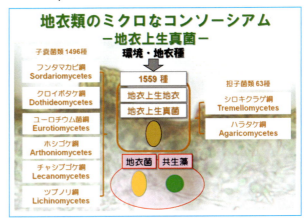

図 15.6 地衣類のミクロなコンソーシアム
－地衣上生真菌－

Hawksworth (1988) よりも詳しく，以下のように分類しました．① 病毒性，② 黒化性，③ 虫こぶ性，④ 片利性．また，地衣上生真菌を宿主特異性で分けると98%以上が宿主特異的であることを示しました．代表的な非特異種として以下の2種を挙げました．クロイボタケ綱に属する *Lichenostigma maureri* とフンタマカビ綱に属する *Nectriopsis lecanodes* です．

　Lawrey & Diederich (2003) は地衣上生真菌の一覧を示しました．彼らは子嚢菌門に属する1496種，担子菌門に属する63種，合わせて1559種を地衣生真菌として挙げました．図15.6に示すようにその広がりは子嚢菌類のフンタマカビ綱，クロイボタケ綱，ユーロチウム菌綱，ホシゴケ綱，チャシブゴケ綱，ツブノリ綱，担子菌類のシロキクラゲ綱，ハラタケ綱にまで及びます．地衣上生真菌の多様性はその生育環境，特に宿主である地衣類との種特異的な関係に基づくものと考えられます．

7.　日本産地衣上生真菌—2004年以前既報—

　Zhurbenko *et al.* (2015) が日本の地衣上生真菌をまとめる以前に日本において地衣上生真菌についての報告が幾つか出されています．

地衣上生真菌	宿主地衣類
Chaenothecopsis brevipes	ホシゴケ属
Chaenothecopsis consociate	ホソピンゴケ属
Chaenothecopsis nigra	ホソピンゴケ属
Chaenothecopsis pusilla フレルケピンゴケ	
Chaenothecopsis pusiola	ホソピンゴケ属
Chaenothecopsis viridireagens オオフレルケピンゴケ	
Diploschistes muscorum subsp. *muscorum* ヤドリキッコウゴケ	ハナゴケ属
Distopyrenis japonica コザネゴケ	セスジモジゴケ
Enterographa mazosiae ヤドリクチナワゴケ	フシアナゴケ属
Phacopsis prolificans ヤドリホウネンゴケ	ウスバトコブシゴケ
Sphinctrina leucopoda エツキイチジクゴケ	トリハダゴケ属
Sphinctrina tubaeformis イチジクゴケ	トリハダゴケ属
Sphinctrina turbinata マルミイチジクゴケ	トリハダゴケ属

図15.7 日本産地衣上生真菌—2004年以前既報—

2004年に報告された「日本産地衣類および関連菌類のチェックリスト」(Harada *et al.* 2004) では関連菌類として以下の13種の地衣上生真菌が掲載されました．図15.7にその13種と宿主となった地衣類を示します．ヒメピンゴケ属6種 (*Chaenothecopsis brevipes*, *C. consociata*, *C. nigra*, フレルケピンゴケ *C. pusilla*, *C. pusiola*, オオフレルケピンゴケ *C. viridireagens*), ヤドリキッコウゴケ *Diploschistes muscorum* subsp. *muscorum*, コザネゴケ *Distopyrenis japonica*, ヤドリクチナワゴケ *Enterographa mazosiae*, ヤドリホウネンゴケ *Phacopsis prolificans*, イチジクゴケ属3種（エツキイチジクゴケ *Sphinctrina leucopoda*, イチジクゴケ *S. tubaeformis*, マルミイチジクゴケ *S. turbinata*). 和名に「ヤドリ」とついている種は地衣上生と思っても構いません．

　その後，2015年までに数種が加えられました．

8.　日本産地衣上生真菌—54属66種—

　Zhurbenko *et al.* (2015) が日本の地衣上生真菌をまとめました．彼らはすでに博物館に所蔵されていた標本を中心に地衣上生真菌の存在を確かめ，54属66種を確認し，その多くが日本新産の属や種であることを明らかにしました．図15.8に彼らが日本産地衣上生真菌として挙げた属名を示します．赤字は2004年以前に報告された属です．彼らが示した属の中に，図15.7に示した一部の属と種が挙げられていなかったので，属と種は正確なものではないようです．

日本産地衣上生真菌—54属—

Abrothallus, **Arthonia**, Arthrorhaphis, Biatoropsis, Buelliella, Caeruleoconidia, Capronia, **Carbonea**, Cecidonia, Cercidospora, *Chaenothecopsis*, Cladophialophora, Clypeococcum, Cornutispora, Dactylospora, Diplolaeviopsis, Endococcus, *Enterographa*, Epicladonia, Hainesia, Homostegia, Intralichen, Lichenochora, Lichenoconium, Lichenodiplis, Lichenosticta, Lichenostigma, Lichenothelia, Marchandiomyces, Merismatium, **Micarea**, Milospium, Muellerella, Merismatium, **Opegrapha**, Paranectria, Perigrapha, *Phacopsis*, Phaeopyxis, Polycoccum, Protounguicularia, Pyrenidium, Rhabdospora, Roselliniella, Sagediopsis, Sclerococcum, Scutula, Skyttea, Sphaerellothecium, *Sphinctrina*, Spirographa, Stigmidium, Taeniolella, Tremella, Zwackhiomyces

*赤字は2004年以前既報属，黄背景は地衣類の属

図15.8 日本産地衣上生真菌—54属—

　図15.8に挙げられた属の中に地衣類の属として報告された属（黄色背景で示す）もあります．例えば，ホシゴケ属 *Arthonia* やマルミクチナワゴケ属 *Enterographa*, キゴウゴケ属 *Opegrapha* です．これらに属するものは地衣上地衣類と呼んでもよいのかもしれません．

9.　日本産地衣上生地衣類—具体例—

　図15.9に日本産地衣上生地衣類の具体例を3種示します．

図15.9 日本産地衣上生地衣類—具体例—

　図15.9の左上の写真は秋田県栗駒山で撮影されたユーロチウム菌綱に属するイチジクゴケ科イチジクゴケ *Sphinctrina tubaeformis* です．イチジクゴケは図15.7では地衣上生真菌として挙げましたが，この項では地衣類の属として取り扱います．宿主はトリハダゴケ属地衣類ですが，種名まではわかりませんでした．イチジクゴケは朝比奈 (1928) が日本新産として報告した種です．1925年千葉県大東岬で樹皮上のトリハダゴケ属の地衣体上で発見されました．北海道から本州・九州に至る冷温帯や暖温帯に生育します（山本 2020）．

　図15.9の右上の写真は宮崎県五ヶ瀬町で撮影された

ホシゴケ綱に属するキゴウゴケ科キゴウゴケ属の一種です．キゴウゴケ属は地衣類として数えられている属なので，この種は地衣上生地衣類として差し支えないと思います．宿主は広義ダイダイゴケ属のヤマダイダイゴケ *Mikhtomia gordejevii* です．広義ダイダイゴケ属地衣類を宿主とする日本産地衣上生地衣類は今まで知られていないので，日本新産と思われます．

図15.9の下の写真は東京都稲城市で撮影されたヤドリキッコウゴケ *Diploschistes muscorum* subsp. *muscorum* です．宿主はヒメジョウゴゴケモドキ *Cladonia subconistea* です．拡大写真にヒメジョウゴゴケモドキのジョウゴ形の子柄が確認できます．一般的にヤドリキッコウゴケの宿主はハナゴケ属の地衣類とされています．ヤドリキッコウゴケは生育初期にハナゴケ属の地衣類に寄生しますが，その後宿主上から宿主を越えて基物上に広がります（原田1995）．

10. 日本産地衣上生真菌－具体例－

図15.10に日本産地衣上生真菌の具体例を3種示します．

図15.10 日本産地衣上生真菌－具体例－

図15.10の上の写真は三重県在住の岡田純二氏により三重県名張市で撮影された *Marchandiomyces corallinus* です．写真判定なので同定は正確ではありません．宿主はクロウラムカデゴケ *Phaeophyscia limbata* と思われます．*M. corallinus* はハラタケ綱コウヤクタケ科に属する担子菌です．2012年に三重県いなべ市鞍掛峠付近で採集されたトリハダゴケ属の一種の地衣体上から見出され，Zhurbenko *et al.* (2015) により日本新産として報告されました．本種は汎世界種で広範な地衣類（例えば，ハナゴケ属やイワタケ属，チャシブゴケ属，レプラゴケ属，ウメノキゴケ属）を宿主とします（Lawrey & Diederich 2003）．

図15.10の左下の写真は沖縄県在住の多和田匡氏により沖縄県宜野湾市で採集された地衣上生真菌です．種名は不明です．宿主はヒメダイダイサラゴケ *Coenogonium kawanae* です．

図15.10の右下の写真は岩手県在住の佐藤幸子氏により岩手県紫波町で採集された地衣上生真菌です．こちらも種名は不明です．宿主はヒメゲジゲジゴケ *Anaptychia palmulata* です．

以上のように注意深く観察すれば地衣上生真菌はもっと見つかるものと思われます．

11. オウシュウオオロウソクゴケ上生真菌の多様性

地衣類一種の上に何種の地衣上生真菌が生育できるのかを調べた例があります．

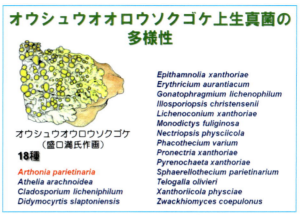

図15.11 オウシュウオオロウソクゴケ上生真菌の多様性

Newbery (2000) は英国に生育するオウシュウオオロウソクゴケ *Xanthoria parietina*（図15.11の盛口満氏作画イラスト）上に生育する真菌類を遺伝子解析により調べました．その結果を図15.11に示します．全部で18種確認されました．ほとんどの種が地衣化していない真菌類の属ですが，その中に地衣類とされている属の種（ホシゴケ属 *Arthonia*）も含まれています．

12. 地衣類のミクロなコンソーシアム－地衣生真菌－

地衣生真菌の研究の初期から2000年初頭までは目視で形態を確認できる地衣上生真菌の分類研究が中心でした．しかし，2000年以降に培養研究や遺伝子研究が進み，地衣上生に拘らず地衣生の真菌類の研究が盛んに行われるようになってきました．その原因の一つは新たな医薬資源探索として，今まで探索されたことがない生体系を材料としようとする試みでした．

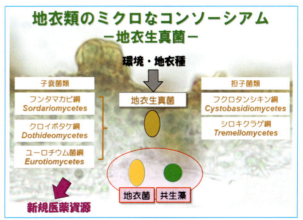

図15.12 地衣類のミクロなコンソーシアム
－地衣生真菌－

Tripathi & Joshi (2019) の総説に地衣生真菌研究の歴史や分離法，同定法などが詳述されています．

現在では地衣上生（lichenicolous）よりは地衣生（endolichenic）という言葉の方がよく使われるようで

す．図15.12に地衣上生を除いて，地衣生真菌として報告された綱を示します．子嚢菌類のフンタマカビ綱，クロイボタケ綱，ユーロチウム菌綱，担子菌類のシロキクラゲ綱，フクロタンシキン綱にまで及びます．地衣生真菌の多様性は地衣上生真菌と同様にその生育環境，特に宿主である地衣類との種特異的な関係に基づくものと考えられます．

13．地衣生真菌による抗生物質産生

地衣生真菌を新たな医薬資源として利用しようとする試みの中で行われたのが地衣生真菌に含まれる抗生物質の探索研究です．

図15.13にWethalawe et al.（2021）がまとめた地衣生真菌による抗生物質産生の一覧表を示します．地衣生真菌と宿主地衣類，文献の順に並べています．この表に具体的な抗生物質の名を示しませんでしたが，詳しく知りたい方はWethalawe et al.（2021）を参照してください．

地衣生真菌による抗生物質産生

地衣生真菌	宿主地衣類	文献
Aspergillus niger	*Parmotrema ravum*	Padhi et al. 2020
Aspergillus versicolor	*Lobaria quercizans*	Li et al. 2015
Aspergillus sp.	*Cetrelia* sp.	Chen et al. 2019
Floricola striata	*Umbilicaria* sp.	Li et al. 2016
Fusarium proliferatum	*Parmotrema rampoddense*	Tan et al. 2020
Hypoxylon fuscum	*Usnea* sp.	Basnet et al. 2019
Nigrospora sphaerica	*Parmelinella wallichiana*	Gu 2009
Periconia sp.	*Parmelia* sp.	Wu et al. 2015
Pestalotiopsis sp.	*Cetraria islandica*	Yuan et al. 2017
Talaromyces funiculosus	*Diorygma hieroglyphicum*	Padhi et al. 2019
Tolypocladium cylindrosporum	*Letariella zahlbruckneri*	Chang et al. 2015
Tolypocladium sp.	*Parmelia* sp.	Hu et al. 2017
Ulocladium sp.	*Everniastrum* sp.	Wang et al. 2012
Xylaria venustula	*Usnea baileyi*	Elias et al. 2018
Xylariaceae sp.	*Sticta fuliginosa*	Kim et al. 2014

フンタマカビ綱，クロイボタケ綱，ユーロチウム菌綱

図15.13 地衣生真菌による抗生物質産生

図15.13の表に示された地衣生真菌は15種でそれぞれフンタマカビ綱（青字），クロイボタケ綱（緑字），ユーロチウム菌綱（赤字）に属します．クロコウジカビ *Aspergillus niger* のようになじみのある種も挙げられています．種名が属でとどまったものは新種の可能性があります．

宿主となった地衣類のほとんどはウメノキゴケ科のような大形の地衣類です．これは採集同定が容易であるからと思われます．

地衣生真菌の抗生物質探索研究は2010年頃から始まっているようです．しかし，まだ緒についたばかりで有用な抗生物質の発見に至っていないようです．

14．地衣生真菌による抗酸化物質産生

次に，地衣生真菌を新たな医薬資源として利用しようとする試みの2例目（1例目は前項の抗生物質産生）を紹介します．地衣生真菌による抗酸化物質産生です．

Kawakami et al.（2019）は培養地衣菌と地衣生培養真菌類の合わせて60株のメタノール抽出物について抗酸化活性試験法の一つであるORAC法を用いてスクリーニングを行いました．

その結果，図15.14Aに示すようにコブトリハダゴケ *Pertusaria laeviganda* の天然地衣体（左上の写真）から地衣組織培養法により分離培養したクロイボタケ綱に属する地衣生真菌の一種（右上の写真）のメタノール抽出物に最も高い抗酸化活性が認められました．地衣体を利用する地衣組織培養法が地衣生の真菌類や細菌類の分離培養にも応用できることを示した初めての例になりました．

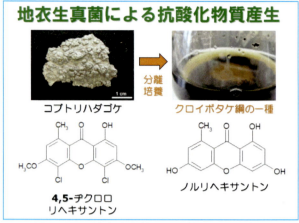

図15.14A 地衣生真菌による抗酸化物質産生

Kawakami et al.（2019）は高抗酸化活性を示した本地衣生真菌の液体培養を行い，その培養物から得られたメタノール抽出物についてORAC活性を指標にカラムクロマトグラフィーと分取薄層クロマトグラフィーにより活性物質を単離しました．機器分析の結果，活性物質を図15.14Aの右下に示すようなキサントン類であるノルリヘキサントンと同定しました．

本地衣生真菌の宿主となったコブトリハダゴケも図15.14Aの左下に示すようなキサントン類（4,5-ヂクロロリヘキサントン）を産生します．地衣生真菌と宿主地衣類が同じような系統の化合物を産生することはその関連性から興味が持たれます．

天然成分の抗酸化活性

抗酸化物質	ORAC活性 (mol TE/g)
ノルリヘキサントン	2.02×10^{-2}
アスコルビン酸	2.90×10^{-2}
没食子酸	3.58×10^{-2}
カテキン	4.42×10^{-2}
ケルセチン	5.45×10^{-2}

ノルリヘキサントン産生真菌類

地衣類	*Lecanora reuteri, L. straminea*
地衣生真菌	*Ulocladium* sp.
非地衣生真菌	*Penicillium patulum*

図15.14B 天然成分の抗酸化活性

ORAC法を用いた抗酸化活性実験により，ノルリヘキサントンは 2.02×10^{-2} mol TE/g のORAC活性値を示し，既存の天然抗酸化物質であるアスコルビン酸とほぼ同等，カテキンの半分程度の活性を示しました（図15.14B）．また，ノルリヘキサントンは *Lecanora reuteri* や *L. straminea* に地衣成分として含まれていますが（Huneck & Yoshimura 1999），本地衣生真菌以外にも同じ地衣生真菌である *Ulocladium* sp.（Wang et al. 2012）や地衣生ではない真菌類の *Penicillium patulum* からもその存在が報告されています．ノルリヘキサントンの生合成経路にも興味が持たれます．

なお，キサントン類は地衣成分ではありますが，真菌類や植物にも分布します．真菌類と植物では生合成経路が異なることが知られています．同じ化合物で生物が異なる生合成経路をもつユニークな例です．

15．地衣生真菌による宿主地衣類の地衣成分変化

地衣生真菌が明白に宿主の地衣類に生化学的な影響を及ぼすことが確認されました．

図15.15 地衣生真菌による宿主地衣類の地衣成分変化

Velmala et al.（2009）はハリガネキノリ属に属し，北米に生育する二つの種，Bryoria fremontii（図15.15の左下の写真）と B. tortuosa（図15.15の右下の写真）が形態的に非常に類似してはいるものの，B. tortuosa が黄色色素ブルピン酸を含むために黄褐色を呈し，一方，B. fremontii が一部の個体で粉芽塊が黄色くなることを除き，ブルピン酸を欠くために褐色を呈することに疑問を抱き，両者の分子系統解析を行いました．その結果，両種は同一種であることが証明され，B. tortuosa は B. fremontii の化学変異型とされました．写真はいずれも米国のエッジウッド研究所の Hollinger 博士から提供頂きました．

Spribille et al.（2016）はこの化学変異が第三の生物の共存によるものと仮説し，両者の多数の標本を準備して幅広く分子系統解析を行いました．その結果，B. tortuosa に共存する第三の生物は担子菌酵母のフクロタンシキン綱 Cystobasidiomycetes に属する Cyphobasidium の一種であることを確認しました．

Spribille et al.（2016）はブルピン酸の含量の高いほど担子菌酵母が多いこと，担子菌酵母は地衣体の皮層に多く存在することを確認しました．

地衣類の第三の生物が共存することは地衣生真菌を考えても一般的なことと考えられます．また，細菌類やウイルスも当然共存するであろうことは想像ができます．また，これら第三の生物が何らかの形で地衣類に生理学的または生化学的な影響を与えていることも不思議ではありません．しかし，これほど明確にブルピン酸の生合成に第三の生物が関与していることを証明した報告は初めてです．植物でも有害微生物の感染が植物の防御物質の生合成を誘発することが知られています．その場合，生合成の誘発は微生物や植物の細胞断片や細胞壁断片で起こります．さて，本報告のような生合成系の誘発がどのように起こるのか非常に興味が湧いてきます．また，

従来化学変異型と呼ばれていた事実は一体どのような原因から起きたものなのか，今回の現象から考えると同じような第三の生物の関与を疑う必要があります．

16．地衣生担子菌酵母の分布

図15.16 地衣生担子菌酵母の分布

図15.16に三つの報告を基に地衣生担子菌酵母の地衣類における分布を表にして示します．

表を見ると，地衣生担子菌酵母はフクロタンシキン綱の二つの目に跨っています．一方はフクロタンシキン目 Cystobasidiales，他方は Cyphobasidiales です．興味あることにフクロタンシキン目に属するものの宿主地衣類はハナゴケ科，Cyphobasidiales に属するものの宿主地衣類はウメノキゴケ科にそれぞれ分かれています．筆者の文献調査も進んでいませんし，地衣生担子菌調査が他の科まで進んでいるのかわからないので正確なことは言えませんが，もしも種特異的な現象であるなら，なお興味を覚えます．

17．地衣類のミクロなコンソーシアム－地衣生細菌－

図15.17 地衣類のミクロなコンソーシアム
－地衣生細菌－

Grube & Berg（2009）によれば，2000年以前において少数ではあるが，地衣類から細菌類が分離培養された報告があります．分離された細菌類としてγプロテオバクテリア綱シュードモナス目に属する Azotobacter（窒素固定を行う好気性細菌類），同じく Pseudomonas 緑膿菌，αプロテオバクテリア綱リゾビウム目に属する Beijerinckia，クロストリジウム綱クロストリジウム目に属する Clostridium，バシラス綱バシ

ラス目に属する Bacillus 枯草菌が挙げられます．

2000 年代後半になって Cardinale et al.（2006）はオーストリア山岳地帯に生育する 8 種の地衣類についてその細菌類の群落を遺伝子系統解析しました．その結果，フィルミクテス門 Firmicutes，アクチノバクテリア門 Actinobacteria，プロテオバクテリア門 Proteobacteria にわたる 25 の系統型を示す細菌類が確認されました．

さらに Cardinale et al.（2008）は Cladonia arbuscula subsp. arbuscula の In situ における各綱に属する細菌類の分布を調べ，その量的関係を確かめました．

図 15.17 に示すように地衣生細菌としてプロテオバクテリア門 Proteobacteria に属する α プロテオバクテリア綱 Alphaproteobacteria，β プロテオバクテリア綱 Betapoteobacteria，γ プロテオバクテリア綱 Gammaproteobacteria，アクチノバクテリア門 Actinobacteria（放線菌類）に属するアクチノバクテリア綱 Actinobacteria，フィルミクテス門 Firmicutes（グラム陽性菌類）に属するバシラス綱 Bacilli，アキドバクテリウム門 Acidobacteria（酸性土壌細菌類）に属するアキドバクテリウム綱 Acidobacteria が知られています．

18. 地衣生細菌の分布

Cardinale et al.（2008）は Cladonia arbuscula subsp. arbuscula における各綱細菌類の割合について調べました．

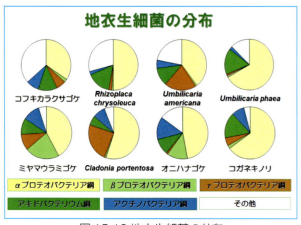

図 15.18 地衣生細菌の分布

図 15.18 に Bates et al.（2011）と Pankratov（2018）によって調査された地衣生細菌をまとめました．

Bates et al.（2011）は 4 種の地衣類（コフキカラクサゴケ Parmelia sulcata，Rhizoplaca chrysoleuca，Umbilicaria americana，U. phaea），一方，Pankratov（2018）は高山性の地衣類 4 種（オニハナゴケ Cladonia uncialis，C. portentosa，コガネキノリ Alectoria ochroleuca，ミヤマウラミゴケ Nephroma arcticum）について遺伝子解析によりその細菌類の分布を調べました．

図 15.18 によればいずれの種においても α プロテオバクテリア綱が最も多い結果となりました．この結果は Cardinale et al. が調べた Cladonia arbuscula subsp. arbuscula と一致しました．二番目に多い細菌類については種によって異なる結果となりました．地衣生細菌の分布は種特異的であると言えるでしょう．

しかし，今までの報告の多くは細菌類の存在を明らかにするだけで，共存細菌類と地衣菌や共生藻との関連について触れている報告はありません．これは今後の課題だと思います．

19. 地衣類のミクロなコンソーシアム－地衣生ウイルス－

図 15.19 に地衣類で見つかったウイルスを示します．ウイルスについては緒方他（2020），真菌生ウイルスについては千葉・鈴木（2014）に詳述されているのでそちらを参照ください．

Petrzik et al.（2013）は今までに細菌類やウイルスの中で地衣特異的な病原性は見られなかったとしました．また，約 15 の二本鎖 RNA ウイルスがユーロチウム菌綱の属する地衣類に知られ，他の二本鎖 RNA ウイルスや逆転写一本鎖 RNA ウイルスがクロイボタケ綱に属する地衣類に知られている一方で，緑藻類のウイルスは 1％以下，特に広範な地衣共生藻として知られているトレボキシア属やスミレモ属では全く報告されていないことを明らかにしました．

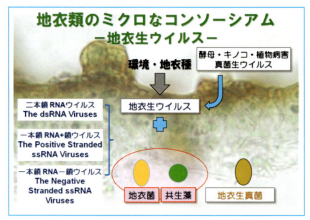

図 15.19 地衣類のミクロなコンソーシアム －地衣生ウイルス－

そこで，Petrzik et al.（2013）は岩上や樹皮上，蘚類上に生育する地衣類 71 標本から共生藻を分離培養し，サイトラブドウイルス Cytorhabdoviruses（植物を宿主とするウイルス）とリンゴモザイクウイルス Apple mosaic virus（AMV）の分布を調べました．その結果，Usnea chaetophora と Cladonia arbuscula subsp. arbuscula の共生藻にサイトラブドウイルス，U. hirta と Pseudevernia furfuracea の共生藻（Trebouxia jamesii）にリンゴモザイクウイルスの存在を確認しました．ただし，すべての標本からウイルスを確認したわけではなかったので，地衣生ウイルスの分布は地衣類の種類や地衣類が生育している環境に依存していると考えて差し支えないと思われます．

Petrzik et al.（2013）が示したように地衣生ウイルスは地衣特異的ではありません．酵母やキノコ，糸状菌，植物病原菌と共通のウイルスです．このことはウイルスが遺伝子の運び屋となって，地衣生真菌と地衣菌の間を

仲介した可能性があるということを示します．また，共生藻と非共生藻との間でも同じようなことが起きたことも示唆します．

　地衣菌や共生藻の中に太古に感染し，遺伝子に潜んだウイルスがいてもおかしくはありません．地衣類の進化にウイルスがどのように関係したのか今後の研究が楽しみです．

20．ヒメジョウゴゴケモドキ生ウイルス

　Urayama *et al.*（2020）は日本産のヒメジョウゴケモドキ *Cladonia subconistea* の RNA を解析しました．その結果を図 15.20 に示します．検出遺伝子群の中で占有率が最も高い値 43％を示したのはチャシブゴケ綱で，次に高い値を示したのは二つの系統からなる緑藻トレボキシア科 Trebouxiophyceae（合わせて 17％）でした．以下，シアノバクテリア Cyanobacteria，チャワンタケ亜門 Pezizomycotina，ズキンタケ綱 Leotiomycetes，蘚苔類 Bryophyta と続きました．

図 15.20 ヒメジョウゴゴケモドキ生ウイルス

　ウイルスの中で最も多かったのは二本鎖 RNA ウイルスであるパルティティウイルス科 Partitiviridae が 25％程度を占め，次いで二本鎖 RNA ウイルスであるトティウイルス科 Totiviridae，ボティビルナウイルス科 Botybirnaviridae と続きました．このように 1 個体の中にウイルス群落が存在していることが明らかになりました．

21．地衣類のミクロなコンソーシアム－非共生藻－

　図 15.21 に地衣類で見つかった非共生藻を示します．

図 15.21 地衣類のミクロなコンソーシアム－非共生藻－

地衣類に共生藻も含めた複数の藻類が共存することが明らかにされつつあります．複数の藻類が共生できるのかどうかについては議論が必要と思われます．

22．地衣類のトレボキシア属共生藻－分離培養解析－

　従来，地衣類を構成する共生藻は頭状体をもつ地衣類の場合を除き一つの種であるとされてきましたが，複数の種である可能性について幾つか報告がなされています．

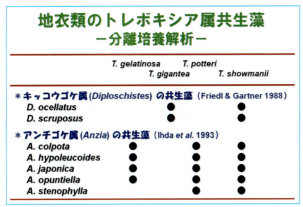

図 15.22 地衣類のトレボキシア属共生藻
－分離培養解析－

　例えば，Friedl & Gärtner（1988）は図 15.22 の表に示すようにキッコウゴケ属地衣類 2 種 *Diploschistes ocellatus* とハイイロキッコウゴケ *D. scruposus* に共生する緑藻トレボキシア属を調べ，いずれも *Trebouxia gigantea* および *T. showmanii* と共存していることを明らかにしました．また，Ihda *et al.*（1993）もアンチゴケ属地衣類に共生する緑藻トレボキシア属を調べ，4 種（アンチゴケモドキ *Anzia colpota* とセスジアンチゴケ *A. hypoleucoides*，サボテンアンチゴケ *A. japonica*，アンチゴケ *A. opuntiella*）はいずれもトレボキシア属 3 種（*T. gelatinosa* と *T. potteri*，*T. showmanii*）と，コアンチゴケ *A. stenophylla* はトレボキシア属 2 種（*T. potteri* と *T. showmanii*）と共存していることを明らかにしました．

　Friedl & Gärtner（1988）や Ihda *et al.*（1993）では地衣類から藻類を培養することで共生藻を明らかにしましたが，最近では分子系統解析によって共存する藻類を明らかにする試みがなされるようになりました．

　例えば，Del Campo *et al.*（2010）は培養と分子系統解析の両方法を用いて *Ramalina farinacea* に共生する緑藻トレボキシア属を調べ，両方法ともに二つのトレボキシア属藻類と共存していることを明らかにしました．

　地衣類に共生可能な藻類が複数存在すれば，その藻類の好みに応じた生育環境ではその藻類が主流となり，また別の生育環境ではそれに応じた藻類が選ばれるといった生存戦略が採用されることになります．

23．石膏上生地衣類の微細藻類分布－遺伝子解析－

　Moya *et al.*（2020）は石膏上生地衣類の微細藻類の分布を調べました．まず，石膏上に 5 種の地衣類，ツチノウエノキッコウゴケ *Diploschistes diacapsis*，*Acarospora nodulosa*，*A. placodiiformis*，*Rhizo-*

carpon malenconianum, Diplotomma rivas-martinezii を確認しました．その中の R. malenconianum はツチノウエノキッコウゴケ上生地衣類でした．

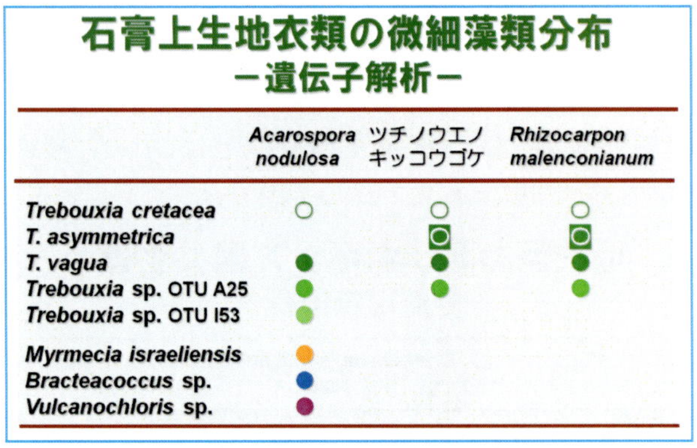

石膏上生地衣類の微細藻類分布 －遺伝子解析－

	Acarospora nodulosa	ツチノウエノ キッコウゴケ	Rhizocarpon malenconianum
Trebouxia cretacea	○	○	○
T. asymmetrica		◉	◉
T. vagua	●	●	●
Trebouxia sp. OTU A25	●	●	●
Trebouxia sp. OTU I53	●		
Myrmecia israeliensis	●		
Bracteacoccus sp.	●		
Vulcanochloris sp.	●		

図 15.23 石膏上生地衣類の微細藻類分布－遺伝子解析－

Moya et al.（2020）が 454-パイロシーケンシングを用いて A. nodulosa，ツチノウエノキッコウゴケ，R. malenconianum の 3 種の地衣類に内生する藻類を調べた結果を図 15.23 に示します．3 種の地衣類の共通藻類として Trebouxia cretacea，T. vagua，Trebouxia sp. OTU A25 の 3 種を確認し，ツチノウエノキッコウゴケと R. malenconianum の共通藻類として T. asymmetrica を確認しました．Trebouxia sp. OTU I53 と Myrmecia israeliensis，Bracteacoccus sp.，Vulcanochloris sp. の 4 種は A. nodulosa にのみ確認されました．それぞれの地衣類に複数の藻類が共存していることが明らかになりました．

文 献

Acharius E. 1795. Nya och mindre kaenda Svenska Lafarter, beskrifne (V:te Fortsaettning). Kongl. Vetenskaps Academiens, Nya Handlingar 1795: 207-215.

朝比奈泰彦. 1928. 蕾軒独語（其二十二）. J. Jpn. Bot. 5: 210-211.【3263】

Bates S.T., Cropsey G.W.G., Caporaso J.G., Knight R. & Fierer N. 2011. Bacterial communities associated with the lichen symbiosis. Appl. Environ. Microbiol. 77: 1309-1314.【3714】

Del Campo, E.M., Gimeno J., de Nova J.P.G., Casano L.M., Gasulla F., García-Breijo F., Reig-Armiñana J. & Barreno E. 2010. South European populations of Ramalina farinacea (L.) Ach. share different Trebouxia algae. Bibl. Lichenol. 105: 247-256.【3746】

Cardinale M., Müller H., Berg G., de Castro J. & Grube M. 2008. In situ analysis of the bacterial community associated with the reindeer lichen Cladonia arbuscula reveals predominance of Alphaproteobacteria. FEMS Microbiol. Ecol. 66: 63-71.【3710】

Cardinale M., Puglia A.M. & Grube M. 2006. Molecular analysis of lichen-associated bacterial communities. FEMS Microbiol. Ecol. 57: 484-495.【3743】

Černajová I. & Škaloud P. 2019. The first survey of Cystobasidiomycete yeasts in the lichen genus Cladonia; with the description of Lichenozyma pisutiana gen. nov., sp. nov. Fungal Biology 123: 625-637.【3722】

千葉壮太郎・鈴木信弘. 2014. 多様性に満ちた菌類の 2 本鎖 RNA ウイルス. ウイルス 64: 225-238.【3703】

Diederich P. & Christiansen M.S. 1994. Biatropsis usnearum Räsänen, and other heterobasidiomycetes on Usnea. Lichenologist 26: 47-66.【3731】

Diederich P., Lawrey J.D. & Ertz D. 2018. The 2018 classification and checklist of lichenicolous fungi, with 2000 nonlichenized, obligately lichenicolous taxa. Bryologist 121: 340-425.【3738】

Dillenius J.J. 1742. Historia Muscorum. Sheldonian Theatre, Oxford.

Friedl T. & Gärtner G. 1988. Trebouxia (Pleurastrales, Chlorophyta) as a phycobiont in the lichen genus Diploschistes. Arch. Protistenkd. 135: 147-158.【4107】

Grube M. & Berg G. 2009. Microbial consortia of bacteria and fungi with focus on the lichen symbiosis. Fungal Biol. Reviews 23: 72-85.【3716】

原田浩. 1996. キッコウゴケ属の一種 Diploschistes muscorum (Scop.) R.Sant. 長野県に産す. ライケン 9(3): 6-7.【1574】

Harada H., Okamoto T. & Yoshimura I. 2004. A checklist of lichens and lichen-allies of Japan. Lichenology 2: 47-65.【0946】

Hawksworth D.L. 1988. The variety of fungal-algal symbioses, their evolutionary significance, and the nature of lichens. Bot. J. Linn. Soc. 96: 3-20.【3704】

Ihda T., Nakano T., Yoshimura I. & Iwatsuki Z. 1993. Phycobionts isolated from Japanese species of Anzia (Lichenes). Arch. Protistenkd. 143: 163-172.【0841】

Kawakami H., Suzuki C., Yamaguchi H., Hara K., Komine M. & Yamamoto Y. 2019. Norlichexanthone produced by cultured endolichenic fungus induced from Pertusaria laeviganda and its antioxidant activity. Biosci. Biotech. Biochem. 83: 996-999.【3700】

Lawrey J.D. & Diederich P. 2003. Lichenicolous fungi: Interactions, evolution, and biodiversity. Bryologist 106: 80-120.【3705】

Lawrey J.D., Diederich P., Sikaroodi M. & Gillevet P.M. 2008. Remarkable nutritional diversity of basidiomycetes in the Corticiales, including a new foliicolous species of *Marchandiomyces* (Anamorphic Basidiomycota, Corticiaceae) from Australia. Am. J. Bot. 95: 816-823.【3735】

Moya P., Molins A., Chiva S., Bastida J. & Barreno E. 2020. Symbiotic microalgal diversity within lichenicolous lichens and crustose hosts on Iberian Peninsula gypsum biocrusts. Sci. Rep. 10: 14060.【3718】

Newbery F. (ed) 2000. Lichenicolous fungi occurring on *Xanthoria parietina* in the United Kingdom. 20 pp. British Lichen Society.【3697】

緒方靖哉・西山孝・土居克実. 2020. 改訂 ウイルス分類 話題のウイルスの知見と動向. 化学と生物 58: 20-33.【3745】

Pankratov T.A. 2018. Bacterial complexes of Khibiny Mountains lichens revealed in *Cladonia uncialis*, *C. portentosa*, *Alectoria ochroleuca*, and *Nephroma arcticum*. Microbiology 87: 79-88.【3717】

Poelt J. & Dopplebaur H. 1956. Über parasitische Flechten. Planta 46: 467-480.

Petrzik K., Vondrák J., Barták M., Peksa O. & Kubešová O. 2013. Lichens—a new source or yet unknown host of herbaceous plant viruses? Eur. J. Plant Pathol. 138: 549-559.【3744】

Spribille T., Tuovinen V., Resl P., Vanderpool D., Wolinski H., Aime M.C., Schneider K., Stabentheiner E., Toome-Heller M., Thor G., Mayrhofer H., Johannesson H. & McCutcheon J.P. 2016. Basidiomycete yeasts in the cortex of ascomycete macrolichens. Science 353: 488-492.【3721】

Tripathi M. & Joshi Y. 2019. Endolichenic Fungi: Present and Future Trends, 180 pp. Singapore, Springer.【3699】

Urayama S., Doi N., Kondo F., Chiba Y., Takaki Y., Hirai M., Minegishi Y., Hagiwara D. & Nunoura T. 2020. Diverged and active Partitiviruses in lichen. Front. Microbiol. 2020: 561344.【3702】

Velmala S., Myllys L., Halonen P., Goward T. & Ahti T. 2009. Molecular data show that *Bryoria fremontii* and *B. tortuosa* (Parmeliaceae) are conspecific. Lichenologist 41: 231-242.【3732】

Wang Q.-X., Bao L., Yang X.-L., Guo H., Yang R.-N., Biao Ren B., Zhang L.-X., Dai H.-Q., Guo L.-D. & Liu H.-W. 2012. Polyketides with antimicrobial activity from the solid culture of an endolichenic fungus *Ulocladium* sp. Fitoterapia 83: 209-214.【3720】

Wethalawe A.N., Alwis Y.V., Udukala D.N. & Paranagama P.A. 2021. Antimicrobial compounds isolated from endolichenic fungi: A review. Molecules 26: 3901.【3708】

山本好和. 2020.「木毛」ウォッチングの手引き 上級編 日本の地衣類-日本産地衣類の全国産地目録-, 280 pp. 三恵社, 名古屋.

Zhurbenko M.P., Frisch A., Ohmura Y. & Thor G. 2015. Lichenicolous fungi from Japan and Korea: new species, new records and a first synopsis for Japan. Herzogia 28: 762-789.【3729】

付章 日本の地衣学の歴史

本章では研究報告から離れて，日本の地衣学の発展の歴史を主に紹介します．日本地衣学の歴史は佐藤（1934ab）が2編にわたって綴っていますし，生駒（2002）もまとめています．また，特に三好と朝比奈については牧野（1929）が言及しています．

1. 日本の地衣学の歴史－分類学の歴史－

日本の地衣学の歴史の始まりは地衣分類学の歴史の始まりと言っていいでしょう（図16.1）．

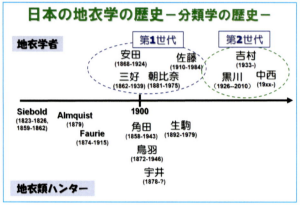

図16.1 日本の地衣学の歴史－分類学の歴史－

日本の地衣学の始まりは19世紀になって来日した外国人による地衣類の採集によるものでした．日本で初めての地衣類ハンターです．SieboldやAlmquist, Faurieはその代表的な人たちです．次項で詳しく述べます．彼ら以外に日本で地衣類を採集した外国人がいます．例えば，札幌農学校（現北海道大学農学部）に赴任したClark（1876～1877年在日）がいます．彼が採集した42の地衣類標本は米国の地衣学者Tuckermanに送られ同定されました．中に彼の名前を冠したクラークゴケ *Nephromopsis endocrocea* f. *clarkii* があります．現在北海道大学総合博物館に収納されています（朝比奈1929）．また，生野鉱山に雇われたフランス人医師Henon（1872～1880年在日）は生野鉱山周辺で採集した32の地衣類標本をドイツの地衣学者Müllerに送りました．Müller（1879）の報告の中にタイプ標本となった地衣類も存在します．

1900年前後になって初めて日本人による本格的な地衣類採集が行われ，最初は海外の地衣研究者の手を借り，その後は自力で日本産の地衣類の同定が行えるようになりました．三好学，安田篤，朝比奈泰彦，佐藤正己はその代表的な人たちです．中でも朝比奈は日本地衣学の祖と言ってもいい存在です．彼らは自分でも採集に出かけましたが，地方にまた自分の周囲に手足となって働いてくれる地衣類ハンターがいました．角田金五郎，鳥羽源蔵，宇井縫蔵，生駒義博がその代表的な人たちです．

朝比奈たち第一世代から薫陶を受けた人たちが戦後の日本の地衣学の発展に大いに寄与しました．黒川逍，吉村庸，中西稔はその代表的な人たちです．

2. 日本の地衣学の先駆者（外国人）

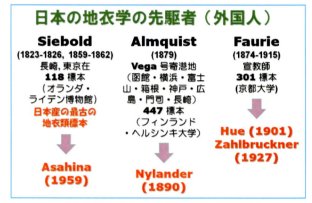

図16.2 日本の地衣学の先駆者（外国人）

Siebold（1796-1866）はドイツで生まれ，医学者を志してヴュルツブルク大学に入学，医学ばかりでなく動物学，植物学，民族学などを学びました．大学を卒業後，オランダの陸軍軍医となり，日本に派遣されました．

Sieboldは1823年から1826年，1859年から1862年の2回，日本に滞在しました．最初は長崎出島に寓居し，二度目は東京（江戸）にも住みました．1826年に江戸を初めて訪問し，旅の途中で植物や動物の採取をしました．その標本を欧州に持ち帰り，日本についての本格的な研究書である「日本」や日本の植物・動物を紹介する「日本植物誌」と「日本動物誌」を出版しました．Sieboldが収集した地衣類標本（後述）は118点，日本最古の地衣類標本としてオランダのライデン博物館に収められています（図16.2の左）．

Almquist（1852-1946）はスウェーデンの医師でもあり，また細菌学者，探検家でもありました．彼は1878年から1880年にかけてヴェガ号の航海に医師として参加し，傍ら植物学者，地衣学者として多くの標本を採集しました．ヴェガ号は北極回り航路を開拓し，日本を経由して，東南アジアからインド洋，スエズ運河を通り地中海からスウェーデンに帰国しました．ヴェガ号の航海についてはノルデンシェルド（著）・小川たかし（訳）のヴェガ号航海誌を参照してください．Almquistは日本の函館，横浜，富士山，箱根，神戸，讃岐広島，門司，長崎で地衣類の採集を行っています．採集した447点の地衣類標本はフィンランド・ヘルシンキ大学の博物館に収められ，そのほとんどはNylander（1890）によって発表されました．その中に多くの新種が含まれています（図16.2の中央）．

Faurie（1847-1915）はパリ外国宣教所属のフランス人宣教師です．1873年に来日し，布教活動の傍ら植物や地衣類の採集を行いました．その足跡は国内では主に新潟，東京，札幌，函館，青森，海外では朝鮮半島，ハワイ諸島，樺太に及び，死地台湾に至ります．標本は生前に彼の母国フランスに送られ，その一部がHue

（1901）によって発表されました．彼の死後，標本の多くは京都大学に寄贈されています（永益1997）．京都大学には地衣類標本301点が収納されています．Faurie標本の多くはZahlbruckner（1916，1927）によって発表されました（図16.2の右）．Faurieの足跡は木梨（1932）によって詳述されました．

3. 日本産の最古の標本群－Siebold保管118標本－

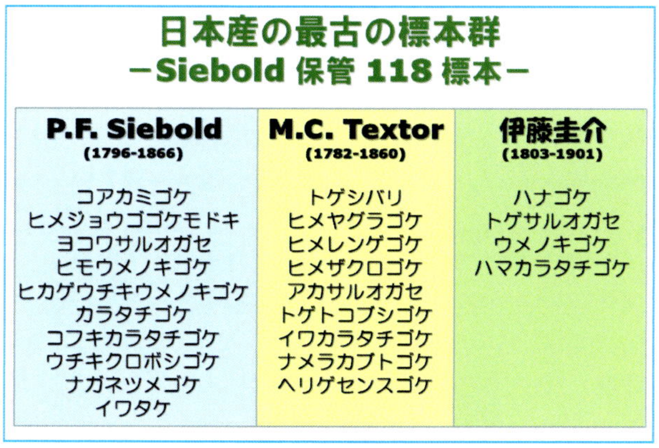

図16.3 日本産の最古の標本群
－Siebold保管118標本－

Asahina（1959）はSiebold標本同定の経緯を以下のように紹介しました．

1958年3月，オランダのライデン博物館より，佐藤正己氏宛に手紙が来ました．それはSieboldにより収集された139点の標本（地衣類118点と蘚苔類21点）について，興味ある学者に貸し出す準備が整っていることを知らせるものでした．佐藤正己はもちろん快諾し，同年6月に標本が日本に到着しました．地衣類標本の同定は朝比奈泰彦，蘚苔類標本は服部新佐，全体のマネージメントとライデン博物館とのやり取りは佐藤正己と大体の分担が決められました．

ライデン博物館から送られてきた標本の採集者の内訳はSieboldが地衣類71点，蘚苔類12点，Textorが地衣類42点，蘚苔類9点，伊藤圭介が地衣類4点，Pompeが地衣類1点でした．Siebold採集品は実際の助手であったBürgerがSieboldの江戸参府に従って採集したものと思われます．Textorは1843年から1845年まで出島に滞在し，植物の調査収集を行いました．図16.3に挙げた地衣類標本9点はこの間に採集したものと思われます．また，伊藤圭介は1826年初めてSieboldに出会い，1827年の半年間，長崎に滞在しました．彼が採集した地衣類標本4点は長崎滞在時に採集したものと思われます．伊藤が採集した地衣類の標本が日本人による採集でかつ記録，保存された地衣類の標本として最古のものであろうと思います．

Asahina（1959）はSiebold保管標本のほとんどが暖温帯で採集されたものであり，私たちにとっては見慣れた種類であることから，Sieboldたちが厳しい監督下に置かれていたものと推定しました．

Siebold保管標本は1850年以前のものであり，保存されている地衣類標本としては日本最古の標本です．もしより早期に同定が行われていたならばタイプ標本となったものもあったかもしれません．

4. 日本産新種として発表されたAlmquistやFaurieの主なタイプ標本

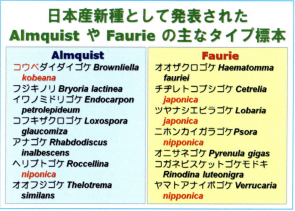

図16.4 日本産新種として発表されたAlmquistやFaurieの主なタイプ標本

図16.4の表にAlmquistやFaurieにより採集され，日本産新種として発表された主なタイプ標本を示します．

Almquist採集のタイプ標本で気づくのは痂状地衣類がほとんどであることです．これはAlmquistが箱根と富士山以外では主として平地を採集場所としているためと思われます．また，当時痂状地衣類の採集や調査が進んでいなかったためかもしれません．

一方，Faurieのタイプ標本には葉状地衣類も含まれ，多様です．Faurieの方が長く日本に滞在していたこと，また，日本各地で採集を行ったことが理由です．ちなみに日本産の地衣類で学名にFaurieに由来する「fauriei」が付けられているのはオオザクロゴケ Haematomma fauriei だけです．

5. 日本の地衣学の先駆者（日本人）

1900年以前は外国人の地衣類ハンターの時代でしたが，日本人の中で地衣類に興味を持つ植物学者が現れました（図16.5）．

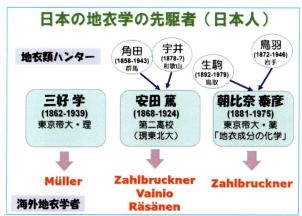

図16.5 日本の地衣学の先駆者（日本人）

1877年東京帝国大学理学部植物学教室の初代教授となった矢田部良吉（1851-1899）が文字通り日本地衣学の草分け的存在でした．矢田部の門下生に三好学がいました．残念ながら矢田部は1890年一片の通達によって休職となり，植物学から隠退せざるを得なくなりました．

三好学（1862-1939）は1889年東京帝国大学を卒業

しました．卒業論文は日本産地衣類の分類に関するものでした．三好は卒業後大学院に進学，外国留学を経て，1895年東京帝国大学理学部第2植物学教室（新設）の初代教授となりました．彼は1888年から1890年にかけて植物学雑誌に「ライケン通説」と題した手引書を20報寄稿しました．これが日本での初めての地衣類に関する総説となります．三好は1887年に和歌山県の植物調査報告を植物学雑誌に寄稿しました．そこに那智山で採集したイヌツメゴケ *Peltigera canina* と *Baeomyces* sp. を挙げています．恐らく，日本人が独力で日本産の地衣類を同定した初めての例ではないかと思われます．三好は矢田部を通してスイスの地衣学者，Müllerに163点の地衣類標本を送り，118点が同定され，Müllerによって発表されました（Müller 1891）．新種として発表された中に矢田部と三好のそれぞれの名前を冠した種，テリハヨロイゴケ *Sticta yatabeana*（→ *S. nylanderiana*）とアツバヨロイゴケ *Sticta miyosiana*（→ *S. wrightii*）がありました．この経緯を三好が報告しています（三好1891）．

矢田部は三好採集の標本をMüllerに送った後，自分の標本（ただし，すべて矢田部採集かどうかについては疑念があります）もMüllerに送り同定を依頼しました．Müllerは115点の標本の同定結果についても発表しました（Müller 1892）．

どちらも植物学では偉大な業績をのこしている矢田部と三好がどのような理由で地衣類に興味をもったのか知るすべがありません．三好（1890）の『信州の御嶽にて地衣植物採集の記』で三好は「予が専攻する所の地衣植物」と書いているので，当時はライフワーク的な意味があったように思えます．しかし，三好の地衣類に関する論文は1891年を最後としています．これ以後採集もないようです．興味が失われたのでしょうか．牧野はその論考（1929）で筆者と同様の感想どころか強い非難を浴びせています．

松村（1904）が編纂した「帝国植物図鑑上巻隠花部」に日本産地衣類563種が挙げられ，日本初の地衣類一覧となりました．

三好の後の日本の地衣学の暗黒期を止めたのは松村や三好の教え子である安田篤（1868-1924）でした．安田は1895年東京帝国大学を卒業し，1897年第二高等学校講師（同年教授）として仙台に赴任しました．安田は菌類研究から始めましたが，1915年に地衣類に関する最初の報告を植物学雑誌に発表しました（安田1915）．また，標本を海外の地衣学者，オーストリアのZahlbrucknerやフィンランドのVainioに送り，彼らは安田から送られた標本を基にそれぞれ論文を発表しました（Zahlbruckner 1916，Vainio 1918，1921）．

安田の手元に日本各地の地衣類ハンター（例えば，群馬県の角田金五郎氏，和歌山県の宇井縫蔵氏，鳥取県の生駒義博氏）から標本が届けられたことも特筆すべきことと思います．

しかし，1924年に安田は急逝し，その後安田の業績を朝比奈泰彦氏が「日本産地衣類図説」としてまとめ出版しました（安田1925）．また，後にその標本を基にRäsänen（1940ab）が論文を発表しました．

朝比奈泰彦（1881-1975）は東京帝国大学医学部薬学科を卒業し，1912年に生薬学教室の教授になりました．朝比奈が地衣類を研究材料とするきっかけは牧野（1929）が書いているように薬学的な関心だったと思われます．地衣類の成分を検討していくとき，その地衣類の種名を知りたくなり，最初はその標本をZahlbrucknerに送っていたようですが，遂にそれにあきたらず，薬学と地衣分類学の二足のわらじを履くことになったと思います．Zahlbrucknerは朝比奈の標本を基に論文を発表しました（Zahlbruckner 1927，朝比奈1927）．筆者が思うに最初，朝比奈は地衣類の同定を安田に依頼するつもりだったのが安田の急死によってそれが不可能になり，また日本の地衣学の現状を見ていられなくなったのでしょう．1925年植物研究雑誌に「蕾軒独語」の寄稿が始まったのもその意の現れと思います．

朝比奈はその長い生涯にわたり，多くの人たちを地衣類のとりこにさせました．直接的あるいは間接的に指導に関わった人たち（例えば，黒川逍や吉村庸），また，地衣類ハンターとして養成した人たち（例えば，鳥羽源蔵や生駒義博）が日本各地に誕生し，地衣類の認識が波及しました．朝比奈の業績は人を育てたばかりではありません．地衣類に関する書籍や報告を著し，地衣類の知識を広く普及させたことも業績の一つです．先ほどの「蕾軒独語」シリーズ，1933年から「地衣類雑記」シリーズを植物研究雑誌に寄稿し，さらに書籍として，分類の分野で日本隠花植物図鑑 地衣類（朝比奈・佐藤1939），日本之地衣 ハナゴケ属（朝比奈1950），ウメノキゴケ属（朝比奈1952），サルオガセ属（朝比奈1956）を世に送り出しました．また，専門の化学分野で地衣成分の化学（朝比奈・柴田1949）を出版し，これは英訳もされて世界の地衣学者の地衣成分に関するバイブルとなりました．

6. 日本の地衣類に関する学会等の歴史

1961年10月，日本植物学会大会での関連集会として蘚苔類研究者と地衣類研究者が一堂に会して「コケの会」（正式名称は「コケ学徒の集い」）が作られました．第1回会合の写真に地衣類研究者として朝比奈泰彦，佐藤正己，布真理子の各氏とCulberson夫妻が写っています．

図16.6に示すように，1972年，蘚苔類研究者が独自に蘚苔類学会を創設することになり，それに伴い，地衣

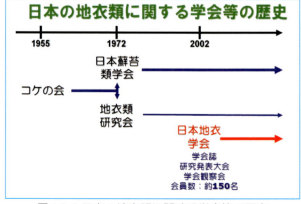

図16.6 日本の地衣類に関する学会等の歴史

類研究者は地衣類研究会を作ることになりました．

2002年，地衣類に関する独自の学術雑誌や研究発表会がないことを憂いた地衣類研究者有志が集まって，日本地衣学会を創設しました．初代会長に吉村庸氏が選出されました．日本地衣学会は学会誌「Lichenology」の年2回刊行と毎年の研究発表大会，学会観察会を行っています．現在の会員数は約150名です．

7. 日本地衣学会第1回大会研究発表演題

図16.7の表に日本地衣学会の第1回大会（2002年，神戸薬科大学）における研究発表の演題を挙げます．

研究発表は系統分類，地衣類相，人工栽培，環境耐性，成分産生，染色，物質変換と地衣学の基礎から応用に至る幅広い分野にわたっています．このように多様な分野の研究発表がなされていることに日本地衣学会の特徴が現れていると思います．このような傾向はその後の大会における研究発表でも続いています．

日本地衣学会第1回大会研究発表演題

日本産ヨロイゴケ属の分類学的研究	Phaeographis sp. より単離した地衣菌が顕著に生産する芳香族成分
アンチゴケ属の分子系統	Haematomma sp. より単離した地衣菌が生産する赤色色素
横倉山（高知県）の地衣類相	地衣菌 Graphis spp. の生産する graphislactone 類について
栃木県栗山村風穴地の地衣類	地衣菌 Cladonia cristatella による色素の培養生産と得られた色素による絹の染色
葉状地衣類数種の生長量とその計測方法について	
地衣類の促成栽培技術の開発に関する研究	
銅性地衣菌の重金属ストレス	地衣酸による光合成電子伝達阻害—植物種による感受性の違い
マイクロPIXEを用いた地衣類へのCoの吸着挙動の解明	地衣類を利用した有用物質変換
日本産地衣類におけるジジム酸クモシンドロームについて	イオウゴケの液体培養による香料のバイオトランスフォーメーション

図16.7 日本地衣学会第1回大会研究発表演題

8. 最近の国内における博士号取得者

最近の国内における博士号取得者

年	氏名/大学	論文題目
2023	池田 雅志 北海道大学	Organic geochemical study on the life history of lichen and fungi: Search for the molecular fossils and the reconstruction of fungal flora evolution
2020	升本 宙 筑波大学	Taxonomic studies on lichenized Basidiomycetes and their photobionts in Japan: towards the establishment of a model co-culture system of lichen symbiosis
2019	吉野 花奈美 千葉大学	地衣類を構成する子嚢菌類におけるポリオールの輸送および代謝に関する基礎的研究
2017	綿貫 攻 秋田県立大学	広義スミイボゴケ属 Buellia s. lat. 地衣類の分類体系の確立
2016	末岡 裕理 愛媛大学	Lichen-substratum interactions at abandoned mine sites in southwest Japan
2014	坂入 歩美 秋田県立大学	日本産リトマスゴケ科地衣類の分類学的研究—樹皮着生及び岩上生種—
	高萩 敏和 秋田県立大学	地衣共生藻の分離培養法の確立と地衣成分による光合成阻害

図16.8 最近の国内における博士号取得者

図16.8の表に最近の国内における地衣類を材料とする7名の博士号取得者をまとめました．表には取得年，授与大学および博士論文題目も載せてあります．以下に博士号取得者から提供頂いた博士論文要旨（句読点以外は原文のまま）を掲載します．また，提供頂いた博士論文関連文献についても文献欄に掲載します．

池田雅志氏の博士論文の題目は「Organic geochemical study on the life history of lichen and fungi: Search for the molecular fossils and the reconstruction of fungal flora evolution（地衣類・菌類の有機地球化学的手法による地球生命史研究：分子化石の探索と菌類フロラの変遷史復元）」です．関連文献は池田他（2021），Ikeda et al.（2021，2023）です．論文要旨は以下の通りです．

本研究では，保存バイアスの影響を受けやすい地衣類体化石に代わる地衣類分子化石（生物起源有機分子：バイオマーカー）の検討や菌類フロラを復元するための指標を開発し，地衣類・菌類の進化史の解読に新たな視点からアプローチすることを目指した．現生の地衣類試料を用いたバイオマーカー候補の探索では，多くの試料からアルケンが顕著に検出され，その組成は共生藻の種に大きく影響を受けていることが推察された．これらの化合物が保存されうる近過去の堆積物においては地衣類バイオマーカーとして利用できる可能性が示唆された．また，試料からは含酸素芳香族化合物やジベンゾフラン類も検出された．特にジベンジフラン類は堆積岩中からも検出される．地衣類起源のジベンゾフラン類の多くは1位にアルキル鎖を有するため，1-メチルジベンゾフラン(1-MDBF)を用いた地衣類指標の検討を環境攪乱イベントとして知られている白亜紀海洋無酸素事変(OAE)2期の堆積岩試料を用いて行った．堆積岩試料は北海道とカリフォルニア州の2地点で採取され，バイオマーカー分析および菌類パリノモルフ（有機質微化石）分析から植生と菌類・地衣類の変動を復元した．環境攪乱期における植生の変化は地域によって異なり，菌類の変動は気候変動に強く影響を受けていることが示された．特に，寒冷化イベント（Plenus Cold Event）が発生した層準では，陸上生態系の減衰に対して強い耐性を示した地衣類が相対的に増大した可能性が示唆された．また，芳香族フラン類を用いた地衣類トレーサーとしての分子化石の適用を検討するために，グリーンランド北西部に分布する中原生界堆積岩での検討も行った．頁岩からは複数の芳香族フランが検出された．高熟成の堆積岩においてはジベンゾフランのアルキル鎖はメチルシフトによって起源物質の情報が失われていることが考えられるが，熟成度とアルキルジベンゾフランの異性体比が熟成度の変化と連動しないことから，熟成度の影響よりも，堆積当時の起源物質の寄与の変化に強く影響を受けていることが推察された．パリノモルフ分析による微化石群集の変化から陸源のインプットが高い層準ほど芳香族フラン類の濃度が高く，TOC（全有機炭素）とは逆のトレンドをとった．これらの起源については議論の余地があるものの，本試料においては芳香族フラン構造をもともと持つ化合物，ひいては特定の地衣類などの真の初期陸上生命に由来する可能性がある．

升本宙氏の博士論文の題目は「Taxonomic studies on lichenized Basidiomycetes and their photobionts in Japan: Towards the establishment of a model co-culture system of lichen symbiosis（日本産地衣化担子菌類およびそれらの共生藻の分類学的研究：地衣共生のモデル共培養系の確立に向けて）」です．論文要旨は以下の通りです．

既知の菌類の約20%は緑藻や藍藻（シアノバクテリ

ア）などの微細藻類と共生し，菌糸と藻類細胞で構成される地衣体という特殊な構造を形成する．こうした菌類は地衣化菌類と呼ばれ，藻類と地衣共生を営む能力は子嚢菌門と担子菌門の複数系統において独立に複数回獲得されてきたことが知られている．しかし，地衣共生が成立する分子メカニズムの詳細は未だ明らかにされていない．その理由として，地衣化菌類は一般に培養が困難であり，実験室内での地衣共生の再現が容易ではないため，実験室条件下で地衣共生を詳細に研究するためのモデルとなる共培養系が長らく確立していなかったことが挙げられる．そこで本研究では，地衣体の構造が比較的単純かつ微小である担子菌門の地衣化菌類（地衣化担子菌類）に注目した．そして，日本各地で様々な地衣化担子菌類を探索し，菌類および共生藻の分離，培養，同定を行い，菌類側の生育が比較的早い共生系を対象に実験室条件下で地衣共生が安定的に再現される共培養条件を探索し，地衣共生機構を解明するためのモデルとなる共培養系の確立を目指した．本研究では計5属9種（1新属新種，1新種，2新産種を含む）の試料が得られ，これらについて共生菌と共生藻の培養株確立をそれぞれ試みた．菌株が確立された地衣化担子菌類の中から，最も生育の速かった *Multiclavula mucida* に着目し，その共生藻である *Elliptochloris subsphaerica* との共培養を行い，地衣体の形成が誘導される培養条件を探索した．その結果，コーンミール寒天培地を用いて両者を共培養した場合にのみ，菌糸が藻類細胞を取り囲んで地衣体を形成することが判明した．興味深いことに，同培養条件下において単独培養された藻類細胞では葉緑体がほとんど発達していなかったのに対し，同培養条件下での共培養で地衣体形成が誘導された藻類細胞では葉緑体が顕著に発達していた．このことから，菌類から藻類へ何らかの物質や共生のシグナルが供給された結果，藻類の代謝が生理的に変化した可能性が示唆された．また，同属別種の藻類を用いた場合には不完全な地衣体形成が見られた．このことは，菌類が共生相手の藻類を種レベルで認識している可能性を示している．以上の結果から，本研究で確立した *M. mucida-E. subsphaerica* 共培養系は地衣共生の分子メカニズムの解明に有用なモデルとなることが期待される．

吉野花奈美氏の博士論文の題目は「地衣類を構成する子嚢菌類におけるポリオールの輸送および代謝に関する基礎的研究」です．関連文献は Yoshino *et al.* 2019ab, 2020 です．論文要旨は以下の通りです．

地衣類は主に子嚢菌と緑藻との共生体であり，陸上生態系で普遍的に繁栄する最も成功した共生の一つである．子嚢菌類にとって，地衣化する最大のメリットは緑藻から炭素源となるポリオールを供給される点にあると考えられる．よってポリオールの輸送や代謝機構は，地衣化する子嚢菌類が緑藻との共生関係を維持し，生存・繁殖していくための重要基盤である．そこで本研究では，子嚢菌類におけるポリオールの輸送や代謝が地衣化によって優位性や独自性を有しているのではないかと仮説を立て検証した．まず地衣化する，しないに関わらず子嚢菌類全体のポリオール輸送体を分子系統学的に解析した結果，幅広い分類群においてポリオール輸送体が保存されていた．さらに地衣化する子嚢菌類に注目すると，Lecanoromycetes ではポリオール輸送体遺伝子が増加している傾向が見られた．Lecanoromycetes は緑藻との最長の共生期間を経て，最も多様化している分類群である．したがって，これらの遺伝子重複が緑藻との共生関係を強化しているのではないかと考えられる．次に，子嚢菌類のポリオールの代謝能力について，地衣化する子嚢菌類ではポリオールの高い資化性が示された．一方，地衣化しない子嚢菌類は4綱に属する種でポリオールの代謝能力が確認されたものの，資化できるポリオールの種類や能力には差があり，特にリビトールの資化性は多くの子嚢菌類が失っていた．以上より，地衣化する子嚢菌類ではポリオール輸送体遺伝子の重複やポリオール代謝機構の保存による優位性または独自性を有している可能性が示唆された．

末岡裕理氏の博士論文の題目は「Lichen-substratum interactions at abandoned mine sites in southwest Japan（西南日本の廃止鉱山における地衣類-生育基盤相互作用）」です．関連文献は Sueoka Y. & Sakakibara（2013），Sueoka *et al.*（2015，2016）です．論文要旨は以下の通りです．

本研究の目的は，（1）地衣が着生するスラグの風化過程における重金属の挙動解明，（2）地衣体内の微小領域における重金属分布の解明，（3）樹状地衣およびその生育基盤の重金属濃度相関の解明，および（4）地衣類の土壌重金属汚染環境指標としての有用性および実用性の評価，である．

本研究の成果は以下の4点にまとめられる．

（1）調査地域の廃止鉱山残土堆積場に放置されるスラグは，主に珪亜鉛鉱および鉄かんらん石によって構成され，金属，合金や硫化物相からなるマットドロップを含有する．これらスラグ構成相は，珪亜鉛鉱＞マットドロップ≫鉄かんらん石の順に風化しやすく，最終的に鉄水酸化物へと変質する．スラグの重金属は，無機風化作用に加えて，地衣成分および菌糸の貫入による生物学的風化過程において主要構成相から溶脱する．

（2）地衣－スラグ境界において，重金属は地衣樹状体に相対的に濃集する．この樹状体において，Cu および Zn は髄層菌糸細胞内に，Fe および As は髄層菌糸表面の非結晶質もしくは低結晶性物質に濃集している．これは，風化過程において溶脱した重金属が地衣類に吸収もしくは吸着されたことを示唆している．

（3）キゴケの Cu，Zn および Pb 濃度は，生育基盤のそれと統計学的に正の相関を示し，ハナゴケ科地衣の Cu，Zn，As および Pb の濃度は，種に関係なく生育基盤のそれらと統計学的に正の相関を示す．

（4）調査地域における地衣類の平均重金属濃度分布図は，Cu，Zn および As において土壌のそれと類似する分布を示した．より広範囲を対象とした西南日本地域における樹状地衣（キゴケ，ヒメジョウゴゴケ，ヒメレンゲゴケ，ショクダイゴケ，ヤグラゴケ，マダラヤグラゴケ，ササクレマタゴケ，コアカミゴケおよびハナゴケ）の平均重金属濃度分布図は，Cu，Zn および As において土壌汚染

を正確に示唆した.

したがって,本研究は種の限定をすることなく,樹状地衣が土壌の Cu, Zn および As 汚染の環境指標生物としての実用可能性を有していることを示唆している.

高萩敏和氏の博士論文の題目は「地衣共生藻の分離培養法の確立と地衣成分による光合成阻害」です.関連文献は Endo et al.(1998), Takahagi et al.(2002, 2006, 2008) です.論文要旨は以下の通りです.

地衣成分のはたらきについては,実験室内で他の生物(藻類,菌類,植物,微生物など)の生長への影響について多く研究されてきた.特に関心を持ったのは,近接して生育する藻類,蘚苔類,高等植物などの光合成への影響である.本研究では,地衣成分の光合成電子伝達系に対する影響を調べるため,先ず地衣培養組織を用いた地衣共生藻の分離培養法を確立し,次にチラコイド膜での人工的電子伝達系を作成し,barbatic acid について PAM 蛍光測定装置を用いた光合成阻害実験を行い,クロロフィル蛍光のパラメーターである$(Fm'-F)/Fm'$と$(Fm-Fo)/Fm$ が,それぞれ $P680$ の還元側と酸化側の PSII 阻害の指標となること,また阻害部位について還元側では $P680$ の下流の QB だけでなく QA も少し阻害を受けること,酸化側では Yz(チロシン残基)が阻害を受けることを明らかにした.次に atrazine 耐性タバコ細胞の実験より barbatic acid による阻害様式はフェノール系の除草剤と同じである可能性を初めて示した.さらに地衣共生藻と他の植物種の間での地衣成分による阻害について,チラコイドレベルでは,はっきりした違いは見られなかった.それに対し細胞レベルでは,他の植物種については相当レベルの阻害が見られたが,地衣共生藻ではほとんど阻害を示さないことを明らかにした.このことから,地衣共生藻の細胞膜或いは葉緑体包膜で地衣成分に対してそれを排除または解毒する仕組みがあることが予想され,地衣類の二次代謝産物である地衣成分が近接して生育する他の植物種に対してその生育を阻害するアレロパシー様物質としての可能性が示唆された.ただ,地衣成分の疎水的な性質から地衣体から放出され土壌に高い濃度で集積すると考えるより,地衣体の表面や岩屑などに集積し地衣体の上で発芽したり,地衣体の近くで生育したりする藻類や苔類などの光合成生物の生育を阻害するとする方が妥当性は高い.この「微小地域でのアレロパシー」について検証するには,さらに野外での調査・研究が必要である.

日本地衣学会での研究発表と同様に博士取得者の分野は多岐にわたっています.日本の地衣学の特筆すべき点です.

9. 日本の地衣学の進むべき方向

次に日本の地衣学の進むべき方向を述べたいと思います(図 16.9).

日本の地衣学の最大の特徴は欧米とは異なる視点を持っていることです.欧州は伝統的に古典的な分類学が強く,中でもドイツは化学の発祥の地でもあるので,化学成分の分析が進んでいます.欧州は顕微鏡を駆使した生理学的な研究も進んでいます.一方,米国は分子系統解析が盛んで,世界をリードしています.ただ,最近は欧州も分子系統解析が進んでいます.日本は朝比奈以来の地衣化学分類が他国より盛んで,伝統となっています.地衣成分の応用についても興味のある研究者が多くいます.朝比奈が薬学から地衣類に興味をもったように,他領域から地衣学に興味を移した研究者が多いのも特徴です.地衣分類学の基本ができているうえに多方面からの参入が進むことで日本の地衣学が発展してきています.ここに日本の地衣学の特徴があります.

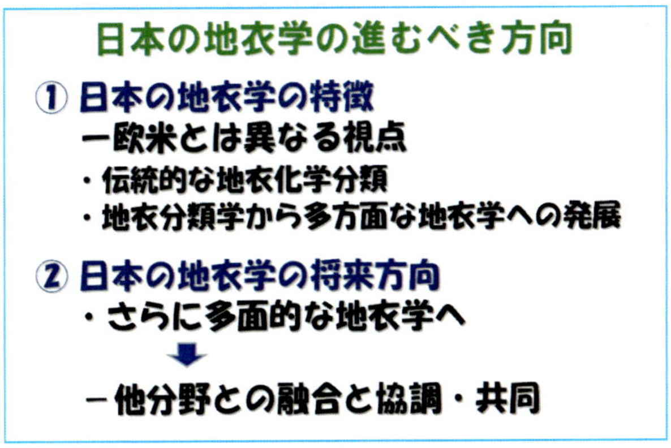

図 16.9 日本の地衣学の進むべき方向

日本の地衣学における現在の問題は欧米で進んでいる分子系統解析のできる研究者が圧倒的に少ないことが挙げられるでしょう.最先端の領域を取り込んだり,他科学分野との融合を図ることによって,欧米とは一味違った多面的な地衣学へますます発展することが可能と期待しています.

10. 地衣類ネットワークの年表

最後に「地衣類ネットワークスクール」とその母体である「地衣類ネットワーク」を紹介します.

本書はフリースクールである地衣類ネットワークスクールが行っているオンライン講義の一つである「地衣学講座」のテキストとなっています.

図 16.10 地衣類ネットワークの年表

図 16.10 に「地衣類ネットワーク」の年表を示します.「地衣類ネットワーク」は 1995 年 10 月の「関西地衣類観察会」としてスタートしたので,発足以来約 30 年が経過しました.文字通り観察会が主たる行事であり,観察会は 2023 年末までに日本各地(未開催 10 県)で 324 回開かれ,延べ参加人数は約 2700 名となりました.

ホームページの開設は1997年，Facebookは2018年，「地衣類ネットワークスクール」は2019年の開校です．ZOOMミーティングを利用し，2023年には以下の三つのオンライン講義を開講しています．地衣学初級講座（60分，全6回）と地衣分類学初級講座（60分，全7回），地衣学講座（90分，全15回）です．また，適宜リモートで座談会を開催しています．地衣類ネットワークスクールの在籍者は2024年4月現在で260名余です．

「地衣類ネットワーク」による出版物は『地衣類初級編』（2007年初版，2012年第2版），『東北の地衣類』（2013年），『日本の地衣類-630種-携帯版』（2017年），『日本の地衣類-日本産地衣類の全国産地総目録』（2020年），『日本の地衣類-日本産地衣類の分布図録』（2021年），『近畿の地衣類』（2009年初版，2023年第2版）の6点になりました．

文 献

朝比奈泰彦. 1927. A. Zahlbruckner氏の鑑定せる本邦産地衣の新種に就いて. Bot. Mag., Tokyo 41: 369-374.【2233】

朝比奈泰彦. 1929. 半世紀前札幌付近二於イテ採集サレタル地衣標本. J. Jpn. Bot. 6: 234-253.【0484】

朝比奈泰彦. 1950. 日本之地衣 第一冊 ハナゴケ属, 255 pp. 広川書店, 東京.【1772】

朝比奈泰彦. 1952. 日本之地衣 第二冊 ウメノキゴケ属, 162 pp. 資源科学研究所, 東京.【1733】

朝比奈泰彦. 1956. 日本之地衣 第三冊 サルオガセ属, 129 pp. 資源科学研究所, 東京.【1734】

Asahina Y. 1959. Lichen and bryophyte Specimens collected by Siebold and his contemporaries in Japan. Bull. Natn. Sci. Mus. Tokyo 4: 374-387.【1612】

朝比奈泰彦・佐藤正己. 1939. 地衣類. In 日本隠花植物図鑑, pp. 605-782. 三省堂, 東京.【2224】

朝比奈泰彦・柴田承二. 1949. 地衣成分の化学. 河出書房.【2469】

Endo T., Takahagi T., Kinoshita Y., Yamamoto Y. & Sato F. 1998. Inhibition of photosystem II of spinach by lichen-derived depsides. Biosci. Biotechnol. Biochem. 62: 2023-2027.【1298】

Hue A.M. 1901. Lichenes extra-Europaei a pluribus. Masson et socios, editores et Bibliopolas medicinae academiae, Paris.

市村塘. 1924. 故理学士安田篤氏履歴及業績. Bot. Mag. Tokyo 38: 249-250.【3762】

池田A.雅志・中村英人・沢田健. 2018. 地衣類ハナゴケ属およびオオロウソクゴケ属から検出された脂肪族炭化水素：化学分類・環境指標の可能性. Res. Org. Geochem. 34: 15-28.【3683】

Ikeda M.A., Nakamura H. & Sawada K. 2021. Long-chain alkenes and alkadienes of eight lichen species collected in Japan. Phytochem. 189: 112823.【4112】

Ikeda M.A., Nakamura H. & Sawada K. 2023. Aliphatic hydrocarbons in the lichen class Lecanoromycetes and their potential use as chemotaxonomic indicators and biomarkers. Org. Geochem. 179: 104588.【4113】

木梨延次郎. 1932. 日本植物大探家 URBAIN FAURIE師. 植物分類地理 1: 315-321.【3760】

牧野富太郎. 1929. 我邦地衣ノ専攻者トシテ前二三好理学博士，後二朝比奈博士. J. Jpn. Bot. 6: 231-233.【3382】

松村任三（編）. 1904. Lichens. In 帝国植物図鑑上巻 隠花部, pp. 184-221. 丸善, 東京.【3761】

三好学. 1887. 紀州植物採集目録. Bot. Mag. Tokyo 1: 211-246.【3753】

三好学. 1888-1890. ライケン通説. Bot. Mag. Tokyo 2: 207-212; 247-251; 3: 22-24; 56-58; 99-100; 128-131; 174-176; 215-217; 257-259; 293-295; 327-329; 359-363; 407-410; 434-437; 4: 25-26, 59-62; 91-93; 142-144; 187-190; 213-215.

三好学. 1890. 信州の御嶽にて地衣植物採集の記. Bot. Mag. Tokyo 4: 135-140.【1877】

三好学. 1891. 新称日本地衣. Bot. Mag. Tokyo 5: 197-200.【3755】

Müller J. 1879. Lichenes Japonici. Flora 62: 481-487.【2594】

Müller J. 1891. Lichenes miyoshiani in Japonla a cl. Miyoshi lecti et a cl. proffesore Yatabe communicati. Nuovo Giorn. Bot. Ital. 23: 120-131.【2592】

Müller J. 1892. Lichenes yatabeani in Japonia lecti et a cl. professore Yatabe missi, quos enumerat Dr. J. Müller. Nuovo Giorn. Bot. Ital. 24: 169-202.【2591】

永益英敏. 1997. 植物採集家フォーリーと重複標本. 京都大学総合博物館ニュースレター 4: 1-10.【3609】

ノルデンシェルド A.E.・（訳）小川たかし. 1988. ヴェガ号航海誌 1878〜1880. フジ出版社.

Nylander W. 1890. Lichenes Japoniae, 122 pp. Paul Schmidt, Parisiis.

太田由佳・有賀暢迪. 2016. 矢田部良吉年譜稿. Bull. Natn. Sci. Mus. Tokyo 39E: 27-58.【3754】

Räsänen V. 1940a. Lichenes ab A. Yasuda et aliis in Japonia collecti. I. J. Jpn. Bot. 16: 82-98.【1762】

Räsänen V. 1940b. Lichenes ab A. Yasuda et aliis in Japonia collecti. II. J. Jpn. Bot. 16: 139-153.【1763】

佐藤正己. 1934a. 日本地衣学史（其一）. J. Jpn. Bot. 10: 107-112.【3403】

佐藤正己 1934b. 日本地衣学史（其二）. J. Jpn. Bot. 10: 192-195.【3404】

シーボルト P.F.B.・（訳）斎藤信. 1967. 江戸参府紀行. 平凡社, 東京.

シーボルト P.F.B.・ツッカリーニ J.G.・(監修・解説) 木村陽二郎・大場秀章. 2007. Flora Japonica, Leiden, シーボルト 日本植物誌. ちくま学芸文庫, 東京.

Sueoka Y. & Sakakibara M. 2013. Primary phases and natural weathering of smelting slag at an abandoned mine site in southwest Japan. Minerals 3: 412-426.

Sueoka Y., Sakakibara M. & Sera K. 2015. Heavy metal behavior in lichen-mine waste interactions at an abandoned mine site in southwest Japan. Metals 5: 1591-1608.

Sueoka Y., Sakakibara M., Sano S. & Yamamoto Y. 2016. A new method of environmental assessment and monitoring of Cu, Zn, As, and Pb pollution in surface soil using terricolous fruticose lichens. Environments 3: 35.【3627】

Takahagi T., Yamamoto Y., Kinoshita Y., Takeshita S. & Yamada T. 2002. Inhibitory effects of sodium chloride on induction of tissue cultures of lichens of *Ramalina* species. Plant Biotechnology 19: 53-55.【2921】

Takahagi T., Ikezawa N., Endo T., Ifuku K., Yamamoto Y., Kinoshita Y., Takeshita S. & Sato F. 2006. Inhibition of PSII in atrazine-tolerant tobacco cells by barbatic acid, a lichen-derived depside. Biosci. Biotechnol. Biochem. 70: 266-268.【1882】

Takahagi T., Endo T., Yamamoto Y. & Sato F. 2008. Lichen photobionts show tolerance against lichen acids produced by lichen mycobionts. Biosci. Biotechnol. Biochem. 72: 3122-3127.【2135】

Vainio A. 1918. Lichenes ab A. Yasuda in Japonia collecti. Bot. Mag. Tokyo 32: 154-163.【1638】

Vainio A. 1921. Lichenes ab A. Yasuda in Japonia collecti. Continuatio I. Bot. Mag. Tokyo 35: 45-79.【1639】

山本好和. 2012.「木毛」ウォッチングの手引き 地衣類 初級編 第2版, 82 pp. 三恵社, 名古屋.

山本好和. 2013.「木毛」ウォッチングの手引き 中級編 東北の地衣類, 196 pp. 三恵社, 名古屋.

山本好和. 2017.「木毛」ウォッチングの手引き 上級編 日本の地衣類-630種-携帯版, 310 pp. 三恵社, 名古屋.

山本好和. 2020.「木毛」ウォッチングの手引き 上級編 日本の地衣類-日本産地衣類の全国産地総目録-, 280 pp. 三恵社, 名古屋.

山本好和. 2021.「木毛」ウォッチングの手引き 上級編 日本の地衣類-日本産地衣類の分布図録-, 244 pp. 三恵社, 名古屋.

山本好和. 2023.「木毛」ウォッチングの手引き 中級編 近畿の地衣類 第2版, 246 pp. 三恵社, 名古屋.

安田篤. 1915. 地衣の5新種. Bot. Mag. Tokyo 29: 317-322.【1842】

安田篤. 1925. 日本産地衣類図説, 118 pp. 齋藤報恩会, 仙台.【2132】

Yoshino K., Yamamoto K., Sonoda M., Yamamoto Y. & Sakamoto K. 2019a. The conservation of polyol transporter proteins and their involvement in lichenized Ascomycota. Fungal Biology 123: 318–329.【4114】

Yoshino K., Kawakami H. & Sakamoto K. 2019b. Optimizing synthetic culture medium for growth of *Ramalina conduplicans* mycobiont. Lichenology 18: 1–7.【3552】

Yoshino K., Yamamoto K., Masumoto H., Degawa Y., Yoshikawa H., Harada H & Sakamoto K. 2020. Polyol-assimilation abilities of class-wide lichen-inhabiting fungi. Lichenologist 52: 49–59.【4115】

Zahlbruckner A. 1916. Neue Flechten VIII. Annal. Mycol. 14: 45-61.【2231】

Zahlbruckner A. 1927. Additamenta ad Lichenographiam Japoniae. Bot. Mag., Tokyo 41: 313-364.【2234】

付録 1 地衣類英和辞書

acicular（形）
針形の．
acute（名 C：複数形 -s）
角．
ad interim（形）= ad. int.
暫定の．
adnate（形）
直生の．
aeration（名 C：複数形 -s）
通気．
aeruginous（形）
青緑色の．
affinis（形）= aff.
類似した．近似の．
alga（名 C：複数形 algae）
藻類．
　algal（形）藻類の．
allopatric（形）
異所性の ⇔ sympatric
ancestor（名 C：複数形 -s）
祖先．
angular（形）
角張った．
angulate（形）
角張った．
annular（形）
環状の．
annuliform（形）
環状の．
antagonistic（形）
拮抗した．
Antarctic（形）
南極の．
antheridium（名 C：複数形 antheridia）
造精器．
apex（名 C：複数形 apices）
頂点．頂上．
apical（形）
頂生の．樹枝状地衣体の頂部に子器などが生ずる．
apiculate（形）
突形の．微突頭の．
appressed（形）
圧着した．
apothecioid（形）
子嚢盤様の．
archicarp（名 C：複数形 archicarpa）
子嚢果形成原基
areola（名 C：複数形 areolae）
区画．痂状地衣体の表面亀裂によってできた小部分．
　areolate（形）区画された．小室状の．
ascocarp（名 C：複数形 ascocarpa）
子嚢果．〜 initial 子嚢果原基．
ascogenesis（名 C：複数形 ascogeneses）
子嚢形成．
ascogenous（形）
子嚢形成の．子嚢を生じる．〜 hypha 造嚢糸
ascogonium（名 C：複数形 ascogonia）
造嚢器．
ascoma（名 C：複数形 ascomata）
子嚢果．ピンゴケ科では子器．
　ascomatal（形）子嚢果の．
ascospore（名 C：複数形 -s）
子嚢胞子．
Ascomycetes（名 C）
子嚢菌類．
ascus（名 C：複数形 asci）
子嚢．棍棒形からフラスコ形の囊状組織．内部に胞子を入れている．
aseptic（形）
無菌の．
asexual（形）
無性の．
atra（形）
暗黒色の．
autonomous（形）
自律的な．自律して．
Basidiomycetes（名 C）
担子菌類．
basidiospore（名 C：複数形 -s）
担子胞子．
basidium（名 C：複数形 basidia）
担子器．
bacillar（形）
桿状の．桿形の．
bacilliform（形）
桿状の．桿形の．
beige（形）
ベージュ色の．
biological（形）
生物の．〜 activity 生物活性．
boreal（形）
北方の．
biseriate（形）
二列の．
bitunicate（形）
二重壁の．
bullate（形）
膨れた．
calcareous（形）
石灰質の．
calcicolous（形）
石灰質土壌生の．
capitate（形）
頭状の．
cartilaginous（形）
軟骨質の．
catenulate（形）
鎖の．
cavity（名 C）
空洞．
cephalodium（名 C：複数形 cephalodia）
頭状体．緑藻を共生藻とする地衣体にシアノバクテリア（藍藻）が入ってできた顆粒状組織．inner cephalodium 外部から見えにくい内部頭状体と outer cephalodium 外部頭状体とがある．
　cephalodiate（形）頭状体の．
cilium（名 C：複数形 cilia）
まつ毛．シリア．地衣体縁部のまつげ状の菌糸集合組織．
cinnabar（形）
赤橙色の．
cinereous（形）
灰色の．
class（名 C：複数形 -s）
綱（分類学上の）．
clavate（形）
棍棒状の．
coalesced（形）
合着した．癒着した．
cobwebby（形）
蜘蛛の巣状の．
coerulescent（形）
空色の．
coherent（形）
密着した．
columellum（名 C：複数形 columella）
柱軸．
　columellar（形）柱軸の．
comprise（動）
・・から成る．構成する．・・を占める．
concave（形）
凹状の．
concolorous（形）
同色の．
confer（形）= cf.
参照の．
confluent（形）
融合した．
conglutinate（形）
膠着した．癒着した．
conical（形）
円錐状の．
conidiophore（名 C）
分生子柄．
conidium（名 C：複数形 conidia）
粉子．分生子（=conidiospore）．
coniferous（形）
針葉の．
conspecific（形）
同種の．
constricted（形）
くびれた．
contiguous（形）
接触した．隣接した．連続した．
convex（形）
凸状の．
copperphilic（形）
好銅性の．
coriaceous（形）
皮革の．皮革のような．

cortex(名C：複数形-es)
皮層．地衣体の外界と接する層状組織．upper 〜 上皮層．背面にある．lower 〜 下皮層．腹面にある．下皮層のない地衣類（痂状地衣類）もある．
cortical（形）皮層の．

corticolous（形）
樹皮上生の．

cosmopolite（形）
広汎の．〜 species 広汎種．

cracked（形）
ひび割れた．亀裂の入った．

crateriform（形）
噴火口状の．

crenate（形）
円鋸歯状の．

crenulate（形）
円鋸歯状の．

crustose（形）
痂状の．

cuboid（形）
立方形の．

cultivation（名C：複数形-s）
栽培．個体を有菌的に育てること．

culture（名C：複数形-s）
培養．細胞や組織を容器で無菌的に育てること．

cylindrical（形）
円筒形の．円柱状の．

cyphellum（名C：複数形 cyphella）
盃点．地衣体にできた皮層のある円い小穴．

deciduous（形）
落葉の．

differentiated（形）
分化した．de-:脱分化した．〜 tissues 分化組織．
un-:未分化の．
re-:再分化した．

diffused（形）
散生した．粉芽や裂芽，子器，偽根などがまとまらずばらばらとある状態．

dikaryon（名C：複数形-s）
二核体．二核相．重相．

disc（名C：複数形-s）
子器盤．単に盤ともいう．裸子器の子嚢上層を上からみたもの．

disciform（形）
円盤状の．

discrete（形）
ばらばらの．分離した．

distoseptum（名C：複数形 distosepta）
胞子の異隔壁．

dorsal（形）
背の．背面の．〜 surface 背面．
dorsiventral（形）背腹性の．

effigurate（形）
輪郭のはっきりした．

effuse（形）
平に広がった．

endemic（形）
固有の．〜 specie 固有種

ellipsoid（形）
長円形の．

elliptic（形）
長円形の．

embedded（形）
埋没した．

emergent（形）
突出した．

endangered（形）
絶滅危惧の．〜 species 絶滅危惧種．

endemic（形）
固有の．〜 species 固有種．

endolithic（形）
岩内着生の．

endophyte（名C：複数形 endophyta）
内生菌．

endosporium（名C：複数形 endosporia）
胞子内膜．

entire（形）
全縁の．

epihymenium（名C：複数形 epihymenia）
子嚢上層（=epithecium）．

epilithic（形）
岩上着生の．

epiphloeodic（形）
樹皮上生の．

epiphyllous（形）
葉上の．

epispore（名C：複数形-s）
胞子壁．

epithecium（名C：複数形 epithecia）
子嚢上層．子嚢層の最上部（=epihymenium）．

erumpent（形）
裂開性の．突起した．

eroded（形）
ぎざぎざの．

euseptum（名C：複数形 eusepta）
胞子の真正隔壁．

excavated（形）
くぼんだ．

excipulum（名C：複数形 excipula）
果托．子器盤の縁部．菌糸と共生藻から成り，地衣体と色も構造も似ている部分（=thalloid exciple）．

exosporium（名C：複数形 exosporia）
胞子外壁．

extinct（形）
絶滅した．

extract（他動詞）
抽出する．抽出物．（名C：複数形-s）
extraction（名C）抽出．

exudate（名C）
滲出物．

falcate（形）
鎌形の．

farinaceous（形）
粉状の．粉末状の．

farinose（形）
粉状の．粉末状の

ferruginous（形）
錆色の．

fertile（形）
稔性の．繁殖できる．

fibrous（形）
繊維性の．繊維状の

filamentous（形）
糸状の．

filiform（形）
糸状の．

fistulose（形）
中空の．

flabellate（形）
扇形の．扇状の

flattened（形）
扁平の．

flavescent（形）
黄味を帯びた．

flavous（形）
黄色の．

flexuose（形）
屈曲した．

foliicolous（形）
葉上生の．

foliose（形）
葉状の．

forma（名C：複数形 formae）
品種（分類学上の）．略語 f．

foveolate（形）
微細孔のある．凹点のある．

fruticose（形）
樹（樹枝）状の．カラタチゴケ属やハナゴケ属，キゴケ属のように地衣体が基物から立ち上がったり，垂れ下がったりする．

fuliginous（形）
汚褐色の．茶褐色の．

fulvous（形）
黄褐色の．

fungus（名C：複数形 fungi）
菌類．
fungal（形）菌類の．

furcate（形）
叉状の．分岐の．

furfuraceous（形）
糠状の．

fuscescent（形）
暗褐色の．

fuscous（形）
暗褐色の．

fusiform（形）
紡錘形の．

gelatinous（形）
膠質の．ゼリー状の．

gametangium（名C：複数形 gametangia）
配偶子嚢．

gamate（名C：複数形-s）
配偶子．

genotype（名C：複数形-s）
遺伝子型．

genus（名C：複数形 genera）
属（分類学上の）．

glabrous（形）
無毛の．

globose（形）
球形の．

gonidium（名C：複数形 gonidia）
地衣類と共生している藻類．

guttulate（名C：複数形-s）

油滴.
habitat（名C：複数形-s）
生育地．生育場所．
halonate（形）
有色圏紋のある．
halophilic（形）
好塩性の．
hamathecium（名C：複数形 hamathecia）
側糸など子嚢層（子嚢果）内菌糸系．
hemi-globose（形）
半球形の．
hemisphere（名C：複数形-s）
半球．
heterothallism（名C）
ヘテロタリズム．性的異質接合性．自家和合性．
hollow（形）
中空の．
homothallism（名C）
ホモタリズム．性的同質接合性．自家和合．
hooked（形）
鉤形の．
hyaline（形）
ガラス状の．透明な．
hymenium
子嚢層．子嚢果の一部分の組織で子嚢と側糸からなる．
epi-：子嚢上層．子嚢層の最上部．
sub-：子嚢下層．子嚢層基部．そこから子嚢や側糸が発生する．
hymenial（形）子嚢層の．
hypophyllous（形）
葉裏上の．
hypothallus（名C：複数形 hypothalli）
下生菌糸．痂状地衣の基質との間に生ずる菌組織．区画された地衣体の割れ目によく観察される．
hypothecium（名C：複数形 hypothecia）
子嚢層基部．
hypha（名C：複数形 hyphae）
菌糸．
imbricate（形）
かわら重ねの．
immersed（形）
内生の．埋没した．
incertae sedis（形）
所属位置不明の．上位概念不明の
inconspicuous（形）
目立たない．
indeterminate（形）
境界が目立たない．
indigenous（形）
自生の．～ species 自生種．
indistinct（形）
不明瞭な．区別できない．
inflated（形）
ふくらんだ．⇔ uninflated ふくらんでいない．
incised（形）
切り込みのはいった．
inspersed（形）
散在した．産生した．
intense（形）
強い．激しい．
involucrellum（名C：複数形 involucrella）
被子器外殻．被子器果殻の外側の炭化した組織．
isidium（名C：複数形 isidia）
裂芽．皮層をもった微小円筒状からサンゴ状の突起組織．針芽ともいう．無性生殖器官の一つ．
isidiate（形）裂芽をもつ．
key（名C：複数形-s）
検索表．
labriform（形）
唇形の．
laciniate（形）
きれこみのある．
laevigate（形）
無毛の．
laminal（形）
葉央の．
lateral（形）
側生の．葉状地衣体の縁部や樹枝状地衣体の側部に子器や粉芽が生ずる．
lax（形）
ゆるんだ．錯綜した．
leg.（ラテン語：名C）
ラテン語の「legit」を略したもの．採集者．
lenticular（形）
レンズ形の．
leprose（形）
鱗状の．
leptodermatous（形）
薄壁の．
levigate（形）
平滑な．
lichenicolous（形）
地衣上生の．
lichenize（動）
地衣化する．
lichenization（名C：複数形-s）
地衣化．
de-：脱地衣化．
non-：非地衣化．
lichenoid（形）
地衣状の．
lignum（名C：複数形-s）
木質．
liquid（形）
液状の．液体の．～ medium 液体培地．
liguiform（形）
舌状の．
ligulate（形）
舌状の．
livid（形）
青黒色の．鉛色の．
lobe（名C：複数形-s）
裂片．葉片．葉状地衣体の枝分かれしたもの．
lobule（名C：複数形-s）
小裂片．葉状地衣体縁部にできた極小の葉片．無性生殖器官の一つ．
lobate（形）裂片状の．
locality（名C：複数形-ies）
産地．
longitudinal（形）
縦の．長軸方向の．
luminum（名C：複数形 lumina）
小室．石垣状多室胞子中の小胞．
lutescent（形）
暗卵黄色の．
maculiform（形）
斑点状の．
margin（名C：複数形-s）
縁．
marginal（形）縁生の．葉縁の．ソラリアや粉芽，子器などが裂片の縁に沿って生ずる．
marginate（形）縁取られた．
mazaedium（名C：複数形 mazaedia）
胞子塊．マザエヂア．ピンゴケ科の地衣に見られ，子嚢から出た胞子がそのまま子嚢果の表面にとどまってできた粉塊状のもの．
medium（名C：複数形 media）
培地．細胞や組織を培養するために栄養源を組み込んだ基物．
medulla（名C）
髄層．地衣体断面中央部の菌糸のみが集合した組織．藻類藻と下皮層との間の層部分．
metabolic（形）
代謝の．
metabolism（名C：複数形-s）代謝．
secondary ～ 二次代謝．
metabolite（名C：複数形-s）代謝産物．secondary ～ 二次代謝産物．
minute（形）
微小な．微細な．
moniliform（形）
数珠状の．
mucilage（名C）
粘液．
mucilaginous（形）粘液性の．粘液質の．
muriform（形）
石垣状の．
muscicolous（形）
蘚苔類上生の．
mycelium（名C：複数形 mycelia）
菌糸．
mycobiont（名C：複数形-s）
地衣菌．地衣類を構成する菌類．
cultured ～ 培養地衣菌．
nitid（形）
つやのある．
obconic（形）
倒円錐形の．
oblong（形）
長楕円形の．
obovate（形）
倒卵形の．
obpyriform（形）
倒洋梨状の．
obscurata（形）
暗色の．
obtuse（形）
凸（面）状の．
ochraceous（形）
黄土色の．
the Old World（名）
旧世界．
ontogeny（名）

個体発生.

opaque（形）
不透明の.

orbicular（形）
円形の.

order（名C：複数形-s）
目（分類学上の）.

olivaceous（形）
オリーブ色の.

ornate（形）
飾りのある.
ornamentation（名C：複数形-s）模様. 刻紋.

ostiole（名C：複数形-s）
孔口. 被子器の先端部で外界と通じる穴. そこから胞子が放出される.
ostiolar（形）孔縁の.

oval（形）
卵形の.

pachydermatous（形）
厚壁の.

Paleotropical（形）
旧熱帯区（サハラ砂漠以南のアフリカ, マダガスカル島, インド, 熱帯東南アジアを含む地域）の.

pallid（形）
淡色の. ほとんど白色の.

papilla（名C）
乳頭状突起. パピラ. 地衣体から突出する小さな粒状の突起組織.
papillose（形）乳頭状突起をもつ.

paraphysis（名C：複数形 paraphyses）
側糸. 子嚢の間にある細長い糸状組織.

paraplectenchyma（名C：複数形-ta）
異形菌糸組織. 菌糸が分枝と癒合を繰り返してからみあった組織で偽柔組織ともいう. 菌糸の各細胞が変形して太く短くなっている（=pseudoparenchyma）.
paraplectenchymatous（形）異形菌糸組織の.

parasite（名C：複数形-s）
寄生菌.
parasitic（形）寄生の.

parathecium（名C：複数形-ia）
果殻側壁部.

pastula（名C：複数形 pastule）
泡芽. 地衣体の表面がふくれ, 中が空洞になった泡状の組織. 無性生殖器官の一つ.

pedicillate（形）
小柄の.

perforation（名C：複数形-s）
穿孔.

periphysis（名C：複数形 periphyses）
周糸. 孔口にある糸状体で特殊化した繊細なふさ状のもの.

periclinal（形）
周縁の.

peripheral（形）
周縁の. 周囲の.

perispore（名C：複数形-s）
胞子外壁.

perithecioid（形）
子嚢殻状の.

phenotype（名C：複数形-s）
表現型.

photobiont（名C：複数形-s）
光合成生物. 共生藻. 地衣類を構成する藻類. 緑藻類を特に phycobiont ともいう.

photosymbiodeme（名C：複数形-s）
共生藻置換現象. 環境変化によって共生藻が入れ替わること.

phyllocladium（名C：複数形 phyllocladia）
棘枝（きょくし）. キゴケ属の分枝についている顆粒状から粒状, 円柱状, サンゴ状, 盾状, 葉状のもの.

phylogeny（名）
1）系統学. 2）系統.

pilose（形）
毛の多い.

pinnate（形）
羽状の.

plasmogamy（名C）
細胞質融合.

plectenchyma（名C：複数形-ta）
菌糸組織.
plectenchymatous（形）菌糸組織の.

plicate（形）
ひだのある. 褶曲のある.

podetia（名C）
子柄. 子器柄. 子器を支える地衣体の延長部分.

pointed（形）
尖った.

primordium（名C：複数形 primordia）
原基. ascomal ～ 子嚢果原基.

progenitor（名C）
先祖.

prominent（形）
突起した. 張り出した.

prosoplectenchyma（名C：複数形-ta）
繊維菌糸組織. 互いに平行な菌糸細胞のかたまり. 菌糸が比較的細長くなっている=prosenchyma（=euthyplectenchyma）.
prosoplectenchymatous（形）繊維菌糸組織の.

prothallus（名C：複数形 prothalli）
仮性菌糸. 痂状地衣の周辺部に生ずる菌組織. しばしば隣の痂状地衣との境界に輪郭線を生ずる.

protuberance（名C：複数形-s）
突起.

pruina（名C）
粉霜. 白粉. 上皮層を覆う白色の細かい粉末状のもの.
pruinose（形）白粉をもつ.

pseudoparenchyma（名C：複数形-ta）
異形菌糸組織（偽柔組織）. 菌糸が融合しからみあったもの. 菌糸が太く短くなっている.

pseudopodetium（名C：複数形-ta）
擬子柄. キゴケ属やカムリゴケ属の子柄に似た地衣体.

pubescent（形）
軟毛のある.

punctiform（形）
小点状の.

pustulate（形）
小隆起のある.

pycnidium（名C：複数形 pycnidia）
粉子器. 分生子殻.
pycnidial 粉子器の.

pyriform（形）
洋梨状の.

radiate（形）
放射状の.

relic（形）
残存の. 遺存の. ～ species 残存種. 遺存種.

resynthesis（名C）
再合成. 培養地衣菌と培養共生藻から地衣体を形成させること.

reticulated（形）
網状になった. 網目模様の.

retrorse（形）
反り返った. 逆向きの.

rhizine（名C：複数形 rhizina）
偽根. 腹面にあり基物に付着するための菌糸の集まり.

ridged（形）
棟あるいは棟のような形をした. 船のキールのような形をした. 皺のある.

rimose（形）
ひびわれのある. 亀裂のある.

rimulose（形）
小さなひびわれのある.

robust（形）
たくましい. 強健な. 頑丈な.

rotund（形）
丸い.
rotundate（形）丸い.

rufescent（形）
赤味を帯びた.

ruglose（形）
小じわ状の.

rugose（形）
しわのある.

sagittiform（形）
鏃形の.

sanguine（形）
血潮色の. 赤色の.

saprobe（名C：複数形-s）
腐生菌.

saxicolous（形）
岩上生の. 石垣や瓦, 岩の上に生育する.

scabrid（形）
ざらついた. 粗面の.

scabrous（形）
ざらついた. 粗面の.

scamule（名C：複数形-s）
鱗葉. 鱗片状地衣体やハナゴケなどの子柄つく小さな葉状地衣体.

scar（名C：複数形-s）
痕跡.

schizidium（名C：複数形 schizidia）
剥げ. 無性生殖器官の一種. 地衣体の上皮層と藻類層を合わせた部分が地衣体から一部剥がれた微小片.

scyphi（名C：複数形 scyphus）

盃．ハナゴケ科ハナゴケ属の子柄につける皿状から杯状の形．

section（名C：複数形-s）
分類学上の節，切片．

sensu lato（形）
広義の．略語 *s. lat.*

sensu stricto（形）
狭義の．略語 *s. str.*

sessile（形）
無柄の．柄のない．

septum（名C：複数形 septa）
胞子の隔壁．

seta（名C：複数形 setae）
剛毛．

setiform（形）
剛毛状の．

setose（形）
剛毛で覆われた．

shady（形）
日陰の．

shiny（形）
光沢のある．

sinuose（形）
波形の．

smooth（副詞 smoothly）
表面が滑らか．

solfatara（名C：複数形-s）
硫質噴気孔．硫気孔原．

solid（形）
固体の．～ medium 固体培地．

solitary（形）
単生の．単一の．

soredium（名C：複数形 soredia）
粉芽．地衣体の背面，腹面にできる菌と藻の未定形集塊組織．集合したものを solaria 粉芽塊という．無性生殖器官の一つ．～ like body 粉芽様態組織．
sorediate（形）粉芽をもつ．

sparse（形）
散生した．

speck（名C：複数形-s）
小さな点．

spermatium（名C：複数形 spermatia）
小分生子（＝microconidium）．

spermatization（名C）
受精．

spine（名C：複数形-s）
小棘．

spinulose（形）
小棘状の．

spore（名C：複数形-s）
胞子．正確には ascospore．

sporulation（名C：複数形-s）
胞子形成．

squamule（名C：複数形-s）
小鱗片．
squamose（形）小鱗片状の．

squarrose（形）
側根型の．偽根の分枝型の一つ．主根に対して支根が直角に出る．

stalk（名C：複数形-s）
柄．ピンゴケ科の子嚢果をささえる柄．

sterile（形）
1）不稔の．2）無菌の．
sterilization（名）殺菌．

stipitate（形）
有柄の．

striated（形）
筋のある．線状の．

stump（名C：複数形-s）
切り株．

subglobose（形）
亜球形の．

subhymenium（名C：複数形 subhymenia）
子嚢下層．そこから子嚢や側糸が発生する．

suborbicular（形）
半円形の．

substance（名C：複数形-s）
成分．物質．lichen ～s 地衣成分．

substrate（名C：複数形-s）
（着生）基物．地衣体を生育させている担体．

subtropical（形）
亜熱帯の．

sulcate（形）
溝のある．

sulfureous（形）
硫黄色の．

sunken（形）
沈んだ．

superficial（形）
表在性の．⇔ immersed（内在性の）

suspension（名C：複数形-s）
懸濁液．

swollen（形）
膨れた．

sympatric（形）
同所性の．⇔ allopatric

synonym（名C：複数形-s）
異名．同物異名．

tartareous（形）
粗い面の．粗面の．

taxon（名C：複数形 taxa）
分類群．種・変種・品種を含んだもの．

temperate（形）
温帯の．～ zone 温帯．cool ～ 冷温帯の．warm ～ 暖温帯の．

terricolous（形）
地上生の．

terete（形）
円柱形の．

thallus（名C：複数形 thalli）
地衣体．地衣類の栄養体．菌類と藻類とからなる．～ reforming 地衣体再形成
micro-：微小地衣体．

thermophilic（形）
高温性の．

tinge
色合い．

tissue（名C：複数形-s）
組織．cultured ～ 培養組織

TLC（名C：複数形-s）
薄層クロマトグラフィー．Thin layer chromatography．

tomentum（名C：複数形 tomenta）
綿毛．トメンタ．腹面にある綿毛状の菌糸集合組織．

tolerant（形）
耐性の．
tolerance（名）耐性．

torus（名C：複数形-s）
円環．

trichogyne（名C：複数形-s）
受精毛．

type（名C：複数形-s）
基準．～ locality 基準産地．～ species 基準種．～ specimen 基準標本．
holotype：基準標本，原標本，同定の基準となる標本．
isotype：副基準標本．副基準．syn-．lecto-．
topotype：同じ場所で後に採集した標本．

umbilicus（名C：複数形 umbilici）
臍状体．地衣体腹面中央ある付着突起組織．イワタケ科やカワイワタケ属がもつ．

umbonate（形）
山状に盛り上がる．

urceolate（形）
つぼ形の．

vegetative（形）
栄養繁殖性の．無性生殖の．

ventral（形）
腹の．腹面の．～ surface 腹面．

vermicular（形）
うねうねした．回虫のような．みみずのような．

verruca（名C：複数形 verrucae）
疣様・たこ様の顆粒状組織．
verrucose（形）疣様の．疣状の．
verruculose（形）小疣様の．小疣状の．

verruciform（形）
疣状の．

virens（形）
緑色の．

wart（名C：複数形-s）
疣．疣状突起．
warty（形）疣様の．疣状の．

付録 2 化合物和英辞書
（本書で使用されている化合物のみ表示しました）

アスコルビン酸 ascorbic acid
アセトン acetone
アトラノリン atranorin
アスパラギン asparagine
アスパラギン酸 aspartic acid
アベランチン-6-モノメチルエーテル
アラニン alanine
アリザリン alizarin
アルカロイド alkaloid
アルソニアフロン arthoniafurone
アレクトーロン酸 alectronic acid
アンチア酸 anziaic acid
アントラキノン anthraquinone
アンモニア ammonia
イソキノリン isoquinoline
イソクマリン isocoumarin
イソフラノナフトキノン isofuranonaphthoquinone
ウスニン酸 usnic acid
エタノール ethanol
エモヂン emodin
エベルン酸 evernic acid
エリスリトール erythritol
エルゴステロール ergosterol
オキシドスクアレン oxidosqualene
オルセリン酸 orsellinic acid
オレアノール酸 oleanolic acid
カリシン calycin
カロテン carotene
ギ酸 formic acid
キサントン xanthone
キノイド quinoid
グラフィスラクトン graphislactone
クリスタザリン cristazarin
グリシン glycine
クリソファノール chrysophanol
グルタミン glutamine
グルタミン酸 glutamic acid
グロメリフェラ酸 glomelliferic acid
クロモン chromone
クロロアトラノリン chloroatranorin
クロロホルム chloroform
ケイヒ酸 cinnamic acid
ケトグルタル酸 ketoglutaric acid
ケルセチン quercetin
コラトール酸 colatoric acid
コレステロール cholesterol
コンジロフォール酸 congyrophoric acid

酢酸 acetic acid
酢酸エチル ethyl acetate
サラチン酸 salazinic acid
シアニヂン cyanidin
シキミ酸 shikimic acid
シクロアルテノール cycloartenol
シコニン shikonin
ジベレリン gibberellin
ショ糖 sucrose
ジロフォール酸 gyrophoric acid
ジロホール酸メチル methyl gyrophorate
スカマート酸 squamatic acid
スチクチン酸 stictic acid
ステノスポール酸 stenosporic acid
ステロイド steroid
スファエロホリン sphaerophorin
ゼアラレノン zearalenone
ゼオリン zeorin
セッカ酸 sekikaic acid
ソルビトール sorbitol
ゾリニン solorinine
ゾリン酸 solorinic acid
ヂエチルエーテル diethyl ether
ヂオキサン dioxane
チオファニン酸 thiophaninic acid
ヂゴキシン digoxin
ヂヂム酸 didymic acid
ヂテルペノイド diterpenoid
ヂバリカチノール divaricatinol
ヂバリカート酸 divaricatic acid
ヂフェニルエーテル diphenyl ether
ヂフラクタ酸 diffractaic acid
ヂベンゾフラン dibenzofuran
チロシン tyrosine
デカルボキシステノスポール酸 decarboxystenosporic acid
デプシド depside
デプシドーン depsidone
デルフィニヂン delphinidin
テルペノイド terpenoid
トリテルペノイド triterpenoid
トルエン toluene
ナフタザリン naphthazarin
ナフトキノン naphthoquinone
ノルスチクチン酸 norstictic acid
ノルゾロリン酸 norsolorinic acid
ノルバルバチン酸 norbarbatic acid
パナエフルオロリン panaefluoroline

パリエチン parietin
バルバチン酸 barbatic acid
ビスゾロリン酸 bissolorinic acid
ピナストリン酸 pinastric acid
ピルビン酸 pyruvic acid
ビンブラスチン vinblastine
ベルベリン berberine
ペルラトール酸 perlatoric acid
フェニルアラニン phenylalanine
ブドウ糖 glucose
フマールプロトセトラール酸 fumarprotocetraric acid
フラノキノン furanoquinone
フラボノイド flavonoid
ブルピン酸 vulpinic acid
プルピン酸 pulvinic acid
プロトセトラール酸 protocetraric acid
プロトリケステリン酸 protolichesterinic acid
ベオミケス酸 baeomycesic acid
ヘキサン hexane
ペルチゲリン peltigerine
ベンジルエステル benzyl ester
ボストリコイジン bostrycoidin
ホモデプシドーン homodepsidone
ポリケチド polyketide
ポリポール酸 polyporic acid
マロン酸 malonic acid
マンニトール mannitol
メタデプシド metadepside
メチルヂバリカチノール methyl divaricatinol
メチル-t-ブチルエーテル methyl t-butyl ether
メバロン酸 mevalonic acid
メントール menthol
没食子酸 gallic acid
モノテルペノイド monoterpenoid
モルヒネ morphine
ラノステロール lanosterol
リコペン lycopene
リゾン酸 rhizonic acid
リビトール ribitol
リケステリン酸 lichesterinic acid
リヘキサントン lichexanthone
レカノール酸 lecanoric acid
レチゲラ酸 retigeric acid
ロイコチリン酸 leucotylic acid
ロバール酸 lobaric acid

参 考 図 書

各章の文献のところに図書も載せていますが，あらためて以下に挙げます．さらに各章で挙げることができなかった図書もあわせて以下に挙げます．

Ahmadjian V. 1993. The lichen symbiosis, 250 pp. John Wiley & Sons Inc., New York.

Ahmadjian V. & Hale M.E. (eds). 1973. The Lichens, 697 pp. Academic Press, New York, San Francisco & London.

Ahmadjian V. & Paracer S. 1973. Symbiosis, 212 pp. University Press of New England, Hanover & London.

朝比奈泰彦. 1950. 日本之地衣 第一冊 ハナゴケ属, 255 pp. 広川書店, 東京.

朝比奈泰彦. 1952. 日本之地衣 第二冊 ウメノキゴケ属, 162 pp. 資源科学研究所, 東京.

朝比奈泰彦. 1956. 日本之地衣 第三冊 サルオガセ属, 129 pp. 資源科学研究所, 東京.

朝比奈泰彦・佐藤正己. 1939. 地衣類. In 日本隠花植物図鑑, pp. 605-782. 三省堂, 東京.【2224】

朝比奈泰彦・柴田承二. 1949. 地衣成分の化学. 河出書房.【2469】

Brown D.H. (ed). 1984. Lichen Physiology and Cell Biology, 362 pp. Plenum Press, New York & London.

Brodo I.M., Sharnoff S.D. & Sharnoff S. 2001. Lichens of America, 795 pp. Yale Univ. Press, New Haven & London.

Culberson C.F. 1969. Chemical and Botanical Guide to Lichen Products, 628 pp. The University of North Carolina Press, Chapel Hill.

Culberson C.F., Culberson W.L. & Johnson A. 1977. Second Supplement to "Chemical and Botanical Guide to Lichen Products", 400 pp. The American Bryological and Lichenological Society, St. Louis.

Galun M. (ed.). CRC Handbook of Lichenology. CRC Press, Boca Raton, Florida.

Huneck S. & Yoshimura I. 1996. Identification of lichen substances, 493 pp. Springer-Verlag, Berlin, Heiderberg & New York.

生駒義篤 (編). 2002. 日本産地衣目録, 667 pp. トップ印刷, 鳥取.

生駒義篤. 2002. 日本地衣学詳史―日本の地衣類を研究した日本人と外国人の話, 400 pp. トップ印刷, 鳥取.

刈米達夫. 1962. 最新植物化学, 361 pp. 広川書店, 東京.

刈米達夫・木村雄四郎. 1928. 最新和漢薬用植物, 510 pp. 広川書店, 東京.

Korea National Arboretum. 2016. Flora of Lichens in Korea, Korea National Arboretum.

Kranner I, Beckett R. & Varma A. (eds.). 2002. Protocol in Lichenology - Culturing, Biochemistry, Ecophysiology and Use in Biomonitoring, 580 pp. Springer-Verlag, Berlin, Heiderberg & New York.

牧野富太郎. 1961. 牧野新日本植物図鑑, 1050 pp. 北隆館, 東京.

盛口満. 2017. となりの地衣類, 246 pp. 八坂書房, 東京.

盛口満. 2021. 歌うキノコ, 245 pp. 八坂書房, 東京.

中村俊彦・古木達郎・原田浩. 2002. 校庭のコケ, 191 pp. 全国農村教育協会, 東京.

Nash III T. H. (ed). 2008. Lichen Biology, 2nd Edition, 486 pp. Cambridge University Press, New York.

Nash III T. H., Gries C. & Bungartz F. (eds). 2007. Lichen Flora of the Greater Sonoran Desert Region. Arizona State University.

日本菌学会 (編). 2014. 新菌学用語集, 198 pp. 日本菌学会, 東京.

大橋弘. 1995. Moss Cosmos. ダイヤモンド社, 東京.

大橋弘. 2018. ミクロコスモス 森の地衣類と蘚苔類と, 111 pp. つかだま書房, 東京.

佐藤正己. 1939. 大日本植物誌 地衣類ウメノキゴケ目 (I), 87 pp. 三省堂, 東京・大阪.【3766】

佐藤正己. 1941. 大日本植物誌 地衣類ハナゴケ目 (I), 105 pp. 三省堂, 東京・大阪.

Schumn F. & Aptroot A. 2012. A microscopical atlas of some tropical lichens from SE-Asia (Thailand, Cambodia, Philippines, Vietnam). Herstellung & Verlag.

Smith D.C. & Douglas A.E. 1987. The Biology of Symbiosis, 302 pp. Edward Arnold, Baltimore.

上海科学技術出版社・小学館（編）1985. 中薬大辞典. 小学館, 東京.

Sharnoff S. 2014. A Field Guide to California Lichens, 405 pp. Yale Univ. Press, New Haven & London.

寺川博典. 1978. 菌類の系統進化, 213 pp. 東京大学出版会, 東京.

寺村佑子. 1984. ウールの植物染色, 215 pp. 文化出版局, 東京.

寺村佑子. 1992. 続・ウールの植物染色, 215 pp. 文化出版局, 東京.

冨成忠夫. 1984. 森のなかの展覧会, 65 pp. 山と渓谷社, 東京.

Wang L. 2012. Lichens of Yunnan in China, 220 pp. 上海科学技術出版社, 上海.

魏江春. 1982. 中国薬用地衣, 156 pp. 科学出版社, 北京.

山本好和. 2009.「木毛」ウォッチングの手引き 中級編 近畿の地衣類, 168 pp. 三恵社, 名古屋.

山本好和. 2012.「木毛」ウォッチングの手引き 地衣類 初級編 第2版, 82 pp. 三恵社, 名古屋.

山本好和. 2013.「木毛」ウォッチングの手引き 中級編 東北の地衣類, 196 pp. 三恵社, 名古屋.

山本好和. 2017.「木毛」ウォッチングの手引き 上級編 日本の地衣類-630種-携帯版, 310 pp. 三恵社, 名古屋.

山本好和. 2020.「木毛」ウォッチングの手引き 上級編 日本の地衣類-日本産地衣類の全国産地目録-, 280 pp. 三恵社, 名古屋.

山本好和. 2021.「木毛」ウォッチングの手引き 上級編 日本の地衣類-日本産地衣類の分布図録-, 244 pp. 三恵社, 名古屋.

安田篤. 1925. 日本産地衣類図説, 118 pp. 齋藤報恩会, 仙台.

吉村庸. 1974. 原色日本地衣植物図鑑, 349 pp 大阪, 保育社.

謝　辞

　本書は地衣類に関心を持たれた多くの方々のご協力で完成することができました．ここにご協力頂いた方々に感謝の意をこめて，お名前を掲載させて頂きます（アイウ順）．また，本書における研究は筆者とともに研究に邁進いただいた方々の成果でもあります．日本ペイント時代や秋田県立大学時代の共同研究が基にもなりました．日本ペイントや秋田県立大学の方々ならびに共同研究先の方々に御礼申し上げます．

　特別に大橋弘氏に写真，浜田弓氏にイラストの提供をお願いし，快く引き受けて頂きました．感謝申し上げます．2頁，96頁にそれぞれ掲載させて頂きました．

　本文中で使用した日本地図の原画は広島大学理学部生物学科植物分類・生態学研究室が考案された図を修正したものです．快く使用の許可を頂きました．この場を借りて御礼申し上げます．

　本書初版の文章校正にご協力頂き，完成にご尽力頂いた次の方々に感謝申し上げます．秋山弘之氏，上杉毅氏，小澤武雄氏，坂東誠氏．さらに坂東誠氏には第2版の文章校正に多大なご尽力を頂きました．重ねて感謝申し上げます．

1.　研究報告の御提供（敬称略，アイウ順）*県立大学卒業生・修了生以外は現住所のみ

阿部　ちひろ（秋田県立大学卒業生）
伊藤　菜保子（秋田県立大学卒業生）
伊東　真那実（秋田県立大学卒業生）
池田　雅志（石川県金沢市）
岩崎　友仁子（秋田県立大学卒業生）
臼庭　雄介（秋田県立大学大学院修了生）
遠藤　まり恵（秋田県立大学卒業生）
小野　元気（秋田県立大学卒業生）
小野　静（秋田県立大学卒業生）
小林　優維（秋田県立大学大学院修了生）
小原　知久（秋田県立大学卒業生）
加賀谷　雅仁（秋田県立大学卒業生）
河合　正人（大阪府大阪市）
河崎　衣美（筑波大学）
北川　通孝（秋田県立大学卒業生）
草間　裕子（秋田県立大学大学院修了生）
楠井　善久（沖縄県那覇市）
黒澤　実里（秋田県立大学卒業生）
嵯峨　優美子（秋田県立大学卒業生）
佐藤　千秋（秋田県立大学卒業生）
佐藤　ひかり（秋田県立大学大学院修了生）
佐藤　佳隆（秋田県立大学卒業生）
末岡　裕理（茨城県守谷市）
高萩　敏和（大阪府八尾市）
高橋　奏恵（広島県広島市）
武田　瑞紀（秋田県立大学卒業生）
田邊　優子（オーストラリア）
土屋　智美（秋田県立大学卒業生）
成田　朱望（秋田県立大学卒業生）
坂東　誠（大阪府池田市）
藤井　洋光（秋田県立大学大学院修了生）
藤原　文子（秋田県立大学大学院修了生）
舟木　晴香（秋田県立大学卒業生）
堀米　希恵（秋田県立大学卒業生）
細越　美貴子（秋田県立大学卒業生）
升本　宙（京都府京都市）
明嵐　加央里（秋田県立大学卒業生）
吉谷　梓（秋田県立大学大学院修了生）
吉野　花奈美（栃木県宇都宮市）
渡部　貴幸（秋田県立大学卒業生）

2.　写真およびイラスト，スライドの御提供（敬称略，アイウ順）

秋山　弘之（兵庫県立人と自然の博物館，兵庫県三田市）
安斉　唯夫（長野県小海町）
井内　由美（兵庫県姫路市）
石原　峻（神奈川県横浜市）
泉田　健一（北海道苫小牧市）
上杉　毅（愛知県瀬戸市）
宇之津　昌則（新潟県見附市）
岡田　純二（三重県名張市）
河合　正人（大阪府大阪市）
川崎　映（北海道音威子府村）
小西　祐伸（鹿児島県屋久島町）
佐藤　幸子（岩手県盛岡市）
澤田　達也（島根県安来市）
山東　智紀（タイ）
杉本　廉（神戸大学大学院，兵庫県神戸市）
高槻　成紀（麻布大学教授，東京都小平市）
為後　智康（兵庫県淡路市）
多和田　匡（沖縄県宜野湾市）
寺尾　美枝（東京都八王子市）
仲田　晶子（東京都目黒区）
中西　花奈（広島大学大学院，広島県東広島市）
中西　有美（大阪府東大阪市）
中野　剛（静岡県静岡市）
浪本　晴美（東京都品川区）
西田　賢司（コスタリカ）
廣津　大倪（東京都港区）
藤田　富二（東京都調布市）
枡岡　望（兵庫県朝来市）
松尾　優（佐賀県伊万里市）
松本　美津（宮崎県日南市）
丸山　健一郎（奈良県葛城市）

水本　孝志（愛媛県八幡浜市）
三橋　こずえ（東京都三鷹市）
道盛　正樹（兵庫県西宮市）
矢頭　勇（静岡県湖西市）
安田　邦男（兵庫県尼崎市）
芳田　尚子（大阪府東大阪市）
吉野　圭哉（沖縄県石垣市）

3. 共同研究者

- **日本ペイント株式会社**（敬称略，アイウ順）

  木下靖弘，浜出良二，早瀬智子，樋口允子，松原秀樹，三浦靖高

- **秋田県立大学**（敬称略）

  小峰正史，原光二郎，川上寛子

4. 共同研究先・資料のご協力機関（アイウ順）

秋田県総合食品研究所 畠恵司博士
秋田県立大学生物資源科学部稲元研究室
秋田県立大学生物資源科学部吉澤研究室
秋田県立大学木材高度加工研究所土居研究室
大阪市立自然史博物館 佐久間大輔博士
大阪府立大学放射線研究センター古田研究室
沖縄大学こども文化学科 盛口　満教授
家政学院大学家政学部片山研究室
京都大学農学部小清水・宮川研究室
京都大学農学部山田・佐藤研究室
神戸大学農学部真山研究室
久留米工業高等専門学校中嶌研究室
高知学園短期大学吉村研究室
千葉大学薬学部山崎研究室
筑波大学菅平実験所 出川洋介准教授
服部植物研究所（宮崎県日南市）
宮崎県総合博物館 黒木秀一氏
明治薬科大学高橋研究室

5. 海外共同・協力先，試料・資料提供（ABC順）

Prof. AHMADJIAN, Vernon（米国・クラーク大学）
Prof. AHTI, Teuvo（フィンランド・ヘルシンキ大学）
Dr. HOLLINGER, Jason（米国・エッジウッド研究所）
Prof. HONEGGER, Rosmarie（スイス・チューリッヒ大学）
Prof. HUR, Jae-Seoun（韓国・スンチョン大学）
Prof. KONDRATYUK, Sergij Y.（ウクライナ・国立植物学研究所）
Dr. LENDEMER, James C.（米国・ニューヨーク州立博物館）
Dr. NAYAKA, Sanjeeva（インド・国立植物学研究所）
Dr. SOHRABI, Mohammad（イラン・イラン科学技術研究機構）
Prof. THOR, Göran（スェーデン・スェーデン農業大学）

事項索引

(事項の重要箇所のみ表示しました)

あ

亜寒帯	52, 55
亜熱帯	52
アレロパシー	81
アルカロイド類	80
暗色系地衣類	18
アントラキノン類	73, 143, 151
硫黄噴気帯	60, 161
異型細胞	76
石垣状多室	25, 46
異常代謝産物	143, 144, 150
異層地衣類	10
一次元的生長	67
一次代謝	72
医薬品	128
医薬理活性	128, 130
インテリア	174
鱗状地衣類	7, 18
栄養生態	5, 31
栄養体	6, 104
栄養繁殖	20, 40, 47
液体培養	98, 99
オゾン層	85
温度制御	97, 121

か

絵画	171
海岸	52, 61, 160
外殻	24, 42
外敵	12, 80, 82
外部頭状体	11
果殻	24, 42, 45
化学分類	29, 32
核移植	45
隔壁	46
過酸化物質	86, 157
過剰な光量	86, 157
痂状地衣類	7, 16
下生菌糸	66
河川	62
門松	173
カドミウム耐性	168
下皮層	10
蛾類	186, 193, 196
環境ストレス	144
環境制御	97, 121
環境適応	6, 12
環境ホルモン	85
環境変動	81
岩上生	58
乾燥	86, 159
寒帯	52, 55
寒天	98, 101, 103, 121
γ線耐性	169
気候帯	12, 52
偽根	21
擬子柄	7, 19
起上型	7, 18
寄生	5, 31, 201
擬態	192
キノイド類	80, 81, 142, 151
擬盃点	22
基物	13, 56
基本葉体	17
吸根	66
旧約聖書	178
極限環境	13, 59, 157
共進化	33, 34
共生	5, 6, 31, 201
共生藻	5, 9, 72
共生藻置換	36
金属上	59
偶蹄類	190
クモ類	195
クリーンベンチ	97
クロマトグラフィー	89
群集間共生	6
形態形成	114, 143
形態分類	29, 32
系統樹	4, 29
化粧薬理活性	128, 131
ゲスト	6
月間生長	67
齧歯類	197
健康茶	181
減数分裂	41, 45, 102
顕微結晶法	88
抗ウイルス	128, 129
抗炎症	128, 129
抗癌	128, 129, 130, 139, 154
工芸作品	171
攻撃	80
光合成阻害	82, 128
光合成能	73
抗細菌	128, 129, 136
高山	55, 158
鉱山	62, 163
抗酸化	128, 131, 204
好酸性	162
高浸透圧ストレス	145
抗生物質	204
甲虫類	188
好銅性	163
香料	175
固化剤	98, 104
国際命名規約	5
国土地理院	16
木毛	3
苔松	173
苔紋	171
粉状地衣類	7, 18
個体間共生	6
個体共生	6
固体培養	98, 143
固有種	13, 52, 62
コンソーシアム	200
昆虫成育阻害	129

さ

再形成	114
再合成	114
採集	16, 142
採集時期	101, 107
栽培	97
再分化	114
細胞外共生	6
細胞核	30, 31
細胞共生	6
細胞質融合	45
細胞小器官	30, 31, 72
細胞の接触	66, 115
細胞内共生	5
酢酸-マロン酸経路	151
殺性	201
里山	54
砂漠	59, 159
三次元的生長	70
酸性度	58
ジェランガム	98, 101, 104
自家和合	45
子器縁	20, 43
子器形状	20
子器原基	41, 43, 44
子器盤色	20
シキミ酸経路	153
子実体	9, 34
雌性配偶子	41, 45
湿潤度	52, 56, 123
湿度制御	97, 122
子嚢	40, 42, 45
子嚢果	24, 41, 43, 44
子嚢殻	42, 43, 45
子嚢菌類	5, 8, 29, 30
子嚢下層	43
子嚢上層	43
子嚢層	43
子嚢層基部	43
子嚢地衣類	8, 40
子嚢胞子の形状	25, 46
子嚢胞子培養法	100
子嚢胞子放出	51, 62, 102
子柄	7
子柄形状	19
社会共生	6
写真撮影	18
写真集	172
ジャーファーメンター	148
樹状地衣類	7, 11, 18
雌雄異株	45
雌雄同株	45
重金属	62, 85, 157
受精毛	45
樹皮上生	57
上皮層	10
食草	186
植物病原性細菌	84
植物病原性真菌	5, 84
食料	178
照葉樹林	53
小裂片	48
人工合成培地	101
人工栽培	121
人工全合成	142
新産種	53, 64
真正細菌類	5
針葉樹林	55
垂下型	7, 18
髄層	11
水分供給	73
水分ストレス	84, 86, 159
スケールアップ	97
巣材	196
ステロイド類	81, 151
ストロマ状	42, 44
生育環境	52
生育形	6, 18
生活環	40
生合成	132, 151
生殖	40
生殖繁殖	40
生態情報	28
生体成分	72
生長	40, 66
生長部位	68
生物活性	128
生理活性	128
石造文化財	182
世代時間	99
絶滅危惧種	62
背腹性	48
先駆者	211
先駆植物	60
蘚苔類	3, 84, 122
染料	176
蘚類上生	57
増殖	40
増殖曲線	99
増殖速度	99
双翅類	187
造嚢器	41, 43, 45
造嚢糸	43, 45
相利共生	5, 201
藻類層	10
組織培養法	100, 104, 111, 115, 204

た

耐塩性	160
耐乾燥性	159
大気汚染	181
耐高温性	159
耐酸性	162
耐凍性	158
大都会	61
脱地衣化	30
多糖類	72, 98
暖温帯	52, 53, 54
炭化	24, 42

担子菌酵母	205	
担子菌類	5, 8, 29, 30	
担子地衣類	8, 34	
淡色系地衣類	18	
炭素移動	74	
炭素源	6, 9, 72, 74	
蛋白質分解酵素阻害	82, 129	
単胞子由来	102	
地衣化	30	
地衣菌	8	
地衣上生	31, 58, 201	
地衣成分の結晶	73, 87	
地衣成分分析	87	
地衣染め	176	
地衣内生	201	
地衣類ゾーン	61, 160	
地衣類バンク	112, 130	
地上生	55, 59	
窒素移動	76	
窒素固定	9, 72, 76	
チベンゾフラン類	81, 151	
チャンバー法	122	
中空	7, 19	
中軸	11	
中実	7, 19	
鳥類	197	
チロシナーゼ阻害	132	
ツンドラ	55, 190	
呈色反応	25	
適合溶質	86, 157	
デザイン	171	
鉄道ジオラマ	174	
DNA	29	
デブシド類	81, 151	
デブシドーン類	81, 151	
テルペノイド類	80, 81	
天然培地	101	
糖アルコール	74	
糖源	74, 120	
同層地衣類	11	
銅耐性	62, 163	
毒物	153, 178	
動物病原性細菌	136	
トナカイゴケ	190	
トビムシ類	189	
トリテルペノイド類	81, 151, 154	

な

内部頭状体	11	
南極	60, 158	
軟体動物	189	
二核細胞	45	
二酸化硫黄	85, 162, 182	
二次元的生長	67	
二次代謝	80	
二倍体	41, 45	
年間生長	68	
農薬理活性	128, 131	

は

盃	20, 93	
培地 pH	104	
盃点	22	
培土	114, 122, 123	
背面色	18	
培養	97	
培養温度	75, 77, 99, 104, 108	
培養組織	75, 77, 115, 118	
白色有毛体	116	
薄層クロマトグラフィー	27, 89	
剥片	49	
爬虫類	195	
発芽阻害	84, 104	
ハプロタイプネットワーク	35	
半翅類	194	
半数体	34, 41, 45, 102	
ハンター	211	
ビアトラ型	20, 24, 42	
PCR	32	
非地衣化	30	
光制御	97, 121	
微小地衣体	114, 119	
ビタミン	80, 101	
美白	128, 132	
標本の整理	16	
標本の保存	17	
ピン状	20, 42	
富栄養ストレス	146	
複合生物	4	
複数胞子由来	102	
腹面色	18	
腐生	5, 31, 201	
不定芽	49	
ブナ林	55, 77	
フラボノイド類	80	
粉芽	21, 47	
粉芽様態組織	116, 119, 143	
粉子	41	
粉子器	17, 41	
分子系統解析	29, 37, 92, 187, 205, 207, 215	
分子系統分類	29	
分布調査	17, 172	
分類形質	17, 27	

平行多室	25, 46	
片利共生	5, 201	
泡芽	21, 49	
防御	80	
放出周期	103	
ホスト	6	
保存期間	102, 107	
哺乳類	190, 197	
ポリエチレン袋法	123	
ポリケチド類	151	

ま

まつ毛	22	
マングローブ林	52, 61	
マンナ	178	
脈翅類	194	
民間伝承薬	127	
無菌操作	97	
無性生殖	20, 40, 47	
メバロン酸経路	151	
メラニン	10, 86, 132, 166	
メラニン生成阻害	133	
網斑	22	
木材腐朽菌	82, 134	

やらわ

野外移植	70	
野外栽培	121	
誘引	80	
有性生殖	5, 40	
雄性配偶子	41	
溶岩流	59, 60	
葉上生	57	
葉状地衣類	7, 10, 18, 19	
四級アンモニウムイオン	87, 94	
ライト	16, 26	
落葉広葉樹林	56	
リース	175	
リトマス試験紙	177	
硫酸銅	62	
両生類	195	
リレラ型	24, 42	
冷温帯	52, 55	
冷凍保存	108, 112, 136	
霊長類	190	
レカノラ型	20, 24, 42	
レキデア型	20, 24, 42	
裂芽	21, 48	
レッドリスト	64	
綿毛	21	
和漢薬	127	
和名	28	

地衣類和名索引

（地衣類の和名は山本（2020）に準拠しています）

ア

- アイイロカブトゴケ　49, 84
- アオウロコタケ　9, 30
- アオカワキノリ　11, 22, 42
- アオキノリ　19, 22, 24
- アオジロアナイボゴケ　25
- アオチャゴケ　46, 63
- アオバゴケ　10, 41
- アカウラヤイトゴケ　11, 63, 87, 93
- アカサビイボゴケ　164, 168
- アカサビゴケ　8, 10, 41, 168
- アカサルオガセ　11, 18, 59, 69, 75, 77, 103, 106, 107, 108, 109, 115, 118, 124, 143, 176
- アカツメゴケ　104, 131
- アカハラムカデゴケ　11, 158
- アカヒゲゴケ　118
- アカボシゴケ　30, 135, 149, 150, 161
- アカマルゴケ　57
- アカミゴケ　20, 41
- アツブツメゴケ　9, 74, 117
- アツバヨロイゴケ　27, 36, 90, 212
- アナゴケ　49
- アミモジゴケ　44
- アリノタイマツ　9, 34
- アリピンゴケ　31
- アワヂリナリア　21, 49
- アワビゴケ　138
- アンチゴケ　9, 26, 30, 31, 32, 33, 55, 107, 207
- アンチゴケモドキ　33, 207
- イオウゴケ　60, 62, 158, 162, 163, 164
- イオウチズゴケ　61
- イコマゴンゲンゴケモドキ　21, 48
- イシガキチャシブゴケ　7, 59, 103, 159, 183
- イシガキメゴケ　64
- イシバイアナイボゴケ　59
- イソカラタチゴケ　61, 110
- イソクチナワゴケ　45, 61
- イチジクゴケ　58, 202
- イソダイダイゴケ　161
- イトゲジゲジゴケモドキ　63
- イヌツメゴケ　22, 73, 76, 117, 212
- イノハエホソダイゴケ　64
- イワカラタチゴケ　19, 90, 106, 107, 108
- イワタケ　8, 19, 176, 179
- イワニクイボゴケ　7, 20, 24, 42, 43, 59, 103, 176
- イワマンジュウゴケ　25
- ウグイスゴケ　83
- ウスイロキクバゴケ　48
- ウスカワゴケ　19, 139
- ウスダイダイサラゴケ　41
- ウスチャフタゴチズゴケ　61
- ウスツメゴケ　22, 37
- ウスバアオキノリ　24
- ウスバカブトゴケ　22
- ウスバトコブシゴケ　169
- ウチキアワビゴケ　130
- ウチキウメノキゴケ　74
- ウチキクロボシゴケ　104
- ウツロヒゲゴケ　11
- ウメノキゴケ　3, 4, 7, 18, 19, 47, 54, 57, 59, 66, 67, 68, 69, 70, 73, 83, 88, 124, 146, 173, 176, 177, 182, 183, 184, 187, 188, 193, 197
- ウメボシゴケ　59, 63
- ウラミゴケモドキ　103
- エイランタイ　23, 56, 106, 143, 144, 179
- エゾキクバゴケ　70, 153
- エゾハマカラタチゴケ　161
- エゾヒメピンゴケ　31
- エダウホソピンゴケ　38, 133, 161, 162
- エダマタモジゴケ　150

カ

- エツキイチジクゴケ　202
- エビラゴケ　22, 72
- オウシュウオオロウソクゴケ　45, 115, 203
- オオアナイボゴケ　46
- オオウラヒダイワタケ　179
- オオキゴケ　12, 42, 135, 164
- オオキッコウゴケ　201
- オオゲジゲジゴケ　106
- オオコゲボシゴケ　24, 43, 104
- オオザクロゴケ　211
- オオサビイボゴケ　24, 43
- オオセンニンゴケ　12
- オオツブラッパゴケ　114, 122, 136, 139, 143, 147, 150, 152, 177
- オオピンゴケ　42, 162
- オオフレルケピンゴケ　202
- オオマツゲゴケ　22, 190
- オオマルゴケ　195
- オガサワラカラタチゴケ　108, 168
- オニサネゴケ　20
- オニハナゴケ　174, 175, 206
- オニフジゴケ　25, 46
- オリーブトリハダゴケ　46

カ

- カザンキゴケ　60, 77
- カシゴケ　45
- カバイロイワモジゴケ　24, 98
- カブレゴケ　23
- カブレゴケモドキ　64
- カムリゴケ　12, 189
- カラフトカブトゴケ　22
- カワイワタケ　62
- カワホリゴケ　124
- カワラキゴケ　102, 103
- カワラゴケ　22
- キウメノキゴケ　10, 35, 40, 47, 49, 54, 57, 67, 68, 70, 84, 124, 174, 182
- キウラゲジゲジゴケ　11, 21, 47
- キゴケ　20
- キゴヘイゴケ　143
- キゾメヤマヒコノリ　51, 129, 153, 154, 178
- キリシマカワキノリ　48
- キリタケ　30
- キンイロホソピンゴケ　25, 38, 46
- クギゴケ　31
- クズレウチキウメノキゴケ　49, 139
- クズレマツゲゴケ　49
- クラークゴケ　210
- クリプトジョウゴゴケ　93
- グレイジョウゴゴケ　93
- クロアカゴケモドキ　107
- クロアシゲジゲジゴケ　10, 159
- クロイシガキモジゴケ　25, 46
- クロイシバイアナイボゴケ　59
- クロイボゴケ　20, 43
- クロウラムカデゴケ　61, 182, 189, 194, 203
- クロダケトコブシゴケ　146
- クロチズゴケ　61
- クロボシゴケ　27
- クロマルゴケモドキ　25
- クロミキゴケ　25, 46
- クロモジゴケ　158, 150
- ケクズゴケ　42
- ケットゴケ　30
- ケマルゴケ　57
- コアカミゴケ　20, 62, 112, 123, 143
- コアンチゴケ　33, 207
- コウゲジゲジゴケ　19
- コガネエイランタイ　63, 143
- コガネキノリ　108, 206
- コガネゴケ　8, 18, 19, 146, 186
- コザネゴケ　202
- コチャシブゴケ　46, 61 150
- コツブヨツハシゴケ　42

サ

- コナウチキウメノキゴケ　22, 83, 133, 134, 139, 154
- コナカブトゴケ　76, 189
- コナクロボシゴケ　27
- コナゴケ　169
- コナシアノヘリトリゴケ　149, 150
- コナチャシブゴケ　144, 145, 182
- コナハイマツゴケ　153, 162
- コナモジゴケ　20, 42, 46
- コナレプラゴケモドキ　61
- コバノゲジゲジゴケ　21
- コバノシロツノゴケ　63
- コフキイバラキノリ　130
- コフキカラクサゴケ　206
- コフキカラタチゴケ　19, 159
- コフキゲジゲジゴケ　48
- コフキヂリナリア　6, 19, 21, 28, 48, 50, 57, 61, 69, 83, 107, 174, 182, 184, 188
- コフキツメゴケ　19, 37, 103, 104, 117
- コフキトコブシゴケ　21, 83
- コフキニセハナビラゴケ　63
- コフキヒメスミイボゴケ　188
- コフキフクレチャシブゴケ　47
- コフキホソピンゴケ　37
- コフクレサルオガセ　106, 107, 108, 124, 139
- コブトリハダゴケ　204
- ゴフンゴケ　194
- コモチモミジツメゴケ　117, 131
- ゴンゲンゴケ　27

サ

- サイゴクハマイボゴケ　160
- サクラモジゴケ　150
- ザクロゴケ　136, 150, 158, 168
- ササクレマタゴケ　122, 123
- サトノアナイボゴケ　159, 188
- サネゴケ　26, 164
- サボテンアンチゴケ　26, 32, 33, 207
- サビイボゴケ　57, 144, 146
- サワイボゴケモドキ　62
- サンゴエイランタイ　137, 162
- サンゴキゴケ　22, 133
- シナノウメノキゴケ　23
- シママットゴケ　63
- ジョウゴゴケ　20, 93, 115
- ショクダイゴケ　18, 58
- シラチャウメノキゴケ　22, 49, 57, 91, 188
- シラベノサネゴケ　26
- シロイダイダイゴケモドキ　20, 61, 160
- シロコナモジゴケ　102, 104
- シロツノゴケ　63
- シロハカマピンゴケ　20
- シロムカデゴケ　169
- シワイワタケ　162
- スジモジゴケ　44
- スミレモドキ　10
- セイタカアカミゴケ　61
- セスジアンチゴケ　33, 207
- セスジモジゴケ　150
- センシゴケ　124, 195

タ

- ダイセツイワタケ　56
- ダイダイキノリ　8
- ダイダイゴケ　8, 158
- ダイダイサラゴケ　20
- タイワンサンゴゴケ　176
- タカネアカサビゴケ　136
- タカネゴケ　143
- タカネサンゴゴケ　145, 146, 150
- タナカウメノキゴケ　91
- チズゴケ　3, 7, 56
- チヂレアオキノリ　76
- チヂレウチキウメノキゴケ　49
- チヂレウラジロゲジゲジゴケ　189
- チヂレカブトゴケ　48

230

チヂレカブトゴケモドキ	84	
チヂレケゴケ	62	
チヂレツメゴケ 19, 22, 58, 68, 103, 104, 107, 116, 117, 123, 131		
チヂレトコブシゴケ	21	
チャザクロゴケ	162	
チャツボモジゴケ	44	
チャハシゴケモドキ	41	
チョロギウメノキゴケ	195	
ツチノウエノキッコウゴケ	207	
ツツジノモジゴケ	150	
ツノマタゴケ	143, 175, 190	
ツブコナサルオガセ	119, 121	
ツブミゴケ	63, 103	
デイジーゴケ	12	
テリハヨロイゴケ	27, 90, 212	
トゲウメノキゴケ	22, 145, 146, 168	
トゲカワホリゴケ	11, 46, 73	
トゲカワホリゴケモドキ	76	
トゲゲジゲジゴケ	83, 107	
トゲシバリ	54, 90, 124, 135, 136, 138	
トゲトコブシゴケ	21, 138	
トゲナシカラクサゴケ	49, 191	
トゲナシフトネゴケモドキ	63	
トゲハクテンゴケ	19, 194	
トゲヒメゲジゲジゴケ	86, 107, 138	
トコブシゴケ	21, 23	

ナ

ナガサルオガセ 7, 55, 68, 70, 84, 90, 107, 127, 128, 130, 190, 198	
ナガネツメゴケ	104, 131
ナガヒゲサルオガセ	48
ナカムラトリハダゴケ	46
ナギナタゴケ	56
ナナバケアカミゴケ	61
ナミガタウメノキゴケ 22, 47, 50, 59, 107, 124, 174, 177, 196	
ナミチャシブゴケ	20, 144
ナミチャシブゴケモドキ	144
ナミムカデゴケ	47, 69
ナメラカブトゴケ	12
ナメラキゾヤマヒコノリ	51, 104, 178
ナメラフクロゴケ	55
ナンキョクイワタケ	60, 74, 158
ナンキョクサルオガセ	60, 74, 158
ニセウスキチズゴケ	61
ニセウチキウラミゴケ	76
ニセキンブチゴケ	106, 107, 108, 153, 191
ニセチャハシゴケ	41
ニセモジゴケ	24
ヌカホソピンゴケ	37
ヌマジリゴケ	62
ネジレバハナゴケ	122
ネナシイワタケ	74, 158

ハ

ハイイロカブトゴケ	76, 138, 189
ハイイロキッコウゴケ	69, 207
ハイイロキゴケ	59, 60
ハイイロキノリ	24
ハイマツゴケ	7
ハクテンサネゴケ	22
ハコネイボゴケ	183
ハコネゴンゲンゴケ	27
ハジカミゴケ	169
ハナゴケ 7, 19, 20, 47, 56, 68, 73, 74, 180, 191	
ハマカラタチゴケ	23, 61, 102, 103, 110, 160
バライロヒゲゴケ	11
ハリイボゴケ	46
ハリガネキノリ	8, 19, 55
バンダイキノリ	179, 180, 186
ハンノキゴケ	31
ヒイカゲノホシゴケ	27, 50
ヒカゲウチキウメノキゴケ	21, 49, 139
ヒゲアワビゴケ	22, 83, 139
ヒゲネクロウラムカデゴケ	21
ヒノキノアオバゴケ	57
ヒメイワタケ	136, 168
ヒメカイガラゴケ	62
ヒメウメノキゴケ	63
ヒメゲジゲジゴケ	203
ヒメジョウゴゴケ	93
ヒメジョウゴゴケモドキ	50, 51, 71, 93, 190, 203, 207
ヒメスミイボゴケ	61
ヒメセンニンゴケ	49, 104, 135, 137
ヒメダイダイサラゴケ	203
ヒメツメゴケ	104
ヒメトリハダゴケ	46
ヒメニクイボゴケ	58
ヒメミドリゴケ	7, 18
ヒメリボンゴケ	104
ヒメレンゲゴケ	51, 85
ヒモノキノキゴケ	50, 102, 103, 195
ヒモマンジュウゴケ	57
ヒュウガシロマメゴケ	64
ヒュウガニセザクロゴケ	20, 64
ヒュウガホソフジゴケ	64
ヒョウモンメダイゴケ	42, 45, 63
ヒラサンゴゴケ	106
ヒラミツメゴケ	104
ヒラムシゴケ	69
ヒロクチフジゴケ	44
ヒロハセンニンゴケ	133, 150
ヒロハツメゴケ 9, 11, 36, 74, 75, 76, 82, 104, 118, 127, 131	
フイリツメゴケ	116, 117
フクレサルオガセ	143
フクロゴケ	73, 82, 132
フジカワゴケ	63
フタゴチズゴケ	56
フチカザリチャシブゴケ	67
ブナモツレサネゴケ	55, 57
ブリコゴケ	190
フレルケピンゴケ	202
ヘラガタカブトゴケ	49, 107, 124, 176
ヘリゲセンスゴケ	23
ヘリトリゴケ 7, 18, 20, 42, 59, 69, 85, 101, 103, 107, 144, 183, 184	
ヘリトリツメゴケ	117
ヘリトリモジゴケ	107, 136
ホウネンゴケ	135, 158, 160
ホウネンゴケモドキ	46
ホグロハナゴケ	143
ホシガタキモジゴケ	53
ホシスミイボゴケ	144
ホシダイゴケ	44
ホソカラタチゴケ	135
ホソゲジゲジゴケ	62
ホソハナゴケ	74
ホソフジゴケ	137, 147
ホソモジゴケ	103
ボダイジュイボゴケ	26, 144
ホネキノリ	136, 143
ホモセッカジョウゴゴケ	93

マ

マキバエイランタイ	19, 56, 176
マタゴケ	60
マツゲゴケ 9, 23, 47, 54, 57, 59, 74, 107, 124, 171, 174, 176, 184, 186, 197	
マルミイチジクゴケ	202
マンナゴケ	179
ミキノチャハシゴケモドキ	41
ミキノフシアナゴケ	45
ミチノクモジゴケ	24
ミドリゴケ	114
ミナミソダイダイゴケ	145
ミナミレブラゴケモドキ	186
ミヤマウラミゴケ	76, 82, 206
ミヤマクグラ	11
ミヤマハナゴケ	74, 142, 174, 191
ムカデゴケ	186, 187, 188
ムクムキゴケ	74
ムクムキゴケモドキ	82
ムシゴケ	180
ムツゴサネゴケ	25, 46
メロジョウゴゴケ	93
モエギチャシブゴケ	107
モエギトリハダゴケ	25, 106, 107, 108, 184
モジゴケ	44, 150
モミジツメゴケ	19, 46, 117
モンシロゴケ	23

ヤラワ

ヤグラゴケ	20, 62, 107, 123, 145
ヤスダニクイボゴケ	21, 48
ヤドリキッコウゴケ	202, 203
ヤドリクチナワゴケ	202
ヤドリホウネンゴケ	202
ヤマゲジゲジゴケ	138
ヤマダイゴケ	58, 203
ヤマトエビラゴケ	19
ヤマトキゴケ	7, 19
ヤマトチャシブゴケ	20
ヤマナミセンシゴケ	41
ヤマヒコノリ	131, 144
ヨウジョウクロヒゲ	41
ヨコワサルオガセ 8, 47, 55, 74, 75, 77, 88, 90, 106, 108, 129, 130, 139, 176, 198	
ヨシナガフジゴケ	44
ヨシムラサワイボゴケ	24, 42
ヨシムラマルゴケ	46
ヨナグニダイダイゴケ	53
リュウキュウコフキダイダイゴケ	54
リュウキュウダイダイゴケ	53
レプラゴケ	183, 186, 192, 194
レモンイボゴケ	201
ロウソクゴケ	8, 19, 61, 178
ロウソクゴケモドキ	153
ワタゲヒメピンゴケ	31
ワタトリハダゴケ	20, 25, 46, 58
ワラハナゴケ	26, 83
ワラハナゴケモドキ	26

地 衣 類 学 名 索 引
（地衣類の和名は山本（2020）に準拠しています）

A

Acarospora asahinae --------------- 46
Acarospora fuscata ----- 135, 158, 160
Acarospora nodulosa -------------- 207
Acarospora placodiiformis -------- 207
Alectoria lata ---------------- 136, 143
Alectoria ochroleuca --------- 108, 206
Alectoria sarmentosa -------------- 82
Amygdalaria panaeola ------- 149, 150
Amandinea efflorescens ---------- 188
Amandinea punctata --------------- 61
Anaptychia isidiata -------- 86, 107, 138
Anaptychia palmulata ------------- 203
Anzia colpodes -------------------- 33
Anzia colpota ----------------- 33, 207
Anzia gregoriana ------------------ 33
Anzia hypoleucoides ---------- 33, 207
Anzia japonica ------------ 26, 33, 207
Anzia masonii --------------------- 33
Anzia opuntiella
  -- 9, 26, 30, 31, 32, 33, 55, 107, 207
Anzia stenophylla -------------- 33, 207
Arthrorhaphis citrinella ----------- 201
Asahinea scholanderi ------------- 146
Astrothelium phlyctaena ----------- 64
Athallia scopularis ---------------- 161

B

Bacidia hakonensis --------------- 183
Bacidia spumosula ---------------- 46
Badimia polillensis ---------------- 42
Baeomyces placophyllus ----- 133, 150
Baeomyces roseus --------------- 122
Bagliettoa calciseda --------------- 59
Blastenia crenularia -------------- 146
Brigantiaea ferruginea --- 57, 144, 146
Brigantiaea nipponica ---------- 24, 43
Bryoria fremontii ------- 179, 197, 205
Bryoria furcellata ----------------- 130
Bryoria tortuosa ------------------ 205
Bryoria trichodes subsp. trichodes
  ------------------------- 8, 19, 55
Buellia stellulata ------------------ 144
Bunodophoron formosanum ------- 176
Bunodophoron melanocarpum ---- 106

C

Calicium chlorosporum -------- 42, 162
Calicium hyperelloides ------------- 20
Calopadia subcoerulescens --------- 41
Caloplaca flavorubescens --------- 148
Caloplaca leptopisma ------------- 145
Candelaria asiatica - 8, 19, 57, 61, 178
Candelariella vitellina var. vitellina 153
Canoparmelia aptata
  ----------------- 22, 49, 57, 91, 188
Canoparmelia texana -------------- 91
Cetraria islandica subsp. islandica
  ------------- 82, 127, 128, 179, 180
Cetraria islandica subsp. orientalis
  ---------- 23, 56, 106, 143, 144, 179
Cetraria aculeata ------------- 137, 162
Cetraria laevigata --------- 19, 56, 176
Cetraria steppae ------------------ 138
Cetrelia braunsiana ------------ 21, 138
Cetrelia chicitae ---------------- 21, 83
Cetrelia japonica ------------------ 21
Cetrelia nuda ------------------ 21, 23
Cetreliopsis asahinae ------------- 138
Chaenotheca brunneola
  ------------------- 38, 133, 161, 162
Chaenotheca chrysocephala
  ---------------------------- 25, 38, 46
Chaenotheca hygrophila ------------ 37
Chaenotheca stemonea ------------ 37
Chaenothecopsis brevipes --------- 202
Chaenothecopsis consociata ------ 202
Chaenothecopsis nigra ----------- 202
Chaenothecopsis pusilla ---------- 202

Chaenothecopsis pusiola ---------- 202
Chaenothecopsis rubescens -------- 31
Chaenothecopsis sanguinea ------- 31
Chaenothecopsis viridireagens ---- 202
Chapsa grossomarginata ---------- 44
Chiodecton congestulum --- 42, 45, 63
Chrysothrix candelaris
  ------------------ 8, 18, 19, 146, 186
Circinaria contorta ---------------- 169
Circinaria esculenta --------------- 179
Cladia aggregata
  ---------- 54, 90, 124, 135, 136, 138
Cladonia alcicornis ----------------- 73
Cladonia amaurocraea ------------ 143
Cladonia arbuscula subsp. arbuscula
  -- ------------------------------- 206
Cladonia arbuscula subsp. beringiana
  ------------------------------- 26, 83
Cladonia arbuscula subsp. mitis --- 26
Cladonia boryi --------------- 136, 164
Cladonia chlorophaea ----- 20, 93, 115
Cladonia ciliata var. tenuis --------- 74
Cladonia crispata var. crispata - 18, 58
Cladonia cristatella
  114, 122, 136, 139, 143, 147, 150,
  152, 177
Cladonia cryptochlorophaea -------- 93
Cladonia furcata ------------------- 60
Cladonia graciliformis -------------- 61
Cladonia gracilis subsp. turbinata - 83
Cladonia grayi --------------------- 93
Cladonia homosekikaica ----------- 93
Cladonia humilis ------------------- 93
Cladonia krempelhuberi
  ---------------- 20, 62, 107, 123, 145
Cladonia macilenta
  --------------- 20, 62, 112, 123, 143
Cladonia mateocyatha ------------ 122
Cladonia maxima ------------------ 56
Cladonia merochlorophaea --------- 93
Cladonia pleurota --------------- 20, 41
Cladonia portentosa -------------- 206
Cladonia ramulosa ------------- 51, 85
Cladonia rangiferina
  7, 19, 20, 47, 56, 68, 73, 74, 180, 191
Cladonia scabriuscula -------- 122, 123
Cladonia stellaris -- 74, 142, 174, 191
Cladonia strepsilis ---------------- 122
Cladonia subconistea
  ------ 50, 51, 71, 93, 190, 203, 207
Cladonia subtenuis --------------- 122
Cladonia sulphurina --------------- 61
Cladonia uncialis -------- 174, 175, 206
Cladonia vulcani
  --------- 60, 62, 158, 162, 163, 164
Coccocarpia erythroxyli ------------ 22
Collema complanatum ------------ 124
Collema furfuraceum -------------- 76
Collema subflaccidum ------ 10, 46, 73
Coenogonium geralens ------------ 41
Coenogonium kawanae ----------- 203
Coenogonium luteum -------------- 20
Coenogonium nigromaculatum ---- 10
Coniocarpon cinnabarinum
  ------------- 30, 135, 149, 150, 161
Cresponea proximata -------------- 45

D

Dermatocarpon miniatum ---------- 62
Dibaeis absoluta ---- 49, 104, 135, 137
Dictyonema sericeum ------------- 30
Diorygma soozanum --------- 102, 104
Diploschistes caesioplumbeus ----- 201
Diploschistes diacapsis ----------- 207
Diploschistes muscorum subsp.
  muscorum ----------------- 202, 203
Diploschistes ocellatus ----------- 207
Diploschistes scruposus ------- 69, 207
Diplotomma rivas-martinezii ------ 208

Dirinaria aegialita -------------- 21, 49
Dirinaria applanata
  6, 19, 21, 28, 48, 50, 57, 61, 69, 83,
  107, 174, 182, 184, 188
Distopyrenis japonica ------------- 202
Dolichousnea diffracta
  8, 47, 55, 74, 75, 77, 88, 90, 107, 108,
  129, 130, 139, 176, 198
Dolichousnea longissima
  7, 55, 68, 70, 84 90, 107, 127, 128,
  130, 190, 198

E

Endocarpon pusillum -------------- 114
Endocarpon superpositum ------ 7, 18
Enterographa leucolyta -------- 45, 61
Enterographa mazosiae ----------- 202
Ephebe japonica ------------------ 62
Erioderma tomentosum ----------- 62
Eumitria baileyi -------------------- 11
Evernia divaricata ---------------- 138
Evernia esorediosa ----------- 131, 144
Evernia prunastri ------- 143, 175, 190

F

Fauriea yonaguniensis ------------- 53
Fellhanera bouteillei --------------- 57
Fissurina inabensis ---------------- 44
Flavocetraria nivalis ----------- 63, 143
Flavoparmelia caperata
  10, 35, 40, 47, 49, 54, 57, 67, 68, 70,
  84, 124, 174, 182
Flavopunctelia soredica ------------ 63

G

Glyphis cicatricosa ----------------- 44
Glyphis scyphulifera ---------------- 44
Graphis aperiens ------------ 20, 42, 46
Graphis cervina ---------------- 24, 107
Graphis cognata ------------------ 150
Graphis desquamescens ---------- 150
Graphis furcata ------------------- 103
Graphis handelii ------------------- 24
Graphis hossei --------------- 158, 150
Graphis intermediella -------------- 24
Graphis proserpens --------------- 150
Graphis prunicola ---------------- 150
Graphis scripta ---------------- 44, 150
Gyalolecia flavorubescens ----- 8, 158
Gymnoderma insulare ---------- 63, 103

H

Haematomma collatum
  ------------------- 136, 150, 158, 168
Haematomma fauriei ------------- 211
Heppia echinulata ------------ 115, 116
Herpothallon japonicum ---------- 194
Heterodermia angustiloba --------- 62
Heterodermia diademata ---------- 106
Heterodermia fragilissima ---------- 21
Heterodermia isidiophora ------ 83, 107
Heterodermia japonica --------- 10, 159
Heterodermia koyana -------------- 19
Heterodermia leucomelaena ------- 63
Heterodermia microphylla --------- 189
Heterodermia obscurata ---- 11, 21, 47
Heterodermia pseudospeciosa ---- 138
Heterodermia subascendens ------- 48
Hyperphyscia crocata -------------- 69
Hypogymnia delavayi -------------- 55
Hypogymnia physodes ---- 73, 82, 132
Hypogymnia vittata f. vittata ------ 104
Hypotrachyna minarum
  ------------------- 22, 145, 146, 168
Hypotrachyna osseoalba ----------- 27
Hypotrachyna revoluta ------------- 27

K L

Kashiwadia orientalis ----------- 47, 69
Lasallia caroliniana --------------- 162

Lasallia hispanica 145, 146	*Nephromopsis pseudocomplicata* 19, 139	*Porpidia albocaerulescens* var. *albocaerulescens* 7, 18, 20, 42, 59, 69, 85, 101, 103, 107, 144, 183, 184
Laundonia ryukyuensis 53	*Neuropogon sphacelatus* 60, 74, 158	
Lecanora imshaugii 144	*Niebla effusa* 158	
Lecanora leprosa 46, 61, 150	*Niebla homalea* 161, 164	*Protousnea dusenii* 133
Lecanora megalocheila 20, 144	*Nipponoparmelia laevior* 50, 102, 103, 195	*Protousnea malacea* 133
Lecanora nipponica 20		*Pseudephebe pubescens* 143
Lecanora pulverulenta 144, 145, 182	**O**	*Pseudevernia furfuracea* 127, 129, 175, 206
Lecanora reuteri 204	*Ocellularia masonhalei* 64	
Lecanora rupicola 150	*Ocellularia microstoma* 23	*Pseudobaeomyces pachycarpus* 12
Lecanora sibirica 107	*Ochrolechia parellula* 7, 20, 24, 42, 43, 59, 103, 176	*Pseudocalopadia chibaensis* 41
Lecanora straminea 204		*Pseudocalopadia mira* 41
Lecanora subimmergens 7, 59, 103, 159, 183	*Ochrolechia upsaliensis* 58	*Pseudocyphellaria crocata* 106, 107, 108, 153, 191
	Ochrolechia yasudae 21, 48	
Lecanora thysanophora 67	*Oropogon asiaticus* 11	*Psilolechia lucida* 169
Lecanora ussuriensis 47		*Psorula rufonigra* 62
Lecidea confluens 145, 169	**P**	*Punctelia rudecta* 19, 194
Lecidella sendaiensis 26, 144	*Pannoparmelia angustata* 33, 138	*Pycnothelia papillaria* 122
Leioderma sorediatum 63	*Pannoparmelia wilsonii* 33	*Pyrenula fetivica* 26, 164
Leiorreuma exaltatum 107, 136	*Parmelia fertilis* 49, 191	*Pyrenula gigas* 20
Lepidocollema marianum 63	*Parmelia marmorophylla* 23	*Pyrenula pseudobufonia* 26
Lepidostroma asianum 34	*Parmelia shinanoana* 23	*Pyrenula quassiaecola* 23
Lepraria cupressicola 183, 186, 192, 194	*Parmelia sulcata* 206	*Pyrenula sexlocularis* 25, 46
	Parmeliopsis ambigua 143	*Pyxine cocoes* 27, 50
Lepraria ecorticata 61	*Parmotrema austrosinense* 22, 47, 50, 59, 107, 124, 174, 177, 196	*Pyxine endochrysina* 104
Lepraria leuckertiana 186		*Pyxine sorediata* 27
Leptogium azureum 19, 22, 24		*Pyxine subcinerea* 27
Leptogium cochleatum 24	*Parmotrema clavuliferum* 9, 23, 47, 54, 57, 59, 74, 107, 124, 171, 174, 176, 184, 186, 197	
Leptogium cyanescens 76		**R**
Leptogium moluccanum var. *moluccanum* 24		*Ramalina exilis* 135
	Parmotrema hawaiiense 49	*Ramalina farinacea* 192
Leptogium pseudopapillosum 48	*Parmotrema reticulatum* 22, 190	*Ramalina leiodea* 108, 168
Leptogium pedicellatum 11, 22, 42	*Parmotrema tinctorum* 3, 4, 7, 18, 19, 47, 53, 57, 59, 66, 68, 69, 70, 73, 83, 88, 124, 146, 173, 176, 177, 182, 183, 184, 187, 188, 193, 197	*Ramalina litoralis* 61, 110
Letharia columbiana 51, 104, 178		*Ramalina peruviana* 19, 159
Letharia vulpina 51, 129, 153, 154, 178		*Ramalina siliquosa* 23, 61, 102, 103, 110, 160
		Ramalina subbreviuscula 161
Lethariella cashmeriana 181	*Peltigera aphthosa* 9, 12, 36, 74, 75, 76, 82, 104, 118, 127, 131	*Ramalina yasudae* 19, 90, 106, 107, 108
Lethariella sernanderi 180, 181		*Ramboldia haematites* 20, 64
Lethariella sinensis 181	*Peltigera canina* 22, 73, 76, 117, 212	*Relicina segregata* 63
Lichenomphalia hudsoniana 9, 30	*Peltigera collina* 117	*Remotrachyna incognita* 21, 48
Lobaria adscripturiens f. *adscripturiens* 19	*Peltigera degenii* 22, 37	*Rhabdodiscus inalbescens* 49
	Peltigera didactyla 116, 117	*Rhizocarpon atrobrunnescens* 61
Lobaria discolor var. *discolor* 22, 72	*Peltigera elizabethae* 117, 131	*Rhizocarpon badioatrum* 61
Lobaria isidiophora 48	*Peltigera horizontalis* 104	*Rhizocarpon eupetraeoides* 56
Lobaria isidiosa 49, 84	*Peltigera malacea* 9, 74, 117	*Rhizocarpon geographicum* 3, 7, 56
Lobaria linita 22	*Peltigera neckeri* 117	*Rhizocarpon malenconianum* 207
Lobaria orientalis 12	*Peltigera neopolydactyla* 104, 131	*Rhizocarpon oederi* 61
Lobaria pulmonaria 76, 189	*Peltigera polydactylon* 19, 46, 117	*Rhizocarpon vulcani* 61
Lobaria retigera var. *retigera* 84	*Peltigera praetextata* 19, 22, 58, 68, 103, 104, 107, 116, 117, 123, 131	*Rhizoplaca chrysoleuca* 115, 206
Lobaria sachalinensis 22		*Rusavskia elegans* 136
Lobaria scrobiculata 76, 138, 189		*Roccella gracilis* 177
Lobaria spathulata 49, 107, 124, 176	*Peltigera pruinosa* 19, 37, 103, 104, 117	
Loekoeslaszloa reducta 54		**S**
Loxospora ochrophaea 162	*Peltigera rufescens* 104, 131	*Sarcographa labyrinthica* 64
	Peltigera venosa 104	*Sarcographa tricosa* 44
M	*Pertusaria amara* 46	*Siphula ceratites* 63
Maronea constans 46, 63	*Pertusaria flavicans* 26, 106, 107, 108, 184	*Siphula decumbens* 63
Mazosia japonica 45		*Solorina crocea* 11, 63, 87, 93
Megalospora tuberculosa 24, 43, 104	*Pertusaria laeviganda* 204	*Sphaerophorus fragilis* 145, 146, 150
Menegazzia primaria 41	*Pertusaria nakamurae* 46	*Sphinctrina leucopoda* 202
Menegazzia terebrata 124, 195	*Pertusaria pustulata* 46	*Sphinctrina tubaeformis* 58, 202
Mikhtomia gordejevii 58, 203	*Pertusaria quartans* 20, 25, 46, 58	*Sphinctrina turbinata* 202
Multiclavula clara 34	*Phacopsis prolificans* 202	*Straurothele clopima* 115
Multiclavula fossicola 34	*Phaeographis circumscripta* 53	*Stenocybe pullatula* 31
Multiclavula mucida 30	*Phaeophyscia endococcinodes* 11, 158	*Stenocybe septata* 31
Multiclavula sinensis 34	*Phaeophyscia limbata* 61, 182, 189, 194, 203	*Stereocaulon alpinum* 73, 164
Mycoblastus sanguinarius 107		*Stereocaulon commixtum* 102, 103
Mycocalicium subtile 31	*Phaeophyscia squarrosa* 21	*Stereocaulon exutum* 20
Myelochroa aurulenta 22, 83, 133, 134, 139, 154	*Physcia phaea* 169	*Stereocaulon intermedium* 22, 133
	Physciella melanchra 186, 187, 188	*Stereocaulon japonicum* var. *japonicum* 7, 19
Myelochroa entotheiochroa 49, 139	*Pilophorus clavatus* 12, 190	
Myelochroa galbina 195	*Placopsis cribellans* 12	*Stereocaulon nigrum* 25, 46
Myelochroa irrugans 74	*Platismatia glauca* 82	*Stereocaulon paschale* 82
Myelochroa leucotyliza 21, 49, 139	*Platismatia interrupta* 169	*Stereocaulon sasakii* 74
Myelochroa xantholepis 49	*Platygramme pseudomontagnei* 25, 46	*Stereocaulon sorediiferum* 12, 42, 135, 164
Myriospora smaragdula 190	*Polychidium dendriscum* 42	
Myriotrema rugiferum 64	*Porina flavonigra* 25	*Stereocaulon vesuvianum* var. *vesuvianum* 59, 60
	Porina internigrans 195	
N	*Porina nitidula* 57	*Stereocaulon vulcani* 60, 77
Nephroma arcticum 76, 82, 206	*Porina semicarpi* 57	*Sticta duplolimbata* 23
Nephroma helveticum f. *helveticum* 103	*Porina yoshimurae* 46	*Sticta miyosiana* 212
		Sticta nylanderiana 27, 90, 212
Nephroma laevigatum 76		
Nephromopsis endocrocea f. *clarkii* 210		
Nephromopsis ornata 130		

Sticta wrightii --------- 27, 36, 90, 212
Sticta yatabeana ------------------ 212
Strigula nipponica ----------------- 25
Strigula smaragdula ------------ 10, 41
Strigula subtilissima -------------- 57
Sulcaria sulcata -------- 179, 180, 186
Sulzbacheromyces sinensis ------ 9, 34

T

Teloschistes flavicans ---------------- 8
Thelotrema crespoae -------------- 64
Thelotrema faveolare -------------- 44
Thelotrema monosporoides ----- 25, 46
Thelotrema subtile ----------- 137, 147
Tephromela atra ----------- 20, 43, 164
Thamnolia vermicularis ---------- 180
Toninia tristis subsp. *fujikawae* --- 63
Trapelia involuta ----------------- 167
Trapeliopsis granulosa ----------- 160
Tremolecia atrata ----------- 164, 168
Tricharia vainioi ------------------- 41
Trypetheliopsis boninensis ------ 59, 63
Tuckermannopsis americana
  -------------------------- 22, 83, 139

U

Umbilicaria americana ------------ 206
Umbilicaria aprina --------- 60, 74, 158
Umbilicaria decussata --------- 74, 158
Umbilicaria esculenta - 8, 19, 176, 179
Umbilicaria hyperborea ----------- 56
Umbilicaria kisovana --------- 136, 168
Umbilicaria muehlenbergii -------- 179
Umbilicaria phaea ---------------- 206
Usnea arizonica ------------------- 164
Usnea barbata -------------------- 127
Usnea bismolliuscula
  ------------- 106, 107, 108, 124, 139
Usnea ceratina --------------------- 11
Usnea chaetophora --------------- 206
Usnea cornuta subsp. *cornuta* 119, 121
Usnea filipendula ------------------ 48
Usnea florida --------------------- 158
Usnea hirta -------- 116, 119, 143, 206
Usnea nidifica -------------------- 143
Usnea rubicunda ------------------ 118
Usnea rubrotincta
  11, 18, 59, 69, 75, 77, 103, 106, 107,
  108, 109, 115, 118, 124, 143, 176
Usnea strigosa -------------------- 115

V

Vermilacinia cerebra -------------- 158
Vermilacinia combeoides ---------- 161
Verrucaria funckii ------------------ 62
Verrucaria margacea --------------- 46
Verrucaria muralis ----------- 159, 188
Verrucaria nigrescens -------------- 59
Verrucaria praetermissa ----------- 25
Verrucaria praeviella -------------- 160
Verrucaria yoshimurae --------- 24, 42
Viridothelium cinereoglaucescens -
  ------------------------------- 55, 57
Vulpicida juniperinus ---------------- 7
Vulpicida pinastri ------------- 153, 163

X Y Z

Xanthoparmelia coreana ----------- 48
Xanthoparmelia tuberculiformis
  ----------------------------- 70, 153
Xanthoria parietina ------ 45, 115, 203
Yoshimuria galbina -------- 20, 61, 160
Zeroviella mandschurica
  ----------------------- 8, 10, 41, 168